U0257089

国家哲学社会科学成果文库

NATIONAL ACHIEVEMENTS LIBRARY
OF PHILOSOPHY AND SOCIAL SCIENCES

全球变暖时代中国城市的绿色变革与转型

杜受祜　著

社会科学文献出版社
SOCIAL SCIENCES ACADEMIC PRESS (CHINA)

作者简介

杜受祜 1945 年 12 月生，四川省乐山市犍为县人。1968 年毕业于四川师范大学数学系。

四川省社会科学院学术顾问，研究员，原副院长，博士生导师，院资源与环境研究中心主任，享受国务院特殊津贴专家，四川省学术技术带头人，四川省委、省政府决策咨询委员会委员。四川大学经济学院、管理学院，四川农业大学经管学院，西南科技大学，西南民族大学特聘教授。国家社科基金重大项目"应对气候变化下我国城市生态环境可持续发展与生态文明建设研究"首席专家。

主要研究领域为农业经济、区域经济、环境经济。先后主持过"西部地区生态环境建设补偿机制研究""中国百县（市）跟踪调查·渠县调查""巩固、提升四川省民族地区西部大开发效应研究"等多项国家社科基金课题和国际合作研究项目。出版过《四川近现代场镇经济志》《环境经济学》《农业大县的小康之路》《民族地区西部大开发效应研究》等专著。

《国家哲学社会科学成果文库》
出版说明

为充分发挥哲学社会科学研究优秀成果和优秀人才的示范带动作用，促进我国哲学社会科学繁荣发展，全国哲学社会科学规划领导小组决定自2010年始，设立《国家哲学社会科学成果文库》，每年评审一次。入选成果经过了同行专家严格评审，代表当前相关领域学术研究的前沿水平，体现我国哲学社会科学界的学术创造力，按照"统一标识、统一封面、统一版式、统一标准"的总体要求组织出版。

全国哲学社会科学规划办公室

2011 年 3 月

2013 年主要在中国的推动下第 28 届联合国大会决定，将每年的 10 月 31 日设定为世界城市日。

——谨以此书献给世界城市日

目　　录

Contents

总　　论

21世纪是城市的世纪。2010年全球城市人口第一次超过农村人口，成为人类发展史上具有划时代意义的里程碑。

随着经济社会的发展和社会分工的扩大，为了寻求幸福的生活，人类逐步创建了城市并建立起现代城市的生产方式、生活方式、消费模式。在城市规模不断扩大，对交通、能源、建筑、信息等方面的需求迅速扩张的同时，城市对大气环境、水环境影响凸显，城市自身的可持续发展面临着日益严峻的挑战。城市是现代工业文明得以集中的地方，但也是饱受诸多现代问题之苦的地方①。从20世纪世界著名的八大环境公害事件，到21世纪初中国华北、华东地区的城市群连续几年受到大范围、长时间雾霾袭击，都充分体现了人类在享受现代城市为自己带来的幸福生活的同时，也伴生出越来越多的生态环境破坏问题，日趋严重地妨碍人类自身的生存和发展。

城市的发展伴随着城市化的复杂过程。一方面是城市发展对于人口的需求，另一方面是人口的极速膨胀所带来的城市管理、交通拥堵、公共资源供给不足等方面的问题。任何国家和地区在城市化过程中都会遇到这些问题。但是在城市化所面临的诸多矛盾之中，环境污染则是世界城市发展的主要障碍。城市发展与生态环境保护之间存在冲突，如何解决好这一问题，是世界上所有国家城市建设面临的共性问题，也是建设可持续发展城市面临的艰难抉择。

---

① 杜受祜：《以"三型"城市为目标　推进成都市生态文明建设》，《成都行政学院学报》2013年第6期。

全球城市在继续受到资源紧缺、环境污染威胁的同时，全球气候变暖又使全球城市面临更频繁和更严重的气候变化的相关灾害的危害。联合国政府间气候变化专门委员会（IPCC）第四次评估报告预测，全球变暖带来的一个直接后果便是，到21世纪末全球的海平面会上升82厘米，沿海的城市和岛屿国家与地区将被淹没。包括中国上海、广州等在内的全世界136座沿海大城市，价值28.21万亿美元的财产将受到影响。2011年日本东京遭受地震、海啸、核危机等复合型灾难的打击，2012年美国东海岸城市带遭受超级风暴"桑迪"袭击等，都是气候变暖向人类频频发出的警告。

城市化既是环境问题的根源之一，同时又是解决环境问题的出路之所在。实施绿色环保低碳城市化战略，促进城市的绿色变革与转型，通过改变人类的生产、生活方式，通过建筑节能等能源利用策略，通过投资可持续能源替代品来创造就业岗位和发展经济等，都是在气候变化条件下，建设经济、社会、人口、资源、环境协调发展的可持续城市的必然选择。

改革开放使中国进入了城市化加速发展时期，2012年中国城镇人口首次超过了农村人口。中国的城市化与美国的高科技发展被并列为21世纪初期影响全世界的两件大事。未来20年将是中国全面建成小康社会，加快社会主义现代化建设，实现中华民族伟大复兴"中国梦"的关键时期。这一时期中国将同时面临经济发展、环境污染、全球变暖的挑战。而中国城市更是首当其冲。这些在发达国家上百年间依次出现的问题，则会以集中、压缩的形式被摆到我们的面前。能否妥善处理这三大挑战，是能否走出一条中国特色的新型城市化道路和中国城市生态环境可持续发展、生态文明建设需要面对和研究的首要问题。

全球变暖时代城市的可持续发展，呈现出很多新情况、新特点，既提出了许多新的挑战，也出现了新的发展机遇。

第一，原有的资源短缺、环境污染与气候变化问题交织在一起，成为城市生态环境面临的最巨大的挑战。城市的生存环境、生活质量和居民的健康状况因为极端气候天气的频繁出现而受到严重危害。全球变暖已成为人类最大的杀手，每年导致近450万人死亡。气候变化使物种多样性遭到破坏，土质退化和土地沙漠化、淡水资源危机、能源短缺、森林资源锐减、海洋环境恶化以及化学污染和垃圾成灾等诸多问题亦同时出现。由于气候变暖，"世界上的更多人口将更易遭受自然灾害及其他气候变化因素的影响，2.5 亿人将不得不应对海平面上升所带来的后果，3000 万人将遭遇极端天气和洪灾，500 万人将受荒漠化的影响"[1]。

第二，城市既是气候变暖的受害者也是气候变暖的加害者。这是因为城市是资源、能源的主要消费者和温室气体的主要排放者。城市碳排放量占世界碳排放量的 3/4。2010 年，中国城市消耗的能源占全国的 80%，排放的二氧化碳占全国的 90%。据预测，到 2020 年，随着中国城市化水平提高到 56%，城市将新增 110 亿平方米以上需采暖的民用建筑，与 2004 年相比将新增消耗 2.5 亿吨标准煤，6300 亿千瓦时用电，仅此一项改变，中国城市排放的温室气体就会有大幅度的增加。

第三，城市通过改变空间布局，优化经济结构，转变发展方式、生活方式和消费模式，从而减少温室气体排放，在应对气候变化过程中具有举足轻重的地位和作用，是实现《联合国气候变化框架公约》和《京都议定书》等国际公约和中国温室气候减排目标所确定的应对气候变化的减排目标的主要承担者和潜力巨大的操作平台。

第四，城市绿色转型与变革会产生巨大的发展机遇。工业化和城市化是人类社会发展的共同规律，是不可逾越的发展阶段。人类不能因为城市化过程中产生的诸如环境污染、生态破坏等弊端而放弃工业化、城市化。城市在应对气候变化过程中也会出现巨大的发展机遇，例如日本在城市化转型过程中仅"节能减排"相关产业就提供了 60% 以上的 GDP 增加值。

为了应对气候变化条件下城市生态环境面临的各种挑战，明天城市的发展模式必须不同于今天城市的发展模式，城市的绿色变革与转型势在必行。

应对气候变化条件下城市的绿色变革与转型，应当统筹人口、资源、环境、发展，把城市建设成"节约高效的生产空间、宜居适度的生活空间、山清水秀的生态空间"和人类幸福生活的美好家园。在中国则应将"资源节约型、环境友好型、气候安全型"城市（简称"三型"城市）作为城市绿色变革与转型、推进生态文明建设的目标模式[2]。

---

① 联合国政府间气候变化专门委员会 2007 年 11 月第四次评估报告。

② 杜受祜：《以"三型"城市为目标　推进成都市生态文明建设》，《成都行政学院学报》2013 年第 6 期。

　　"三型"城市是绿色城市化战略的实践模式，实质上就是转变城市的发展模式，实现城市的绿色发展、循环发展、低碳发展。建设"三型"城市使城市可持续发展和生态文明建设的目标更加明确、清晰，更容易被广大干部群众理解、掌握并得到他们的支持。建设"三型"城市为中国城市的绿色变革与转型找到了着力点，为中国城市生态环境可持续发展、生态文明建设提供了一个重要的平台，是解决中国城市化面临的经济发展、环境污染问题，应对全球变暖挑战的根本出路之所在。

　　"三型"城市在坚持资源节约、环境友好的同时还强调气候安全、低碳发展。这是因为，虽然气候变暖既是环境问题也是能源问题，节能减排是共同的指向，但是气候变化的影响范围及其解决的方案和途径等又不完全等同于环境和能源问题，具有与环境能源问题相区别的特殊的矛盾与困难、特殊的要求与内容。例如，治理全球气候变暖不仅像解决其他环境问题一样会出现"市场失灵"，还会出现"政府失灵"。这是因为，对一个国家而言，减少温室气体的排放有巨大的外部性，即减排所带来的成本是本国承担，好处是全世界共享的，而治理其他环境污染的好处是能够直接在本国体现的。城市作为一个总体而言，对气候安全的影响是举足轻重的，但作为一个具体的城市而言，其对气候安全正面和负面影响都是微不足道的，但是如果要为应对气候变化作出贡献，就必然会影响它的经济发展和生活方式、生活质量。如何把这两个方面联系起来，找到其平衡点，就是一个需要探索的问题。

　　此外，建设气候安全型城市还能体现城市积极应对气候变化、维护全球生态安全的国际形象，最容易获得国际的认同与合作。

　　从20世纪中期开始，世界上许多国家就开始探索"三型"城市的理论和实践，随着科学发展观的贯彻落实，中国的很多城市也在建设"三型"城市方面进行了卓有成效的探索。无论是国际经验还是国内探索，都为"三型"城市建设奠定了理论基础并积累了宝贵的经验，都将为中国城市的绿色变革与转型提供借鉴和依据。

　　以下简要分析建设"三型"城市的着力点与对策。

　　（1）建立"三型"城市的指标体系，监测、评价、考核城市生态环境和生态文明建设的情况。"三型"城市的指标体系既要参照中国已经出台的诸如生态城市的指标体系、全面建设小康社会指标体系、生态文明建设指标体系等内容，也要把生态红线、节能减排、温室气体减排指标、空气质量标准等国家约束性指标充分吸收进去。同时，力求通过指标权重的科学设定，体现不同资源禀赋、不同环境容量、不同经济发展水平、不同主体功能定位的各类城市之间的差异性，提高评估结果的准确性、可信性和指导性。要以"三型"城市指标体系为导向，促进把"三型"要求贯穿到政府科学决策之中，实现发展方式的转变。

（2）建设"三型"城市的生产方式、产业结构。转变经济发展方式、对经济结构实行战略性调整是"三型"城市建设的重点。国际经验表明，保护环境不必然减缓经济发展速度，快速的经济发展并非一定要以牺牲环境为代价。最有效的节能减排是结构节能减排，即对城市的经济结构实行战略性调整，由以重化工业为主的产业结构转变为以现代服务业为主的产业结构，推进区域经济增长与高能耗、高污染"脱钩"发展①。

建立"三型"城市的生产方式，就是要把"三型"要求贯穿到生产活动的各个方面和各个环节。对高耗能、高污染的传统产业进行升级改造和全面管理，对传统产业中落后的生产方式和生产工艺进行淘汰，鼓励企业采用更为先进的设备和技术手段，把传统产业对能源消耗和环境污染的影响降到最低。严格控制污染物排放量和排放标准，对"小产能、大能耗、大污染"的企业进行关停，加强对传统产业集中管理。优化产业结构，扶持节能减排技术和环保产业发展，提高第三产业在产业结构中的比重，提高区域环保产业的处理能力和处理效率②，大力发展城市循环经济。

建立"三型"城市对于地方经济，尤其是以第一产业和第二产业为主导产业的城市、资源型城市和重化工城市的经济发展具有较大制约作用也面临着特殊的矛盾与困难。探索这些特殊城市的政府在实施应对气候变化国家战略中承担的责任与中央政府对地方建立"三型"城市政策的资金支持的对应性，实现良性互动的体制和机制，也是需要认真研究和解决的问题。

（3）建设"三型"城市的生活方式、消费观念，把"三型"要求贯穿到生活、消费的各个环节。建设"三型"城市既包括城市的生产方式的转

---

①　杜受祐：《以"三型"城市为目标　推进成都市生态文明建设》，《成都行政学院学报》2013 年第 6 期。

②　刘克利：《两型社会建设："弯道超车"正其时——读〈两型社会领导干部读本〉有感》，《湖南社会科学》2009 年第 7 期。

变，也包括消费观念和生活方式的转变。消费是人类生存发展的基础性活动，是社会再生产过程中的重要环节，是市场经济赖以存在和发展的重要基础。消费需求决定社会生产，消费模式的变化将引导社会生产方式的改变。一方面，"居民消费结构优化，衣食住行用水平不断提高，享有的公共服务明显增强"是全面建成小康社会的重要目标之一。另一方面，盲目消费、挥霍浪费却让中国城市消费观念、生活方式偏离了可持续发展的轨道，导致经济发展与能源资源供应矛盾尖锐，生态环境受到严重破坏，城市居民的生活质量下降。因此，让民众认识到"温室效应""气候危机"的严重后果和紧迫感，转变城市的消费观念、生活方式，代之以节约能源、适度消费、降低污染的观念；促进城市居民从自己做起，从生活细节做起，推广"低碳生活方式"；使"理性消费、绿色消费、低碳消费"由概念变为每个公民的自觉行动，最终把"资源节约、环境友好、气候安全"的城市建设任务落实到城市的企业和家庭，显然都是建设"三型"城市不可或缺的内容。

（4）树立生态文明的新观念，追求生态效益与经济效益的统一。牢固树立保护生态环境就是保护生产力，改善生态环境就是发展生产力的观念，由只要"金山银山"不要"绿水青山"，转化为既要"金山银山"也要"绿水青山"，再上升为"绿水青山"也可以转化为"金山银山"。实现经济效益和生态效益的互动统一，不仅包括生态环境的改善有利于提高城市的软实力，改善投资环境，提高城市的市场竞争力，还包括生态建设、生态效益产品的供给为新兴产业、经济发展提供了如城市的休闲旅游业、环保产业、低碳产业、新能源产业等新的增长点[①]。

（5）用生态经济化推动"三型"城市建设。推进经济发展与环境保护相协调的契合点就是推进生态经济化，即用包括绿色税收、绿色资本、绿色保险和生态补偿、排污权交易、碳交易等环境经济工具来推进城市的生态文明建设。环境经济工具是以内化环境行为的外部性为原则，对各类环境主体进行有利于资源节约、环境保护的激励和约束的体制和机制。环境经济工具能够很好地平衡资源节约、环境保护政策目标和相关费用成本的关系，既考虑资源节约、环境保护的政策目标的实现，也让企业和地区有利可图；既让

---

① 杜受祜：《以"三型"城市为目标　推进成都市生态文明建设》，《成都行政学院学报》2013 年第 6 期。

污染者赔钱，也让改善环境者赚钱；有利于把治理、保护环境的压力变成动力，把约束变成激励，把被动变成主动。要健全和完善城市已经开始实施的节能量交易、排污权交易、生态补偿等制度，充分运用好城市中的环境交易所等平台，加强其能力建设，发挥其在"三型"城市建设中的积极作用。

（6）强化和改善政府对城市生态文明建设的职能。基本的环境质量是政府需确保的公共服务，是政府一项最主要的职能。政府应从以下几个方面改革环境管理的职能：一是要统筹节能减排、温室气体减排等国家的约束性指标，使之形成转变经济发展方式、调整经济结构的"倒逼机制"和节能、环保、低碳的合力。二是把"三型"城市建设纳入城市总体发展战略，成为对各级政府的重要的考核指标、奖惩依据。建立"三型"城市生态文明建设指挥机构，领导和协调城市生态文明建设，提高建设"三型"城市的执行力。加强环境执法力度，改变"守法成本高，违法成本低"的状况。三是要加强依法环评和环评信息公开，扩大群众参与。特别是重大项目的引进和建设一定要建立健全环境评价和社会风险评价机制，维护人民群众的环境权益并从源头上预防环境突发事件。四是要安排和部署一批对城市人民健康和生态环境有重大保障作用的环境治理和生态系统修复工程。五是要建立健全气候变化条件下，城市防灾减灾的机制和预案。

（7）城乡统筹推进"三型"城市生态文明建设。城乡环境综合治理是统筹城乡改革新的重要内容和历史任务。农村的环境治理和保护不仅关系到农村的发展，也直接关系到城市和全社会的发展。环境保护的外部性和外溢性决定了只有城乡统筹才能实现环境保护和可持续发展。要从城乡环境保护规划一体化①，环境保护机构城乡一体化，环境监测城乡全覆盖，构建资源节约、环境友好、气候安全的现代农业生产体系，发展清洁生产、保证食品安全等方面着手，以建设生态村、生态乡镇和生态县为平台，深入推进环境治理、保护的城乡统筹。

（8）树立建设"三型"城市的理性和共同奋斗的行为准则。既要重视城市环境污染的严重性，整治城市环境污染的紧迫性，又要正视其复杂性和艰巨性。美国、英国等发达国家，治理城市环境污染至少经历了30—50年

① 杜受祜：《以"三型"城市为目标　推进成都市生态文明建设》，《成都行政学院学报》2013年第6期。

的奋斗。中国人口众多，加之中国正处于工业化、城镇化加快发展阶段，长期累积形成的城市环境污染问题尚未解决，新的污染问题又接踵而至，因此，城市的"三型"转变必然是一项复杂艰巨的系统工程，具有很大的困难性和艰巨性，不可能立竿见影、一蹴而就。政府和公众都应该建立治理环境污染、应对气候变化的理性，做好不懈奋斗的思想准备。按照"政府统领、企业施治、市场驱动、公众参与"的要求，政府、企业、市民各司其职、各尽其责。政府对城市环境质量负总责，采取包括落实企业治污主体责任，倡导节约、绿色消费方式和生活习惯，动员全民参与环境保护和监督等有效措施，以改善城市环境质量。企业则要恪守节能减排、保护环境的社会责任，努力实现外部成本内部化、社会成本企业化。市民在监督企业、政府履行环境责任的同时，也要转变生活方式和消费模式，从小事做起，从自己做起，积极参与到建设"三型"城市的行动中来。

（9）发展低碳经济、建设低碳城市，是建设"三型"城市的突出任务。低碳经济是人类在应对气候变化过程中催生出来的一种新的经济形态，是城市未来生态社会的经济发展模式。它在工业文明和生态文明之间，在人类解决发展与气候变化问题之间找到了一条绿色发展之路。低碳日益成为城市竞争力的新品质和新形象、现代城市的重要表征和发展方向，低碳城市也是中国新型城市化道路的重要特征。要把应对气候变化作为城市经济社会发展的重大战略，通过"三型"城市建设来推动应对气候变化的国家战略的落实。发展低碳经济、建设低碳城市既能为城市转变发展方式，形成低碳绿色生活方式和消费模式，优化能源结构和产业结构，发展以低碳为主要特征的战略性新兴产业，提供巨大的动力和操作平台，同时也能为建设"三型"城市提供经济、技术、制度等多个方面的支持。

第　一　章

气候变化的挑战及其应对

所谓气候变化，是指 20 世纪到 21 世纪初期，全世界出现了以变暖为主要趋势的变化。"近百年来全球地表平均温度上升了 0.74 摄氏度，过去 50 年的升温速度几乎是过去 100 年升温的速度的 2 倍。"[①] 2011 年，美国加州伯克利地表研究中心（BEST）还提出，自 1950 年以来地球的温度已经上升了 0.911 摄氏度。

而应对气候变化则是指应对由人为因素导致的气候变化，而不是应对那种由自然因素导致的自然变化。正如《联合国气候变化框架公约》所说，它是指应对"经过相当一段时间的观察，在自然气候变化之外由人类活动直接或间接改变全球大气组成所导致的气候变化"。

第一节　气候变化是科学认知问题

尽管对气候变化经历了一个漫长的科学认知过程，但迄今为止尚存在争议和不确定性。争议的焦点集中在：一是此次变暖是周期性波动还是全球确实在变暖；二是全球变暖是自然原因导致还是主要是人类行为造成的，即人类是否正在改变气候；三是国家对气候变化所采取的政策是否会对国家经济社会带来影响。

一　气候变暖的科学认知的五个阶段

第一阶段：20 世纪 70 年代，当时许多科学家认为地球的气候正在经历

---

① 联合国政府间气候变化专门委员会 2007 年 11 月第四次评估报告。

灾难性的变化，他们非常担忧甚至惊恐，但当时他们所担忧的不是地球变暖，而是地球正在冷却，担心一个新冰河时代的到来。其依据是全球气温在两次世界大战之间的那段时间里急剧上升，但在此后 30 年中气温却出现持续下降。从长期来看，地球的气候始终处于变化之中，自 2 万年前人类开始走出冰河时代以来，气温就经历了几次重大的变化。最热的时期出现在8000 多年前，紧接着是一个漫长的凉爽期，随后是所谓的"罗马温暖期"，时值罗马帝国时期。大约在 1300 年前开始了"小冰河时期"，直到 200 年前才结束，随即进入了"现代温暖期"。但是，在其中仍然穿插着一些较冷的时期，如 1940—1975 年的小凉爽期①。而到了 20 世纪 70 年代末世界开始再度变暖。

1987 年，挪威首相布兰特夫人受联合国委托，主持并发布了世界环境与发展委员会的报告《我们共同的未来——从一个地球到一个世界》，提出："环境危机、能源危机与发展危机是不可分割的。地球资源和能源远不能满足人类发展的需要，必须为当代人和下代人的利益而改变传统的发展模式。"这为联合国从 20 世纪 90 年代开始在全球范围内开展应对气候变化的全球行动提供了直接的依据②。

第二阶段：开始于 1988 年，首先是 20 世纪 50 年代美国的海洋科学家罗杰·雷维尔博士撰写的著作中提出地球大气层中二氧化碳的含量出现持续上升趋势。而到 1988 年曾经在罗杰·雷维尔的机构中工作过的、后任美国参议员的小艾伯特·戈尔在华盛顿组织的听证会上提出，因为大气层中二氧化碳的含量持续上升引起全球气候变暖，这很快成为占据支配地位的正统观点。另一个标志是 1988 年联合国建立了政府间气候变化问题研究小组，组织了 1500 名专家起草了一份科学报告，通过他们的努力促成了题为"地球高峰会议"的世界环境与发展大会在里约热内卢召开。会议通过了《联合国气候变化框架公约》等文件、公约。《联合国气候变化框架公约》为国际社会共同应对气候变化展开国际合作提供了一个基本框架，成为具有全球环境宪法性质的纲领性文件，1994 年 3 月 1 日生效，并规定自 1995 年开始每

---

① 郭明芳：《全球变暖背后的谎言》，《英语文摘》2008 年第 1 期。
② 程天权、杨志：《关于低碳经济发展若干问题的思考》，《经济纵横》2012 年第 9 期。

年召开缔约方会议，以评估应对气候变化工作的进展。在 1996 年提供的第二份报告中，一位美国科学家明确地提出找到了全球变暖与二氧化碳排放量增加有关的确凿证据。尽管对这份报告还有很多争议，但它仍为 1997 年出台的《京都议定书》奠定了基础。

第三阶段：以《京都议定书》的正式出台为标志。1997 年 12 月在日本东京召开第三次缔约方会议，通过了《京都议定书》，规定了发达国家 2008—2012 年温室气体的排放量要在 1990 年基础上平均减少 5.2%，规定发展中国家从 2012 年开始承担减排义务。《京都议定书》还通过建立三个"灵活履约"的机制，开创了把应对气候变化问题与发展低碳经济问题结合起来，把人类社会共同利益与各国的特殊利益结合起来，借助于市场机制和金融手段应对气候变化的操作手段。

但是，这一阶段对于全球气候变暖的认识仍然有很大分歧，美国参议院到 1997 年仍然拒绝接受《京都议定书》，其原因是当时有大量的证据表明，过去全球气温有过比 20 世纪末高的时期。而美国物理学家迈克尔·曼绘制的新的气温分布图表明，在过去的 1000 年中，气温的变化几乎是一条平线，而到了末端突然上升到了创纪录的水平。迈克尔·曼绘制的"曲棍球棒"气候曲线为联合国政府间气候变化专门委员会找到了依据，证明了二氧化碳浓度的上升与气候变暖的关系[①]。

第四阶段：2004 年俄罗斯与欧盟达成协议，从而使《京都议定书》获得批准。欧盟宣布了各种遏制气候变化的措施，政府以空前的幅度补贴修建风力发电机组，并承诺到 2050 年将二氧化碳排放量减少 60%。而这些措施都基于在二氧化碳的作用下，全球气温在持续上升，如果人类不采取措施，将大难临头的结论。

第五阶段：人们认为，近 50 年来气温升高主要是人为活动引起的可能性由 2001 年的 66% 上升到了 2007 年的 90% 以上。联合国政府间气候变化专门委员会在 2007 年 11 月提供的第四次评估报告中作出结论："全球气候变暖已经是不争的事实，全球气候变暖主要是人类活动造成的，而不是像有些人所说的是自然原因造成的。"这进一步确认了人为活动与全球气候变暖

① 郭明芳：《全球变暖背后的谎言》，《英语文摘》2008 年第 1 期。

的关联性。"气候变化对生态系统和人类社会可持续发展构成严重的威胁，减缓气候变化刻不容缓。"

二　气候变化的成因和应对的论争

1896 年诺贝尔化学奖得主、瑞典化学家阿伦尼乌斯提出气候变化的假说，认为："化石燃料燃烧将会增加大气中的二氧化碳的浓度，从而导致全球气候变暖。"到 1990 年联合国政府间气候变化专门委员会第一次发布气候变化报告，再到 2007 年发布第四次评估报告，不断以新的证据证明气候变化正在发生并且与人类活动的影响密切相关。

（一）联合国政府间气候变化专门委员会对气候变化的主要观点

（1）关于气候变化的原因。全球变暖有 90% 是人类活动造成的，人类活动所导致的温室气体排放量约占全球温室气体排放量的 99%。

（2）全球变暖的趋势与后果预测。如果二氧化碳增加 1 倍，也就是说从当下的 280ppm 增加到 560ppm，那么全球的气温就会上升 3 摄氏度[①]。这将带来灾难性的后果，包括海平面上升、粮食紧缺、水资源匮乏、物种灭绝、传染病从南到北扩展、冲突和战争等。

（3）全球变暖的阈值。必须将升温控制在 2 摄氏度内，与此对应的温室气体浓度不超过 450ppm。二氧化碳只是一种温室气体，还有如甲烷、氧化亚氮等温室气体，不同的温室气体有不同的增温潜力，都要把它换算为二氧化碳当量，即 CO_2-e。所以，450ppm 指的不仅是二氧化碳，而是 CO_2-e 的浓度，意味着二氧化碳的浓度还必须更低[②]。

（4）大幅度减少温室气体排放，是拯救地球、应对气候变暖的路径归宿。

（二）对气候变化趋势和原因的质疑

（1）人类活动之前已存在温期和暖期，此次气候变暖也应归结为温期和暖期的交替。

（2）二氧化碳浓度的增加与大气升温在某一时段内表现出不同步甚至

---

① 联合国政府间气候变化专门委员会 2007 年 11 月第四次评估报告。
② 丁仲礼：《气候变化及其背后的利益博弈》，《解放日报》2011 年 4 月 10 日。

相反的关系，如 1940 年以后，二氧化碳的排放呈指数性增加，但温度却从 1940 年开始下降，直到 1975 年。

（3）自然因素是全球变暖的主要原因。美国航天局认为，太阳活动通过各种过程也会使全球变暖，如 1980 年以来全球平均温度升高有一半应归因于太阳活动异常。又如，地球磁场与气候变化有关，因为地球磁场的变化与太阳活动关系密切，实际上证明了太阳活动异常是全球变暖的原因。近 20—30 年全球增温与地球火山活动减弱从而使到达地球表面的太阳辐射能增加有关。

（4）温室气体的主要成分是水蒸气而不是二氧化碳。而水蒸气助长了二氧化碳的保温效应，但不否认二氧化碳的增温作用。

（5）近年来北半球冬季异常寒冷，与全球变暖的结论相悖。

（6）低碳"阴谋论"，认为所谓低碳经济实质上是限制发展中国家的发展和维护发达国家环保产业及就业利益的托词。

（7）对二氧化碳是不是全球变暖的成因存在质疑，认为未表述全球变暖综合影响因子的交互作用，以及气候变化的规律，而且缺少具体的数据支撑，很难判定气候变化过程中是否存在迟滞或短暂逆变。

（8）气候变化的研究中存在偏向选择数据的问题。例如，联合国政府间气候变化专门委员会 1990 年度的报告承认有过"中世纪暖期"以及 1550 年和 1750 年的小冰期，但是曼恩在 1998 年和 1999 年的两篇文章中却抹去了这两个气候变化期，有意忽略二氧化碳大规模排放之前就已经存在的气候变化。但是，曼恩不仅是联合国政府间气候变化专门委员会 2001 年年度报告的主要执笔者，而且该报告是以曼恩的报告为依据的。戈尔也是以曼恩的报告为依据提出全球变暖的结论的。

（9）局限于人类的技术手段，难以准确测试出长期气候变化。其一，地球已经有数十亿年的历史，而人类对关键气候参数，如温度的仪器定量测量仅有百余年历史；其二，依据数值气候模型所提出的未来气候变化的趋势仍处于非常不成熟状态。由于人类对于气候变化的物理本质和规律并未完全了解，气候模型还远未能完全地描写气候系统变化的规律和过程。迄今为止，世界上还没有一个气候模型能够准确地作出数个月以上时间的气候预测，那么数值模型所得出的几年乃至几十年以上时间尺度的气候变化结果，也就不完全可信，只能为我们提供一种参考。

（三）支持全球变暖结论的观点

（1）全球变暖是多种因子支配的结果，这些因子相互交织。例如，地质年代中曾因地壳板块运动，改变地表对阳光热量接收的区域差异，致使全球变暖；又如，因地球旋转轨道等因素导致气候变化。每一次变暖的主因可能不同，但是我们不能否认人为因素对气候变化的作用。

（2）允许太阳短波可见光线入射，阻止地表热量外溢的长波射线的温室气体的物理学机制表明，温室效应与大气二氧化碳浓度正相关。工业革命以来，矿物燃料被迅速耗用，使亿万年封存的自然固碳成果，在地质瞬间释放，致使大气中的二氧化碳浓度快速增加，人类还大规模地破坏吸收二氧化碳的地表生态系统，削弱正常的二氧化碳吸收，是全球变暖的主因。

（3）虽然末次冰期以来，气候不断变暖，促进地表植被和海洋生物吸纳二氧化碳的碳汇能力提高，但是，地表碳汇能力滞后于火山和海洋的"碳酸钙泵"的碳排放量，致使气温不断上升，"中世纪暖期"达到巅峰。此时，因气候温暖，陆地森林繁茂，面积广阔、碳汇能力很强，自然碳源与碳汇在数量上趋于平衡，但因为外力影响（地球公转轨道变化）使平衡逆转，气候逆转进入小冰期（1550—1750 年）。而 1750 年正是以蒸汽机为代表的工业革命的开始，大量燃烧矿物能源、排放二氧化碳的时间与小冰期结束时间吻合。

（4）尽管存在环保产业的利益问题，发达国家固然在技术上领先，但是低碳技术具有不同层次，同时也是发展机遇，从产业利益层面推断全球是否在变暖，理由显然不充分。

（5）近年来气候寒冷的情况不足以推翻全球变暖的结论，因为气候变暖是全球整体效应，不能以一些地方的气温变化来以偏概全。

三 气候变化促进了学科的发展和联合

气候变化不仅促进了全球应对气候变化的大趋势、大联盟的逐渐形成，而且促进了气象学以外的物理学、化学、经济学、法学等学科的广泛参与和各学科之间空前的大联合。不仅如此，气候变化还催生了以下几个新的分支学科。

（1）气候哲学。随着气候危机的加剧，气候问题所滋生的各种利益冲突，使各国政治、经济、文化的博弈全面展开，应对气候变化需要各国的政府和社会有一套广泛认可的哲学框架。

史军等认为，气候哲学是对传统环境哲学的扩展和超越。不仅要为气候问题的解决提供哲学指导，更要借助于气候问题建构一种充分的社会与全球体制来保障这种新的关系。戴建平认为，气候哲学的基本概念和方法、气候科学假说的提出和检验、气候与政治的关系等，成为需要哲学家思考的问题。荷兰的亚瑟·彼得森认为，气候哲学是一门交叉学科，具有科学与哲学交叉的特色。气候模型的本质、气候伦理、气候争议等是其核心问题。气候哲学关注气候科学的有限性。它将气候科学理解和预测气候的可能性限度作为研究领域，聚焦于"气候科学如何获得可靠性"及"气候科学中不确定性的类型"，例如统计的可靠性、方法论的可靠性、公众的可靠性等。气候哲学关注的核心问题是碳排放空间的分配正义，包括当代人之间的气候正义以及当代人与未来人之间的气候正义。气候哲学还包括气候科学哲学、国际气候变化谈判中的程序正义、国际气候正义、应对气候变化的价值基础与伦理原则等。气候模型是气候科学的核心概念和基本工具。而关于气候模型的哲学分析集中于气候模型的本质和检验以及气候模型与经验的关系等问题。

国外气候哲学兴起于 21 世纪初期。国内的气候哲学研究则始于 2010年，并集中于气候伦理、气候正义、碳公平等问题的研究上。气候哲学的研究方法主要是跨学科以及理论与实践结合的方法，只有从科技、政治、经济和哲学多学科对其进行透彻分析，才有可能揭示其问题的本质。

2001 年，美国宾夕法尼亚州立大学成立了罗克伦理学研究所，它是国际上研究气候变化伦理与政策的前沿机构，2004 年联合欧美 16 家气候政策研究机构共同发表了《气候变化伦理维度白皮书》。

在中国，2010 年，南京信息工程大学成立了气候变化与公共政策研究院。气候哲学是该院的重要研究方向，设立了气候伦理研究室、气象哲学研究室、气候政策研究室等。

（2）气候经济学，兴起于 20 世纪 90 年代初，主要研究气候对经济的影响、气候变化的经济学特征、经济学在理解和解决气候问题方面的作用等问题。代表人物有尼古拉斯·斯特恩、诺德豪斯，代表作有《斯特恩报告》《均衡问题》《全球变暖政策的选择权衡》等。

（3）气候政治学，兴起于21世纪初，主要研究国际政治尤其是地缘政治、全球治理与气候变化之间的关系、气候问题与国家安全、社区治理以及政治哲学中的正义等问题。代表人物有安东尼·吉登斯、戴维·希本曼、约瑟夫·史密斯，代表作有《气候变化的政治》《气候变化与国家安全》等[1]。

（4）气候社会学，兴起于21世纪初，以社会学的立场、观点和方法考察气候与社会的互动关系，如气候变化给社会学带来的挑战、社会制度对气候变化的影响等问题。代表人物有乌尔希·贝克、詹姆斯·加维，代表作有《为气候而变化：如何创造一种绿色现代性》《气候变化伦理学》等。

第二节　气候变化是环境问题

一　全球气候变暖正在成为人类最大的杀手

之所以说气候变化是环境问题，首先是因为气候变化的负面影响和其他的环境问题一样，已经和必将严重地危害人类的生存环境、生活质量和健康状况。

首先，全球变暖已成为人类最大的杀手，气候变化和化石燃料使用已经导致每年近450万人死亡，到2030年以后可能导致每年600万人死亡。如果不采取行动，2030年前全球将有1亿人死于气候变暖。应对气候变化在今天已经具有经济价值，（评估这一问题）将会使因不作为而导致的疾病和死亡的散播程度降至最低。

其次，气候变化使全球一些重要的系统失去原有的平衡，"导致地球大气系统（气圈）和生态系统（生物圈）发生了重大变化，物种多样性遭到破坏、土质退化和土地沙漠化、淡水资源危机、能源短缺、森林资源锐减、海洋环境恶化以及化学污染和垃圾成灾等诸多问题"[2]。

气候变化导致气候规律发生改变，台风、强降雨、高温干旱、低温冷害、强对流等极端气候天气发生的频次和强度、季节和持续时间、地点和范围等都超出了以往观测到的事实和基本常识。全球近20年来极端天气气候

---

① 张春海：《气候哲学研究助推生态文明建设》，《中国社会科学报》2012年11月30日。

② 联合国政府间气候变化专门委员会2007年11月第四次评估报告。

事件发生的频率和强度出现了明显变化，洪灾、旱灾、暴雨、雪灾等气候灾害的频繁出现，引发泥石流等地质灾害、土地沙漠化和荒漠化的加速。受气候变化的影响，世界上更多的人口将更易遭受自然灾害及其他气候变化因素的影响，2.5 亿人将不得不应对海平面上升所带来的后果，3000 万人将遭遇极端天气和洪灾，500 万人将受荒漠化的影响。世界自然基金会（WWF）预测，到 2050 年全球的海平面会上升 50 厘米，沿海的城市和岛屿国家与地区将被淹没，全世界现在 136 座沿海大城市，价值 28.21 万亿美元的财产将受到影响。"气候变暖将使像上海这样的城市面临更频繁和更严重的气候变化的相关灾害的危害。"① 上海等城市已被列入了危险城市名单。

2012 年，全球极端气候常态化，北极的冰川继续以前所未有的水平在融化，冰川的体积缩小了 18%，格陵兰 97% 的冰面出现了不同程度的融化。而冰川的融化加剧了全球变暖，导致很多城市和地区遭受暴晒、干旱和洪涝灾害，导致欧洲 800 多人死亡的寒潮；美国东部遭遇了强烈的风暴——"桑迪"飓风，影响了直径达 1600 公里的广泛地带，给当地带来强降雨，导致停电甚至降雪、125 人死亡等系统性的危害。5 个国家的最高气温打破历史纪录，成为自 1880 年有气象记录以来，全球第 8 个最热的年份。6.9 万个地区高温破纪录，洪涝灾害的水平也远超过 2011 年，非洲部分地区、俄罗斯、澳大利亚和中国则遭遇了损失惨重的洪灾。

气候变化引发的自然灾害对经济造成的威胁正在加大，2000—2006 年自然灾害对经济安全的威胁已为 20 世纪 70 年代的 4 倍，每年造成的损失增加 7 倍，受灾人数上升 4 倍。气候变化还造成经济损失，在同导致作物死亡的干旱和缺水的斗争中，美国国内生产总值的损失将超过 2 个百分点。第三世界受到的打击可能最为严重，它们将不得不动用原本已经有限的资源来对付疾病和干旱，预计因气候变化引起的死亡中超过 90% 都会发生在第三世界国家。在所有的损失中，中低收入国家中的那些世界上最贫困的群体受到的打击最为严重。这些群体的损失已经到了极点。气候变化导致化学物质的毒性增强，空气和水质更容易受到污染。另外，气候变暖还严重地损害世界物种资源的丰富性，从而使世界发展的后劲受到严重损失。

---

① 联合国政府间气候变化专门委员会 2007 年关于气候变化的报告。

二　气候变化具有典型的外部性特征

气候变化及其应对也像其他环境问题一样，深受"外部性""市场失灵"的困扰。"我们大量地排放二氧化碳，将人类与生态系统暴露于巨大的危险之中。我们可以随意伤害别人却无须为自己的行为负责，因为受害者在时间上与空间上都与我们相距甚远。"① 气候变化具备了环境问题的典型的外部性特征。如何使外部化的成本内部化，是应对气候变化需要解决的难题和要实现的目标之一。

现代经济理论认为，在完全竞争条件下的市场经济能够在自发运行的过程中，仅仅依靠自身的力量调节，就能使资源配置达到最佳状态。但是市场经济下也存在一些市场机制无法充分发挥作用的领域，如在环境、生物多样性等领域，市场配置资源"失灵"。由于应对气候变化与其他环境治理成果一样具备了外溢性，其消费不具有排他性，使得其投入的主体很难根据消费量对消费者进行收费，个人收益率与社会收益背离，从而失去了应对气候变化的动力，导致气候变化领域资本前所未有的配置失当。

气候治理是提供全球基本环境质量的公共产品。现代经济学认为，当自利的"经济人"与公共物品相结合的时候，如果没有伦理关系制约，那么必然会产生"搭便车"的现象。由于气候治理的成果与其他环境治理成果一样，物理边界模糊，不易观察和计量，加之，对一个国家而言，应对气候变化的成本是本国承担，好处却是全世界共享的，而治理其他环境污染的效益是能够直接在本国体现的，所以普遍的选择是"搭便车"，即每一个国家都不愿意付出边际成本来改善大家受益的气候，而只想等别人行动以后坐享其成。

三　应对气候变化存在政府失灵

应对气候变化又以其影响的范围广、解决起来难度大等特征而区别于其他的环境问题。首先是最大的环境问题。面对气候变暖，没有哪一个国家和个人可以独善其身，可以置之度外，其影响的范围和深度是其他任何环境问

---

① 〔瑞典〕克里斯蒂安·阿扎：《气候挑战解决方案》，杜珩、杜珂译，社会科学文献出版社2012年版，第154页。

题都不可比拟的，因此，世界银行前首席经济学家尼古拉斯·斯特恩把应对气候变化称为有史以来最大的"市场失灵"问题。其二，在应对气候变化过程中还会出现"政府失灵"。气候变化是跨国的环境问题，既不可能在一国的框架内解决，也不可能有一个超越国家主权的国际权威机构来控制和管理气候治理问题，只能通过国际谈判、协商，形成相应的规则和合作条约来应对。其三，适应是应对气候变化区别于其他环境治理的特征。由于二氧化碳存续的时间长达200年以上，所以无论是否减排以及采取何种强度的减排措施，全球地表温度在未来几十年内持续升高的趋势都难以避免①。所以，除通过"减缓"，即通过减少温室气体排放和增加碳汇，来减少气候变化的速率与规模外，"适应"，即通过工程措施和非工程措施化解气候风险，加强应对极端气候事件的能力建设，也是应对气候变化的重要方面。其四，由于加害者和受害者的身份、权利和义务难以界定，受害程度的区域差异以及由于国家利益的追求与气候全球治理目标之间的矛盾与冲突等，在应对气候变化上更难以实现外部成本内部化、全球成本国别化。此外，和一般环境问题比较起来，气候变化的危害和治理成果的效益都表现出更加明显的滞后性，所以从政府到公民对气候治理普遍缺乏紧迫感。"既然全球气候变暖所带来的危害在人们的日常生活中不是具体的、直接的和可见的，那么不管它实际上多么可怕，大部分人就依然袖手旁观，不做任何具体的事情。但是，一旦等情况变得具体真实，并且迫使他们采取实质性行动的时候，那一切又为时太晚。"②

以上特点决定了应对气候变化的困难性和复杂性。

四　二氧化碳是不是污染物？

有一个与之关联的问题是二氧化碳是不是污染物，这个问题在一定程度上与气候变暖对人类社会是否只有负面影响而无正面影响的问题同义。在一般情况下，二氧化碳不仅不像二氧化硫，以及排放出的重金属、大气中的粉尘一样会对人体造成直接伤害，相反，对于地球来说二氧化碳是必须有的一种气体，没有二氧化碳就没有光合作用，没有光合作用也就没有地球的存在③；没

---

① 丁仲礼：《气候变化及其背后的利益博弈》，《解放日报》2011年4月10日。
② 〔英〕吉登斯：《气候变化的政治》，曹荣湘译，社会科学文献出版社2011年版，第73页。
③ 郑国光：《增强适应气候变化能力，保障可持续发展》，《人民日报》2011年11月21日。

有二氧化碳形成的温室效应，地球的温度会常年在零下 18 摄氏度以下，正是因为温室效应使地球的温度保持在 15 摄氏度以上，从而为各种生物的存在创造了环境。二氧化碳是植物生长所必需的物质。当二氧化碳增加 1 倍时，农作物的产量可以增加 40%—130%，同时在二氧化碳浓度增加后，植物需要的气体交换量减少，水分蒸发量减少，作物抵御干旱和臭氧等污染物的能力增加，这对于干旱和污染不断增加条件下的农业生产具有特殊的意义①。

但是，如果大气中的二氧化碳温室气体的浓度超过了一定的度量，让全球气温上升的负面影响远远大于正面影响、达到导致灾害的水平，事情就走到了反面，就会成为环境问题，从而二氧化碳也就成为污染物了。有鉴于此，2007 年美国环境保护署（EPA）决定把二氧化碳计入污染物质。中国环保部在 2011 年颁布的扩大城市大气质量监测标准中，也把二氧化碳和细颗粒物（PM2.5）等一并列入了污染物进行监测。也正是在这个意义上，防止环境污染的减排和二氧化碳的减排形成了交集，于是很多地方就将其统称为减排，其实它们之间是有差别的。

实际上在我们的理论和政策中都已把气候变化、温室气体的减排与环境保护画上等号，如有的学者把分析环境保护的库兹涅茨曲线②直接用来分析温室气体减排的变化趋势，有的学者把碳税作为环境税的一种来进行分析，等等。但是，气候变化怎么变成了环境问题，它们是在什么地方成为交集的等问题如果没有得以阐明，那么逻辑上就出现了断裂，所以，研究气候变化是不是环境问题，并不是多此一举。

第三节　气候变化是能源问题

由于无论是气候变暖的成因还是应对的主要途径都是与能源问题紧密联系的，所以在很多情况下，人们甚至就直接把气候变化等同于能源问题。

---

① 曾左韬、王勋：《科学地研究全球暖化对中国水资源和粮食生产的影响——与朴世龙教授等商榷》，《科技导报》2011 年第 32 期。

② 格罗斯曼（Grossmann）和克鲁格（Krueger）提出了环境库兹涅茨曲线（1995 年），描述了经济发展与环境污染之间的关系，认为环境污染程度与人均收入水平之间存在"倒 U 形"曲线关系。

一　人类的能源活动是全球变暖的主要原因

起源于法国的傅立叶，后来由爱尔兰的科学家廷德尔加以完善的温室效应理论认为，全球变暖主要是因为工业化以来人类过多地使用了碳基能源（煤炭、石油、天然气），把原本存在于地底下的"碳库"快速地搬到了大气之中，导致大气中以二氧化碳为代表的温室气体浓度迅速上升，犹如在地球的表面包裹上了一层"毯子"，由于其能够阻止投射到地球上的阳光中的热红外线向外太空的辐射，从而把热能累积在地球的表面，导致地球的温度上升。越来越多的科学研究成果表明，气候变暖的直接原因是大气层中以二氧化碳为代表的温室气体的过量堆积。1750 年以来，人类的工业化活动引起全球温室气体排放量的增加。1970—2004 年，人类温室气体排放量增加了 70%，而其中二氧化碳的排放量就增加了 80%，致使目前大气中温室气体的浓度值已经远远超出根据冰芯记录测定的工业化前几千年的浓度值，其中二氧化碳的浓度由工业革命前的约 280ppm 增长到现在的约 389ppm（超出可勘测的过去 16 万年的全部历史纪录）。

能源活动的二氧化碳排放量，占全球二氧化碳总排放量的 90% 左右。由于能源活动是迄今为止世界各国，尤其是发展中国家最主要的二氧化碳排放源，所以应对气候变暖最直接、最主要的途径是通过调整人类对能源使用的行为和方式，降低化石能源的消费，从而减少温室气体的排放。

气候变化直接催生出来的低碳经济为科学处理经济发展与应对气候变化的关系找到了出路，为建立在碳基能源基础上的工业文明转变为"资源节约、环境友好、气候安全"的生态文明架起了桥梁。而低碳经济的首要特征就是减少能耗，总的要求就是减少碳源、增加碳汇，主要路径就是节约能源，提高能源效率，改善能源结构，用太阳能、风能、核能、生物质能等清洁能源、可再生能源来替代目前全球以碳基能源为主的能源消费结构。

二　节能是减碳的重要途径

著名的卡亚公式①提出，碳排放是由人口、人均 GDP、能源强度和碳强

---

① 卡亚公式：20 世纪 80 年代日本学者茅阳（Kaya Yoyichi）提出，碳排放 = 化石与工业中净碳排放比率 × 碳强度 × 1/能源转换效率 × 能源强度 × 经济活动。

度等因素推动的，与能源强度、经济活动成正比，与能源转换率成反比。

把能源活动与气候变化关联起来的主要是能源强度和碳强度这两个指标。能源强度指向的是节约能源和提高能源的效率。而碳强度则是测度应对气候变化、温室气体减排的绩效，其指向除提高能源利用效率外，还包括改善能源结构，提高非碳基能源的比重，以及其他减少二氧化碳排放和增加二氧化碳吸收的途径等内容。能源强度的下降是减少温室气体排放的主要途径，是降低碳强度的主要抓手。但是，碳强度下降比能源强度下降困难得多，而且对于节能、环保、减碳、可持续发展目标的实现，碳强度的下降比能源强度下降更具有综合性、高效性。

节能减排在减少碳排放、应对气候变化的过程中有着关键的地位和作用。其实，把节能与减排（减少二氧化碳温室气体排放）相提并论本身就体现了这种重要地位和作用。

节约能源包括为导致能源效率提高的技术节能、由于产业结构调整和升级以及能源结构变化所引起的结构节能[①]。1998—2008 年，英国经济增长了 28%，实现了 200 年来最长的经济增长期，但温室气体的排放却减少了 8%。经济合作与发展组织（OECD）分析了英国实现可持续发展的原因，认为："虽然英国的环境政策对改善英国的自然环境、城市环境起到了很大的作用，但至关重要的转变是由于英国的经济模式由以工业为主导转型为以高级服务业为主导。"事实上，2008 年英国的经济结构已经演变为：农业占 0.9%、工业占 23.49%、服务业占 75.61%。英国的案例充分证明，如果以碳减排、应对气候变化为目标来考察，优化升级经济结构的效应显然首屈一指。

结构节能还包括通过转变出口外向型经济结构来减少碳排放。由于产出和能源效率的差异，在不同国家生产同一产品的二氧化碳排放量是有区别的。在发达国家做某一个产品可能是一个单位的碳排放，而在发展中国家由于生产工艺相对落后，能源效率低，可能超过一个单位的碳排放。而在"低收入国家生产，高收入国家消费"的国际贸易模式下，显然既会导致发展中国家更多的碳转移排放，也会导致全球的总碳排放量增加[②]。

---

① 何建坤：《中国能源发展与应对气候变化》，《中国人口·资源与环境》2011 年第 10 期。
② 何建坤：《中国能源发展与应对气候变化》，《中国人口·资源与环境》2011 年第 10 期。

三 优化能源结构是减碳的另一个重要途径

结构节能的另一个重要内容是能源结构的调整和优化。首先是开发非碳基能源来替代碳基能源。英国实现"脱钩"发展的另一个重要原因是该时期英国的能源结构中可再生能源占能源消耗的比重大幅度上升，可再生能源发电的比例由 1.81% 上升到 5.54%，其中，风能发电量 2004 年才占全国总发电量的 0.3%，到 2006 年则占 1.3%。为实现应对气候变化的目标，要求到 21 世纪末全球实现近零排放，其关键在于能否建立起以可再生能源为主体的能源结构。欧盟国家提出了在第二减排期（2020 年前）要在 1990 年基础上减排温室气体 20%—30% 的高指标，其重要的依据就在于该时期欧盟可再生能源的占比要提高到 20%—30%。

燃料结构的低碳化调整，即使调整幅度比较小或只在化石能源内部进行替代，也可以对碳排放起到抑制作用。

优化能源结构还包括能源构成中的含碳率下降。从减少碳排放的目标考察，化石能源内部也存在替代关系。联合国政府间气候变化专门委员会提供的基于净发热值的缺省因子计算结果表明，产生等量发热值的煤炭所排放的二氧化碳分别是石油和天然气的 1.32 倍和 1.73 倍。如果其他因素不变，能源结构中的煤炭比重下降，而石油及天然气的比重上升，显然也有利于碳排放量的减少。如果以水电或核能替代煤炭，将中国的煤炭消费量降低 1%，则中国的温室气体排放总量将减少 1.14%；若用天然气或石油替代煤炭，每减少 1% 的煤炭消费其碳排放量将分别减少 0.46% 和 0.28%[1]。由此可见，如果其他因素不变，能源结构中的煤炭比重下降，而石油及天然气的比重上升，则二氧化碳排放量必然会减少。

减少矿物能源尤其是煤炭的使用，不仅对于气候变化有积极的作用，同时对于资源的节约和集约利用也具有重要的作用。这是因为，以煤炭为代表的矿物能源是复合资源，如果把煤炭等化石能源只作为燃料使用，不仅会浪费很多的经济价值，还将使复合资源变为环境污染。

---

① 王锋、冯根福：《中国经济低碳发展的影响因素及其对碳减排的作用》，《中国经济问题》2011 年第 5 期。

以提高能源利用效率为目的的技术节能，对于降低能源需求增长、减少二氧化碳排放的作用也不容低估。中国"十一五"期间单位国内生产总值的能耗下降了19.1%，即减少了将近15亿吨二氧化碳排放，就是一个有说服力的案例。

四　中国在能源发展上既有压力也有潜力

中国在能源发展方面既面临着能源安全的压力，也面临着气候安全的压力；既受到国内能源供应能力和环境容量的瓶颈制约，也受到主要来自发达国家越来越强烈的要求中国减排的压力。

中国的能源资源以煤、石油、天然气等不可再生能源为主，但中国石油、天然气人均剩余可采储量仅有世界平均水平的7.7%和7.1%，煤炭也只有世界平均水平的58.6%。

中国能源需求增长很快。改革开放以来，一次性能源消费年均增长5.16%。"十一五"时期能源消费增长了120%（同期世界增长20%）。未来10年中国将处于工业化与城镇化同时并举时期，加之人们生活质量提高的需要，能源消耗增长是不可避免的趋势。

在需求持续增长的情况下，中国国内能源供给能力下降，对外依存度不断提高。2010年石油的对外依存度已超过55%，煤炭已成为净进口国。其原因在于，一方面中国能源资源短缺，另一方面中国用能方式粗放、能源强度高（见表1-1）、能源利用率低。

表1-1　世界主要国家能源强度比较（2005年）

俄　罗　斯	12.71	墨　西　哥	2.74
中　　　国	9.94	美　　　国	2.62
南　　　非	7.19	澳　大　利　亚	2.32
波　　　兰	4.32	德　　　国	1.66
加　拿　大	4.07	日　　　本	1.65
韩　　　国	4.07	意　大　利	1.52
土　耳　其	3.54	英　　　国	1.48
巴　　　西	3.49	世　界　平　均	3.37

注：根据2005年世界银行公布的GDP数据和《世界能源统计年鉴（2006）》公布的能源消耗量计算。

资料来源：李崇银：《关于应对气候变化的几个问题》，《阅江学刊》2010年第6期。

2010 年中国的国内生产总值占全球的 9.5%，一次性能源总消费却占全球的 19%。2010 年中国国内生产总值与日本相当，但能源消费量为日本的 4.5 倍；2010 年中国的能源消费与美国相当，但国内生产总值却只有美国的 40%。

另外，中国作为外向出口型工业制造大国，能耗大量融入终端产品流向国外，转移排放占中国总排放的比重很大。中国出口占国内生产总值的比重，2008 年为 32%，而为生产出口产品在国内消耗的能源已占全国总能耗的 1/4。2007 年中国主要出口美国、欧盟、日本的碳排放即占国内排放的 34.6%，净出口碳排放占国内排放的 29.79%。

受经济快速增长及能源结构和能源利用方式等因素的推动，2006 年开始，中国已经成为世界第一大温室气体排放国。1990 年以来全球一半以上的二氧化碳排放的增量来自中国。仅"十一五"时期中国能源消费排放的二氧化碳占全球的比例就由 12.9% 提高到了 23%。中国碳强度高，上海市的水平是曼谷、东京、悉尼等城市的 3 倍。中国在能源、汽车、钢铁、交通、化工、建材等高耗能产业的碳强度更高于发达国家的水平。

中国的人均碳排放低于发达国家，但单位产值的碳强度高于发达国家的情况表明，生产领域是中国用能大户、二氧化碳排放大户，从而也是减碳的重点领域。在生产领域节能，应当鼓励新上先进生产能力，加快淘汰落后生产能力，加快实施重点节能工程，积极推行合同能源管理。严控高耗能、高排放行业过快增长，执行节能减排法规标准。深化改革，健全和完善排放权交易等节能减排长效机制，让通过技术创新提高能源效率、减少排放的企业得利，让高能耗、高排放的企业赔钱，从而使排放二氧化碳等温室气体的社会成本企业化。

把经济结构战略性调整作为统筹能源安全和气候安全的主攻方向。加快发展现代产业体系，逐步提高服务业的比重和水平，大力发展战略性新兴产业[①]。调整高排放的外贸结构，改变"拿走了财富留下了贫困，输出了资源留下了污染"的恶性循环，挤压转移排放占碳排放的比重，缓解中国碳排放的压力。充分发挥中国可再生能源资源丰富的优势，加大开发利用可再生能源的投入，建立健全有利于可再生能源推广应用的体制机制。在"十二

---

① 　温家宝：《把节能减排作为硬任务硬举措硬指标》，《人民日报》2011 年 9 月 28 日。

五”期间中国可再生能源占比将上升到11.4%，“十三五”时期将上升至15%，在此基础上，要加快建设中国以可再生能源为主体的可持续能源体系，这样既可保证中国向世界承诺的温室气体减排目标得以实现，又可为中国能源和二氧化碳排放达到峰值并绝对减排提供保障。

继节能减排之后中国又提出了控制温室气体排放的指标。应进一步强化这两个指标对于中国经济社会可持续发展的导向性和约束性。一是要整合这两个指标，发挥其节能、环保、低碳的协同效应，形成调整产业结构、优化能源结构、节能增效、增加碳汇的联动机制。二是要用控制温室气体的目标来引领节能减排目标，把控制温室气体目标作为统筹国内节能减排与国际应对气候变化两个大局的战略选择。

第四节　气候变化是国际政治问题

一　全球气候治理已是国际社会关注的热点和博弈的新焦点

当今世界第一位的问题，非气候变化莫属。在世界上重大的国际会议、国际交流活动中，气候变化都是重要议题，概莫能外。

应对气候变化，重组了国际政治格局。在传统的南北两极，即发达国家与发展中国家“两分天下”的基础上，变化为三大气候利益集团鼎立的局面。发达国家内部分化成为以欧盟为一方和环太平洋大国美国、加拿大、澳大利亚、日本等为另一方的两大营垒。而在发展中国家之间因为各自的利益诉求，如海湾国家的石油利益、岛屿国家的环境利益、77国集团共同利益、“基础四国”发展利益等，也呈现出既联合又博弈的错综复杂的态势。

气候变化已成为世界主要国家制定经济、外交政策的重要依据，成为欧盟等发达国家或地区实现自己追求国际政治大国地位的重要手段，甚至成为发达国家制造新的贸易保护壁垒、影响贸易全球化的武器。

二　走出“囚徒效应”，全球治理气候变暖

气候治理受到个体理性与集体理性冲突的“囚徒效应”的困扰。欧盟

航空碳税政策①，既有其在解决欧债危机的谈判中增加筹码、提升欧盟在应对气候变化和环保领域的领导地位的政治方面的考虑，也有扩大其在碳排放交易市场优势、摆脱欧债危机的经济方面的考虑。但是，欧盟单边征收航空碳税，会极大地增加航空公司成本压力（以目前国际碳排放交易市场价格计算，对在欧盟境内飞行的航空公司，2012 年就额外增加 3.8 亿欧元的成本，并最终转嫁给消费者）。这既违背了公平贸易的规则，也违背了"共同但有区别的责任"的应对气候变化的原则；可能损害全球应对气候变化的进程和秩序，产生与气候治理相悖的后果，甚至可能导致贸易战争的爆发，破坏经济全球化进程。摆脱气候治理"囚徒效应"的理性选择应当是寻求一种在满足个体理性、兼顾各气候利益相关国利益的前提下，实现全球气候治理集体理性的合作机制。例如，为完成《京都议定书》对主要发达国家减排的目标而制定的清洁发展机制（CDM），就是既能让发展中国家得到资金和技术支持、提升本国应对气候变化能力，也能让发达国家降低减排成本、实现减排目标的互利共赢的范例。

三　共同但有区别的责任：全球气候治理的原则

从政治的本原意义上考察，应对气候变化也是一个典型的政治问题。英国学者特里·伊格尔顿认为：政治是指"把社会生活整个组织起来的方式，以及这种方式所包含的权力关系"②。应对气候变化作为政治问题，主要是指应对气候变化的组织架构和权力分配、利益博弈等。

迄今为止，世界上是以"共同但有区别的责任"的原则、公平正义原则，来安排不同国家在应对气候变化过程中的责任和义务的。包括《京都议定书》对第一减排期主要发达国家刚性的减排任务，和原本准备在哥本哈根气候谈判大会上确认的巴厘岛路线图中对后《京都议定书》时期减排任务的安排等。

"共同但有区别的责任"是保证气候利益和责任公平正义地分配和安排

---

① 2008 年欧盟通过法案，决定将国际航空领域纳入欧盟碳排放交易体系，并于 2012 年 1 月 1 日生效。根据此项法案，航空公司免费排放的额度是其原排放量的 85%，如果超过这一限额，超出的部分按每吨 100 欧元（约合 130 美元）进行罚款以及禁止在欧盟境内飞行等制裁措施。

② 王国莲：《PM2.5：研究当代中国生态政治的一个样本》，《青岛农业大学学报》（社会科学版）2013 年第 11 期。

的原则。气候利益与责任在过去、现在、未来之间，在当代不同国家之间，在不同世代之间的分配与安排是考量气候治理的首要问题。公平正义的伦理要求人类在使用气候资源、气候利益方面不管是穷人还是富人，也不管是当代人还是下一代人都具有平等的权利。若是谁多耗费了资源、污染了环境，谁就有责任进行补偿。

一方面，历史上发达国家从发展中国家及被边缘化的国家那里征用排放空间，完成了本国工业化、现代化的任务，是应对气候变化的既得利益者。工业化时代以来所排放的每 10 吨二氧化碳中，有 7 吨是发达国家排放的。美国人均历史排放累积达到 1100 多吨。而且，发达国家在完成了工业化之后，温室气体排放还在增长，占世界人口 15% 的发达国家排放了占全世界一半的二氧化碳。2004 年发达国家人均排放的温室气体是发展中国家的 4 倍。美国的人均排放已达 19 吨。因此，发达国家既应当在承担气候变化的成本方面起主要作用，也应当允许后发国家享有发展排放空间的权利。

另一方面，随着发展中国家工业化、城镇化的加速，发展中国家在全球排放量中所占的比例也较快上升，2004 年占全世界的 42%，而 1990 年这一比例尚只有 20% 左右。预计到 2030 年，发展中国家的排放量将占到世界总排放量的一半以上。这既为发达国家要求发展中国家毫无区别地分担减排责任留下了口实，同时也是气候风险日益逼近的警报，发展中国家在实现本国工业化、现代化之前就应该加入应对气候变化的行列。

气候安全是人类共同的需要，但对于气候安全，强者和弱者的承受能力不同。真正的公平应该建立在承认人与人有差别的基础之上。在气候责任的安排上，显然应当充分考虑各个国家所处的发展阶段、应当承担的责任和承担责任的实际能力等因素。

"所有关于气候变化问题的争议其实质都是利益之争，都是对未来排放权的争夺。"[1] 在全球气温升幅 2℃ 控制目标下，世界未来的二氧化碳的排放空间成为越来越稀缺的资源（约 8000 亿吨二氧化碳），与此相应，对其分配的争夺必然会更加激烈。按发达国家的方案，要将 44% 未来的排放权给它们，这样则会把发达国家与发展中国家人均排放量之间长期存在的 7.5 倍

---

[1]　丁仲礼：《气候变化及其背后的利益博弈》，《解放日报》2011 年 4 月 10 日。

的差距继续保持在 2.7 倍的水平上。这种方案极大地剥夺了发展中国家的发展权利，如按此方案中国在 2020 年之前就会向发达国家购买排放权。这明显地违背了"共同但有区别的责任"的原则，理所当然要受到抵制，这也是哥本哈根气候大会争议的实质之所在①。

四　全球治理为应对气候变化开辟了新途径

应对气候变化似乎走入了死胡同，已经很难在原有的政治制度框架内解决问题，需要有新的政治智慧去探索新的解决路径。

让渡一部分国家主权来实现气候变化的全球治理的理论，让我们看到了解决气候变化问题的曙光。根据在全球和地区一体化进程中出现的所谓主权分割和主权让渡的现象，全球治理理论提出包括全球气候治理在内的全球治理与国家主权之间并非此消彼长的零和博弈的关系，两者完全可以相辅相成、协调一致②。但这一目标的实现是基于这样的条件，即利益相关方在不损害国家的根本利益，不影响经济的发展、社会的稳定和人民生活水平的提高的前提下，在可能的范围内作出必要的让步和牺牲，即让渡部分国家主权。当然，这里的主权让渡并不是将国家主权的一部分分割出来、让渡出去，而是指各相关国家共同拥有和行使这部分权力。在气候治理上则表现为，世界各国就全球气候变化问题达成共识，并具体制定出节能减排的标准和要求，而各国又严格遵守。当然，这也就意味着相关国家政府的管理权受到制约，人们的生产生活会受到比较大的影响。《联合国气候变化框架公约》执行秘书克里斯蒂安娜·菲格雷斯评价 2011 年底结束的南非德班气候大会最后达成的协议时说："为了实现通过长期努力解决气候变化问题这一共同的目标，所有国家都舍弃了本国十分看重的一些目标。"

五　提升中国在全球气候治理中的话语权

中国是气候全球治理的积极参与者，一直在建设性地推动应对气候变化的国际谈判的进程。随着综合国力的提升，中国也在通过向小岛国家提供增强应

---

① 李崇银：《关于应对气候变化的几个问题》；王峰、冯根福：《中国经济低碳发展的影响因素及其对碳减排的作用》；李景治：《全球治理的困境与走向》，《新华文摘》2011 年第 7 期。

② 林伯强：《资源税改革影响几何》，《经济日报》2011 年 11 月 1 日。

对气候变化能力建设的援助，中国在海外的能源企业也通过加大对开发地环境保护等途径和措施，逐步加大中国参与气候全球治理的力度。笔者认为，更为重要的是练好"内功"，即通过把积极应对气候变化作为经济社会发展的重大战略，作为加快转变经济发展方式、调整经济结构和推进新的产业革命的重大战略机遇，加快中国的节能减排、资源节约环境友好型社会和生态文明的建设，来缓解国际上对中国的减排压力，来改变中国在应对气候变化国际谈判中的被动处境，争取在全球气候治理规则制定中有更多的话语权。应加大对气候变化的科研支持，这既有利于提高国家在国际气候谈判中取得主导权、推动有利于国家利益的科学结论转化为国际政治共识，也可以为国内应对气候变化提供理论支持。

第五节　气候变化是发展问题

一　用发展的理念和办法来应对气候变暖

我们不应该以停滞发展、降低生活质量来应对气候变化，而要用发展来解决应对气候变化挑战的理念。在应对气候变化过程中产生的后环保主义认为，不能因为要减排，要应对气候变暖，就不开车，不坐飞机，甚至家里不开灯，这是不可能的。发展是可持续发展的基础，"发展是解决过去乃至未来所有问题的主要手段"①。国内外众多事例表明，包括应对气候变化在内的治理保护环境的能力与一个国家和地区的发达水平成正比。如果没有相应的实力，最多也只能是心有余而力不足。

应对气候变化对于发达国家已属于后现代问题，而对于广大发展中国家，则是在自身工业化、城市化和现代化任务远未完成之际，就必须面对的问题。世界环境与发展委员会发布的《我们共同的未来——从一个地球到一个世界》指出："贫穷是全球环境问题的主要原因和后果，因此，没有一个包括造成世界贫困和国际不平等因素的更为广阔的观点，处理环境问题是徒劳的。"联合国所提出的这个原则对于应对气候变化显然也是适用的。实际上，包括一些

---

① 联合国环境规划署执行主任阿希姆·施泰纳2010年7月在"环境变化与城市责任"世博主题论坛上的讲演。

发达国家的学者也提出，降低气候变化的影响的主要活动不是在发展中国家修筑堤坝或种植耐旱作物，而是促进非洲、亚洲与拉丁美洲的快速整体发展。

二　"双脱钩"发展模式可望实现

发展与应对气候变化、保护环境可以并行不悖，"双脱钩"[①] 是可能的模式、可及的目标。环境库兹尼茨曲线认为，环境污染程度与人均收入水平之间存在"倒 U 形"曲线关系。表现在气候变化问题上则是，当一个国家处于"倒 U 形"曲线的爬升阶段，该国就会出现经济增长，二氧化碳排放不可避免地增加；当处于"倒 U 形"曲线右侧的下降阶段，该国才可能进入经济发展与二氧化碳排放下降的"双脱钩"的良性发展阶段。而联合国在对 21 世纪前 10 年中包括中国在内的很多国家关于能源和气候变化方面的调查结果表明，保护环境可以不减缓经济发展，或者快速的经济发展不一定要以牺牲环境为代价。"我们可以减少能耗，可以减少温室气体排放，并且可以做到减少 80% 以上，而不至于因此带来其他的经济问题，或者使经济发展受到阻碍。"[②] 广大发展中国家以牺牲经济增长来获得二氧化碳减排既是不可能的又是不可取的，而在经济增长与二氧化碳减排的困境中寻找经济低碳发展的道路才是其唯一正确的选择。

三　科技在应对气候变化过程中是决定性要素

科学技术是应对气候变化的决定性因素，其作用可能超过其他所有因素之和[③]。科技的这种作用，从新能源的开发利用可见一斑。在全球既面临化石能源枯竭，又面临气候变暖的挑战之际，人类发现太阳每秒钟投射到地球上的能量相当于 500 亿吨标准煤，地球所接收的太阳能功率平均每平方米为 1367 瓦。在中国，如果把 2% 的戈壁和荒漠利用起来，或者在城市 20% 的建筑上安装太阳

---

① 由经济合作与发展组织提出的测度经济发展与环境质量之间的关联性的工具，重点在于通过测度经济发展与物质消耗投入和生态环境之间的压力状况，以衡量经济发展模式的可持续性。

② 联合国环境规划署执行主任阿希姆·施泰纳 2010 年 7 月在"环境变化与城市责任"世博主题论坛上的讲演。

③ 王锋、冯根福：《中国经济低碳发展的影响因素及其对碳减排的作用》，《中国经济问题》2011 年第 5 期。

能发电装置，每年即可发电 2.9 万亿度，就可以满足现在全国 1/3 的用电需求。但是，科学技术是太阳能等新能源能否被开发出来的决定性因素。谁拥有新能源资源开发利用的先进技术，谁就拥有了这类能源开发利用的权利，谁就能掌握并拥有这类能源的资源，在破解能源安全和气候安全这两道难题中占领先机。

反过来，应对气候变化本身也为科技进步提供了良机。英国国家历史博物馆和剑桥大学的学者追踪过去 200 万年气候变化的历史发现，地球气候变冷或变暖的时期不仅没有阻碍人类的发展，反而是极大地推动了人类的进化。最根本的原因就在于应对气候变化倒逼技术进步、科技创新，为推进新的产业革命、加快创新型国家建设、实现跨越式发展提供了推手和平台。

事实上，美国、欧盟等国家纷纷抢占应对气候变化条件下的科技进步的先机。例如，美国及时推出新能源战略，开发研究超导和智能电网、云计算等以低碳为主要内容的智能能源产业，为继续保持他们在世界经济、科技发展中的领先地位提供了有力支撑①。

专栏 1 - 1　欧盟以推动气候议题获取比较优势

20 世纪 70 年代两次石油危机迫使欧洲转向节能低碳的发展模式，对能源和经济安全的担忧是欧盟走上低碳转型道路的初始原因。欧洲国家无法像美国那样通过多种手段获得能源供应，从而被迫走上了降低能源进口的依存度，节约使用化石能源和开发可再生能源之路。欧洲在提高能源效率和发展低碳能源方面起步早，水平领先，通过低碳约束可削弱美国、俄罗斯及中东国家等经济竞争对手的传统优势，获得比较优势。通过推动国际气候制度的发展也有利于欧盟实现新能源技术出口的优势战略。气候议题的整体性也有利于推动欧盟成员方的团结，促进欧盟一体化进程。

资料来源：《欧盟以推动气候议题获取比较优势》，《世界经济与政治》2012 年第 8 期。

专栏 1 - 2　柴变油项目

武汉阳光凯迪新能源集团已成功开发出"柴变油"第二代生物燃油项目。该项技术是将含水率低于 15% 的木屑放入汽化塔，将其分解为含碳、

---

① 武建东：《绿色经济再造美国：奥巴马能源大战略解构》，《科学时报》2009 年 1 月 20 日。

氢气体，随后在催化剂的作用下形成碳氢化合物生物柴油。该公司生产的生物燃油，含有50%的生物柴油、50%的生物航空油和生物汽油。飞机、汽车不需要任何改装即可直接使用这种能源，其价格与普通成品油相当。同量的生物质油可比普通汽油多跑10%的路程。由于其不含重金属、硫、磷、砷等元素，使用后可有效地减少环境污染。

4.3吨树枝柴或农作物秸秆即可生产1吨生物柴油。成本均价为6000元/吨，其中52.6%是原材料费用。每吨原料农民可获利3000元。该企业现已与全国300多个县建立原料基地，通过技术、资本、管理等的投入带动农民参与能源基地建设。

中国每年农林废弃物约有12亿吨，其中只有少量被利用，而约有8亿吨被焚烧或腐烂。如果都能"柴变油"，年产量可达2亿吨，与2012年中国全年进口的原油量2.71亿吨相当。

四 应对气候变化为科学发展提供了经济技术手段的支持

全球应对气候变化为转变经济发展方式、实现可持续发展提供了技术经济手段的支持。用绿色GDP来替代传统的GDP，建立自然资源有偿使用制度和生态补偿机制等，都是促进经济发展方式转变，实现可持续发展的重要的统计、评价、考核体系和体制机制，不仅意义重大，而且非常紧迫。但是受制于环境自身具有累积效应、合成效应和门槛效应等复杂性、环境影响的难确定性，难以建立污染排放水平与环境损害剂量的对应关系等原因，使自然资源、环境的定价以及按年度的分解等技术问题难以解决，从而阻碍了绿色GDP的实现和自然资源有偿使用，生态补偿机制难以进入操作层面，推进迟缓。而应对气候变化过程中兴起的碳排放权交易、碳金融、碳税等则可能会或已经为我们解决以上可持续发展进程中的经济技术难题提供启示和借鉴。

五 低碳社会的生活方式、消费观念

改变居民消费模式是联合国政府间气候变化专门委员会推荐的一种减排措施。联合国政府间气候变化专门委员会2001年提出，从长期来看，改变

消费模式比单一地实施减排政策措施更重要；2008 年又提出，对减缓行动有积极影响的实例包括消费模式的改变、教育和培训、建筑内居民行为的转变、交通管理需求等①。

（1）引导公众消费行为，建立低碳社会消费方式。公众消费理念和消费方式是企业生产行为的导向，也是实现向低碳发展方式转变的社会基础。要把低碳型消费作为一种社会公德，引导、规范和制约社会公众的消费行为，倡导健康文明和适度的消费方式②。

（2）环境标志认证制度有利于引导居民选购低能耗的产品。

（3）唤起民众认识到"温室效应""气候危机"的严重后果和时间的紧迫性。树立节约资源、保护环境的自觉意识、责任感和使命感。从生活细节做起，如注意废旧电池回收、垃圾分类处理、减少和抵制一次性用具的使用、借鉴和推广"低碳生活方式"等③。

（4）发展和乘坐公交和地铁，是一种节约和高效的能源利用方式。人们对于私家车的需求更多出于心理层面的满足，而不是为了解决现实的出行问题。美国曾是世界上铁路设施最发达的国家之一，第二次世界大战以后，美国为支持乡村发展，政府兴建了很多公路，使铁路受到冷落，很多客运干线已经停运，尤其是西部地区。另外，美国很多人住在郊区，导致私家车盛行，公共交通正在退化，这是美国的一大失败。

第六节　应对气候变化的市场机制

一　市场机制应对气候变化的理论基础

（一）产权方式是应对气候变化最好的市场手段

英国亚当·斯密研究所高级研究员蒂姆·沃斯尔（Tim Worstall）提出要"依靠市场手段解决气候变化问题"。气候变化本身和由联合国出面应对

---

① 王锋、冯根福：《中国经济低碳发展的影响因素及其对碳减排的作用》，《中国经济问题》2011 年第 5 期。

② 何建坤：《中国的能源发展与应对气候变化》，《中国人口·资源与环境》2011 年第 10 期。

③ 何建坤：《提高核心竞争力必经之路》，《人民日报》2010 年 10 月 20 日。

气候变化本身都意味着市场机制失灵。但对市场机制进行改造，重新构建一个"人为的市场"，例如把金融手段嵌入遏制气候变化之中，那么在市场中就会演化出与应对气候变化相关的新机制与新市场。

美国加州大学洛杉矶分校教授安·卡尔森进一步提出，市场手段包括"限额交易计划与辅助性政策"。限额交易即所谓产权方式。让公共品具有私人产权的明确界定，使得原来既不可交易也没有价格发现机制的污染行为（气体排放）具有私人产权边界，从而可以进行交易并具有价格发现机制，可以由市场机制进行配置而达到合意的均衡状态①。除产权方式外还有规定限制和禁止行为，技术准入标准和行政审批等行政控制方式，同时包括征收碳税、环境税等经济方式。

姆塞茨（Demsctz）（1976 年）认为，产权的一个主要功能是引导人们将外部性的激励内部化。安·卡尔森认为，产权方式允许市场制定碳价，由气体排放者自行决定是否减排、怎样减排等。此机制有望成为减少温室气体排放的有效机制。

碳税等经济方式虽然体现了市场经济效益与责任的原则，谁污染谁付费，谁消耗谁承担，但这种方法是以强制手段抑制排放，既可能对发展起到抑制作用，也可能超过企业的承受能力，而企业却难以进行选择。而且这种方式的价格发现（成本确定）往往是行政性的、法律规定的，所以很难实现有效的效益与责任的对应性②。而产权方式兼容强制性和竞争性，既能保证企业的可选择性和公共品（环境）的可交易性，由下而上实现节约资源、保护环境的社会性目标，又有利于建立起退出扶持机制，使退出企业拥有交易的收入，从而顺利实现转型，使交易双方都获得发展促进因素。

（二）产权方式需要其他方式的辅助和配套

安·卡尔森等将限额交易计划与辅助性政策进行比较后认为，产权方式还需要很多辅助性配套政策。辅助性政策包括，确立排放总量控制、污染排放标准、可再生能源配额制、燃煤电厂排放标准、低碳燃料标准、汽车燃油

---

① 《事业管理人员低碳经济知识学习》，百度文库，http：//wenku. baidu. com/view/73a8c60d52ea551810a687bf. html，最后访问日期：2014 年 12 月 1 日。

② 《低碳经济》，百度文库，http：//wenku. baidu. com/view/710de9d284254b35eefd3403. html，最后访问日期：2014 年 12 月 1 日。

效率标准等行政方式和环境税、碳税等经济方式。

英国石油公司前总裁约翰·布朗认为，辅助性政策可更加直接地控制谁必须减排及如何减排，从而有效控制温室气体排放。"企业自己不能依靠自身实现减排，需要推行可信的排放权交易体系，和政府强力的严格控制排放的上限来实现。"

碳税和产权方式互补产生应对气候变化的合力。例如，美国通过碳税辅助碳交易推动产业转型。结合市场改革实行碳税，与只实施市场改革相比，可产生两倍的减排量，但对经济影响较小，全国能源服务的成本增加也较小①。

瑞典通过碳税让使用煤和石油都更加昂贵，而使用生物质能源却变得更加经济。由此，生物质能源的使用显著上升，大量用于区域供热的生物质能源都是来自林业部门的林下剩余物，而石油与煤的使用则从区域供暖中绝迹。同时区域供暖的网络极大地延伸，从而使更多的家庭与商业建筑不再使用石油取暖。并没有要求人们改变生活方式，也没有从道德上追究企业的责任，上述改变就自然而然地发生了。区域供暖厂的经理们从来没有梦想过成为环境保护主义者或活动家，也从来没有试图撰写任何关于环境问题的书籍，却引领了向新能源体系过渡的潮流。就像环保能源过渡带来了更加环保的结果一样，恰好在这个问题上，环境保护和企业的利益找到了结合点②。

（三）因时因地制宜选用产权方式和辅助性政策

蒂姆·沃斯尔还提出，要注意产权方式和辅助性政策各自的适用范围，视情况而定如何采取限额交易政策和辅助性政策。如果决策者只是为了保证成本效益而不考虑其他额外目标，如降低空气污染、创造就业机会等，那么在市场正常运转的情况下，可只采取限额交易政策而不采取辅助性政策。但是，如果市场失灵导致排放者无法以最低成本减排，那么辅助性政策就显示出一定的重要性③。

---

① 陈洪宛、张磊：《中国当前实行碳税促进温室气体减排的可行性思考》，《财经论丛》2009 年第 1 期。

② 〔瑞典〕克里斯蒂安·阿扎：《气候挑战解决方案》，第 47 页。

③ 姜红编译《应对气候变化危机须依靠经济政策》，《中国社会科学报》2012 年 9 月 14 日。

二　碳排放权交易

（一）碳排放权交易是应对气候变化主要的市场机制

碳排放交易市场的价格信号，将企业二氧化碳排放的社会成本内部化，有利于激励企业进行技术创新，发展先进的低碳技术，并将引导投资对行业和项目的选择，促进低碳新兴产业的发展。

碳排放权交易源于 20 世纪 70 年代经济学家提出的排污权交易概念。随着应对气候变化的需要，排污权交易的理念和办法又向控制温室气体排放的碳排放权交易延伸和发展，《京都议定书》所规定的强制减排任务，尤其是它所建立的三个"灵活履约"机制，开创了借助于市场机制和金融手段应对气候变化的操作手段，甚至碳排放权交易比排污权交易应用得更为广泛。

专栏 1 – 3　排污权交易（Emission Trading）

排污权交易基于西方经济学科斯的产权理论和庇古的补偿理论。其法理基础就是人类在使用资源和环境方面无论是当代人还是下一代人之间都享有平等权利的公平性原则，谁要多使用资源、污染环境就应进行相应的补偿。

排污权交易是环境保护的产权办法，即把环境容量、排放空间看做一种资源，在明晰其产权的基础之上，根据其治理的成本、稀缺性、供需状况等因素并通过市场交易来形成价格。

排污权交易最主要的功能一是实现污染排放总量减少，改善环境质量，二是促进治理污染的技术进步，降低全社会治理污染的成本。

排污权交易始于美国在水环境、大气环境保护中的一种经济手段和管理手段。现在美国、德国等发达国家，关于排污权交易的相关法律法规、交易市场、机构等都日臻成熟。1990 年美国《清洁空气法》（修正案）中制定了"酸雨计划"，正式确立了排污权总量控制与交易机制的法律地位，并应用于削减二氧化硫的排放，防控酸雨污染。1990—2006 年美国电力行业发电量增长了 37%，而二氧化硫的排放却减少了 40%，NOx（氮氧化物）的排放量下降了 48%。美国中西部和东北部部分地区湿硫酸盐沉降下降了 25%—40%，显现出重大的治污和环保效应。

（二）国际上的碳排放交易体系

（1）欧盟：2005 年设立碳排放交易市场，是全球最大的碳交易体系，覆盖欧盟 27 个成员，以及与欧盟有密切联系的冰岛、列支敦士登、挪威的约 1.1 万家企业。遵循"限制和交易"的原则，依据每年规定的碳排放总额通过这一体系对成员境内的企业每年免费发放 20 亿吨碳排放配额。若超额排放，将遭受处罚；若减少排放，可获取信用。碳配额和碳信用可作为许可证在碳市场上交易。除工厂外，碳交易市场参与者还包括银行、投资机构、碳交易企业等①。

（2）美国：2003 年建立芝加哥气候交易所，是世界上第二大碳交易市场、成熟的区域性碳交易体系，主要为承担自愿减排任务的 10 个州和自愿减排的交易企业提供交易服务。交易的种类包括二氧化硫等全部六种温室气体②。该交易所实施严密的监控体系和测算体系，为市场交易提供了强有力的支撑。

（3）韩国：2012 年通过全国碳交易体系法案，规定企业可以买卖碳排放许可或者去购买联合国清洁机制框架下的碳汇。参与韩国碳交易机制的企业已超过 450 家，排放规模占全国总排放量的 60%。韩国还将在 2015 年正式实施碳交易体系法案。在严格的减排目标压力下，韩国可能产生世界性规模的碳交易市场。

（三）中国的碳排放权交易的试点与进展

1. 全国七个碳交易试点地区

北京市已发布了碳交易计划，对 300 户企业分配碳排放配额，在 2013 年底开始交易。天津市 2013 年 2 月发布碳交易实施方案，碳排放权交易的各项基本要素建设已初步完成，包括制定区域碳市场管理办法、建立碳交易注册登记系统和交易平台，建立统一的监测、报告、核查体系，完善市场监管体系等。湖北已将 107 家企业纳入试点。重庆市碳排放权交易在 2013 年底开始运行。上海市针对碳金融市场建设的实施方案已

---

① 《欧盟碳交易机制遵循"限制和交易"原则》，中国碳排放交易网，http：//blog. sina. com. cn/s/blog_ a0ceca600101cryt. html，最后访问日期：2014 年 12 月 1 日。

② 《全球碳交易市场筹建方兴未艾》，新华网，http：//news. xinhuanet. com/world/2010 - 12/08/c_ 12860186_ 2. htm，最后访问日期：2014 年 12 月 1 日。

接近完成①。深圳市没有重化工、钢铁、火力发电等大型碳源，但是通过控制"间接碳源"实现节能减排，实现国家的温室气体减排目标成为深圳开展碳交易的动力，深圳市提出了年碳交易规模要达到 3000 万吨的目标。

中国在碳交易体系建立过程中对参与主体各方责任和职能的界定，运行中相关配套的法制建设，碳排放交易中第三方的核证机构的培育和建设，认证、认可、登记注册系统的建立，交易平台的建设和相关的技术规范标准等都需要协调统一和完善。另外，建立科学健全、行之有效的全国碳排放交易体系是中国开展碳排放交易的重要指标和必要条件。

2. 中国首个强制性碳交易市场、首单配额交易成功

2013 年 6 月 14 日由深圳能源集团股份公司出售 2 万吨 2013 年的碳排放配额。广东中石油国际事业有限公司、汉能控股集团分别购得 1 万吨，单价为每吨 28—30 元，总成交额达 58 万元。两家买方都不是纳入深圳碳交易体系的控制企业，而是以市场投资者的身份参与碳交易的。

深圳开展碳交易的具体做法是把重点工业企业和大型公共建筑作为碳排放管控的单位，其碳排放量占全市的 40%。

重点企业的确定：根据企业的工业增加值、规模大小、能耗水平等因素确定了 635 家企业。这些企业 2010 年的碳排放量共为 3173 万吨，占全市排放总量的 38%，工业增加值占全市的 59%，占全市 GDP 的 26%。这些企业 2013—2015 年获得的排放配额为 1 亿吨。倒逼这些企业到 2015 年平均碳强度比 2010 年下降 32%，2013—2015 年平均碳强度下降率达到 6.68%，均高于同期全市减排强度下降目标，将为全市完成"十二五"节能减排和温室气体减排目标发挥重要作用②。

独创会员形式，鼓励和允许机构与个人投资者参与，既面向国内又面向国际市场。其目的在于鼓励富有环保责任感的公民和社会团体在降低自身碳排放的同时，对于无法避免的碳排放，通过购买配额进行注销的方式来抵销，从而有效地利用强制的碳市场使公民及社会团体提高减排意识，促进社

①　《深圳今日正式运行　我国碳排放权交易实质性启动》，解放网，http://www.jfdaily.com/a/6338426.htm，最后访问日期：2014 年 12 月 1 日。

②　数据来源：确定工业增加值数据由深圳市统计局提供；企业的能耗等数据由深圳市市场监管局、深圳市供电局、中石油、中石化、中海油等提供。

会大众的减排活动。

深圳碳交易市场建在前海，目的就是与香港联手共建深港碳交易市场，探索合作模式和配套措施，推动人民币成为跨境碳交易计价结算货币。

欧美碳交易产品以期货为主，而深圳是以现货为主。深圳首批提供的交易产品有两种：一是发改委分配给 635 家工业企业和 197 栋建筑物的碳排放配额；二是核证减排量，即碳低消项目的减排量。项目业主申请签发后即可上市交易。个人投资者可在碳交易所开设账户，首次参与的门槛为 3000 元。

今后深圳还将把新能源交通纳入碳排放交易管理，实现从强制推广使用新能源汽车过渡到以配额分配方式进行推广。到 2015 年深圳将建立起工业企业市场、建筑碳市场和交通碳市场三大板块，形成全方位、多层次的碳排放管控体系。

专栏 1-4　浙江省红狮水泥股份公司开发 CDM 项目

浙江省红狮水泥股份公司位于浙江省兰溪市，是以生产高标号水泥为主的大型企业，在全国水泥行业中排第 9 位。

利用废气发电是该公司的主要特点。过去生产水泥过程中窑头熟料冷却机和窑尾预热器排放掉大量的 350 摄氏度及以下的以二氧化碳为主的废气。其排放的热量要占水泥熟料烧成系统总热量的 35% 以上。该企业在窑头和窑尾安装大型的余热发电锅炉，利用水泥生产线窑尾预热器及窑头熟料冷却机废气余热，通过低压过热蒸汽发电，可满足全公司全年 1/3 的用电量，由此节约了 3.5 万吨标准煤，减少了 10 万吨二氧化碳的排放。

该公司以余热发电减排额度与卢森堡 MGM 碳基金合作开发 CDM 项目，转让余热发电产生的温室气体减排量。合同规定转让总量不低于 120 万吨二氧化碳当量，转让价格不低于每吨二氧化碳 8.2 欧元，合同期限为 6 年，总转让量为 104.75 万吨，交易总价值为 858.99 万欧元。2009 年底前首笔资金 580 万元人民币已经到账。

水泥行业本来属高能耗、高污染行业，是国家信贷政策严格限制贷款的部门，信贷准入门槛很高。但是，由于红狮公司在节能降耗发展循环经济方面的努力，得到了金融部门的大力支持。建设余热发电系统时，该企业自筹资金 5000 万元，尚有 4000 万元缺口，这时农业银行及时发放贷款，帮助其购买发电机、锅炉和有关控制系统，使废气发电项目按时运行。由于效益良好，加之二氧化碳减排机制的助力，使该公司利用废气发电两年之内归还了贷款，进入了良性循环。

资料来源：《排放权交易渐行渐近》，中国产权交易所网站，http：//www.cnpre.com/ search/news/index.php? modules = show&id = 27201，最后访问日期：2014 年 12 月 1 日。

三 碳税

碳税是应对气候变化的重要的市场手段。碳税源于环境税，也是环境税的具体税种之一。碳税具体的做法是给碳排放定价，制定一个可预测并逐渐增加的价格，与减排的目标保持一致。20 世纪 90 年代初，芬兰、瑞典、丹麦、荷兰等国先开征碳税。此后，德国、英国、法国等也相继开征碳税，并取得了良好的效果[①]。瑞典由于开征碳税，促使生物质能源取代了石油用于供暖，从而降低了瑞典的碳排放。挪威对从北海开采石油和天然气征收温室气体排放税，使得将二氧化碳捕获与注入地下比直接排放到大气层更省钱，从而促进了碳捕获和碳收集技术的快速进步。

专栏 1 - 5 环境税

环境税又称生态税，或者绿色税。狭义的环境税是根据污染者付费的原则，对排放的污染物所征收的税。广义的环境税除了涵盖狭义的环境税之外，还包括以改善环境质量，激励节能减排为目的而对其他相关的税种给予的减免，因此也被称为"与环境相关的税收"（environmentally related taxes）。

环境税的理论依据是福利经济学家庇古在 20 世纪初期提出的。该理论认为，为了克服负外部性所导致的边际私人成本与边际社会成本之间的差异，政府应当对污染者的每单位产出征收与其所造成的边际损害等值的税。

环境税一般分为间接税和直接税两种。间接税是指对污染物排放和资源使用开征的税收，直接税是指为了激励以节能环保为目的的间接税的减免或

---

① 孙晓伟：《碳税制度的设计与实施》，《光明日报》2010 年 9 月 14 日。

抵扣及一些税收返还政策。

间接税中包括能源税、资源税、污染税、交通税。

能源税是针对汽油、柴油、天然气和煤炭等能源产品的使用所征收的税。经济合作与发展组织成员大部分都要征能源税，税率最高可达 25%。

资源税主要是针对水、森林等自然资源开采使用征收的税。

污染税是针对废气、废水、固体废弃物以及噪声等污染物的实际排放量或估算排放量而征收的税。最典型的废气污染税是二氧化硫税。

水资源税和水污染税本来分属两个不同的环境税税种，但实际中往往是一并收取的。噪声税，通常是根据飞机起降次数或者机场乘客的数量与行李的重量，向航空公司或乘客收取。针对农业生产中使用氮磷化肥、牲畜粪便及杀虫剂也征收污染税。交通税主要是针对车船等交通工具的保有和使用征税，主要参考其能耗的标准与排放标准征收。

资料来源：孙晓伟：《碳税制度的设计与实施》，《光明日报》2010 年 9 月 14 日。

四　碳标签

碳标签既是应对气候变化重要的市场手段之一，也是碳排放权交易和碳税等应对气候变化市场机制的重要配套政策。

碳标签就是把产品在生命周期（即从原料、制造、储运、废弃到回收的全过程）中的温室气体排放（即碳足迹）用可量化的指数标示出来，以产品标签的形式告知消费者有关产品的碳排放信息[1]。

实施碳标签管理，既可以促使碳排放的来源透明化并促进企业采取相关措施减少对环境的不良影响，又可以引导消费者选择更低碳排放的商品，从而达到减少温室气体排放、缓解气候变暖的目的。

碳标签是鼓励消费者和生产者支持保护环境和气候的一种方法，更多地取决于消费者和生产者的社会道德和责任感。碳标签的实施需要核定生产过程中导致的温室气体排放量，会给商家带来额外的成本，消费者也要因此承

---

[1]　胡莹菲、王润、余运俊：《中国建立碳标签体系的经验借鉴与展望》，《经济与管理研究》2010 年第 3 期。

担一部分的加价[①]。这对于消费者而言是消费习惯和行为方式的改变,而企业则要面临巨大的低碳经济带来的市场竞争压力。

自 2007 年开始,英、日、韩等国开始实施碳标签机制,到 2011 年全球已有 10 多个国家和地区实行碳标签机制。

第七节　中国应对气候变化的进程

一　中国是受气候变化影响最大的国家之一

一方面,中国生态环境脆弱、海岸线漫长、人均占有资源量低,从而决定了中国极易受气候变化的不利影响;另一方面,中国人口多,经济发展水平低,能源以煤为主,又决定了中国必须发展经济,保障人民的基本生活,在一定时期内温室气体排放量增长是不可避免的。

中国发布的《气候变化国家评估报告》认为,气候变化对中国造成的不良影响主要表现为:第一,近百年来,中国的年平均气温升高了 0.5—0.8 摄氏度。略高于同期全球增温的平均值[②];第二,近 50 年来,中国降水量明显减少,气候变化导致全国部分地区旱灾频发;第三,气候变化已经成为影响中国南方地区洪涝灾害频发,北方地区水资源供需矛盾加剧,生物灾害频发,沿海地带灾害加剧,农业生产不稳定性增加,森林和草原等生态系统退化,许多重大工程不能如期建设和安全营运等问题的重要因素;第四,中国近 50 年来沿海海平面年平均上升的速率为 2.5 毫米,略高于全球平均水平;第五,中国包括喜马拉雅山在内的山地冰川都在快速退缩[③],近 50 年来渤海和黄海北部冰情等级下降,而北冰川面积减少了21%,西藏冻土最大减薄了 4—5 米,高原内陆湖泊水面升高,青海和甘南牧区的草产量下降。

---

①　吴洁、蒋琪:《国际贸易中的碳标签》,《国际经济合作》2009 年第 7 期。

②　《中国应对气候变化国家方案》,中国广播网,http://www.cnr.cn/kby/zl/200706/t20070605_504482405_3.html,最后访问日期:2014 年 12 月 1 日。

③　《中国应对气候变化国家方案》,中国广播网,http://www.cnr.cn/kby/zl/200706/t20070605_504482405_3.html,最后访问日期:2014 年 12 月 1 日。

二　中国是最早参与联合国应对气候变化的发展中国家

1983 年中国就成为首届世界环境与发展委员会的 22 个国家之一①。1992 年中国参加了题为"地球高峰会议"的世界环境与发展大会。中国又是《京都议定书》最早的 10 个缔约国之一。1994 年中国率先发表了《中国 21 世纪议程》，把环境保护（包括治理大气污染、能源领域的可持续发展等）作为最重要的部分纳入议程，并把节约资源和保护环境作为必须坚持的基本国策。

2002 年中国共产党十六大确立了建设小康社会的目标，明确在人与自然和人与人的关系体系中把环境保护与经济发展结合起来。2003 年在党的十六届三中全会上进一步提出以人为本、全面协调可持续的科学发展观，以及包括人与自然关系在内的五个方面的统筹战略。

2006 年胡锦涛在中共中央政治局集体学习的会上说："人的生命是最宝贵的。我国是社会主义国家，我们的发展不能以牺牲精神文明为代价，不能以牺牲生态环境为代价，更不能以牺牲人的生命为代价。"②

2007 年胡锦涛在亚太经合组织非正式会议上的发言中指出："气候变化是全球性问题，事关各方利益，需要各国联手应对。在气候变化上，帮助别人就是帮助自己，开展合作才能互利共赢。发达国家应该正视自己的历史责任和当前人均排放高的现实，严格履行《京都议定书》确定的减排目标，并在二〇一二年后继续率先减排。发展中国家应该根据自身情况采取相应措施，特别是要注重引进、消化、吸收先进清洁技术，为应对气候变化作出力所能及的贡献。"③

2007 年中国共产党第十七次全国代表大会的报告中指出："加强应对气候变化能力建设，为保护全球气候作出新贡献。"④

---

① 程天权、杨志：《关于低碳经济发展若干问题的思考》，《经济纵横》2012 年第 9 期。

② 转引自《增强安全生产工作的实效性》，《安全与健康》2006 年第 7 期。

③ 《胡锦涛提出各国联手应对全球气候变化等四项建议》，中国新闻网，http：//www. chinanews. com/gn/news/2007/09 - 08/1021802. shtml，最后访问日期：2014 年 12 月 1 日。

④ 胡锦涛：《高举中国特色社会主义伟大旗帜　为夺取全面建设小康社会新胜利而奋斗——在中国共产党第十七次全国代表大会上的报告》，人民出版社 2007 年版，第 4 页。

2007 年 6 月国家发改委编制的《中国应对气候变化国家方案》，充分阐释了在应对全球气候变化方面中国的立场和原则。

（1）减缓温室气体排放。中国作为发展中国家，将根据其可持续发展战略，通过提高能源效率、节约能源、发展可再生能源、加强生态保护和建设、大力开展植树造林等措施，努力控制温室气体排放，为减缓全球气候变化作出贡献。

（2）适应气候变化。应充分考虑如何适应已经发生的气候变化问题，尤其是提高发展中国家抵御灾害性气候事件的能力。

（3）技术合作与技术转让。"要依靠科技进步和科技创新应对气候变化，要发挥科技进步在减缓和适应气候变化中的先导性和基础性作用，促进各种技术的发展以及加快科技创新的技术引进的步伐。"强调技术在应对气候变化中发挥着核心作用，加强国际技术合作与转让，共享全球技术发展所产生的利益。

（4）切实履行《联合国气候变化框架公约》《京都议定书》规定的义务。中国作为负责任的国家将履行其在《联合国气候变化框架公约》《京都议定书》当中承诺的义务。

（5）主张发展气候变化的区域合作。《联合国气候变化框架公约》《京都议定书》设立了国际社会应对气候变化的主体法律框架，但绝不意味着排斥区域气候变化合作。任何区域气候变化合作都是对《联合国气候变化框架公约》《京都议定书》的有益补充，而不是替代或削弱，目的是充分调动各个方面的积极性，推动务实的国际合作。中国将本着这种精神参与气候变化领域的区域合作。

三　中国应对气候变化的深入推进

仅 2007 年，中国就出台了一系列应对气候变化的政策与措施。6 月：国家应对气候变化及节能减排工作领导小组成立，温家宝总理担任组长，成员包括 29 位国家部委部长。科技部编制了《中国应对气候变化科技专项行动计划》。8 月：国家发改委、中宣部等 17 个部门在全国范围内组织开展"节能减排全民行动"系列活动。9 月：《中国可再生能源中长期发展规划》正式提出国家可再生能源发展目标；在亚太经合组织第 15 次领导人非正式会议上，国家主席胡锦涛提议建立"亚太森林恢复与可持续管理网络"。11月：中国成立减排环保基金，2007年中国就宣布要建立这样的国家基金，以接受根据《京都议定书》中清洁发展机制支付给中国公司的一部分收益，并以提供资金和信贷的方式支持中国环保项目。

2009年温家宝在联合国哥本哈根气候大会上宣布：中国将加大一直进行的自愿减排的力度，将减排目标定为2020年单位国内生产总值二氧化碳排放的强度比2005年下降40%—45%。

2010年9月国务院常务会议审议通过了《国务院关于加快培育战略性新兴产业的决定》，确定把包括新能源、以低碳为主要特征的产业作为国家战略性新兴产业。

2010年中国开始在广东、辽宁、湖北、陕西、云南5个省及重庆、天津、厦门、深圳、南昌、杭州、贵阳、保定8个城市开展低碳试点。

2010年10月中国共产党十七届五中全会通过《中共中央关于制定国民经济和社会发展第十二个五年规划的建议》，把绿色发展，建设资源节约型、环境友好型社会写入纲要中，把节约资源、保护环境作为约束性指标；明确提出到2015年中国单位国内生产总值能耗比2010年降低16%，二氧化碳排放量降低17%，非化石能源比重达11.4%，资源产出率提高15%等一系列加快经济发展方式转变，推进低碳发展、科学发展、可持续发展，积极应对气候变化的政策；提出"加强适应气候变化特别是应对极端气候事件能力建设"；再次明确新能源产业将成为"十二五"时期重点发展的产业之一。

2011年11月国务院常务会议通过了《"十二五"控制温室气体排放工作方案》，明确了中国控制温室气体排放的总体要求和重点任务，提出把积极应对气候变化作为经济社会发展的重大战略，作为加快转变经济发展方式、调整经济结构和推进新的产业革命的重大战略机遇，并对目标任务进行了分解，明确了各地区单位国内生产总值二氧化碳排放下降指标[①]。

2011年11月中国启动了碳排放交易试点工作，共有北京、天津、上海、重庆、湖北、广东、深圳7个试点地区。各试点地区建立了专职队伍，

---

① 《我国应对气候变化取得显著进展》，《经济日报》2012年11月22日。

编制了实施方案，并着手研究制定碳排放权交易试点管理办法，建立了本地区交易的监管体系，培育和建设了交易平台。

2012 年中国发布了《中国应对气候变化的政策与行动 2012 年度报告》。

2012 年国家发改委颁布实施了《温室气体自愿减排交易管理办法》，确立了自愿减排交易机制的基本管理框架、交易流程和监管办法，鼓励基于项目的温室气体资源减排交易，保障有关交易活动有序开展；还出台了《温室气体自愿减排交易审定与核证指南》，规范审定与核证工作，保证该管理办法顺利实施①。

2012 年 11 月中国共产党十八大报告把建设生态文明提高到突出地位，成为中国特色社会主义事业总体布局"五位一体"的重要组成部分。强调坚持节约资源和保护环境的基本国策。着力推进绿色发展、循环发展、低碳发展，为全球生态安全作出贡献。推动能源生产和消费革命，支持节能低碳产业和新能源、可再生能源发展。发展循环经济，促进生产流通消费过程减量化、再利用、资源化。坚持"共同但有区别的责任"原则、公平原则、"各自能力"原则，同国际社会一道积极应对全球气候变化。

2013 年 6 月 17 日，中国迎来首个"全国低碳日"，其主题为"践行节能低碳，建设美丽家园"。

表 1－2 列举了中国低碳城市建设实践进程。

表 1－2　中国低碳城市建设实践进程

城市	重点	战略与规划
上海	强调综合型低碳城市建设,规划建设崇明岛东滩生态城和临港新城	重点发展新能源、氢能电网、环保建筑、燃料电池公交,崇明岛东滩生态城和临港新城为其低碳城市建设的亮点
保定	以产业为主导	以"中国电谷"和"太阳能之城"计划为依托,规划形成风电、光电、节电、储电、输变电和电力自动化六大产业体系,并从城市生态环境建设、低碳社区建设、低碳化城市交通体系建设等方面入手进行低碳城市构建

---

① 《我国应对气候变化取得显著进展》，《经济日报》2012 年 11 月 22 日。

续表

城市	重点	战略与规划
天津	以中新天津生态城为契机进行新区低碳生态城市建设	构建循环低碳的新型产业体系、安全健康的生态环境体系、优美自然的城市景观体系、方便快捷的绿色交通体系、循环高效的资源能源利用体系以及宜居友好的生态社区模式,有望成为国内低碳生态城市建设的样本
深圳	强调综合型低碳城市建设,以光明新区为试点	以光明新区为平台,从优化城市空间结构、完善绿色市政规划、引导产业低碳化发展、建立绿色交通系统、发展绿色建筑等方面入手,以绿色建筑为重点,与住房和城乡建设部共建"低碳生态示范市"
南昌	以产业为主导,进行低碳城市建设	构建低碳生态产业体系,发展半导体照明、光伏、服务外包三大产业,力图将南昌打造成为世界级光伏产业基地
武汉	强调综合型低碳城市建设	探索低碳能源、低碳交通、低碳产业发展模式,建立促进资源节约、低碳经济发展的政策体系
长沙	以产业为主导	规划建设低碳经济示范城市,重点促进新能源汽车、太阳能利用、可再生能源、节能型建筑等绿色产业发展
珠海	以低碳建筑和低碳社区为重点	以引进技术发展低碳建筑作为低碳城市建设的突破口,同时推进"绿色社区"建设,普及低碳生活理念,实施"山体复绿"工程,增加碳汇
吉林	以产业结构转型为重点	被列为低碳经济区案例研究试点城市,由中国社会科学院制定《吉林市低碳发展路线图》,探索重工业城市结构调整样本
厦门	综合型低碳城市建设	从交通、建筑、生产三大领域探索低碳发展模式,重点发展 LED 照明、太阳能建筑
杭州	综合型低碳城市建设	提出 50 条"低碳新政",打造低碳经济、低碳建筑、低碳交通、低碳生活、低碳环境、低碳社会"六位一体"的低碳城市
无锡	强调综合型低碳城市建设	规划建立较完整的六个低碳体系:低碳法规体系、低碳产业体系、低碳城市建设体系、低碳交通与物流体系、低碳生活与文化体系、碳汇吸收与利用体系
重庆	以产业结构转型为重点	降低高能耗产业比重,形成以现代服务业和先进制造业为主的产业结构,逐步形成低碳产业群

资料来源:李超骅、马振邦、郑憩、邵天然、曾辉:《中外低碳城市建设案例比较研究》,《城市发展研究》2011 年第 1 期。

第 二 章
城市生态环境可持续发展

第一节 城市和城市化

城市是以空间环境资源集中利用为基础，以人类社会进步为目标的一个集人群、资源、先进科技文化于一体的空间地域系统；是一个经济贸易、政治社会、科学文化实体和自然环境实体的集合；是一个地区的政治、经济、文化中心；是一个区域第三产业和第二产业分化、独立发展并在空间上趋于集中的复合人工生态系统。

城市是人类发展到一定阶段的必然产物。从一定意义上可以讲，人类发展的文明史就是一部城市发展史。人类已有 300 多万年的历史，而城市的历史仅有 6000 多年。德国学者斯宾格勒认为："人类所有伟大的文化都是由城市产生的。世界史就是人类的城市时代史。国家、政府、政治、宗教等，无不是从人类生存的这一基本形式——城市中发展起来并附着其上。"[①]

最早出现城市的地方亦是人类文明的发祥地，如埃及、印度恒河流域、美索不达米亚平原等。关于城市起源主要有四种说法：一是防卫说，即起源于防卫外敌入侵的功能；二是集市说，突出商品交换、集市的功能，依据是先有市后有城；三是分工说，从社会学角度探索城市起源；四是庙宇说，从宗教角度解释城市起源。

联合国人居组织发布的《伊斯坦布尔宣言》（1996 年）强调："我们的

---

① 转引自余越、王海运《次国家行为体视阈中的城市外交与形象传播》，《青年记者》2012 年第 33 期。

城市必须成为人类能够过上有尊严的、身体健康、安全、幸福和充满希望的美满生活的地方。"2008 年上海世博会的主题也是"城市让人们的生活更美好"。斯蒂格里茨认为，城市的成功就是国家的成功。

特大城市是 20 世纪末出现的，并将在 21 世纪得以普及的一种新的城市形态。2010 年世界拥有或超过 1000 万人口的特大城市数量从 2 座增加到 20 座，预计到 2015 年将达到 22 座，其中 17 座在发展中国家。

全球城市、城市群、城市带都是在 20 世纪末广泛出现的新城市形态。

专栏 2-1　全球城市

全球城市指数是由城市规模、商业活动、人力资本、信息交流、文化风貌、政治参与度、全球 500 强企业在该城市设立总部的数量、城市资本市场的规模、机场和港口的吞吐量、使领馆数量、智库数量、政治组织数量、博物馆数量等多项指标构成的，以衡量一个城市在该城以外发挥的影响力，即它对全球市场、文化和创新力量的影响及其融合程度的指标体系。

2010 年依据全球城市指数排列出最全球化的城市，前四名是：纽约、伦敦、东京、巴黎。前十名城市中亚太区有五个：东京、新加坡、悉尼、首尔、香港。美国有三个：纽约、芝加哥、洛杉矶。欧洲有两个：伦敦、巴黎。

中国有 7 个城市进入全球前 65 位：香港（第 5 位）、北京（第 13 位）、上海（第 20 位）、台北（第 39 位）、广州（第 57 位）、深圳（第 62 位）、重庆（第 65 位）。

一　城市化

城市化是一个国家或地区实现人口集聚、产业集聚、财富集聚、智力集聚和信息集聚的过程，同时也是一个生活方式进步、生产方式进步、社会方式进步、文明方式进步的过程。

1800 年全世界城市化率仅为 3%，1850 年达到 7%，1900 年为 15%，1950 年为 30%。到 2000 年，全世界城市化率已接近世界总人口的一半，达到 48%。到 2006 年，全世界城市人口增加了 4 倍多，第一次超过农村人口。

预计到 2050 年城市人口将超过 70%。

发达国家在 20 世纪中期以前就完成了本国城市化任务（见表 2-1）。

表 2-1　世界主要发达国家城市化率

单位：%

国家	1920 年	1950 年	1960 年	1965 年	1970 年	1975 年	1980 年	2000 年
英国	79.3	77.9	78.6	80.2	81.6	84.4	88.3	89.1
法国	46.7	55.4	62.3	66.2	70.4	73.7	78.3	82.5
美国	63.4	70.9	76.4	78.4	81.5	86.8	90.1	94.7
日本	28.0	45.8	53.9	58.0	64.5	69.6	74.3	77.9
德国	63.4	70.9	76.4	78.4	80.0	83.8	86.4	81.2

从 20 世纪末开始，包括中国在内的广大发展中国家的城市化加速推进，大约 90% 的全球城市增长都发生在发展中国家。据预测，2000—2030 年，发展中国家的整个城镇建成区会增长 3 倍。

在两百多年的世界城市化进程中，产生了众多的城市化理论，城市化道路也各具特色，但综合起来主要有以下六种城市化发展模式。

（1）城乡相互封闭式发展的模式。其理论依据是美国伯克利大学教授首先提出的，认为城市在城镇化过程中像一个吸血鬼，把农村的人、资源、财物都吸收了，却把污染留下，造成农村的萧条，所以城乡必须隔离①。

（2）城市优先发展的模式。其理论依据是《华盛顿共识》，即城乡发展模式必须依据金融自由化、资产私有化及政治民主化等。但是，很多国家曾经采纳过的这种城市优先发展模式，弊端毕现，难以维系：土地私有化导致大量失地农民去往大城市，造成大城市人口恶性膨胀。失地农民进城找不到工作，在城市周边形成大量的贫民窟。城市中 60%—70% 的土地被贫民窟占据，产生了非常严重的社会动乱，以及投资环境恶化等问题。

（3）蔓延型的城市化模式或放任式的机动化的城市化模式。美国机动化和城镇化同时发生，再加之冷战时期出于防原子弹的需要，美国提出缩减城市规模，诱导人们到郊区去，国家大规模补贴高速公路建设，导致城市低

---

① 仇保兴：《新型城镇化：从概念到行动》，《行政管理改革》2012 年第 11 期。

密度蔓延，演变成了"车轮上的城镇化"。美国在 100 年的城市化进程中，城市人口空间密度下降了许多，不仅大量耕地受到破坏，而且一个美国人因依赖私家车出行所耗费汽油平均比欧洲多出 5 倍[①]。

（4）城乡差别化的协调发展模式。其理论依据是城市和乡村有不同的发展规律。从生产角度来看，城市工业以企业为主，而农村农业则是以家庭经营为主；从消费的角度来看，农村农业是低成本的循环式，没有任何资源在传统农业中被浪费或成为垃圾；城市和工业是高消耗直线式的，有很强大的生产者和消费者，但是没有降解者，无法形成循环经济。法国和日本是实现这种城市化模式的典范。在法国，农村人口高度聚集在历史形成的村落之中，并伴有开阔的原野和田园风光，同时把历史的积淀和带有地理标志的优质特色农产品生产等结合在一起。日本有千分之一的人回农村定居，其产业结构直接从农业走向服务型经济发展的绿色发展道路。

（5）高能耗的城镇化模式。一个国家的能源安全在很大程度上是由城镇化模式决定的。如果中国城市的主要交通工具不是轨道交通，而是高速公路；城市建设的模式不是密集型城市，而是美国式的蔓延型城市，那么中国城镇化的结果将像美国一样，仅汽油消耗量就相当于当前全球的产量[②]。

（6）高环境冲击型的城市化模式。最典型的就是所谓资源型城市，依靠对某种资源的开发而兴起的城市。因资源的枯竭导致城市环境破坏、产业结构无法调整、失业问题严重等。一些在生态脆弱地区、敏感地区建立的城市，对本来就很脆弱的生态造成严重的环境压力，也属此列。

城市与自然界最大的差别在于城市的降解功能过弱，生产和消费功能过强，所以城市对周边的环境冲击过大。

二　中国的城市化

（一）中国城市化战略指导思想的演进

1953 年："城市太大了不好"，要"多搞小城镇"。

1956 年："城市发展规模不宜过大。今后新建城市，规模一般控制在几

---

① 仇保兴：《新型城镇化：从概念到行动》，《行政管理改革》2012 年第 11 期。
② 仇保兴：《新型城镇化：从概念到行动》，《行政管理改革》2012 年第 11 期。

万至十几万人口的范围内。"

1980年:"控制大城市规模,合理发展中等城市,积极发展小城市。"

1990年:"严格控制大城市规模,合理发展中等城市和小城市",实施"小城镇大战略"。

2000年:"大中小城市和小城镇协调发展的道路,将成为中国推进现代化进程中的一个新的动力源。"

2002年:中国共产党十六大报告提出:"坚持大中小城市和小城镇协调发展,走中国特色的城镇化道路。"①

2012年:中国共产党十八大报告提出:"坚持走中国特色新型工业化、信息化、城镇化、农业现代化道路。"②

(二) 中国的城镇化进程和城镇体系的形成

1953—1982年,中国城市化率只提高了7.34个百分点,平均每年提高0.24个百分点,而改革开放以来中国的城镇化进程加速推进,1982—2011年提高了30.70个百分点,每年大约提高1个百分点(见表2-2)。

表2-2 中国的城市化进程

全国人口普查次数	年份	城市化率(%)	备注
第一次	1953	13.26	—
第二次	1964	18.30	—
第三次	1982	20.60	城市化进入加速发展时期
第四次	1999	26.23	—
第五次	2000	36.09	由控制大城市发展转变为大中小城市和小城镇协调发展
第六次	2006	44.90	全世界城市化水平达到51%,城市人口第一次超过农村人口
第七次	2010	49.68	—
第八次	2011	51.30	城市人口首次超过农村人口,是中国城市化的重要里程碑

---

① 《江泽民文选》第3卷,人民出版社2006年版,第546页。

② 胡锦涛:《坚定不移沿着中国特色社会主义道路前进 为全面建成小康社会而奋斗——在中国共产党第十八次全国代表大会上的报告》,人民出版社2012年版,第20页。

伴随着中国城市化进程，一个以大城市为中心，中小城市为骨干，小城镇为基础的多层次的较为完善的城镇体系在中国已经形成。

中国工业增加值的60%、第三产业增加值的85%、国内生产总值的70%、国家税收的80%都来自城市。城市已经成为中国名副其实的经济、文化、政治中心。

中国城市的形态由过去单一的增长极，"摊大饼式"的发展变为城乡统筹，出现了京津冀、长三角、珠三角、长株潭、成渝等城市群或城市带。

在看到中国快速城市化对改革发展作出巨大贡献的同时，毋庸讳言也还存在一些误区。首先，从国际经验考察，中国城市发展正好对应着"人与自然"关系和"人与人"关系的瓶颈约束期，"经济容易失调、社会容易失序、心理容易失衡、效率与公平需要调整和重建"。人与人关系失调表现为，城市和农村之间、不同区域的城市之间、不同城市之间存在较大的发展差距，城市化过程导致城市居住生活成本快速上升，生活门槛明显提高。人与自然关系失调表现为，一些城市片面追求城市规模和发展速度，使水、空气、土壤、植被等生态环境受到威胁。人与城市基础设施建设关系失调表现为，虽然中国城市在道路、公共服务设施、地下管网设施、垃圾处理设施、污水处理设施、城市管理设施方面投入较大，但总体上仍然赶不上城市人口快速增长的步伐。从表2-3的数据可以看出，中国与世界上一些发达国家相比，在城市发展指标方面存在不小的差距。

随着中国城市化进程的加速，城市环境污染、生态破坏、旧城消失、交通拥堵、住房紧张等城市"综合病"凸显，经济发展与生态保护、新城建设与旧城保护、城市建设与城市管理、文化传承与创新发展、城市发展与区域合作等已成为中国城市化深入推进过程中的难解和必解之题。

如何正确把握推进城市化与统筹城乡发展、统筹区域发展、统筹经济社会全面发展和统筹人与自然和谐发展之间的关系，大力推进宜居城市建设，都是中国城市化面临的重大课题。

表 2 - 3 中国与世界工业七国（G7）城市发展比较（2005 年）

序号	比较指标	中国	G7 国家	评价
1	农业产值比重(%)	13	2	中国明显偏高
2	工业产值比重(%)	55	35	中国明显偏高
3	服务业比重(%)	32	63	中国明显偏低
4	城市化率(%)	43	81	中国明显偏低
5	百万人口以上城市人口占总人口比重(%)	14	32	中国明显偏低
6	最大城市人口占城市总人口比重(%)	4	16	中国明显偏低
7	百万人口城市上班所花时间(分钟)	47	25	中国明显偏高
8	城市住房支出与收入之比(%)	55.8	6.1	中国明显偏高
9	城市交通事故(每万辆车伤亡人数)	31	12	中国明显偏高
10	城市交通里程(百万公里) 比值(以中国为1)	165000 1	998639 6.1	中国明显偏低
11	城市空气总悬浮颗粒物含量(微克/立方米)	320	45	中国明显偏高
12	城市空气 SO_2 含量(微克/立方米)	82	19	中国明显偏高
13	城市空气氮氧化物含量(微克/立方米)	88	56	中国明显偏高

第二节 城市可持续发展

可持续发展观是人类对传统的把发展等同于增长，以浪费资源、破坏环境为代价的发展观的深刻反思的结果，是人类在发展观上的革命性变化。发展观的进步是人类文明在 20 世纪取得的最重要的成果。

一 可持续发展观的思想源泉

可持续发展观的提出首先是鉴于 GDP 并不能恰如其分地反映现实世界里一国国民的体质是否健康，更未包括人类发展中的赋权、公共治理、环境等方面的内容。20 世纪 20 年代一批经济学家开始对以 GDP 为导向的发展观进行了系统的反思，"超 GDP 发展观"和人类发展指数（Human Development Index，简称 HDI）等一批新的反映可持续发展的理念和指标应运而生。

联合国发展计划署 1990 年发布的第一个《人类发展报告》明确提出了"人类发展"这一概念，并提出："人类发展视角是一个有关个人福祉、社会安排以及政策设计和评估的规范性框架。"在人类发展的视角下，发展被定义为扩展人的选择范围的过程；其关注的焦点是人的生活质量，人所享有的实质自由和机会，人实际上能做些什么和能成为什么；经济发展是人类发展的重要手段，但其本身不是发展的目标。这些思想和理论成为可持续发展重要的思想和理论源泉。

专栏 2-2　人类发展指数

人类发展指数是用人均寿命预期、教育、识字率、人均 GDP 等指标计算出来的结果。主要关注三个方面的指标：①长寿而且健康的生活；②教育；③体面的生活和尊严。从 1990 年开始，人类发展指数被用于衡量世界各地区的人类发展水平。

在 2009 年的人类发展指数榜上，挪威排第一位，日本排第九位，美国排第十三位，中国排第九十二位。

资料来源：刘民权、俞建拖：《环境与人类发展：一个文献述评》，《北京大学学报》（哲学社会科学版）2010 年第 3 期。

1987 年挪威首相布兰特夫人受联合国委托，主持撰写了世界环境与发展委员会的报告《我们共同的未来——从一个地球到一个世界》，提出："环境危机、能源危机与发展危机是不可分割的。地球资源和能源远不能满足人类发展的需要，必须为当代人和下代人的利益而改变传统的发展模式。"这成为可持续发展观的重要理论源泉。

当然，世界上几次具有里程碑意义的会议对可持续发展观的形成起到了关键的作用。一是 1972 年联合国在斯德哥尔摩召开的人类环境会议、1974 年在墨西哥由联合国环境规划署和联合国贸易与发展会议联合召开的资源利用、环境与发展战略方针专题研讨会。这两次会议指出了环境问题的根源，提出了在发展中解决环境问题的原则，通过了《人类环境宣言》。二是 1992 年联合国在巴西里约热内卢召开的世界环境与发展大会。这次大会讨论了人类生存和面临的环境与发展问题，通过了《里约环境与发展宣言》《21 世纪议程》《联合国气候变化框架公约》《生物多样性公约》《关于森林问题的原则声明》等著名文件。

这些文件强调了以下观点：第一，人类正处于历史的紧要关头。如果我们继续实施现行政策，就必然会保持国家之间的经济差距，在全世界各地增加贫困、饥饿、疾病和文盲，继续使我们赖以维持生命的地球的生态系统恶化。不然，我们就得改变政策，改善所有人的生活水平，更好地保护和管理生态系统，争取一个更为安全、更加繁荣的未来。第二，全球携手，求得共同发展，需要全人类改变他们的经济活动，公平地满足当代人与后代人在发展与环境方面的需要。第三，只有人类向自然索取同人类向自然的回报相平衡时，只有人类为当代的努力同人类为后代的努力相平衡时，只有人类为本地区的发展的努力同人类为其他地区的共建、共享的努力相平衡时，全球的可持续发展才能真正实现[①]。第四，可持续发展的观念在经济和社会发展的过程中既不是停滞发展，也不是离开发展，而是同时防治环境污染、应对气候变化问题，走经济、社会、环境协调发展的道路。

1994 年中国发布了国家级可持续发展行动计划，1996 年把可持续发展上升为国家战略。进入 21 世纪，中国提出了"以人为本，全面协调可持续发展"的科学发展观，丰富和发展了可持续发展观。

《2012 中国可持续发展国家报告》提出，中国推进可持续发展的目标是：人口总量得到有效控制、素质明显提高，科技教育水平明显提升，人民生活持续改善，能源资源开发利用更趋合理，生态环境质量显著改善，可持续发展能力持续提升，经济社会与人口资源环境协调发展的局面基本形成[②]。中国深入推进可持续发展战略的总体思路是：把转变经济发展方式和对经济结构进行战略性调整作为推进经济可持续发展的重大决策；把

---

①　程天权、杨志：《关于低碳经济发展若干问题的思考》，《经济纵横》2012 年第 9 期。

②　林火灿、朱磊：《继续实施可持续发展是必然选择》，《经济日报》2012 年 6 月 2 日。

建立资源节约型、环境友好型社会作为推进可持续发展的重要着力点；把保障和改善民生作为可持续发展的核心要求；把科技创新作为推进可持续发展的不竭动力，依靠科技突破和创新来使发展中的不可持续问题得到根本解决；把深化体制改革和扩大对外开放与合作作为推进可持续发展的基本保障。

二　可持续发展的定义和原则

（一）可持续发展的定义

1987 年联合国环境与发展委员会发表的研究报告《我们共同的未来——从一个地球到一个世界》中第一次提出了可持续发展的概念。1992 年联合国环境与发展会议上制定的《里约环境与发展宣言》中将可持续发展概念定义为：

（1）以保证后代能够通过保护环境和公正性，获得自然资源和到目前为止只有少部分人才能享有的良好的生活条件；

（2）在发展过程中要在充分尊重环境和利用自然资源方面实行节约，包括节约矿物、能源、水、土地，保护海洋和大气，并保护生物多样性，不可降低环境资本存量，在利用生物与生态体系时须维持其再生不息；

（3）在人类发展视角下，可持续发展应该强调人的生活质量的可持续性，而自然资源、经济发展、生产能力的可持续性是实现人类可持续发展的重要条件和手段[①]，但不是最终目标。

（二）可持续发展的原则

（1）公平发展原则。可持续发展主张人类在使用资源和环境上具有平等的权利。强调两个方面的公平，一是本代人的公平，即代内公平，满足本代全体人民的基本需求和实现美好生活的愿望。代内公平的重点是指要给予发展中国家和贫困人口以公平发展的机会，要把消除贫困作为优先考虑的问题。二是代际公平。人类赖以生存的自然资源是有限的，本代人不能因为自己发展的需求而损害人类世代满足需求的条件——自然资源与环境，要给予世世代代以公平利用自然资源的权利。

[①]　刘民权、俞建拖：《环境与人类发展：一个文献述评》，《北京大学学报》（哲学社会科学版）2010 年第 3 期。

（2）可持续原则。其核心是人类经济社会的发展不能超越资源与环境的承载能力。人类的经济社会发展必须维持在资源环境可承受能力的范围之内，以保证发展的可持续性。资源和环境是人类生存和发展的基础，可持续发展主张建立在保护地球自然系统基础之上的发展，因此发展必定要有一定的限制因素。例如，人类对自然资源的消耗必须顾及资源的临界点，应以不损害支持地球生命的大气、水、土壤、生物等自然系统为前提。人类应当调整自己的生活方式，确定其消耗的标准，而不应毫无节制地滥用资源。

（3）共同性原则。人类的发展以地球的整体性和互相依存性为基础。不同国家和地区历史、文化、自然、地理以及经济发展水平的差异性，决定了世界上可持续发展的目标、政策、实施步骤的多样性。但是，可持续发展所体现的公平性、持续性原则要求人类共同遵守。要实现可持续发展的目标，就必须认识地球的整体性和相互依赖性，全球共同联合行动①。如果每个人都能遵循共同性原则，那么人类内部、人类与自然环境之间就能保持互惠共生的关系，实现可持续发展。

三 可持续发展的几个相关概念

在 20 世纪 70 年代发展概念多维度变化的过程中，可持续发展观应运而生，同时可持续发展观也呈现出定量化、指标化的趋势，产生了一批体现可持续发展的概念和指标。

（一）城市生态足迹

城市生态足迹是由生态足迹引申而来的，指一个城市需要多大的空间资源来支撑它的生存与发展，生态足迹越小对自然环境的干扰就越少②。发达国家城市的生态足迹一般比自身面积大几百倍甚至上千倍，而发展中国家特别是一些以传统产业为主的城市的生态足迹只有自身面积的 10 倍甚至几倍。表 2 - 4 列举了中国部分城市的生态足迹。

---

① 杜受祜：《环境经济学》，中国大百科全书出版社 2008 年版，第 46 页。
② 仇保兴：《新型城镇化：从概念到行动》，《行政管理改革》2012 年第 11 期。

表 2 - 4　中国部分城市的生态足迹

单位：ha/人

城市	年份	人均生态足迹
北京市	2002	2.91
德阳市	2006	1.61
烟台市	2001	1.47
澳门市	2001	2.99
青岛市	2001	1.89
西安市	2005	1.02
杭州市	2002	1.77

资料来源：国家环保部环境规划院。

（二）　生态足迹

生态足迹亦称生态空间占用，最早是由加拿大生态经济学家威廉·瑞思（William Rees）在 1992 年提出的，1996 年由其博士研究生瓦克纳格尔（M. Wackernagel）完善。生态足迹是衡量人类对自然资源利用程度以及自然界为人类提供的生态承载力的指标和方法[①]。

生态足迹基于这样的理论，即任何特定人口（从单个人到城市甚至一个国家的人口）的生态足迹，就是其占用的用于生产所消费的资源与服务以及利用现有技术同化所产生的废弃物的生物生产性土地的总面积[②]。而生态足迹之所以可量化主要基于以下两个事实，其一是人类能够估计自身消费的大多数资源、能源及其所产生的废弃物的数量；其二是这些资源和废弃物能折算成生产和消纳这些资源和废弃物的生物生产性土地面积。

"生物生产性土地"是指具有生物生产能力的土地或水体，划分为以下六类，并赋予相应的当量因子（见表 2 - 5）。

---

① 《21 世纪议程》，《世界环境》1993 年第 7 期。
② 《城市旅游生态足迹测评》，百度文库，http://wenku.baidu.com/view/e85a87a30029bd64783e2c8f.html，最后访问日期：2014 年 12 月 1 日。

表 2 - 5　生物生产性土地的类型

序号	名称	用途及特征	当量因子
1	化石能源地	用于消纳化石燃料燃烧产生的废物的土地	1.1
2	耕　地	提供粮食、油料等农作物、经济作物产品的土地	2.8
3	牧　草　地	适用于发展畜牧业的土地	0.5
4	森　林	可产出木材产品的人工林或天然林	1.1
5	建　筑　用　地	包括人类修建住宅、道路、水电站等所占用的土地	2.8
6	海　洋	提供水产品	0.2

注：其中化石能源地和森林采用同一系数，是因为化石能源地面积是按吸收化石燃料燃烧释放的 CO_2 所需要的新栽林面积计算的；考虑到建筑用地一般占用区域内最肥沃的土地，所以它与耕地的当量因子是一致的。

资料来源：苏筠、成升魁、谢高地：《大城市居民生活消费的生态占用初探——对北京、上海的案例研究》，《资源科学》2001 年第 11 期。

生态足迹之所以可测度、可量化是因为引入了两个关键的参数，即当量因子和产量因子。

当量因子：为了把人类用于生产所消费的各类资源与服务以及利用现有技术同化所产生的废弃物折算成统一的、可比较的生物生产性面积的系数[1]。

产量因子：一个国家或地区某类生物生产性土地的平均生产力与世界同类土地平均生产力的比值。由于同类生物生产性土地的生产力在不同地区之间存在差异，所以地区间同类生物生产性土地的实际面积不能进行直接对比，需要引入产量因子进行换算[2]。

生态足迹的主要计算步骤如下：

——划分消费项目，计算各主要消费项目的消费量；

——利用当量因子，将各消费量折算为生物生产性土地面积；

——通过产量因子把各类生物生产性土地面积转换为等价生产力的土地面积；

[1]　王书华、张义丰、王忠静、毛汉英：《基于生态足迹模型的城郊经济协调评估——以河北省新乐市为例》，《地理与地理信息科学》2003 年第 1 期。

[2]　苏筠、成升魁、谢高地：《大城市居民生活消费的生态占用初探——对北京、上海的案例研究》。

——将其汇总，计算出生态足迹面积。

生态足迹分为供给生态足迹和需求生态足迹（可参见表 2-6 的示例）。前者是针对需求方而言的，后者则是从供给方考虑的，也是生态容量或生态承载力。两者之间的差异就能反映一个国家和地区可持续发展的水平和潜力。

专栏 2-3　生态足迹和生态承载力的具体计算公式

$$\text{生态足迹}: EF = \sum EF_i = \sum (C_i / P_i \times E_i)$$
$$\text{生态承载力}: BC = \sum BC_j = \sum (A_j \times Y_j \times E_j)$$

其中：EF、BC 分别代表区域总的生态足迹和生态承载力（单位：世界公顷）；

EF_i 代表第 i 项消费品的足迹（单位：世界公顷）；

BC_j 代表第 j 种土地利用类型的生态承载力（单位：世界公顷）；

C_i 代表第 i 种消费品的消费总量（吨）；

P_i 代表第 i 种消费品的世界平均产量（单位：吨/公顷）；

E_i 代表第 i 种消费品所占用土地类型的当量因子（单位：世界公顷/公顷）；

A_j 代表第 j 类土地利用类型的实际面积（单位：公顷）；

Y_j 代表第 j 类土地利用类型的产量因子（单位：无量纲）；

E_j 代表第 j 类土地利用类型的当量因子（单位：世界公顷/公顷）。

表 2-6　德阳市生态足迹（2006 年）

需求生态足迹				供给生态足迹			
土地类型	人均面积（ha/人）	当量因子	均衡面积（ha/人）	土地类型	人均面积（ha/人）	产量因子	均衡面积（ha/人）
耕地	0.473	2.8	1.3244	耕地	0.062	1.66	0.289
草地	0.054	0.5	0.0270	草地	0.001	0.19	0.00006
林地	—	1.1	—	林地	0.048	0.91	0.048
水域	0.085	0.2	0.0170	水域	0.004	1.00	0.0008
化石燃料	0.196	1.1	0.2156	CO_2 吸收	—	—	—

续表

生态足迹需求				生态足迹供给			
土地 类型	人均面积 （ha/人）	当量 因子	均衡面积 （ha/人）	土地 类型	人均面积 （ha/人）	产量因子	均衡面积 （ha/人）
建筑面积	0.005	2.8	0.014	建筑	0.040	1.66	0.187
总需求面积	—	—	1.598	总供给面积	0.155		0.524
				生物多样性保护	—	12%（1）	0.063
				总可利用足迹	—	—	0.461

注：①根据世界环境与发展委员会的报告《我们共同的未来——从一个地球到一个世界》建议，出于慎重考虑，留出12%的生物生产土地面积以保护生物多样性，即保护地球上其他的3000多万个物种。

②为了维持德阳市各项消费所需的人均生态生产性面积为1.598公顷/人；而德阳市现有的实际生态生产面积供给仅为0.461公顷/人，德阳市全市人口需要的生态足迹为61504平方千米，是其自身实际面积的10倍多。

③在生态足迹需求中，耕地需求占总生态足迹需求的82.9%，化石燃料需求占总生态足迹需求的13.5%。可见，德阳市2006年生活消费中粮食、蔬菜、猪肉等所占生态足迹比例较大，能源消费中煤炭、石油、电力等所占生态足迹比例次之。

④从整体来看，德阳市生态足迹需求量大于生态承载量，生态赤字达1.137公顷/人。从地区可持续发展来看，德阳市的这种发展模式并不能通过自身的生产满足各项消费需求，是典型的能源与资源需求地区，需要源源不断地从其他区域供给能源和资源。因此，德阳市在未来发展过程中，要注重产业布局调整，企业生产结构优化，提高资源能源的利用率，大力发展循环经济，切实落实节能减排任务。

资料来源：环保部环境规划院。

（三）　生态足迹评价区域可持续发展

（1）生态足迹改进模型评价法。该方法通过估算维持人类的自然资源消费量和同化人类产生的废弃物所需要的生物生产性空间面积大小，并与给定人口区域的生态承载力进行比较，来衡量区域的可持续发展状况。

通过产量因子计算生态承载力，并与生态足迹比较，分析可持续发展的程度。当一个地区的生态承载力小于生态足迹时，表明该区域已出现生态赤字，该地区处于相对不可持续状态。相反，当生态承载力大于生态足迹时，则为生态盈余，盈余大小等于生态承载力减去生态足迹的差，此时说明该地区处于相对可持续状态，可持续的程度用生态盈余来衡量。具体可参见表2－7。

（2）可持续发展指数（ESI）衡量法。公式如下：

$$ESI = Aca/(Aca + Aef)$$

其中 Aca 为人均生态承载力，Aef 为人均生态足迹。

表 2 - 7　区域可持续发展程度分级

等级	生态可持续指数	区域可持续发展程度
1	>0.70	强可持续
2	0.50—0.70	弱可持续
3	0.30—0.50	弱不可持续
4	<0.30	强不可持续

（3）中国和世界的生态足迹和可持续发展情况。中国的生态足迹是每人 1.6 地球公顷，即现在的需求是中国生态系统可持续供应数量（人均的生态承载力）的 2 倍多。按此计算，中国要保证每个成员现有的生活方式，需要将土地和水域面积扩大 1 倍，否则需要将生态足迹缩小到每人 0.8 地球公顷（即中国的人均生态承载力为 0.8 地球公顷），才能保证中国的可持续发展。

（四）"一个地球的生活"

"一个地球的生活"是指通过生产、生活方式的改变，把人类的生态足迹调整到地球能够承载的限度内，从而实现人类社会的可持续发展。联合国环境规划署署长认为，"一个地球的生活"使可持续的生活方式在全世界变得易行、有吸引力，从而有利于在合理利用资源的基础上建造一个和谐健康的世界。

"一个地球的生活"基于以下认识：其一是地球共有生物生产性土地面积 110 亿地球公顷，全球共有 62 亿人，意味着全球人均的生态承载力为 1.8 地球公顷。而英国的人均生态足迹已达 6 地球公顷，需要 3 个地球才能满足其需要，美国人均生态足迹已达 10 地球公顷，需要 5 个地球才能满足其需要。现在全世界的人均生态足迹为 2.2 地球公顷，也大大超过了可获得的 1.8 地球公顷。按目前整个世界使用自然资源和处理废弃物的速度，到 2050 年世界需要增加一个完整的地球。所以，应通过发展低碳经济、循环经济等一系列措施来把人类的生态足迹调整到一个地球能够满足的水平上来。其二是一个国家的生态足迹主要取决于家庭和能耗、交通、食品、消费品、服务、政府、工厂和建筑等因素，所以调整生态足迹也应当从这些方面着手。其三是与生态足迹比较起来，碳足迹只反映温室气体的排放情况，而未体现和反映环境污染等因素，所以生态足迹更能全面衡量和引导可持续发展。

（五）公平安全的个人温室气体排放标准

公平安全的个人温室气体排放标准是由美国学者唐纳德·布朗在其著述《个人减少温室气体排放的伦理责任探究》中提出来的。其理论依据是，气候变化的最主要原因是数十亿人的能源消耗远远大于他们所应享有的化石能源的公平份额，从而使大气中的温室气体达到了不安全的水平。除非所有的人都接受了将其排放量降低到公平安全份额之内的伦理义务，否则就不可能防止危险的全球变暖的发生。

个人公平安全的温室气体排放份额的确定：为了防止危险的气候变化，需要将全球温室气体排放量减少60%—80%。为了实现这一目标，个人安全公平的排放份额应为4.5吨以下（见表2-8）。关于中国城市温室气体排放水平，则请参见表2-9。

表 2 - 8　部分国家的人类的碳足迹[a]（2004 年）

国别	人均二氧化碳排放量 （吨）	全球二氧化碳当量[b] （十亿吨）	所需的大气相当于地球 现有的倍数[c]
世界[d]	4.5	2.9	2
美 国	20.6	132	9
加拿大	20.0	129	9
澳大利亚	16.2	104	7
日 本	9.9	63	4
英 国	9.8	63	4
德 国	9.8	63	4
荷 兰	8.7	56	4
意大利	7.8	50	3
西班牙	7.6	49	3
法 国	6.0	39	3

注：a 按可持续碳预算计算；b 在世界各国人均排放量同参照国家相同的情况下的全球排放量；c 按每年 145 亿吨二氧化碳的可持续排放路径计算；d 当前的碳足迹。

资料来源：联合国开发计划署。

表 2 - 9　中国城市温室气体排放水平

类别	排放总量 （万吨）	地均排放 （吨/平方公里）	与地级以上 城市的比值	人均排放量 （吨/人）	与地级市平均 水平的比值
全国地级以上城市 （287 座）	352000	4800	1	7.9	1
经济规模最大的 100 座城市	279000	9700	2.02	9.7	1.23

资料来源：四川省社会科学院课题组。

（六）资源环境基尼系数

资源环境基尼系数是由基尼系数引申而来的。

基尼系数是由意大利经济学家基尼（Gini）于 1922 年提出的。基尼系数是反映收入分配公平性的判断指标。基尼系数虽然不是一个能够说明所有社会问题的概念，但在通过政策和法律界定公平与效率的相互关系时，其警示意义绝不容忽视。

资源环境基尼系数是把基尼系数引入评价资源消耗和污染排放与经济贡献的公平性中来。资源环境基尼系数反映的是国家资源消耗和污染排放分配的内部公平性，体现在一个国家内部，如果其中的某个内部单元的经济贡献率低于其资源消耗或者污染排放量占全国总量的比例，则是侵占了其他单元的分配公平性；相反，则是对其他单元公平性作出了贡献。

中国环境科学研究院根据资源环境基尼系数的内涵，以绿色贡献系数作为评价内部单元污染物排放（或资源消耗）公平性的指标，对中国资源环境的公平性进行了评价。其方法是以绿色贡献系数作为判断不公平因子的依据。

$$绿色贡献系数（GCC）= 经济贡献率 / 污染排放量比率（资源消耗比），$$
$$即 GCC = (G_i/G)/(P_i/P)。$$

其中，G_i、P_i 分别为地区 GDP 与污染物排放量或资源消耗量；G、P 分别为全国 GDP 与污染物排放量或资源消耗量。

GCC < 1，则表明污染排放的贡献率大于 GDP 的贡献率，公平性相对较差；若 GCC > 1，则表明污染物排放的贡献率小于 GDP 的贡献率，相对较公平，体现的是一种绿色发展的模式。

第三节　城市生态文明建设

一　生态文明建设理论溯源

20 世纪中期，西方工业化国家先后发生了美国光化学污染事件，英国、日本严重的环境污染事件，促使人们开始反思工业化的弊端。从 1962 年出版的《寂静的春天》到 1972 年出版的《增长的极限》，从瑞典斯德哥尔摩"人类环境会议"，到 1992 年联合国"环境与发展大会"，直至 2002 年联合国"可持续发展世界首脑会议"的召开，都标志着国际社会一直在寻找一种区别于传统工业化的模式，希望走上经济发展、社会进步和环境保护相协调的发展道路。一些学者也开始从社会文明的高度来反思工业文明。保罗·伯翰南在 1971 年发表的《超越文明》中预见了一种"后文明"即将出现。1995 年美国学者罗伊·莫里森在《生态民主》中正式将生态文明定义为工业文明之后的一种文明形式。与此同时，西方生态马克思主义、生态社会主义的思潮和运动也悄然兴起。以加拿大的威廉·莱斯分别于 1972 年和 1976 年出版《自然控制》《满足的极限》为标志，系统的生态马克思主义理论得以形成[1]。在中国，1984 年叶谦吉最早使用生态文明的概念。他认为，生态文明是人类既获利于自然，又还利于自然，在改造自然的同时又保护自然，人与自然之间保持和谐统一的关系。

人与自然的关系是文明发展的永恒主题。人与自然的关系始终贯穿于文明的起落兴衰之中，并且对文明的走向和命运具有决定性的意义。社会进步和经济发展必须依存于一定的环境条件，生态环境是人类文明发展的前提和基础。

生态文明是人与自然关系方面积累的物质和精神成果，由生态物质、生态技术与投入、生态精神三个部分构成。生态环境的特点决定了生态文明具备以下特征：第一，多数生态文明成果的物理边界模糊，不易观察和计量；

---

[1]　陈洪波、潘家华：《我国生态文明建设理论与实践进展》，《中国地质大学学报》（社会科学版）2012 年第 10 期。

第二，多数生态文明建设成果与人类的生产生活息息相关，其消费不具有排他性；第三，生态文明建设的效益具有外溢性和滞后性。

生态文明是人类历史上第一次出现的有意识地进行的文明更替。面对人类面临的环境问题并非短期的灾难，而是一种扩散的系统的趋势，人们开始从技术开发、国家立法、国际环境协调和环境伦理倡导等方面着手，共同致力于环境问题的解决；反映了人类价值观念、态度行为和生产生活方式的全面深刻变革，是人类文明又一次转型的鲜明体现。美国学者詹姆斯·奥康纳说："瓦特的蒸汽机在经济领域是一种胜利，可对生态领域来说无疑是一种灾难。"这集中体现了当代人类对近代英国所开创的工业化道路和工业文明之成就和问题的深刻反思。

建设生态文明必须以正确的文明史观为引导，通过系统梳理人与自然关系的漫长演变历程，揭示生态环境与人类文明紧密依存的历史真相和规律，为生态文明提供历史的借鉴和参考。新史学生态环境史期望通过系统回顾人与自然关系漫长的演变过程，向历史深处求索自然环境与人类生存、社会发展文明进化之间的内在逻辑。

生态文明是对未来负责的一种态度与价值观。建设生态文明，要倡导适度消费，缓和人与资源环境的紧张关系，保持人类消费与环境供给和恢复能力的协调。单纯以消费带动生产的经济观念和经济模式与建设生态文明是相悖的。

二　中国确立生态文明建设战略的进程

2007 年中国共产党第十七次全国代表大会从实现全面建设小康社会目标出发，第一次把生态文明作为一项战略任务，提出："建设生态文明，基本形成节约能源资源和保护生态环境的产业结构、增长方式、消费模式。"[①]第一次把生态文明与物质文明、政治文明、精神文明一道并列为"富强民主文明和谐"的中国社会主义现代化的重要内容和标志，作为实现人与自然和谐、全面协调可持续发展的新理念、新战略[②]。

---

① 胡锦涛：《高举中国特色社会主义伟大旗帜　为夺取全面建设小康社会新胜利而奋斗——在中国共产党第十七次全国代表大会上的报告》，第 20 页。

② 杜受祜：《生态：不能成为经济发展的"短板"》，《四川党的建设》（城市版）2008 年第 2 期。

2011 年"十二五"规划纲要提出，面对日趋强化的资源环境约束，必须增强危机意识，树立绿色、低碳发展理念，以节能减排为重点，健全激励与约束机制，加快构建资源节约、环境友好的生产方式和消费模式，增强可持续发展能力，提高生态文明水平。首次把绿色发展，建设资源节约型、环境友好型社会写入纲要当中，把节约资源、保护环境作为约束性指标。

2012 年 7 月，胡锦涛在省部级主要领导干部专题研讨班开班式上的讲话中强调，推进生态文明建设，是涉及生产方式和生活方式的根本性变革的战略任务，必须把生态文明建设的理念、原则、目标等深刻融入和全面贯穿到中国经济、政治、文化、社会建设的各方面和全过程，坚持节约资源和保护环境的基本国策，着力推进绿色发展、循环发展、低碳发展，为人民创造良好的生产生活环境①。

2012 年 10 月，中国共产党十八大提出把生态文明建设放在突出位置，成为中国特色社会主义事业总体布局"五位一体"的重要组成部分，努力建设美丽中国，实现中华民族的永续发展。"建设生态文明，是关系人民福祉、关乎民族未来的长远大计。面对资源约束趋紧、环境污染严重、生态系统退化的严峻形势，必须树立尊重自然、顺应自然、保护自然的生态文明理念，把生态文明建设放在突出地位，融入经济建设、政治建设、文化建设、社会建设各方面和全过程，努力建设美丽中国，实现中华民族永续发展。坚持节约资源和保护环境的基本国策，坚持节约优先、保护优先、自然恢复为主的方针，着力推进绿色发展、循环发展、低碳发展，形成节约资源和保护环境的空间格局、产业结构、生产方式、生活方式，从源头上扭转生态环境恶化趋势，为人民创造良好生产生活环境，为全球生态安全作出贡献。"②

2012 年中国共产党十八大关于《中国共产党章程》（修正案）的决议。大会同意将生态文明建设写入党章并作出阐述，使中国特色社会主义事业总体布局更加完善，使生态文明的战略地位更加明确，有利于推进中国特色社会主义事业。

2013 年习近平在中央政治局第六次集体学习会上强调，要清醒地认识

①　参见陈洪波、潘家华《我国生态文明建设理论与实践进展》，《中国地质大学学报》（社会科学版）2012 年第 10 期。

②　胡锦涛：《坚定不移沿着中国特色社会主义道路前进　为全面建成小康社会而奋斗——在中国共产党第十八次全国代表大会上的报告》，第 39 页。

保护生态环境、治理环境污染的紧迫性和艰巨性，加强生态文明建设的重要性和必要性。以对人民群众、对子孙后代高度负责任的态度和责任，把环境污染治理好，把生态环境建设好，努力走向社会主义生态文明的新时代，为人民创造良好的生产生活环境。

牢固树立保护生态环境就是保护生产力、改善生态环境就是发展生产力的观念，绝不以牺牲环境为代价去换取一时的经济增长。要牢固地树立生态红线的观念。在生态环境保护问题上，不能越雷池半步，否则就应该受到惩罚。要建立责任追究制度，对那些不顾生态环境盲目决策、造成严重后果的人，必须追究其责任，而且应该终身追究其责任。要加强生态文明的宣传教育，增强全民的节约意识、环保意识、生态意识，营造爱护生态环境的良好风气。

2013年习近平在致生态文明贵阳国际论坛2013年年会的贺信中强调："走向生态文明新时代，建设美丽中国，是实现中华民族伟大复兴的中国梦的重要内容。中国将按照尊重自然、顺应自然、保护自然的理念，贯彻节约资源和保护环境的基本国策，更加自觉地推动绿色发展、循环发展、低碳发展，把生态文明建设融入经济建设、政治建设、文化建设、社会建设各个方面和全过程，形成节约资源、保护环境的空间格局、产业结构、生产方式、生活方式，为子孙后代留下天蓝、地绿、水清的生产生活环境。"①

三　中国推进生态文明建设的实践

第一，建立生态文明建设的法规政策体系。随着党和政府把生态文明建设作为党的纲领和国家战略，中国出台了一系列相关法律法规和政策。仅"十一五"期间就先后出台了100多部国家和地方生态文明建设的相关法律法规。

第二，开展节能减排工作。"十一五"时期开始把节能减排作为约束性指标，全国单位GDP能耗下降了19.1%，二氧化硫排放量减少了14.29%，化学需氧量排放量减少了12.45%，以年均6.6%的能源消费增速支撑了国民经济年均11.2%的增速，能源消费弹性系数大幅下降，能源供需矛盾得

---

① 《生态文明贵阳国际论坛2013年年会开幕　习近平致贺信》，《新华每日电讯》2013年7月21日，第1版。

到缓解，主要污染物排放得到有效控制①。

第三，发展循环经济。党的十六届五中全会即提出要发展循环经济，2005年国务院印发了《关于加快发展循环经济的若干意见》。"十一五"期间已逐步形成独具特色的循环经济发展模式。中国主要的资源综合产出率累计提高了约8%，能源产出率提高了23.6%，水资源产出率提高了34.5%，工业水资源产出率提高了58.0%，2010年工业固体废物综合利用量为15.2亿吨，工业固体废物综合利用率从2005年的55.8%提高到了69.0%，钢铁工业废钢消耗总量达到8670万吨；再生资源回收率5年内提高了近30个百分点。发展循环经济已成为中国走新型工业化道路、促进结构优化、转变经济发展方式的有效途径。

第四，推进生态保护。"十一五"期间发布了《国家重点生态功能保护区规划纲要》《全国生态功能区划》等一系列生态保护的政策文件。全国造林增长了9.6%；自然湿地保护率达50.3%，增加了5个百分点。全国陆地自然保护区面积占国土面积的14.7%，生态恶化的趋势得到控制。

第五，积极应对气候变化。"十一五"时期以来，中国把应对气候变化纳入经济社会发展的中长期规划，2007年制定并实施了国家应对气候变化国家方案，2009年确定了温室气体减排的约束性目标。通过调整产业结构和能源结构、节约能源和提高能效、增加碳汇等多种途径，有效控制了温室气体排放。在适应气候变化方面，通过提高重点领域适应气候变化的能力，减轻了气候变化对农业、水资源和公众健康等的不利影响。

四　国内学者对生态文明建设理论的研究

自党的十七大提出生态文明建设以来，尤其是党的十八大把生态文明建设放在更加突出的地位，成为"五位一体"推进中国特色社会主义现代化建设总体布局的重要内容之后，中国理论界对生态文明的理论研究深入推进，产生了一大批理论成果。

陈瑞清等认为，生态文明是人类文明继原始文明、农业文明、工业文明之后的一个发展阶段，是社会文明的一个方面。"文明"与"野蛮"相对

① 陈洪波、潘家华：《我国生态文明建设理论与实践进展》，《中国地质大学学报》（社会科学版）2012年第10期。

应。在工业文明的基础之上，人们用更文明的态度对待自然，建设和保护生态环境，改善和优化人与自然的关系。生态文明是改善人民生活和实现可持续发展的途径，是一种建立在先进生产力基础之上的文明形态。生态文明不应停留在生态层面上，不能理解为生态学科中的生态文明。它是比原始文明、农业文明、工业文明更高形态的文明，追求的是在更高层次上实现人与自然、环境与经济、人与社会的和谐。

余谋昌等认为，生态文明与物质文明、精神文明、政治文明等并列，是一种发展理念。文传浩等认为，生态文明建设主要涵盖先进的生态伦理观念、发达的生态经济、完善的生态制度、基本的生态安全、良好的生态环境等。不同于物质文明、精神文明和政治文明，生态文明是人与自然、人与社会生态关系的具体体现，是天人关系的文明，涉及体制文明、认知文明、物态文明和心态文明。生态文明建设可分为生态意识、生态伦理、生态道德、生态行为、生态产业、生态制度、生态社会、生态管理、生态文化、生态经济、生态政治建设等子系统。

生态文明是现代生态价值观，其核心价值是：人类善待生态就是保护人类自己。生态文明是在对工业文明片面夸大主体作用的人类中心论，把人与自然对立起来，认为人是自然的主人和拥有者的价值观进行深刻反省的基础上，对人与自然关系的再认识①。生态文明观念认为，人对外部世界的认识和改造是无限的，也是有限的；人的需要是无限的也是有限的；人的主体性不是无限度的，而是有限度的；人与自然之间不应该是征服与被征服的关系，而应是和谐相处的关系。

从文明发展阶段来看，生态文明是比农业文明、工业文明更高的发展阶段②；是农业时代、工业化时代的生态文明的思想、习俗的继承但又有质的区别的一种文明，生态文明是在人类具有强大的改造自然的能力以后思考如何合理运用自己能力的文明。生态文明是对现有文明的超越，它将引领人类放弃工业文明时期形成的重功利、重物欲的享乐主义，摆脱生态与人类两败俱伤的悲剧。

---

① 杜受祜：《生态：不能成为经济发展的"短板"》，《四川党的建设》（城市版）2008 年第 2 期。
② 杜受祜：《生态文明建设四题》，《开放导报》2007 年 12 月 8 日。

文传浩等认为，生态文明是对既往文明特别是工业文明的反思。农业文明和工业文明是在人类与自然力量对比处于劣势的条件下发展起来的，具有物质、理性与进攻的特征，强调的是感性、平衡、协调与稳定。生态文明用生态系统概念替代了人类中心主义，否定了工业文明以来形成的物质享乐主义和对自然的掠夺。生态文明建设需要吸收传统的生态思想资源，但绝非向农业文明回归。生态文明与工业文明不是对立的文明形态。工业文明是离生态文明最近的一种文明形态。工业技术的发展为人类社会生存发展提供了完备、丰富、舒适的物质世界。

生态文明又是科学的发展理念，是对于发展的世界观和方法论。生态文明以可持续发展为指导思想，以建设资源节约、环境友好的生产方式、生活方式、消费方式为主要任务，以经济发展与人口资源环境相协调，使人民在良好的生态环境中生产、生活，经济社会永续发展为目标。生态文明关系到人民的切身利益、民族和国家的生存和发展。生态文明是发展的协调性、可持续性的重要指标，最能反映一个国家和地区的文明程度和发达水平。

生态文明还包括提高节能环保水平、应对全球气候变化的能力的相关产业、管理、科技、经济、方法等内容。生态文明既是一种硬实力，又是一种重要的软实力。生态环境的好坏决定了一个国家经济发展的后劲。生态诸因素的良性作用将促进生产力的发展，反之则阻碍生产力的发展。生态文明是维护国家生态安全，使其不成为经济发展中的"短板"、瓶颈的重要保证。

文传浩等认为，生态建设不等于生态文明建设，生态文明建设还包括形成节约型消费模式、发展生态产业、树立生态文明观念等内容。

生态创建不等同于生态文明建设。建设生态省和生态县只是生态文明的第一步，第二步是要利用生态建设的成效和基础，从生态立省转向生态富省，在生态富省的基础上推进全省经济、社会、文化等领域的全面协调发展，才是真正实现了生态立省。

五　国外学者对中国生态文明建设战略的评价

中国共产党十八大提出生态文明建设，是中国共产党对社会文明发展规律和民众生态诉求的正面回应。中国政府把生态文明建设上升为战略任务和基本国策，这在世界范围内都是少见的①。

工业化后发国家，应该利用后发优势，充分了解历史上先行国家所开展的工业化试验的结果，认真对待来自 20 世纪的教训，并付诸谨慎的行动。

中国政府和学者已经把转变经济发展模式作为生态文明建设的重要内容。中国对生态文明的重视也激发了欧美学者对生态文化和生态精神的思考。

资本主义的核心价值是以最有效率的方式创造更多的物质财富。但是，很多美国人早在 20 世纪 60 年代就意识到，我们推崇的文化已超出了环境的承载力。70 年代，公众和政府曾作出过积极的回应，但这一行为遭受到公司的阻止，因为这种改变会减少其利润。现在的美国正为了短期公司利润走向自我毁灭之路。

对于资本主义国家来说，发展是没有止境的，一旦发展速度趋缓，国家就会面临严重的经济和社会危机。而生态文明追求的不是无止境、快速的发展，而是尽可能满足所有人对基本物质条件的需求。当这一目标完成后，社会就要减缓发展速度。我们只有一个地球，有限的资源无法一直支撑无止境的发展。我们现有的资源足够支撑所有人对于食物、住房、交通和医疗的基本需求，但远不能满足所有人对于奢侈品的需求，因此合理、均衡地分配资源对于实现生态文明和促进可持续发展来说是十分重要的②。

中国仍是一个发展中国家和人口大国，减缓发展以休养生息几乎是不可能的。但是，从长远来看中国重视生态文明建设，一定有利于世界的发展。中国生态文明建设面临的一个挑战是如何教育民众认识到他们的使命：用可持续方式生产绝大多数必需品。

长期以来我们抨击消费主义的盛行，但没能遏制消费主义的流行。教育的现代化削弱了古典价值观的传承，减轻了对消费主义的抵制。中国文化一直以来推崇人与自然的和谐相处，这种价值观也一代一代地传承下来，中国很可能结合自己的古代智慧，遏制消费主义的潮流。

---

① 〔美〕小约翰·柯布：《中国实现生态文明的前景更为乐观》，《中国社会科学报》2012 年 9 月 21 日。
② 王琳：《马克思主义对生态文明的建设具有指导意义》，《中国社会科学报》2012 年 9 月 21 日。

六　生态文明制度建设

建设生态文明必须要建立健全相应的体制机制，为生态文明建设提供制度保障。

（一）评价及奖惩制度

按照党的十八大报告的要求，"要把资源消耗、环境损害、生态效益纳入经济社会发展评价体系，建立体现生态文明要求的目标体系、考核办法、奖惩机制"[①]，建立有利于生态文明建设的财政激励制度。

（二）国土空间开发的保护制度

区域生态文明建设需要选择性的激励，以推动跨区域的生态文明建设的集体行动。区域生态文明建设一体化，仅靠市场的力量是无法形成的，生态文明建设受益者的"搭便车"行为，使单个区域的生态文明建设在现有体制下往往难以得到相邻区域政府的协作与配合，区域生态文明建设一体化受制于各生态主体的行为，无法实现"集体行动"[②]。跨区域的生态文明一体化制度建设需要从中央政府到地方政府的集体行动，社会制裁和社会奖励这两种"选择性的激励"是必不可少的，它们可以用于动员潜在的集团，这种社会激励的本质"就是它们能对个人加以区别对待：不服从的个人受到排斥，合作的个人被邀请参加"。

（三）资源有偿使用制度

生态也是资源，生态也是资本，利用生态要付费。对生态环境不仅要索取，还要进行大量的投资。如果要保持这种投资的持续性，就要通过制度创新保障生态投资者的合理回报，而资源有偿使用制度能够有效地激励人们从事生态投资，并使生态资本增值。

资源性产品大多不可再生。由于长期以来资源价格不合理，造成资源浪费和资源配置效率低下。资源问题已经成为中国经济社会可持续发展的现实瓶颈。要将资源性产品全部当成资本看待，它是自然赋予我们的宝贵财富，只有充分认识到每一种资源都是十分重要的，使用就要付费，给资源一个合

---

① 胡锦涛：《坚定不移沿着中国特色社会主义道路前进　为全面建成小康社会而奋斗——在中国共产党第十八次全国代表大会上的报告》，第41页。

② 张劲松：《生态文明十大制度建设论》，《行政论坛》2013年第3期。

理的价格，并课以合理的税费，才能保障资源性产品不被滥用①。

（四）生态补偿制度

创设区域生态补偿机制，可以作为一种极其有效的调和剂，使生存权、发展权与环境权并行不悖。如何测算区域生态服务功能的价值，并在此基础上测算不同区域的生态补偿值是建立健全生态补偿机制的关键问题。

（五）生态环境保护的责任追究制度

重点是对各级政府建设生态环境保护制定约束性规范，要做到将主要污染物排放总量控制指标和其他生态指标层层分解落实到各地区、各部门，落实到重点行业和单位，确保约束性指标的完成。要将环保与干部选拔任用挂钩。对造成严重环境事故的官员要严格追究其法律责任，甚至是刑事责任。建立地方领导干部离任生态审计制度，考核其在任职期间各项经济决策和本人政绩是否以牺牲生态环境为代价。

（六）环境损害赔偿制度

要克服"人类中心"理念。人类中心说，在对待生态环境的问题上，强调资源的经济价值，而无视其生态价值，强调当代人的经济利益和舒适生活而无视后代人的生存和发展。这导致了代际不公平，最终导致了自然反控人类——地球生态正走向无法承载人类生存的境地。因此，"必须在观念上承认生态环境的内在价值或善性，而这种价值来源于生态环境本身所具有的满足人类生存和发展的需求的属性而非人类劳动所创造"。

七　建设生态文明的目标和路径

（一）从"经济人"到"生态人"的转变

生态文明要求重新审视人与自然的关系，使道德关系不再局限于人与人之间，而是扩大到自然领域。道德不仅包括人与人之间的行为规范，而且包含人与自然之间的行为规范。要由追求效益最大化的"经济人"转变为包括生态效益在内的整个系统效益最大化为价值判断标准和行为依据的"生态人"，把单纯的经济效益变为生态经济效益、系统效益。与此相应，社会道德标准不仅是人与人之间的行为规范，还应扩展到人与自然之间的行为规

---

① 张劲松：《生态文明十大制度建设论》，《行政论坛》2013 年第 3 期。

范。要让生态文明的观念在全社会牢固树立，把建设良好的生态环境的任务落实到每个单位、每个家庭，成为全社会的自觉行动。

（二）从经济增长到可持续发展的转变

要从"经济增长＝发展"的思维定式中解脱出来，代之以可持续发展的模式和方式，统筹考虑经济发展与人口、环境、资源的协调，经济社会生态效益的统一①。既要考虑当前发展的需要，又要考虑未来发展的需要，不以牺牲后代人的利益为代价来满足当代人的利益。不仅要安排好当前的发展，还要为未来的发展创造更好的条件，从浪费资源和先污染后治理的发展模式向资源节约环境友好的发展模式转变，从只重视经济发展向经济发展和节约资源保护环境并重转变。

（三）生产、生活方式的转变

要建设有利于节约资源保护环境的空间格局、产业结构、增长方式、消费模式。从粗放的"低效益、高投入、高排放、高污染、不循环"的经济增长方式向"低投入、高产出、低消耗、少排放、能循环、可持续"的增长方式转变；优化产业结构，从主要依靠第二产业带动向第一、第二、第三产业协同带动转变；尤其要发展有利于节约资源、保护环境的现代服务业和节能环保产业。循环经济形成较大规模、可再生能源比重显著上升；由主要消耗物质资源向主要依靠科技进步、劳动者的素质提高、管理创新转变，向文明、节约、适度、合理、循环型的生存方式和消费模式转变②。

（四）变"两难"为"双赢"

经济发展和生态环境的矛盾突出，这是各国经济快速发展阶段的共性问题。在正处于后发现代化阶段的广大发展中国家，在发展经济和保护环境之间可能出现一些冲突，需要付出发达国家已经不再需要付出的代价。所以，处理好建设生态文明和建设物质文明的关系尤其重要和艰难。对于包括中国在内的正处在工业化、城镇化高速发展时期的后发国家而言，发达国家曾经经历的经济发展、环境破坏和全球变暖等问题则要同时面对，并以压缩型、

---

① 杜受祜：《生态文明建设四题》，《开放导报》2007 年 12 月 8 日。
② 杜受祜：《生态：不能成为经济发展的"短板"》，《四川党的建设》（城市版）2008 年第 2 期。

集中型的状态表现出来。这是这些国家建设生态文明的特殊性和艰巨性之所在。

经济建设和生态环境保护是"两难"矛盾，在对待和处理这对矛盾的过程中应走出两种观点所形成的误区。一种观点是"代价论"，认为环境污染是工业化、现代化不可逾越的阶段，是必须付出的代价①。资源节约环境保护问题是后现代问题，是富裕的国家、富裕的民众提出来的"奢求"。之所以这种"先污染后治理"、有悖于生态文明的"经济优先论"迄今为止依然占上风、有市场，有其深刻的思想和社会根源。一是因为经济增长是社会的组织原则，民众主要根据国家在其政策下有多快的增长来判断一个政府；同时，经济增长带来的利益是眼前的，而生态环境保护的利益则主要是未来的。另外一种观点是"零增长"理论，即用停止经济社会发展来求得生态环境的良好。这种观点在理论和实践上都是行不通的，主要是因为以放弃经济增长来谋求环境保护将会丧失环境保护的物质基础，最终背离可持续发展的目标。

正确的选择是在经济建设和生态环境保护之间找到一个结合点。在经济发展中解决生态环境问题，在生态环境的承载力下发展经济。不把生态文明建设与物质文明建设对立起来而是统一到可持续发展上来，变"两难"为"双赢"②。

（五）克服"外部性"，实现两个转化

所谓"外部性"是指生态"效益"或治理"成本"往往会转嫁给社会、转移给后代，一个国家和地区的生态成本或收益，往往会外溢到其他国家和地区。通过法律、经济和行政、宣传教育等综合措施，建立健全有利于保护生态环境的体制和机制，促进外部成本内部化、社会成本企业化，是生态文明建设的重要任务。

（六）坚持统筹国内和国际两个大局

在后发现代化国家建设生态文明要有国际眼光，坚持统筹国内和国际两个大局，把国内和国际两个方面的生态环境问题结合起来，把国内的生态文

---

① 杜受祜：《生态：不能成为经济发展的"短板"》，《四川党的建设》（城市版）2008 年第 2 期。

② 杜受祜：《生态文明建设四题》，《开放导报》2007 年 12 月 8 日。

明建设与应对全球气候变暖、能源危机等国际环境问题结合起来，共同实施。既要吸收借鉴世界上其他国家生态文明建设的积极成果，也要从本国的实际出发，坚持本国生态文明建设的特色。在应对全球气候变暖方面，既要遵循"共同但是有差别的责任"原则，为保护全球气候作出贡献，同时全世界尤其是发达国家应对气候变化的先进理念、制度、技术经济手段等也要为我所用，以利于提高本国应对气候变化的能力、为本国建设生态文明提供机会和体制机制、资金技术等方面的支持①。

（七）深化改革

生态文明建设，本质上就意味着社会发展结构和包括生产关系等在内的各种社会关系的重组。解决中国生态问题的关键不在于环境本身，也不完全在于环境治理方式和技术，而是在于对一系列制度性缺陷进行改革和弥补②。

（八）强化理论研究

加强生态文明理论研究，用完整系统的生态文明观，丰富完善中国特色社会主义理论体系。加强中国传统文化中的"生态观"、马克思主义"生态观"、生态马克思主义、生态社会主义思潮的研究。深入剖析工业文明与资本主义经济危机、政治危机和制度危机的关系，结合中国改革开放和建设生态文明的实践，创建"生态文明观"的理论体系，并将其作为中国未来经济社会发展和环境保护的指导思想③。

（九）加强生态文化建设

要强化生态文明观的指导地位，加强生态文化建设。树立正确的价值观和发展观，增强发展的协调性，推动实现经济又好又快发展。加强生态文化建设，提高全民族生态文明素质，推动人文全面发展。倡导生态伦理，普及生态意识，将生态意识逐步上升为民族意识、主流思潮和时尚观念，形成关注生态、保护生态、理性消费的风潮。构建系统的中国特色生态文化体系，加强生态文化宣传和对外推广，引领国际舆论话语权，增强中国文化软实力，提升国际地位。

---

① 杜受祜：《生态文明建设四题》，《开放导报》2007年12月8日。

② 《生态文明是政治文明的折射》，环球网，http://opinion.huanqiu.com/opinion_china/2012-11/3271442.html，最后访问日期：2014年12月1日。

③ 陈洪波、潘家华：《我国生态文明建设理论与实践进展》，《中国地质大学学报》（社会科学版）2012年第10期。

八　建设生态文明政府的责任

党的十八大把生态文明摆在突出的位置，要求将生态文明融入经济建设、政治建设、文化建设、社会建设的各个方面和全过程①。习近平也多次强调，要以对人民群众，对子孙后代高度负责任的态度和责任，把环境污染治理好、把生态环境建设好，努力走向社会主义生态文明的新时代，为人民创造良好的生产生活环境。要牢固树立保护生态环境就是保护生产力、改善生态环境就是发展生产力的观念②。我们绝不可以牺牲环境为代价去换取一时的经济增长。这些都彰显了政府在生态文明建设进程中肩负的重任和重要地位。

政府的职能除政治责任、道德责任、法律责任、行政责任外，生态责任也是重要责任。传统的公共管理以获取最大经济发展为首要目标，很少考虑环境问题，甚至不惜以牺牲环境为代价。生态文明则要求充分地考虑环境生态的价值，走技术进步、提高效益、节约资源的道路，公正地对待自然，科学开发、合理利用，最大限度地保持自然界的生态平衡，这种责任无疑应由政府来承担③。

首先，政府对市场的生态责任。市场是生态链条中的关键环节，有政府作为的广阔空间，如规范企业生产绿色产品的标准，注重产品再生资源的开发利用，制定绿色产品价格，帮助企业开展绿色营销等。

其次，政府对公众的生态责任。确立"代内公平"观念，以自然为中介实现同代人之间的共同发展。

最后，保证建设生态文明的制度供给。一是开征环境税和生态补偿税。环境税既可以调节人们的经济行为，减少污染，又可以为国家公共财政筹集资金；出台"环境税法"等绿色税法，为环境税提供法制保障。二是推进生态保护的法制建设。许多关于环境资源的利益冲突，已经暴露出行政控制手段的缺陷，必须通过法律手段，促进社会、经济和生态的协调发展。政府应尽快建立健全保护生态的法律法规。三是把生态教育纳入义务教育。增强

① 杜受祜：《生态：不能成为经济发展的"短板"》，《四川党的建设》（城市版）2008 年第 2 期。
② 参见习近平《努力走向社会主义生态文明新时代》，《共产党员》2013 年第 6 期。
③ 李亚：《论经济发展中政府的生态责任》，《中共中央党校学报》2005 年第 5 期。

公众的环境意识，建立绿色教育机制，在中小学开展普及环保知识的教育，增强学生保护环境的意识和责任感。在高校非环境专业开设环境学课程，对政府管理者进行环境与可持续发展的强化教育；在农村宣传有关环保的法律法规，宣传由于使用农药、化肥、地膜和乡镇企业排放的各种污染物造成的环境污染和对人体健康的危害。四是发展生态经济，包括发展生态农业、生态工业、生态旅游业等①。

（1）生态农业，即能够节能、保护自然资源、改善生态环境和提供无污染食品的农业。发展生态农业主要通过发展绿色食品、有机食品和生态农业旅游来实现。畜牧业、种植业和水产业要提高市场竞争力，出路在于确保将其发展纳入生态轨道。生态农业旅游是对生态旅游产品的优化调整，通过第一产业和第三产业交叉渗透，农业、旅游业结合，建立起在两个产业间的互动机制，既可以将观光、度假、娱乐、参与等旅游活动有机地结合起来，丰富旅游产品的形式，也可在减少旅游开发投资的风险、实现旅游跨行业发展等方面发挥积极的作用。

（2）生态工业，即应用现代科学技术建立一个多层次、多结构、多功能、变工业排泄物为原料、实现循环生产、集约经营管理的综合工业生产体系。首先是建设生态工业园区，使若干个企业或一个企业集团内不同的子企业集聚在一定的区域内，分别承担生产者、消费者、还原者的角色，建立一个物质、能量多层利用、良性循环、转化效率高、经济效益与生态效益好的工业链网结构。其次是发展循环型经济。最后是实施符合国际标准的绿色认证制度，通过绿色认证，采用绿色标志，使绿色产品顺利进入国际市场。

（3）生态旅游业，即带有生态科教和科普色彩的一种专项旅游活动，强调发展旅游业同时要处理好人与自然的关系。发展生态旅游业一是要做好开发规划，实行有序开发；二是要加强宣传教育，使生态正义、生态义务成为全社会的自觉行动和道德规范；三是要加强生态示范区建设，对森林、水源、物种、湿地等特殊而又集中的地区进行生态保护。

---

① 李亚：《论经济发展中政府的生态责任》，《中共中央党校学报》2005年第5期。

九　生态文明的测度

党的十八大以来，中国对生态文明建设指标体系的理论探讨和实际推进都呈现出加速发展的趋势。河南、贵阳、厦门等地还建立了地方性生态文明评价标准。综观这些指标体系，主要参照三个领域的指标体系：一是国家环保总局制定的生态县、生态省建设指标体系，二是国家建设小康社会的指标体系，三是新农村建设的指标体系；突出三个重点：一是生态保护和环境治理，二是提高人民的生活水平和质量；三是解决"三农"问题。在方法上主要采用系统分析方法，从经济发展效率等方面，构建生态文明建设的评价指标体系。

综观这些指标体系主要存在以下不足之处：第一，指标单一，缺乏全面系统性。主要从经济和生态环境保护两个方面来设计和考核，关于社会进步的指标太少。第二，基本为定性指标或参考指标。第三，总体上参考指标过多，使考核缺乏可操作性。第四，考核指标和考核方式均未与考核所在行政区在国家、区域主体功能区中的生态、经济功能等作用结合起来。第五，重视节能减排、控污防污和生态环境保护，而关于生态建设的则缺少，甚至忽略了。生态建设的内容只停留在生态保护的层面。这样就不利于充分利用人类已有的科学技术尽快恢复和重建生态系统，更不可能在短期内为人类的生产生活提供生态服务。

专栏 2-4　中国生态文明排行榜

《中国生态文明地区差异研究》主要运用生态文明水平的测度公式：

$$EEI = GDP / 地区生态足迹$$

其中 EEI 为地区产生单位生态足迹所对应的地区生产总值，它与 GDP 成正比，在生态足迹一定条件下，GDP 越高，其水平亦越高；与生态足迹成反比，在地区生产总值一定的情况下，生态足迹越小，其水平越高。

该研究测度出全国各省份生态文明的发展现状，形成以下排序：北京、上海、广东、浙江、福建、江苏、天津、广西、山东、重庆、四川、江西、河南、湖南、（以下为全国平均水平线下）湖北、海南、安徽、陕西、黑龙江、吉林、青海、河北、辽宁、新疆、云南、甘肃、内蒙古、贵州、宁夏、山西。

生态足迹高于全国平均水平的有 14 个省份，其中，山西、内蒙古、宁夏、辽宁、上海是最高的 5 个省份；低于全国平均水平的有 16 个省份，其中广西、四川、江西、安徽、重庆是最低的 5 个省份。最高的山西是最低的广西的 4.5 倍。

第四节　城市与生态环境

一　城市与自然和谐共生是人与自然和谐的前提和关键

（一）城市与城市化对生态环境的影响

从生态学的角度考察，城市是由自然、经济、社会复合而成的一种人工生态系统，它具有物质转化、能量流动、信息传递等重要功能，但同时又是人与自然矛盾最突出的地方。城市与农村最大的差别在于城市的降解功能过弱，生产和消费功能过强，所以城市对周边环境的冲击过大。

城市化是人力资本、土地资本以及其他资源利用方式的根本转变，从而会对生态环境产生深刻的影响。一方面，城市化促进了资源的集约利用，提高了资源的使用效率。以人口聚集为特征的城市化为各类环境污染物的集中排放和处理提供了契机，有助于降低单位人口的污染排放水平。从长期来看，城市化带动经济发展，这会带来技术（特别是污染控制技术）以及人们环境服务需求的提高，从而促进环境的改善[1]。另一方面，城市化也意味着土地、水和其他资源在相对狭小的空间里的高强度使用，并带来污染物的高密度排放，超出了当地自然界对污染物的吸收和降解能力，会对城市的环境和生态系统带来巨大的负面影响。

（1）对水环境的影响。一是对水资源（尤其是地下水）的过度开采利用，二是对地表和地下水的污染，以及这两个方面影响的相互交织。欧洲环

---

[1]　刘民权、俞建拖：《环境与人类发展：一个文献述评》，《北京大学学报》（哲学社会科学版）2010 年第 3 期。

保局统计，在人口超过 10 万人的欧洲城市中，有 60% 存在不同程度的地下水超采现象。在亚洲城市中地下水的超采情况也十分严重。曼谷、马尼拉、马德拉斯等城市的地下水位都出现大幅度下降。地下水的过量开采带来了包括水位下降、水井干枯、抽水成本高、地面沉降、咸水入侵、土地盐渍化等问题[1]。世界上的许多城市都在经济飞速发展时期出现过地面沉降现象，如纽约、东京、墨西哥城等都经历过这一过程。

专栏 2 - 5　中国城市发生地面沉降

国土资源部 2012 年发布的地质调查报告称，全国有 50 多座经济快速增长的城市正受到大规模地面沉降问题的困扰，下沉的速度虽然比较慢，但在上海、北京、西安等城市问题已经比较严重。上海市沉降的中心区，最大的累计沉降量已经超过 2 米。全国到 2009 年为止，有 7.9 万平方公里的土地累计地面沉降量超过 200 毫米。

全国沉降最严重的地区有长江三角洲、华北平原和汾渭盆地。国务院于 2012 年审批同意的《全国地面沉降防治规划》要求，在 2015 年前遏制以上三个地区的沉降趋势，在 2020 年前遏制全国范围内沉降的势头。

中国正处在大规模城市化的进程之中，土地资源的短缺要求把楼房建得更高，不断增加的城市人口也需要更多的水源，所以开发地下水也成为一个趋势。建造高楼大厦和开采地下水是造成城市地面沉降的主要原因，地面沉降又加快了建筑物崩塌的速度，增加了铁路、排水系统、电网与通信网络等基础设施的维护成本。

应对措施是限制地下水的开发和使用，对沉降很严重的地方可采取把地面水注入地下的办法。上海每年要花费数十亿元，通过向地下灌水的方法阻止地面沉降的势头，但这种方法成本太高。

资料来源：《中国城镇化要转移到建设生态平衡的新农村》，人民网，http：//ezheng. people. com. cn/proposalPostDetail. do？id = 734263&boardId = 1，最后访问日期：2014 年 12 月 1 日。

---

[1]　刘民权、俞建拖：《环境与人类发展：一个文献述评》，《北京大学学报》（哲学社会科学版）2010 年第 3 期。

（2）城市对大气环境的影响。城市和周边地区工业发展会带来大量的粉尘、硫化物、氮氧化物及其他有毒物质的排放，化石能源在发电和交通工具中的大量使用也进一步造成城市的空气污染。美国 1943 年的洛杉矶光化学事件、伦敦 1952 年的烟雾事件、比利时 1930 年的马斯河谷事件都是城市大气环境污染的典型事件。

（3）城市对局部气候的影响。由于工业活动密集、交通堵塞、大气污染严重，特别是在建筑物大多为石头和混凝土的城市中，由于其热传导率和热容量都很高，加上建筑物本身对风的阻挡或减弱作用，形成了城市的"热岛效应"和"冷岛效应"，导致城市局部气候的改变。

（4）对土地资源的影响。蔓延型的城市化模式对土地资源的影响尤其突出。冷战期间，美国出于防原子弹的考量，提出缩减城市规模，诱导人们到郊区去，再加上美国补贴高速公路大规模建设，导致城市低密度蔓延。这种离散式、"青蛙跳式"的城市发展使大量农田和绿地被用于房地产开发、道路交通的建设。1982—1992 年，美国平均每小时失去农地 277.5 亩，每年失去农地约 243 万亩，相当于美国耕地面积的 0.1%[①]。

（二）城市与城市化对温室气体排放、气候变化的影响

潘家华认为，城市是创造财富的主要阵地，也是耗能和温室气体排放的主要场所。在城市化的过程中，城市建设和城市生活方式带来了温室气体的大量排放，从而对全球气候变暖产生巨大影响。城市是资源能源的主要消费者和温室气体的主要排放者。城市碳排放量占世界碳排放量的 60%—80%。此外，由于城市化使大量的农田变成了水泥地，地面硬化了，引起对太阳光的强烈反射，也是影响气候变暖的重要原因。

中国快速推进的城镇化，导致城镇住房、交通以及其他各种基础设施建设大量增加，能源资源的消费也迅速增长。在以化石能源为主体的中国能源结构的作用下，城镇化进程的推进必然使得二氧化碳的排放量不断增长，由此使得城镇成为巨大的温室气体排放源。从表 2-10 中所列的数据可见一斑。

---

① 刘民权、俞建拖：《环境与人类发展：一个文献述评》，《北京大学学报》（哲学社会科学版）2010 年第 3 期。

表 2 - 10　中国城市的温室气体排放态势（2006 年）

类型	排放总量 （亿吨）	占全国比重 （%）	地均排放 （吨/平方公里）	与全国水平 的比值	人均排放 （吨）	与全国水平 的比值
全国	54	100	540	1	4.1	1
地级以上城市 （287 座）	35.2	65	4800	8	7.9	1.9
经济规模最大的 100 座城市	27.9	52	9700	16.2	9.7	2.4

二　城市绿色变革与转型思想溯源

18 世纪工业革命开始，城市急剧膨胀，城市的自然环境发生了巨大的变化，促使人类开始关注城市的生存环境，探讨城市与生态环境的关系。

19 世纪末英国的霍华德（E. Howard）发表《花园城》（1898 年），提出了田园城市理论，开始运用生态学的理论和方法对城市进行研究。19 世纪英国生物学家格迪尔斯（P. Geddls）的《城市开发》（1904 年）和《进化中的城市》（1915 年）将环境、卫生、住宅、市政工程、城镇规划等结合起来考虑。美国的帕克（R. E. Park）发表的《城市：环境中人类行为的几点建议》（1916 年），将支配自然界生物群落的某些规律，如竞争、共生、演替、优势等应用于城市研究。1933 年"雅典宪章"规定，城市规划的目的就是使人类居住、工作、游憩、交流等四大活动的功能正常发挥，进一步明确了城市环境有机综合体的思想。20 世纪初，以帕克的《城市和人类生态学》（1952 年）、美国卡逊（R. Carson）的《寂静的春天》（1962 年）、罗马俱乐部的《增长的极限》（1972 年）等为代表的一批国外学者将生态学思想运用于城市生态学的研究，奠定了生态城市的理论基础。

20 世纪 70 年代，联合国教科文组织发起的"人与生物圈计划"，提出了研究影响城市生态系统健康及人地关系和谐的因素，分析了造成城市环境问题的原因，并首先提出"生态城市"这一概念。1984 年"人与生物圈计划"提出生态城市规划的五项原则，同年雷杰斯特（Registet）提出了建设生态城市的原则。苏联生态学家亚尼茨基（Yanitsky）提出生态城市的理想模式是，技术与自然充分融合，人的创造力和生态效益得到最大限度的发挥，居民的身心健康和环境质量得到最大限度的保护，物质能量、信息高效利用，生态良性循环，是一种人类理想的栖息环境①。雷杰斯特则认为生态城市即生态健康城市，是紧凑、充满活力、节能并与自然和谐共存的聚居地。美国城市生态学家、生态城市建设者协会主席理查德·瑞吉斯特认为，城市是现代工业文明得以集中的地方，但也是饱受工业文明带来的包括环境污染、资源能源短缺等诸多现代问题之苦的地方。"人类的生活质量在很大程度上取决于我们建设城市的方式、城市人口的密度和多样性的程度。城市人口密度越大、多样性程度越高，对机械化的交通系统依赖越小，对自然资源消耗越少，那么对自然界的负面影响就越小。"②

20 世纪 30 年代，美国现代建筑学泰斗兰克·赖特鉴于当时汽车工业的迅速发展，曾提出过"广亩城市"的构想。他主张未来的城市不再集中，而向郊区扩散，采用一种分散的城市布局。而兰克·赖特的学生、美国生态建筑学之父索莱里却批判了其老师的观点。他说："我恨我的老师，因为他推动的汽车工业异样发展，'打补丁'般的生物燃料策略于事无补。"索莱里认为："人类面临危机，城市吞噬着地球，耗费能源，如此下去或许 10 个地球才够支撑，人类应该彻底改变这种生活模式。""自然界这个有机体在进化的同时，也会变得越来越复杂，也会成为一个更紧凑或更微型化的系统。就像城市，也如同一个生命系统般运作。"索莱里首先提出了建造线性城市的理念，并在位于亚利桑那州凤凰城以北 100 多公里的沙漠中阿科桑底进行了长达 40 年时间的"精益线性动脉城市"的试验。

在中国，马世骏与王如松等提出社会—经济—自然复合生态系统理论，认为城市是典型的社会—经济—自然复合生态系统。应开展综合性的社会—经济—自然复合生态系统研究，以识别和解决工业城市面临的诸如人口拥挤、交通拥堵、工业布局不合理、自然资源不足等问题。

---

① 钱翌、张鹏：《生态城市建设的研究》，《新疆环境保护》2005 年第 3 期。
② 《阿希姆·施泰勒在世博论坛上的演讲》，《文汇报》2010 年 7 月 17 日。

第五节　"三型"城市：中国城市绿色变革与
转型的目标模式

一　气候变化条件下城市绿色变革与转型的目标模式

气候变化是人类共同面临的最大的环境问题，它将深刻地影响人类的生存和发展，关系到经济社会发展的全局和人民的切身利益。面对气候变化，城市的可持续发展出现了许多新情况、新特点，提出了许多新的挑战和新的要求。应对气候变化条件下城市的绿色变革与转型，应当统筹人口、资源、环境、发展，以建设"资源节约型、环境友好型、气候安全型"城市（简称"三型"城市）为目标模式。

"三型"城市就是针对保护生态环境、应对气候变化、维护能源资源安全等全球面临的共同挑战，以人、城市和地球相融合，经济的可持续和生态环境的可持续相统一，以节能、环保、低碳为主要特征的城市，是由工业文明条件下的城市向生态文明条件下转型的城市。

二　"三型"城市的主要特征

"三型"城市的第一个特征就是生态化。生态化城市是联合国教科文组织发起的"人与生物圈计划"提出的一个概念，以尊重自然、顺应自然、保护自然为理念，其核心是把城市视为包括能源、水、交通、土地、食品供应、废弃物回收和利用等生态子系统构成的一个生命体，将生态学的理论和方法、支配自然界生物群落的（如竞争、共生、演替、优势等）自然规律融入和应用于城市的规划、空间布局、产业结构、生产方式、生活方式、城市建设、城市管理的各个方面和全过程，使城市社会、经济、文化和自然高度协同，物质变换、能量流动、信息传递，环环相扣、协同共生。

生态化城市也是针对传统城市发展模式中城市功能区块之间缺乏必要的共生关系和物质能量的多层分级利用功能，城市各生产行业各自着眼于所生产的产品而不是整体功能，各部门不协调和城市自我调节能力差、多样性低，对生态环境依赖性强等弊端，通过城市生态系统的协调和优化，提升城市物质代谢过程、信息反馈过程和生态演化过程的健康程度等途径而构建的一种新城市形态。

"三型"城市第二个特征是循环化。传统的城市发展模式对生态环境产生负面影响的主要原因是城市和工业的物质循环和能量流动系统基本上是线状的而不是环状的，是高消耗和直线式的。城市的人类从自然中开采大量资源，又将大量物质、能量以废物形式输出。城市中有很强大的生产者和消费者，但是没有降解者。循环化就是要转变这种资源高消耗和线性发展的模式，以资源的高效利用和循环利用为核心，通过建设循环型企业、循环产业园区、循环产业链等途径和形式，实现企业内部的小循环、园区的中循环和整个城市的大循环相结合，把减量化、再利用、资源化贯穿于整个城市的生产、生活、流通、消费的各个环节和全过程。

专栏 2－6　北京市的中水开发和利用

再生水也称中水，指城市污水经处理，达到一定水质标准，进行有益的使用。再生水已成为北京市的第二水源。

北京市是世界上缺水最严重的大城市之一。国际公认的缺水警戒线是人均水资源 1000 立方米，而北京只有 100 立方米左右。

1998 年以来出现的 12 年连旱，使北京市在这 12 年中的平均降水量比多年平均值减少了 20%，可利用水资源减少了 48%。密云水库、官厅水库"两大水盆"来水减少了 79%。怀柔、平谷、昌平等地应急水源地地下水位年均下降 3—5 米，接近开采极限。在水源日渐减少的同时人口却快速增加，2010 年常住人口为 1961 万人，城市人口提前 10 年超过 2020 年 1800 万人的规划目标。近十几年北京年水资源总量为 26 亿立方米，而年用水量为 36 亿立方米，年用水缺口达 10 亿立方米。水资源短缺已成为制约北京经济社会发展的第一瓶颈。南水北调工程引自丹江口的长江之水对于缓解北京的用水困局不过是杯水车薪。

北京 2001 年建成第一座再生水厂。到 2010 年，全市再生水利用从 2.1 亿立方米提高到 6.8 亿立方米，供水比例从 8% 提高到 20%。利用量累计达到 33.6 亿立方米，基本实现了"新水保生活、再生水保生产生态"的目标。

再生水厂利用"超滤膜""反渗透处理"等技术工艺，完成了活性炭吸附、臭气氧化等程序，让本来黄褐色的臭水变得无色无味。

再生水利用途径如下。

工业：用水集中、用量稳定。从 2003 年第一热电厂和华能热电厂使用再生水作为工业冷却水开始，至 2010 年全市 9 座热电厂已全部利用再生水，2010 年工业利用再生水达 1.4 亿立方米。

农业：从 2006 年起，大兴、通州等地兴建了 58 万亩再生水灌区。2010 年农业灌溉利用再生水超过 3 亿立方米。

景观河道：达 2.1 亿立方米。可再生水不仅遏止了河道生态恶化的趋势，也刹住了污染导致的水源锐减。永定河是北京的"母亲河"，是北京最大的河流，也是北京最早遭受污染而走向水脉衰微的河流。其北京段断流 30 年，是再生水让其重现生机。如要将其按规划建成"绿色生态走廊"，仅京内河段生态灌溉需水量即要 1.3 亿立方米，相当于城区每年生活用水量的 1/10。此外，在汽车清洗、道路压尘、绿化喷洒、市政杂用等方面，再生水都得到广泛使用。

再生水开发利用缓解了水资源短缺和水环境恶化两大矛盾，在消除污染的同时创造出了新的水源。

北京市六环路内主要河流有 52 条，总长为 520 公里。历史上这些河道承担着防洪排污的双重任务。20 世纪 90 年代前，由于未建污水处理厂，每年有 4 亿立方米污水直排河道，加之持续干旱，水体缺乏流动，自净能力下降，到了夏天，河湖暴发水华，又腥又脏。加强污水处理是改善河湖水质的根本途径。按通惠河、坝河、清河、凉水河等河流的分布，北京市大规模地兴建污水处理厂。到 2010 年全市年处理污水的能力达 11 亿立方米以上。污水处理率达到 82%，中心城区可达 95%。

北京的排水，经历了"污水收集、自然排放"，"污水收集、达标排放"，再到"污水收集、达标处理、再生水利用"三个阶段。"十二五"期间，北京市中心城区的污水处理厂将全部升级改造为再生水厂，新建污水处理厂全部按再生水厂建设，中心城区污水处理率达 98%，再生水利用率达 75%，并把再生水引入上游的永定河、潮白河，实现对水源地的涵养，城市用水的上下游将实现大循环，既弥补资源的不足，也从根本上改善水环境质量。

资料来源：《"解渴"的"废水"——北京再生水发展调查》，民主与法制网，http://

www. mzyfz. com/cms/benzhousheping/shepingzhuanqu/shehui/html/1239/2011 - 11 - 04/content -
202742. html，最后访问日期：2014 年 12 月 1 日。

　　"三型"城市的第三个特征是低碳化。低碳化即城市经济以低碳产业为
主导，市民以低碳生活为理念和行为特征，政府以低碳社会为建设蓝图[1]，
以"低能耗、低排放、低污染和高效能、高效率、高效益"为特征的城市。
节约能源、提高能源使用效率是低碳化的核心内容。通过建立节能企业、节
能家庭、节能社区、节能建筑、节能政府，以及开发节能技术、能效技术、
新能源技术，高效利用土地和能源，实现工业布局低碳化、循环化，构建绿
色交通体系，发展绿色建筑，倡导绿色消费等措施和途径实现城市能耗总量
和温室气体排放总量的下降。

　　低碳日益成为城市竞争力的新品质和新形象，是现代城市的重要表征和
发展方向。低碳经济是兼顾应对国际压力和促进国内发展的必然选择，也是
中国在城市化进程中控制温室气体排放的必然选择。

专栏 2-7　保定把低碳植入城市发展思维

　　保定市下辖 25 个县级单位和 2 个开发区，是全国带县最多的地级市。
总面积为 2.2 万平方公里，总人口为 1162 万人（80% 在农村）。保定资源
少、生态环境脆弱，但又是京津和白洋淀的生态屏障。

　　保定努力探索一条以节约能源、推广应用新能源和降低碳排放为主要标
志的低碳发展模式，使之在经济增速和财政增速两个方面名列全省第一。

　　"加法与减法"：发展新能源与能源设备产业，减法是节能减排。产业
低碳化与生活方式低碳化结合。走出一条既符合生态文明发展要求，又具有
自身特色的工业化和城市化之路。

　　2006 年提出加快发展新能源及能源设备制造业，打造"中国电谷"的
发展目标。

　　2007 年提出推进新型能源在城市基础设施和居民生活领域的普及和应
用，建设"太阳能之城"。

---

[1]　李谦：《把"低碳"理念植入城市发展思维》，《经济日报》2012 年 2 月 6 日。

2008 年提出以经济社会发展的重点领域开展低碳化建设，建设低碳城市的奋斗目标。

产业发展：2011 年与 2005 年比较，新能源产业销售收入由 60 亿元增加到 453 亿元，增长了 6 倍多。初步形成了光电、风电、节电、储电、输变电和电力电子六大产业体系，成为世界级新能源设备制造业聚集区。

在新能源利用方面，全面开展城市公共照明的太阳能改造，培育和建设了一批低碳示范社区和低碳示范项目。截至 2011 年底，市区所有党政机关的庭院、90% 以上的主要路段、85% 的游园绿地，全部通信号灯，部分生活小区和主要旅游景区已被动完成太阳能应用改造。

保定加大力度建设以新能源和能源设备产业为主要内容的新能源产业基地，已形成了光电、风电、节电、储电、输变电与电力自动化设备六大产业集群。

市区 40% 的居民小区完成了应用太阳能的改造，主要路口的交通信号灯全部改成太阳能控制。世界首座光伏发电与五星级酒店一体化的建筑——电谷大厦建成并使用。该建筑用光伏玻璃幕墙代替传统的玻璃幕墙，使其成为一座 0.3 兆瓦装机容量的电站，年发电量为 34 万千瓦时。中国第一座太阳能光伏建筑一体化消防站——乐凯北大街消防站 2011 年 7 月 29 日正式投入使用。该站由英利集团投资 6000 万元建设，外立面安装全玻太阳能电池组件幕墙，采用英利"熊猫"单晶高效电池组件，发电装机容量为 250 千瓦，年发电量为 30 万千瓦时，可节约 120 吨标煤，减排二氧化碳 312 吨。

资料来源：李谦：《把"低碳"理念植入城市发展思维》，《经济日报》2012 年 2 月 6 日。

三　"三型"城市的类概念

（一）生态城市

生态城市是指经济高效、社会和谐、生态良性循环的城市发展模式，是结构合理、功能高效、协调发展的复合生态系统。生态城市是全球或区域生态系统中分享其公平承载能力份额的可持续子系统，是基于生态学原理建立的自然和谐、生态公平和经济高效的复合系统，更是具有自身人文特色的自然与人工协调、人与人之间和谐相处的理想人居环境①。

世界上已提出建设生态城市目标的国家有欧洲的英国、法国、德国、瑞典、荷兰、挪威、冰岛、西班牙、意大利、斯洛伐克、保加利亚，亚洲的中国、日本、韩国、印度、阿拉伯联合酋长国、约旦、菲律宾，北美洲的美国、加拿大等。

（二）低碳城市

低碳城市是基于低碳经济提出的一个概念，其核心是在经济高速发展的前提下，城市保持低水平能源消耗和二氧化碳排放。应对气候变化是其产生的直接原因，而变革与转型城市的生产生活方式、发展模式是其根本原因。城市市民以低碳生活为理念和行为特征，政府公务管理层以低碳社会为建设标本和蓝图，形成了城市生活低碳化、城市空间紧凑化及物质生活循环化的三维空间格局。城市空间紧凑化发展促使城市土地使用的节约化。人口的高密度保障城市区域多样化复合功能塑造，并将大大减少城市交通建设密度及城市建设的各项指标，提高土地等资源的开发利用效率，根据城市化进程，引导社区建设从外延式向内涵式发展模式转变，保持高密度紧凑化发展与混合功能新型社区建设相结合②。

专栏 2 - 8　自行车之城：哥本哈根

哥本哈根的目标是到 2025 年建成世界上第一个碳中性城市。到 2015 年把该市的二氧化碳排放在 2005 年基础上减少 20%，到 2025 年使二氧化碳排放量降低到零。而实现这一目标最重要的措施和保证就是推行自行车代步。城市交通形成了自行车居首、公共交通第二、私人轿车最末的顺序。自行车代步已经成为城市的一种文化。国际自行车联盟将哥本哈根命名为 2008—2011 年的世界首个"自行车之城"。1997 年，时任美国总统克林顿访问哥本哈根时，哥本哈根市政府送出的一份官方礼物就是一辆特别设计的自行车，名为"城市自行车一号"。

为了推进自行车代步，哥本哈根建立了很多配套的制度，首先，市内的

---

① 黄肇义、杨东援：《国内外生态城市理论研究综述》，《城市规划》2001 年第 1 期。
② 陈飞、诸大建：《低碳城市研究的内涵、模型与目标策略确定》，《城市规划学刊》2009 年第 7 期。

交通灯变化的频率按照自行车的平均速度设置，保证匀速骑自行车，几乎一路绿灯畅通无阻。其次是改善基础设施，为自行车建造更多、更安全的专用道路以及停车场，而让汽车停车更困难、成本更高。有很好的自行车代步服务，全市有100多个免费自行车停放点，以20丹麦克朗的价格就能自行租借，把车还回至任何一个停放点时，就可以将20克朗的押金拿回。但是，如果没有把自行车停放在规定的区域，罚款则高达1000欧元。

资料来源：《哥本哈根50项措施建低碳城市——丹麦气候能源全接触》，中国网，http：//www.china. com.cn/fangtan/zhuanti/2009 - 07/08/content_ 18092404.htm，最后访问日期：2014年12月1日。

专栏2-9　低碳世博

上海世博园选址于一片污染严重的工业用地，园区建设巧妙地与旧城改造相结合，使工厂搬迁、碳排放降低、生态环境改善同步推进。各场馆利用先进的节能、低碳技术，甚至出现了上海世博伦敦零碳馆，汇聚了各国各行业最新节能减排技术，由可再生能源完全支撑其运营。园区还大力推广绿色出行，使低碳的理念在全社会得以普及推广。

（三）雅居城市

雅居城市的特点一是舒适，二是健康。由美国记者詹姆斯·拉塞尔首先提出，是针对气候变化对城市的影响以及城市对气候变化的影响提出的概念。其重点在于城市自身的逐步改造以及城市居民行为方式的改变。城市住房的能源消耗应当逐步降低，最终甚至要使自身所产出的能源大于其消耗量。

（四）环境保护模范城市

1997年由环保部提出并启动创建国家环境保护模范城市活动。环境保护模范城市的重要标志是：城市环境质量明显改善，实现"蓝天、碧水、绿地、宁静、洁净"的目标。截至2010年，全国已有71个城市和5个直辖市城区建成了国家环境保护模范城市。

2008年国家环境保护模范城市的水环境功能区水质达标率高于全国城市平均水平4.96个百分点；空气质量优良率比全国城市平均水平高30.90

个百分点；工业固体废物处置利用率和医疗废物集中处置率高于全国城市平均水平 3.14 个和 20.58 个百分点；生活污水集中处理率高于全国城市平均水平 28.92 个百分点；生活垃圾无害化处理率高出全国城市平均水平 25.77 个百分点；建成区绿化覆盖率高出全国城市平均水平 3.58 个百分点。城市公众对城市环境的满意率平均值为 78%，高出全国平均水平 16.83 个百分点①。

（五）紧凑城市

紧凑城市是从城市形态、城市结构规划角度，以实现可持续发展、低碳发展为目标的一种城市发展理念和模式。其产生的背景是，西方社会对近百年来城市盲目无序扩张蔓延，造成土地资源匮乏、环境恶化等"城市病"进行反思的结果，是对西方社会传统的"分散都市"的城市建设理念和模式的革命性变革，也是世界范围内对于城市形态变化对碳排放量控制削减方面的必然选择。

紧凑城市包括了控制无序开发、蔓延现象，节省土地资源，限制城市无限扩展范围，提高城市密度，对已开发的土地进行高效再利用。提倡公共交通、步行系统的组合交通方式以主导城市开发。由于限制城市开发的范围，减少城市建设用地，为生态、自然环境留出了充裕的空间；复合化的各级城市中心，提高了城市功能，便于信息交流，便于生产和研发。

专栏 2-10　英国等发展紧凑型城市

英国由政府主导推进紧凑城市的建设。第二次世界大战后，英国曾经历过反都市化过程，提倡田园都市生活方式，都市向郊外扩张，以缓解当时私家车持有者占城市人口 70% 以上、每人每年汽车移动 8850 公里、城市过度依赖汽车的困局。英国政府"持续发展英国战略"（1994 年）提出创造方便居住、环境优良、节能的开发原则，提出对荒废的都市中心进行再开发、利用，保持自然。1999 年提出包括发展紧凑型城市等内容的开发城市复兴政策，明确提出控制交通碳排指标及对土地紧凑性利用方针、提高都市密度

---

① 《积极开拓创新巩固提高工作水平　努力开创国家环保模范城市创建工作新局面——在全国创建国家环境保护模范城市工作现场会上的讲话》，环境保护部网站，http://www.mep.gov.cn/gkml/hbb/qt/201004/t20100427，最后访问日期：2014 年 12 月 1 日。

等要求。在政府主导下，英国城市改造和新开发区都推行了紧凑城市的理念和模式，由此，伦敦控制住了人口外流，人口回归城市，对依靠汽车的交通已有了较大改善，新开发区的低碳成效已显现出来。

美国是世界上对汽车依赖度最高、私家车最多的国家，也是交通能耗最多的国家。美国人口占世界人口的4.7%，交通能源消费占世界的1/4，碳排放量占世界的1/3，美国也是世界上城市无限延伸的国家。以1994年美国计划学会提出"贤明成长政策"为标志，美国城市发展模式向绿色、紧凑方向变革，如要求发展传统的近邻开发模型，提倡公共交通指向开发模型。

近年来，日本针对人口减少、少子化、老龄化问题，对紧凑城市的理论研究包括建立数学模型等工作已在深入开展，在大规模城市再生运动和在城市再生地及新开发地全面推广"紧凑城市"概念和模式。

中国有学者指出："当前迫切的问题是要反思城市建设的理念和发展模式，探索符合中国国情和生态文明建设的城市发展道路。目前中国每年有1500万人进城，这一趋势将在一定时期内持续，这就进一步要求我们在城市甚至区域内倡导土地使用功能混合，大力推进紧凑节地发展模式。"①

采用紧凑城市空间结构，在土地利用上实现适当的空间混合，以达到减少交通距离和交通量，提高城市基础设施使用效率的目的。配合紧凑城市结构，采用公共交通优先的城市交通系统，并有完备的自行车交通系统以及人性化的步行空间，以减少交通过程对能源的消耗②。

（六）"精益线性动脉城市"

"精益线性动脉城市"的主要特点是：空间紧凑、功能众多，以达到节省自然空间的目的。这一理念由美国生态建筑学之父索莱里首先提出，并首先在美国阿科桑底开展建设"精益线性动脉城市"的试验。

从20世纪60年代开始，索莱里把植物生长的形态作为城市规划的结构模型，提出构建由互联城市模块构成的紧凑连续的生态城市带，主张用巨型

---

① 仇保兴：《转变发展模式，建设低碳城市》，《中国建设报》2009年12月9日。
② 顾朝林等：《基于低碳理念的城市规划研究框架》，《城市与区域规划研究》2010年第2期。

高层建筑结构，把居民区、商业区、无害工业区、街道、广场、公园绿地等城市组成要素，里里外外、层层叠叠地密置于庞大的建筑群中，把这种城市生态建筑模块组成一个"长串"，把城市带进农村，从而避免人们为生存发展而蜂拥进城、拥挤混乱的情形①。这种简洁、有序的城市布局在为大量人口充分提供都市生活需求的同时，又能让人们与紧邻"长串"建筑的自然界密切融合。

"精益线性动脉城市"通过高密集的立体城市构建，可以实现能量需求的巨大减少。每一个城市模块将可充分利用当地的自然资源，并可产生一部分能源和原料以供当地使用和消费。

专栏 2-11　索莱里的"精益线性动脉城市"试验室

"精益线性动脉城市"出自索莱里将杂乱无章的城市规划根本重构为密集、整合、三维立体的城市，从而支持可以维持人类文明的复杂活动的初衷。索莱里构想的"精益线性动脉城市"是，在线性中央公园沿岸平行建造的30层以上的多功能高塔将集多种日常生活功能于一体，人们可以通过步行或借助自行车、电梯或交通巴士在几分钟内快捷抵达办公地点或商铺，从而节省日常交通时间。在城市两侧，将是大型农场、农田、高山、湖泊或森林，人们可以在自然和城市之间轻松切换，动物也可与人和谐相处。

为了实践自己的梦想，索莱里1956年在亚利桑那州定居下来，建立了基金会，买下了近350公顷土地，并于1970年开始在阿科桑底小镇开始了建设"精益线性动脉城市"的试验。虽然至2010年小镇建筑才完成2%的预想规模，但这座小镇尊重环境、注重生态的特点也十分鲜明。这个小镇拒绝汽车。十分钟左右步行距离即可到达城市里的每一个地方。每一个建筑单元都兼具多种功能，所有的生活需求都可以在一个立体空间里完成。既用常规电网满足大多数用电需求，但也充分利用风车、太阳能和循环水提供可再生能源。已有数千名志愿者到此参加学术研讨、各种会议和各种实验活动，每年有数万名来自世界各地的访客到此分享生态城市体验。

---

① 郭爽：《未来生态城市的样本——阿科桑底》，《建筑节能》2013年第5期。

（七）"田园城市"

"田园城市"是 1902 年由英国学者霍华德提出的概念，意在寻找一条化解大城市矛盾的城市发展的新路径，协调城市与乡村、人与自然的关系，已成为以后新城市建设的理念。1918 年奥斯本提出了"新城"概念，充实了"田园城市"思想[①]。1903—1919 年英国先后建起了两座"田园城市"。世界各国新城建设都植根于"田园城市"理论，并由此形成了世界新城建设的基本经验。西安市和成都市都提出过建立"田园城市"的城市建设目标。

---

① 陈玉梅：《化解四大矛盾是提升新城建设生命力的关键》，《经济纵横》2011 年第 12 期。

第 三 章
城市大气环境的治理与保护

空气质量是城市生态环境的重要内容，是人民群众最关心、影响面最广、最重大的民生问题。大气环境污染已经成为影响城市经济社会可持续发展的突出问题。随着中国经济的快速发展和城镇居民财富的增加，城市居民对宜居环境的要求日益提升和增强，对空气质量的诉求与日俱增，越来越多的城市居民开始关注人体健康受到威胁的现实情况，关注城市的能见度或灰霾程度，关注 PM2.5 的破坏性和浓度标准，关注黑炭问题和全球变暖等环境问题。

清洁的空气是美丽中国的重要内容，是生态文明建设的重要指标；呼吸清洁空气是幸福生活的重要指数，也是政府对人民群众的庄严承诺。研究中国城市大气环境的治理和保护已经非常迫切和重要。

第一节　中国城市大气环境污染的趋势和特征

自 20 世纪 90 年代以来，中国工业化和城市化加速，带来了高额的资源与环境发展成本，使城市大气环境问题呈现出工业化过程的污染特征。

一　中国城市大气环境污染的变化

第一，从传统煤烟型污染转变为包括光化学污染等类型的复合型大气污染。

专栏 3 - 1　光化学污染

1943 年美国洛杉矶遭受到的就是光化学污染，与 1952 年英国伦敦遭受到的煤烟型污染属于两个不同的类型。所谓光化学污染，主要是由汽车排放的氮氧化物在阳光照射下发生光化学反应造成的。光化学烟雾中除含有氮氧化物外，主要是臭氧和醛类物质，也有细颗粒物，对人体呼吸系统有直接影响。

第二，由单个城市大气污染转变为连片的、城市群大气污染。

随着城镇化的推进，中国城市规模不断扩张，城市群、城市带的发展成为城市化的一个重要特征，受大气环流及大气化学的双重作用，城市间大气污染相互影响日益明显，相邻城市之间污染传输影响极为突出。在京津冀、长三角和珠三角等区域，部分城市二氧化硫浓度受外来源的贡献率达30%—40%，氮氧化物为12%—20%，可吸入颗粒物为16%—26%；区域内城市大气污染变化过程呈现明显的同步性，空气重污染现象大范围同时出现的频次日益增多，重污染天气一般一天内在区域内的城市先后出现[1]。中国城市群主要大气污染物浓度可参见表 3–1。

第三，首要污染物[2]从粗颗粒向 PM2.5、臭氧转变，从一次性污染物向二次性污染物转变。

环保部对全国 77 个城市 2013 年一季度空气质量的监测结果表明，城市的首要污染物为 PM2.5、PM10，其中 PM2.5 平均超标率为 49.1%，PM10 平均超标率为 33.6%。

表 3–1　中国城市群主要大气污染物浓度比较（2012 年）

单位：微克/立方米

区域	二氧化硫	二氧化氮	可吸入颗粒物
京津冀城市群	45	33	82
长三角城市群	33	38	89
珠三角城市群	26	40	58
武汉城市群	28	28	91
长株潭城市群	51	40	86
成渝城市群	43	35	76
甘宁城市群	46	32	111
乌鲁木齐	43	36	96

资料来源：环境保护部、国家发展和改革委员会、财政部：《重点区域大气污染防治"十二五"规划》。

---

[1]　葛志浩：《长三角 PM2.5 须年均下降 6%》，《新闻晨报》2012 年 12 月 6 日。

[2]　首要污染物：空气质量指数（AQI）大于 50 时空气质量分指数（IAQI）最大的空气污染物。

专栏 3 - 2　臭氧是污染空气的另一大元凶

臭氧是除 PM2.5 之外的另一大空气污染物。

平流层中的臭氧对可以破坏生物 DNA 的紫外线形成关键的防护，但是地面的臭氧会刺激呼吸道，地面臭氧浓度在短期内激增会导致心脏病发作和严重的哮喘，长期暴露在高浓度的臭氧环境中，死于呼吸系统病症的概率会上升 50% 。而地面的臭氧通常是汽车尾气中的氮氧化物在阳光照射下发生化学反应生成的。

第四，污染控制范围从工业等点源向扬尘等面源污染和低速汽车等移动源污染延伸，向 PM2.5 生成的前体物转变。

专栏 3 - 3　二次污染物

二次污染物是指一次污染物在空气中相互作用或发生光化学反应而生成的新污染物，如硫酸雾、硝酸雾、光化学烟雾等。其一般毒性比一次污染物增强。一般采取的应对措施包括通过技术革新、工艺改造，减少二次污染物转变的可能；鼓励更多地使用清洁能源；对于新的污染物排放尤其要严格管控；污染治理要统一开展，跨地区甚至跨国家进行。

二　中国城市大气环境污染的形势严峻

"十一五"期间，中国深化城市大气环境综合整治，实行"退二进三"政策，搬迁和改造了一大批重污染企业，优化城市产业布局；积极推动城市清洁能源改造，发展热电联产和集中供热，淘汰了一批燃煤小锅炉；京津冀、长三角、珠三角城市群启动了加油站油气回收治理工作，北京、上海、广州、深圳分别完成了 1462 座、500 座、514 座、256 座加油站油气回收改造工程。全国实施了机动车污染物排放国Ⅲ标准，部分城市实施了国Ⅳ标准，机动车污染物平均排放强度下降了 40% 以上。综合整治工作取得了积极成效。2010 年，全国地级及以上城市二氧化硫和可吸入颗粒物（PM10）的年均浓度分别为 35 微克/立方米和 81 微克/立方米，比 2005 年分别下降了 24.0% 和 14.8%，二氧化氮浓度基本稳定①。

中国城市大气环境污染的形势仍然十分严峻。一方面，粗颗粒污染仍然是中国城市大气污染的主要因子。由二氧化硫引起的酸雨污染范围不断扩大，2009 年全国 488 个市（县）降水年均 pH 值低于 5.0（属较重酸雨）的城市有 189 个，占总数的 38.7%，降水年均 pH 值低于 4.5（重酸雨）的城市有 39 个，占 8.0%。2010 年中国重点区域城市二氧化硫年均浓度为 0.039 毫克/立方米，为发达国家的 2—4 倍。另一方面，在粗颗粒污染未得到有效控制的情况下，细颗粒污染凸显出来。

2011 年 9 月世界卫生组织公布的一项以 PM10 为代表的全球城市空气污染报告表明，中国在参与排名的 91 个国家中位居第 77 位。全国 31 个省会城市、自治区首府及直辖市，94% 的人口暴露在 PM10 年平均浓度 70 微克/立方米以上的空气中，80% 的城市达不到中国新的环境空气质量标准。表 3－2 列举了 2008—2012 年全国省会城市、自治区首府和直辖市空气质量排名情况。

表 3－2　2008—2012 年全国省会城市、自治区首府及直辖市空气质量排名

城　　市	2012 年排名	2011 年排名	2010 年排名	2009 年排名	2008 年排名
海　口	1	1	1	1	1
昆　明	2	2	2	2	2
拉　萨	3	3	3	4	4
福　州	4	5	6	5	3
广　州	5	4	4	6	7
南　宁	6	6	5	3	5
贵　阳	7	7	8	7	6
呼和浩特	8	8	7	9	10
上　海	9	12	12	11	13
重　庆	10	16	20	24	24
长　春	11	10	10	10	9
杭　州	12	14	15	15	21
合　肥	13	28	22	17	31
南　昌	14	9	9	8	8
银　川	15	13	13	13	11
沈　阳	16	15	14	14	16

① 环境保护部、国家发展和改革委员会、财政部：《重点区域大气污染防治"十二五"规划》。

续表

城　　市	2012 年排名	2011 年排名	2010 年排名	2009 年排名	2008 年排名
长　　沙	17	11	11	12	12
济　　南	18	21	23	27	26
太　　原	19	25	24	26	20
石　家　庄	20	18	17	18	22
武　　汉	21	26	28	25	27
郑　　州	22	24	19	16	14
哈　尔　滨	23	23	21	21	19
南　　京	24	20	26	19	15
西　　宁	25	22	18	29	25
天　　津	26	17	25	22	17
西　　安	27	27	27	23	23
成　　都	28	19	16	20	18
乌鲁木齐	29	30	30	30	30
北　　京	30	29	29	28	28
兰　　州	31	31	31	31	29

据《2012 年中国气候公报》统计，以 PM2.5 为代表的污染物成为中国城市的主要污染物，长三角、珠三角、京津冀等地区的城市大气灰霾和光化学烟雾污染日渐突出，年灰霾天数在 100 天以上（见图 3 - 1），占全年总天数的 30%—50%。2010—2013 年，中国城市地区连续 4 年广泛受到灰霾的污染。雾霾天气频发，已经成为中国主要气象灾害和极端天气气候事件之一。

2010 年北京市大气中 PM2.5 的年平均浓度为 60—70 微克/立方米，广州市为 45—50 微克/立方米。与世界卫生组织环境空气质量指导值 10 微克/立方米比较，北京市超标 5—6 倍，广州市超标 3.5—4 倍。与世界卫生组织第一阶段目标值 35 微克/立方米比较，北京市超标 0.7—1 倍，广州市则超标 0.3—0.4 倍。

2011 年入冬以来，中国大片区域又连续发生大雾和阴霾，导致很多交通干线被关闭，航班被取消。

2013 年 1—3 月，中国华北、华东等大部分地区均遭受了被称为"空气末日"的大气污染袭击，污染表现出"范围广、时间长、浓度高"的特点（见图 3 - 2、表 3 - 3、表 3 - 4）。

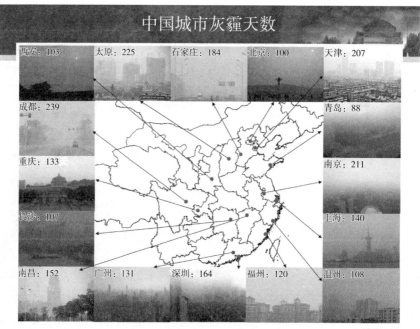

单位：天

图 3 - 1   中国城市灰霾天数

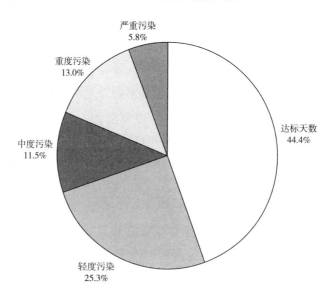

图 3 - 2   2013 年 1—3 月全国 74 个城市空气质量态势

资料来源：环境保护部发布的 74 个城市空气质量报告（2013 年 5 月）。

表 3-3 2013 年第一季度城市空气质量排名榜

名次 类型	1	2	3	4	5	6	7	8	9	10
空气污染严重	石家庄	邢台	保定	邯郸	唐山	济南	西安	衡水	廊坊	乌鲁木齐
空气质量较好	海口	拉萨	舟山	福州	惠州	厦门	深圳	珠海	江门	丽水

注：按空气质量综合指数进行评价的结果。

表 3-4 2013 年 3 月城市空气质量排行榜

名次 类型	1	2	3	4	5	6	7	8	9	10
空气污染较重	唐山	石家庄	西安	成都	邢台	保定	西宁	邯郸	廊坊	太原
空气质量较好	海口	舟山	拉萨	福州	惠州	珠海	丽水	深圳	厦门	张家口

注：按空气质量综合指数进行评价的结果。

在雾霾袭击最严重的北京市，2013 年从 1 月 10 日开始重度污染后，11—14 日都是严重污染。1 月 12 日北京市政府公布的空气质量数据表明，当天的 PM2.5 浓度达到每立方米 886 微克，有毒的雾霾浓度已经达到世界卫生组织认定的健康标准的（25 微克/立方米）35 倍以上。国际环保组织"绿色和平"说，北京周六、周日的空气质量是"有记录以来最差的"。北京的儿童医院在一周内日均门诊量迫近 1 万人，整个北京市医院住院人数一下增加了 20%，其中三成是呼吸道疾病患者。

第二节 大气环境污染对中国城市的影响和危害

一 居民健康严重受损

空气污染对居民健康造成严重威胁。美国空气污染影响健康研究所的《2010 年全球疾病负担研究报告》提出，2010 年空气污染导致全世界 320 万人死亡，是 10 年前的 4 倍，从而使空气污染成为全球十大致命性疾病诱因的第一位。2010 年，中国室外空气污染导致 120 万人过早死亡，几乎占全球此类死亡总数的 40%。或者说空气污染给中国带来的损失是使整个人口健康寿命减少了 2500 万年。绿色和平组织称，2012 年空气严重污染在北京、上海、广东和西安等城市造成大约 8500 人过早死亡。

二　经济遭受损失

包括大气污染在内的环境成本抵消了很大份额的经济发展成果。世界银行 2007 年的报告认为，空气污染每年给中国带来的经济损失估计达 1527 亿元。2009 年，仅空气污染造成的损失就达到 7000 亿元，约相当于中国当年 GDP 的 3.3%。

三　城市能见度恶化

雾霾使大多数城市能见度持续恶化，从 2012 年入冬到 2013 年 1 月，华北地区以及山东、河南、安徽等大部分地区发生了 20 多天的雾霾天气，影响大约 130 万平方公里。在此期间，这些地区的天空能见度受到极大影响。在河北、山东西北部、四川东部等许多地区，有 5—12 天的能见度只有不到 500 米。雾霾造成交通拥堵、事故频发，严重影响了城市正常生产生活秩序，制约了城市可持续发展。

四　"氮沉降"日趋严重

空气污染导致"氮沉降"日趋严重。所谓"氮沉降"，是指氮排放到空气中，被转化成氨和硝酸盐等二次污染物，之后随着降雨和降雪被冲入土地中，污染土地，进入人的食品链，对人体造成危害。中国农业大学农业研究院调查了全国 270 个监测点，数据表明，1980—2010 年，从降雨中测量出的氮沉降量上升了 60%，即每公顷增加了 8000 克。而且成分也发生了较大变化，2010 年氮沉降组成中约有 1/3 是以硝酸盐形式存在的，其余部分是氨，而相比之下，1980 年硝酸盐只占 17%。

五　城市宜居环境被破坏

空气污染导致城市宜居环境恶化，严重影响了城市的投资环境和软实力，外资和高端人才纷纷撤离城市，使城市的经济发展、科技创新受到损害。

专栏 3 - 4　雾霾导致大量外国人离开北京

"2013 年夏天是将有很多人离开北京的旺季，尤其是在这里待了几年、有年幼孩子的家庭，正在重新考虑成本与效益之间的关系，并决定为了健康因素而离开。"（华辉国际运输服务有限公司华北区总经理查德·福里斯特）"公司招聘工作变得更困难了——你怎么能说服人们到全世界污染最严重的城市来工作？"（北京和睦医院医生王惠民）"对于我们的会员及其家人来说，空气污染正越来越让他们担心，虽然会员离开有各种各样的原因，但几乎每一次都不可避免地听到，空气污染是原因之一。"（中国欧盟商会秘书长唐亚东）"1 月份前所未有的污染程度已经成为一些家庭的'爆发点'，许多人因此准备离开。"（中国美国商会会长孟克文）

中国美国商会在 2012 年进行的一项调查结果表明，在北京的 224 家公司中，有 36% 因空气质量问题在招聘高管时遇到困难，高于 2010 年的 19%。

六　城市环境群体事件频发

大气环境污染日益成为城市群体性事件的引爆点，环境风险有向社会风险转化的趋势。一方面，中国多年只追求经济增长的发展，留下了很多环境隐患；另一方面，由于中国已进入特殊的"环境敏感期"，"十一五"期间，仅环保部门就收到了近 30 万份关于环境问题的诉状。由于中国公众对城市包括大气环境的相关信息缺乏了解，缺乏对企业和地方环保承诺的信任，多方面因素的叠加，导致城市环境群体事件频发，影响了社会稳定和经济发展的良好环境。

专栏 3 - 5　城市 PX 困局及化解

PX（对二甲苯）是生产塑料和其他产品的重要原料，而现在把石油化工项目统称为 PX 项目。

20 世纪 90 年代以来，为改变中国原油产地主要集中在东北、西北和华北地区，大型炼化企业也大多分布在东北、西北和沿海地区的状况，从能源安全的战略考虑，国家在西南等内陆地区也布局了一批石化项目。

但是，近年来反对 PX 工厂建设的事件频发。2007 年福建省厦门市的

PX 项目因遭到群众抗议而撤销。2011 年 8 月大连市的 PX 项目也引发了民众游行，最后撤走搬至宁波市。2012 年 10 月宁波市也发生了反对扩建化工厂的群体事件。2013 年昆明和成都两座城市同时面临反对在当地建设石化项目的群众抗议活动。

美国政府和行业报告认为，PX 属于低毒类化学物质，只有接触高浓度 PX，才可能导致眼睛不适和呼吸不畅。PX 的生产、运输、储存的环保技术已经相当成熟，在采取妥善的环保措施的工厂，这种物质只是一种普通产品。过去石化项目选址一般要靠近大江、大海，根本原因是受环保技术的制约，需要依靠流动的水体来稀释污染物。而随着技术的进步，现在大江、大海已经不再是选址的必要条件。鉴于以上原因，美国休斯敦 PX 工厂距城区仅 1.2 公里，日本横滨 PX 工厂与居民区仅隔一条道路。但是，大多数中国人却相信 PX 是有害而危险的。产生各种矛盾问题的症结在于"官员认为大型工业项目是经济增长的必要条件，而公众却担心这些项目会对环境造成破坏"。石油部门则认为，PX 项目是为了兴建更多的石油和天然气基础设施，以生产不断增加的汽车所需的汽油，以及纺织工业所需的塑料和化学制品。但政府、企业与公众之间缺乏及时、准确地对 PX 项目可能对生态环境产生影响的共识，对在上马前对项目可行性已进行的科学论证、完善风险防控等信息的公开和沟通等，才是导致 PX 困局的重要原因。

专栏 3-6　云南的 PX 项目

云南的 PX 项目建在昆明附近的安宁市，是千万吨级的燃料型炼油厂，生产国 IV 标准的汽油、柴油、航空煤油，不含 PX 装置，也不生产 PX 产品。其初衷是建成保证国家能源安全的重要战略项目。云南处于全国成品油供应的末端，成品油供应缺口巨大，在安宁建成炼油厂后可就地加工由中缅油气管道进入的原油，可改变云南历史上缺油少气，北油南运的局面。

专栏 3-7　四川彭州石化项目

四川彭州石化项目是国家能源战略布局的重要组成部分，是国家调整能源结构的基础项目。项目包括 1000 万吨/年炼油和 80 万吨/年乙烯两个部分。厂址在离成都市 35 公里的彭州市隆丰镇，占地 4 平方公里。

项目环评获得国家环保总局批准。安全性评价、地质灾害影响评价、职业民事卫生健康评价和地震安全性评价等专项评估审查，都分别获得国家有关部委批准。"5·12"汶川特大地震后，又开展了地震安全性评价复核和环境风险防范措施抗震性复核，根据复核结论，国家发展和改革委员会同意开工。

项目严格按照环评报告及批复要求，废水、废气、废渣治理，噪音治理等方面都采用国际最先进的技术，其环保投资达41.9亿元，占项目总投资的11.3%，其产生的二氧化硫、氮氧化物、粉尘排放量仅相当于一个60万千瓦机组的发电厂满负荷运转时的年排放量。该项目配备有国际先进的在线监测系统，可全天候、全时段监控废水、废气达标情况。该项目设置了126眼监抽结合水井，及时监控地下水质情况；建成了四级环境联动监测体系和完善的应急防控体系。

该项目每年将生产出200万吨国Ⅳ标准的汽油和360万吨国Ⅳ标准的柴油，由于油品质量的改进，以成都市现有310万辆机动车计算，相当于减少了约200万辆机动车尾气中有害气体的排放量。

第三节　中国城市防治大气环境污染的历程

一　城市大气环境污染防控的三个阶段

中国在城市大气环境污染防控上，大体经历了以下几个阶段。

第一阶段：1987年中国颁布了首部《大气污染防治法》，标志着中国开始重视大气环境污染的监测与防控。1987年还第一次颁布了大气环境质量监测标准，并于2000年进行了修订。囿于当时的标准监测的污染物种类少、标准低，导致常常出现城市居民看到雾蒙蒙的天，而空气质量指标却显示为优良。环境保护部门公布的监测数据与老百姓的实际感受相距甚远。

第二阶段：以中国"十一五"期间开始把包括二氧化硫等主要污染物排放的总量下降列为约束性指标为标志。党的十七大决定把"以人为本、全面协调可持续发展"的科学发展观作为党和国家必须长期坚持的指导思想。在以人为本的科学发展观的指引下，中国政府提出了"让老百姓呼吸上新鲜空气、喝上干净的水和吃到健康的食品"的环境保护目标。党中央、国务院的领导反复强调，要解决好公布的空气质量与老百姓感受差距很大的问题，提供包括新鲜空气在内的基本环境质量是政府的一项基本职能。在这一阶段，为实现减排目标，国家采取了脱硫优惠电价、"上大压小"、限期淘汰、"区域限批"等一系列政策措施，加大环境保护投入，实施工程减排、结构减排、管理减排。到 2010 年，全国共建成运行脱硫机组装机容量达 5.78 亿千瓦，火电机组脱硫比例由 2005 年的 14% 提高到了 2010 年的 86%；关停小火电装机容量 7683 万千瓦，淘汰落后炼铁产能 1.2 亿吨、炼钢产能 0.72 亿吨、水泥产能 3.7 亿吨。整个"十一五"期间，在国民经济年均增速高达 11.2%、煤炭消费总量增长超过 10 亿吨的情况下，二氧化硫排放总量却比 2005 年下降了 14.29%[①]。

第三阶段：以 2012 年颁布经国务院批准、环境保护部制定的《环境空气质量标准》（GB3095 - 2012）和《重点区域大气污染防治"十二五"规划》为标志。为适应日益突出的城市大气污染防治形势，2012 年中国进一步修订了环境质量标准，并由环境保护部公布《环境空气质量标准》（GB3095 - 2012）。当年国务院还批准了环境保护部制定的《重点区域大气污染防治"十二五"规划》，该规划提出了在中国实现全面建成小康社会目标的关键时期中国城市大气环境污染治理保护的目标和任务，是中国防控城市大气环境污染的纲领和重大战略举措，标志着中国区域性大气环境污染防控战略、管理模式的转变，从过去的单个城市的管理向对中国城市群大气环境问题统筹考虑、统一规划，统一监测、统一监管、统一评估、统一协调，建立地方之间的联动机制转变。

在这一阶段，中国共产党十八大把生态文明建设提到更加突出的位置，把"天蓝地绿水清"作为建设生态文明、构建"美丽中国"的重要指标，为中国城市大气环境污染防控指明了方向。

2013 年 6 月 14 日，国务院召开常务会议专门部署大气污染防治工作。会议提出，大气污染防治是重大的民生问题。中国日益突出的区域性复合型大气污染问题是长期累积形成的。治理大气污染是一项复杂的系统工程，需

---

① 环境保护部、国家发展和改革委员会、财政部：《重点区域大气污染防治"十二五"规划》。

要付出长期艰苦不懈的努力[①]。除提出修订大气污染防治法等法律的建议并把调整优化结构、强化创新驱动和保护环境生态结合起来，利用硬措施完成硬任务外，会议还提出了减少污染物排放，严控高能耗、高污染行业新增产能，推行清洁生产，调整能源结构，强化节能环保指标约束，用法律、标准"倒逼"产业转型升级，建立区域联防联控机制，对各省（区、市）的大气环境整治实行目标责任考核，将重污染天气纳入地方政府突发事件应急管理，动员全民参与环境保护和监督等十条防控大气污染的硬措施。

专栏 3−8 《重点区域大气污染防治"十二五"规划》

重点区域包括的城市群和城市有：京津冀、长三角、珠三角、辽宁中部、山东、武汉及其周边、长株潭、成渝、海峡西岸、山西中北部、陕西关中、甘宁、新疆乌鲁木齐等城市群；北京、天津、石家庄、唐山、保定、廊坊、上海、南京、无锡、常州、苏州、南通、扬州、镇江、泰州、杭州、宁波、嘉兴、湖州、绍兴、沈阳、济南、青岛、淄博、潍坊、日照、武汉、长沙、重庆、成都、福州、三明、太原、西安、咸阳、兰州、银川、乌鲁木齐等城市。

地位和排污态势：占全国 14% 的国土面积，集中了全国近 48% 的人口，是中国经济活动和污染排放高度集中的区域，产生了 71% 的经济总量，消费了 52% 的煤炭，排放了 48% 的二氧化硫、51% 的氮氧化物、42% 的烟粉尘和约 50% 的挥发性有机物。单位面积污染物排放强度是全国平均水平的 2.9—3.6 倍。据预测，到 2015 年重点区域 GDP 将增长 50% 以上，煤炭消费总量将增长 30% 以上，汽车（含低速汽车）保有量将增长 50%。按照目前的污染控制力度，将新增二氧化硫、氮氧化物、工业烟粉尘、挥发性有机物排放量分别为 160 万吨、250 万吨、100 万吨和 220 万吨，分别相当于 2010 年排放量的 15%、22%、17% 和 20%[②]。

防治目标：到 2015 年，重点区域二氧化硫、氮氧化物、工业烟粉尘排放量分别下降 12%、13%、10%，挥发性有机物污染防治工作全面展开；环境空气质量有所改善，可吸入颗粒物、二氧化硫、二氧化氮、细颗粒物年

---

① 刘树江：《国十条剑指雾霾》，《地球》2013 年第 7 期。
② 环境保护部、国家发展和改革委员会、财政部：《重点区域大气污染防治"十二五"规划》。

均浓度分别下降 10%、10%、7%、5%，臭氧污染得到初步控制，酸雨污染有所减轻；京津冀、长三角、珠三角区域细颗粒物年均浓度下降 6%。

二　中国大气环境质量标准的演进

（1）1987 年中国第一次提出大气环境质量监测标准，并于 2000 年进行了修订。2012 年中国进一步修订了环境质量标准，并由环境保护部公布了《环境空气质量标准》（GB3095 – 2012）。与新标准同步还颁布了《环境空气质量指数技术规定（试行）》（HJ633 – 2012）。

（2）修改后的环境空气质量标准与原来的环境空气质量标准比较，总体上将使中国空气质量监测与防控内容由只包括粗颗粒物向包括细颗粒物在内的总悬浮物转变，监控的技术手段由低级向完善转变，由不公布相关数据到公布相关数据转变。

第一，改空气质量污染指数（API）为"环境质量综合指数"。

空气污染指数（Air Pollution Index）表征空气污染程度的量纲为 1 的数值（见表 3 – 5）。

表 3 – 5　空气污染指数

空气污染指数	空气质量状况	对健康的影响	建议采取的措施
0—50	优	可正常活动	无
51—100	良		
101—150	轻微污染	易感人群症状有轻度加剧，健康人群出现刺激症状	心脏病和呼吸系统疾病患者应减少体力消耗和户外活动
151—200	轻度污染		
201—250	中度污染	心脏病和肺病患者症状显著加剧，运动耐受力降低，健康人群中普遍出现症状	老年人和心脏病、肺病患者应当停留在室内，并减少体力活动
251—300	中度重污染		
>300	重污染	健康人运动耐受力降低，有明显强烈症状，提前出现某些疾病	老年人和病人应当停留在室内，避免体力消耗，一般人群应避免户外活动

空气质量指数是定量描述空气质量状况的无量纲指数。其数值越大、级别越高，说明空气污染状况越严重，对人体健康的危害也就越大（见表 3 – 6）。

表 3 - 6 空气质量指数

空气质量指数	空气质量指数级别	空气质量指数类别	表示颜色	对健康的影响	建议采取的措施
0—50	一级	优	绿色	空气质量令人满意,基本无空气污染	各类人群可正常活动
51—100	二级	良	黄色	空气质量可接受,但某些污染物可能对极少数异常敏感人群健康有较弱影响	极少数异常敏感人群应减少户外活动
101—150	三级	轻度污染	橙色	易感人群症状有轻度加剧,健康人群出现刺激症状	儿童、老年人及心脏病、呼吸系统疾病患者应减少长时间、高强度的户外锻炼
151—200	四级	中度污染	红色	进一步加剧易感人群症状,可能对健康人群心脏、呼吸系统有影响	儿童、老年人及心脏病、呼吸系统疾病患者避免长时间、高强度的户外锻炼,一般人群适量减少户外运动
201—300	五级	重度污染	紫色	心脏病和肺病患者症状显著加剧,运动耐受力降低,健康人群普遍出现症状	儿童、老年人和心脏病、肺病患者应停留在室内,停止户外运动,一般人群减少户外运动

第二,调整了环境空气功能区分类,将三类区并入二类区。

第三,监测的污染物指标增多。在过去的二氧化硫、二氧化氮、可吸入颗粒物 3 项的基础上,增加了细颗粒物(PM2.5)、臭氧(O_3)、一氧化碳(CO) 3 项。

第四,由只做当天 12 时至次日 12 时的空气质量评价,变为衡量小时空气质量和日空气质量。

第五,发布频次更高,由过去每天发布 1 次改为每小时发布 1 次。

第六,采用的标准更严,由过去只有 5 个级别,变为 6 个等级[①]。

第七,增设了 PM2.5 平均浓度和臭氧 8 小时平均浓度限值。

第八,收紧了 PM2.5 等污染物浓度限值,提高了相应标准。

第九,收严了监测数据统计的有效性规定,将有效数据要求由原来的

① 《提升环境质量 保护人体健康》,民主与法制网,http://www.mzyfz.com/cms/jienengjianpai/xinwenzhongxin/xinwenkuaixun/html/1110/2012 - 03 - 05/content - 308808.html,最后访问日期:2014 年 12 月 1 日。

50%—75% 提高至 75%—90%。

第十，更新了二氧化硫、二氧化氮、臭氧、颗粒物等污染项目分析方法，增加了自动监测分析方法。

第十一，提出新标准分期实施时段。2012 年在京津冀、长三角、珠三角等重点区域以及直辖市和省会城市，2013 年在 113 个环境保护重点城市和环保模范城市，2015 年在所有地级以上城市，2016 年 1 月 1 日在全国实施新标准。

（3）对中国城市大气环境污染防控的评价。

第一，从美国、英国等发达国家治理城市大气污染的进程来看，至少都经历了 30—50 年的奋斗才收到明显成效。中国人口基数大，所遇到的问题复杂得多；城市日益突出的区域性复合型大气污染问题是长期累积形成的，其治理是一项复杂的系统工程，具有更大的困难性和艰巨性，需要经过长期艰苦不懈努力的过程才能见到成效。

第二，标准和法制建设。西方发达国家基本上都是从 20 世纪 60—70 年代，即这些国家已经完成工业化、城镇化和现代化任务之后才开始制定本国的空气质量保护法规（见表 3-7），并采取防控措施。美国从 1971 年发布实施总悬浮物的标准，到 1987 年发布实施 PM10 的标准，到 1997 年发布 PM2.5 日均浓度为 65 微克的标准，再到 2006 年将这一标准收紧为 35 微克，共用了 36 年时间。而中国在工业化、城镇化、现代化的中期阶段就把城市空气污染的防治提上了重要议程，并制定了相应的法规。中国于 1982 年提出实施总悬浮颗粒物的标准，到 1996 年提出 PM10 的标准，到 2012 年提出 PM2.5 日均浓度 75 微克的标准，前后只用了 31 年时间。

表 3-7　主要工业化国家的大气污染防治法制定或修订年份一览

国　　家	大气污染防治法制定和修订年份
美　国	1963 年、1970 年、1977 年
日　本	1962 年、1968 年
法　国	1974 年
西　德	1974 年
意大利	1966 年
瑞　典	1969 年、1981 年
英　国	1956 年、1968 年、1974 年

资料来源：〔日〕宫本宪一：《环境经济学》，朴玉译，上海三联书店 2004 年版，第 76 页。

第三，中国大气环境质量标准、监控的污染物种类等都随着国家经济社会发展和人民生活水平的提高，进行不断调整。除提高标准以外，污染监测类型也在逐步增加，监测数据的公布也在进一步完善之中。

（4）对于中国大气环境质量标准的评价。

第一，中国即使是新的空气质量标准也仍然是一个比较低的标准，只相当于国际低标准，如 PM2.5 的限值仅能与世界卫生组织第一阶段目标值接轨，低于欧盟、美国、澳大利亚等发达国家，也低于泰国、印度、孟加拉国等发展中国家（见表 3 - 8、表 3 - 9）。

第二，一个国家和地区执行的空气质量标准应与一个国家和地区经济社会发展水平相适应。例如，即使是现今美国、欧盟等发达国家实行的标准，也还处于高于世界卫生组织第一阶段的标准，而低于第二阶段标准的水平。因此，中国目前的空气质量标准与中国现阶段的经济社会发展水平是相适应的。

表 3 - 8　空气质量标准的国际比较

地区	PM2.5		PM10	
	年平均值限值	日最高限值	年平均值限值	日最高限值
世界卫生组织	15 微克/立方米	35 微克/立方米	20 微克/立方米	
欧盟	25 微克/立方米	—	40 微克/立方米	
中国	35 微克/立方米	75 微克/立方米	—	
美国	15 微克/立方米	35 微克/立方	—	

表 3 - 9　美国与中国空气质量的首要标准比较

污染物质	美　国	中国
二氧化硫	365 微克/立方米（0.14ppm）（24 小时内最大浓度，每年最多有一次超标）	24 小时平均值 150 微克/立方米
微颗粒物	15 微克/立方米（每年算平均数）；65 微克/立方米（0.14ppm）（24 小时内最大浓度，每年最多有一次超标）	24 小时平均值 75 微克/立方米
一氧化碳	10 毫克/立方米（9ppm）（8 小时内最大浓度，一年最多能有一次超标）；40 毫克/立方米（35ppm）（1 小时内最大浓度，每年最多有一次超标）	24 小时平均值 4 微克/立方米 1 小时平均值 10 微克/立方米

续表

污染物质	美 国	中 国
臭氧	0.08ppm(8 小时内平均最大量)	24 小时平均值 200 微克/立方米
二氧化氮	100 微克/立方米(0.05ppm)(每年算平均数)	24 小时平均值 80 微克/立方米
铅	1.5 微克/立方米(每季度算平均数)	—

资料来源：环境保护部。

第三，对于中国空气质量标准还有另外一些观点。一是认为，美国在制定空气质量标准时，只单纯基于关于污染对健康影响的科学研究结论，而不考虑这些标准带来的经济成本。二是认为，中国包括空气质量在内的环保标准过低，只要求达到二级即可。这会带来如下弊端：首先是促使地方政府逃避处理公众健康问题的责任，继续盲目追求经济发展；其次是让现在一些空气质量尚处于一级的地方将污染行业向其转移；最后是让守法成本高，而违法成本低的恶性循环得以继续。中国排污企业因违法排污最高罚款金额为20 万元。而在其他国家，排污者会以日为单位被处以罚款，累积起来数额巨大，没有上限。

三　中国城市大气环境保护和空气污染监测存在的主要问题

第一，管理模式滞后。现行城市环境管理模式仅从行政区划的角度考虑单个城市大气污染防治，城市政府对当地环境质量负责，采取的措施以改善当地环境质量为目标，各个城市"各自为战"，显然已经难以有效解决愈加严重的复合型、区域性的大气污染问题，亟待探索建立一套全新的区域城市群大气污染防治管理模式。

第二，污染控制对象相对单一。尚未建立围绕改善空气质量的多污染物综合控制体系。从污染控制因子来看，污染控制重点主要为二氧化硫和工业烟粉尘，而对细颗粒物和臭氧影响较大的氮氧化物和挥发性有机物控制薄弱。从污染控制范围来看，工作重点主要集中在工业大点源，对扬尘等面源污染和低速汽车等移动源污染的控制重视不够。

第三，环境监测、统计基础薄弱。环境空气质量监测指标不全，大多数城市没有开展臭氧、细颗粒物的监测。数据质量控制薄弱，无法全面反映大气污染状况。挥发性有机物、扬尘等未纳入环境统计管理体系，底数不清，难以满足环境管理的需要①。大气环境监测所依赖的仍然是一个有限的污染测量体系。现在全国只有 56 个城市具备了对 PM2.5 或臭氧进行监测的条件。同时具备 PM2.5 和臭氧监测条件的城市仅有 50 个。

第四，法规标准体系不完善。现行的大气污染防治法律法规在城市大气污染防治、移动源污染控制等方面缺乏有效的措施要求，缺少挥发性有机物排放标准体系，城市扬尘综合管理制度不健全，车用燃油标准远远滞后于机动车排放标准。

第五，政策配套不够。现行的能源资源价格、税收和信贷政策等均未能真实反映污染排放的社会成本，缺乏相应的激励和约束机制促使企业肩负起治理污染主体的责任。

第六，投入不足，需求与供给之间尚有较大的缺口。例如，执行新的空气质量标准，需要建立健全污染测量和预测体系，调整优化环境空气质量监测点位，合理布局全国环境空气质量监测网络②。仅"十二五"期间就要建设近 1500 个监测点，前期投入超过 20 亿元，每年新增费用超过 1 亿元。

第四节　PM 2.5 的防控

从 2010 年开始，中国城市地区广泛受到雾霾的污染。"雾霾天气频发，已经成为中国主要气象灾害和极端天气气候事件之一"，而 PM2.5 则是雾霾天气的元凶。

世界卫生组织 2013 年发布报告提出，PM2.5 是燃烧化石燃料过程中产生的含有重金属等有毒物质的细颗粒物。由于可以深入人的肺泡，刺激呼吸道，引起咳嗽、哮喘和呼吸道受损，与心血管和呼吸道疾病死亡率之间存在因果关系，危险性极高，是威胁人类生命健康的第一杀手。伦敦大

① 环境保护部、国家发展和改革委员会、财政部：《重点区域大气污染防治"十二五"规划》。
② 《提升环境质量　保护人体健康》，《中国环境报》2012 年 3 月 5 日。

学卫生与热带医学院的凯瑟林·汤纳说："我们发现，每立方米空气中的PM2.5的含量每增加 10 微克，死亡率就会上升 20%。"[1] 因此，近年来，世界各国纷纷将 PM2.5 纳入环境空气质量标准，作为重点大气污染物进行控制。中国经过第三次修订后的环境空气质量标准也将 PM2.5 纳入其中[2]。

PM2.5 是指环境空气中空气动力学当量直径小于或等于 2.5 微米的颗粒物。厨房的油烟、黑炭颗粒的直径为 0.1—1.0 微米，是霾的主要源。PM2.5 分为一次污染物和在空气中发生化学反应而生成的二次粒子。由于PM2.5 的成分复杂（仅有机物分子就高达 3 万多种），来源不明确，源权重不清楚，二次生成的关键前体污染物和关键化学机制不清楚，这些都造成PM2.5 的防控的复杂性与困难性。

一　霾与雾的区别

霾是气象学上的空气污染，与雾不能画等号。它们之间在相对湿度、能见度等方面都有区别。

（1）水分含量的区别。水分含量达 90% 以上为雾；低于 80% 为霾；介于 80%—90% 的是两者的混合物，但主要成分是霾。

（2）能见度的区别。如果目标物的水平能见度降低到 1 公里以内是雾；在 1—10 公里的称为雾和霭；小于 10 公里的且是灰尘颗粒造成的就是霾和灰霾。

（3）厚度的区别。几十米至 200 米是雾；1 公里至 3 公里是霾。

（4）颜色的区别。雾是乳白色，霾则是黄色、橙灰色。

（5）边界的区别。雾的边界很清晰，霾与周边环境的边界不明显。

但是，随着中国工业化、城镇化的加速进行，雾和霾的区别、边界在日趋模糊。例如，雾形成的凝结核现在很多也变成了对人类有害的物质，尤其是在人类高强度活动的城市，雾和霾两者经常同时出现，混合在一起，很难加以区分，所以人们越来越多地把雾和霾混为一谈，将其叫做雾霾。

---

① 《参考消息》2010 年 9 月 25 日。
② 白志鹏、王宝庆、杜世勇：《PM2.5 如何防控?》，《中国环境报》2012 年 2 月 21 日。

二　PM2.5 的成因分析

PM2.5 来源主要可分为：工业源，包括火电、钢铁、水泥、燃煤锅炉等的排放；移动源，包括机动车、船舶、飞机、工程机械、农机等的排放；面源，包括餐饮油烟、装修装潢等的排放。PM2.5 成因复杂，约有 50% 来自燃煤、机动车、扬尘、生物质燃烧等直接排放的一次细颗粒物；约有 50% 是空气中二氧化硫、氮氧化物、挥发性有机物、氨等气态污染物经过复杂化学反应形成的二次细颗粒物[1]。具体可参看表 3-10、表 3-11。

表 3-10　中国主要城市 PM2.5 源贡献分担率

单位：%

源类	杭州	宁波	天津	北京	成都
扬　　尘	22.4	20.4	22.2	15.7	21.0
燃煤烟尘	9.4	14.4	8.8	16.7	8.0
机动车尾气尘	17.4	15.2	21.3	5.9	13.0
二次硫酸盐	18.6	16.9	20.2	12.7	25.0
二次硝酸盐	9.6	9.8	10.1	14.7	14.0
二次有机碳	—	8.8	8	—	6.0

资料来源：成都市环境保护局。

表 3-11　上海市 PM2.5 源贡献分担率

单位：%

行　　业	占比
机动车、船舶、飞机	25
电厂锅炉、工业炉窑	21
钢铁工业工艺过程、石油化工	15
建筑工地和道路扬尘	10

---

[1]　《提升环境质量　保护人体健康》，民主与法制网，http://www.mzyfz.com/cms/jienengjianpai/xinwenzhongxin/xinwenkuaixun/html/1110/2012-03-05/content-308808.html，最后访问日期：2014 年 12 月 1 日。

行　业	占比
秸秆燃烧、化肥使用、畜禽养殖	4
餐饮业、民用涂料	5
外来源	20

资料来源：束炯：《解读雾霾密码》，《解放日报》2013 年 5 月 18 日。

从表 3 - 12 中可以看出，同一城市，在不同的年份和不同的季节，PM2.5 的来源是有差异的。

表 3 - 12　成都市 PM2.5 源解析结果比较

单位：%

源类	2011 年冬季	2012 年夏季
城市扬尘	22.8	21.0
二次硫酸盐	26.7	25.0
二次硝酸盐	13.4	14.0
机动车尾气尘	15.3	13.0
煤烟尘	11.1	8.0
餐饮油烟	3.7	4.0
冶金尘	1.6	2.0
二次有机碳	3.1	6.0
建筑水泥尘	0.1	3.0
生物质燃烧	—	2.0
其他	2.3	2.0

资料来源：成都市环境保护局。

从以上分析中可以得出以下结果。

（1）燃煤是 PM2.5 的主要源头。它不仅是一次颗粒物排放的主要源头，也是复合型污染物高背景值的来源。

专栏 3 - 9　黑炭污染

由来自多国的 31 名专家组成的研究团队历经 4 年研究完成的研究报告提出：化石燃料和有机燃料燃烧以后所产生的煤烟（即黑炭）颗粒是城市空气污染物的主要成分。鉴于这个结论，2012 年由美国发起成立的气候和清洁空气联盟的宗旨之一就是要努力减少重型柴油车以及制砖和城市垃圾处理过程中排放的黑炭。美国环境保护署也在 1997 年的基础上加大了对发电厂、柴油机和燃烧木材过程中的煤烟污染物排放量的限制。

煤炭作为能源直接使用带来资源的浪费和环境污染。

研究结果表明，煤炭中复合了 100 多种化工原料，可延伸至塑料、化纤、染料、医药等领域。如果把煤炭的价格设为 1，则不同加工深度的煤化工产品的增值分别为：焦炭，1.5；沥青，2.0；煤焦油品，4.0；苯，15.0；酚、中酚，90.0；苯酐，100.0；增塑剂，200.0；染料油，500.0；医药，750.0；化纤，1500.0。把煤炭只作为燃料使用，不仅要浪费如此之多的经济价值，还要使复合资源转化为环境毒素。所以茅于轼认为，2007 年中国每使用 1 吨煤，就会带来 150 元的环境损失，主要包括排放二氧化硫和复合资源燃烧后形成的污染，尚未包括燃烧所排放的二氧化碳的因素。

资料来源：《让煤炭真正成为乌金》，《经济参考报》1992 年 5 月 19 日。

（2）机动车是 PM2.5 的第二大来源，而且大有取代燃煤成为第一大来源的趋势。

机动车对大气的污染一是通过其尾气排放，尤其是道路拥堵导致的汽车低速行驶时比正常行驶时的污染物排放要高 5—10 倍。二是车轮在多尘硬质路面上碾压产生的扬尘污染。图 3-3 和图 3-4 对此进行了简单介绍。

（3）空气中挥发性半挥发性有机物是 PM2.5 的重要来源。而空气中有机污染物的来源包括城市中餐饮油烟的排放，城市房屋装修装饰过程中大量使用有机倾倒物等。

（4）农村秸秆焚烧也是一定时段空气中 PM2.5 的主要来源。例如，2011 年春季农作物收割季节，因周边地区焚烧秸秆导致成都中心城区 4 天污染；2012 年春季农作物收割季节，因周边地区焚烧秸秆导致成都中心城区 5 天污染。

（5）由于空气的区域之间流动传输，在城市 PM2.5 形成过程中，外来源占较大份额。从 2006 年开始到 2013 年 3—5 月，成都市城区可吸入颗粒物日均浓度出现 16 次轻微污染及以上的最高值，其中 13 次都伴随着北方沙尘暴或强沙尘暴天气。

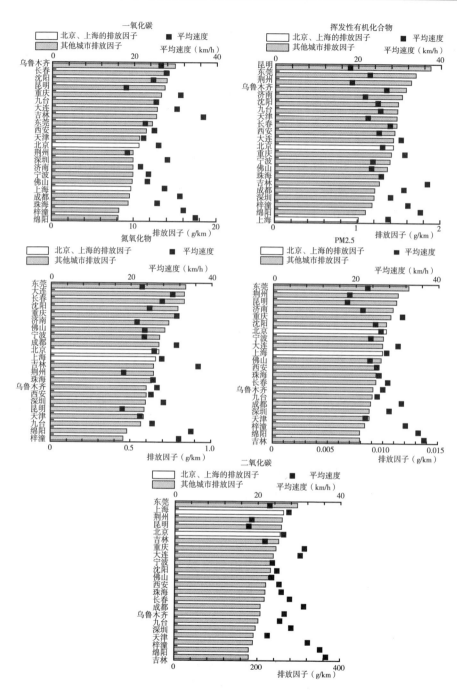

图 3 - 3　中国城市轻型车排放因子（城市按排放因子大小排序）

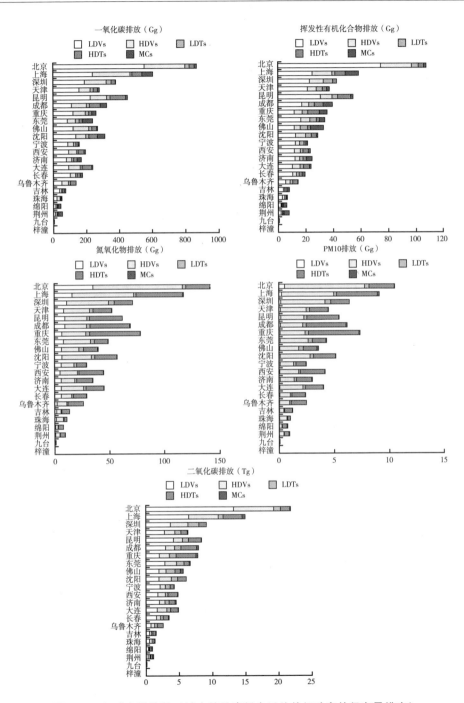

图 3 - 4　机动车排放量（城市按除摩托车以外的机动车的保有量排序）

三 中国城市防控 PM2.5 的难点

第一，中国能源有 2/3 来自煤炭的能源结构，以及以煤炭发电为主的电力结构；煤炭消费持续增长，中国煤炭的消费量"十一五"期间增加了超过 10 亿吨，"十二五"期间又增长了 44%，且还看不到峰值到来的时间。

第二，高速城市化带来了迅猛增多的汽车。从 2009 年开始，中国成为全球最大的汽车销售市场。北京市的机动车 2007 年不到 300 万辆，2012 年增加到 500 多万辆。

第三，由于 PM2.5 来源多样，又具有很大的流动性，所以对单一污染物进行控制或对单个城市进行防控等举措对 PM2.5 的控制效果都不明显。

第四，由于 PM2.5 形成机理复杂、PM2.5 前体污染物的跨界传输对其形成贡献等问题尚缺乏系统研究，因此不同区域污染物控制责任难以区分，控制方案无法确定。

四 防控 PM2.5 的国际经验

近年来，世界各国纷纷将 PM2.5 纳入环境空气质量标准，作为重点大气污染物进行控制。发达国家将防控 PM2.5 作为大气污染防治的核心工作，防治范围涵盖了一次颗粒物和二次颗粒物的排放。

（1）法律先行，为减排提供法律制度保障。美国 1955 年出台第一部《空气污染控制法》，1963 年国会又通过了《洁净空气法》，首次提出空气污染是跨地区的全国性问题，并根据这部法律颁布了全国空气质量标准，以后几十年间该法案数次修改。1999 年美国颁布了"区域霾法规"，要求各州制订相应的治理实施方案。各州于 2006 年 8 月提交了区域霾污染治理的目标进度和实施战略。欧盟在 20 世纪 70 年代制定了远程大气污染跨界输送协议（CLRTP），内容包括减排总目标及各国减排份额，法案中涉及的污染物减排类型从原有的二氧化硫、氮氧化物扩展到挥发性有机物、氨等对 PM2.5 形成具有重要影响的前体物。欧盟还制订了"欧洲清洁空气计划"，并逐步开始由对固定源和机动车的单一排放控制发展到对 PM2.5 前体物的协同控制。法国 2010 年颁布空气质量令，规定了科技支持以及 PM2.5、PM10 浓度的上限。美国还颁布了一系列旨在减少空气污染的方案，如减排方案、颗粒物方案、碳排放交易体系、地方空气质量方案和大气保护方案等。

（2）制定标准倒逼减排。1997 年美国环保局首次制定并发布了 PM2.5 环境空气质量标准，2006 年对 PM2.5 浓度标准进行了修改，规定全美无论在城市还是乡村，任何地区、任何 24 小时周期内 PM2.5 的最高浓度由先前每立方米 65 微克，降到 35 微克，年平均浓度的标准则是每立方米小于或等于 15 微克。德国对小汽车、轻型或重型卡车、大巴车、板车等各种类型的机动车设定了排放标准和排放上限，对大型锅炉和工业设施也设定了排放标准，如房屋暖气等供暖设备及小型锅炉设备的排放标准、机械设备排放标准等。

美国从 1970 年增加了加强对汽车尾气控制的内容，1990 年规定了更严格的机动车尾气排放标准，并对 189 种有毒污染物制定了新的控制标准①。美国根据《洁净空气法》将全国的空气质量划分为未达标、达标或数据不足（虽然数据不足但可被列为达标）三类。未达标区域所在的州和地方政府需在三年内制订如何减少污染、实现达标的执行计划。

欧盟 2008 年颁布的空气质量指令（2008/50/EC）规定 PM2.5 的年均浓度限值为 25 微克/立方米，并以环境空气质量标准修订为契机，进一步严格了工业污染物排放标准，减少挥发性有机物、臭气、氮氧化物以及颗粒物的排放，为 PM2.5 的达标创造条件。

（3）设立专门机构，建立监测评估体系。美国根据《国家环境政策法》，设立了国家环保署，规定环保署须定期审查空气质量监测标准，各州根据环保署制定的多项空气质量标准和政策，必须定期提交实现空气质量"达标"的详细实施计划。如未提交计划或者没能有效地执行计划，环保署会采取强制性措施，确保达到空气质量标准。

（4）制定重污染天气的防控预案和应急措施。在出现严重污染时，对某类车辆实施禁行，或者在污染严重区域禁止所有车辆行驶；限制或关闭大型锅炉或工业设备；关闭城市内建筑工地；避免在白天高温时段加油或推迟需要使用油漆和溶剂的工程以减少碳氢化合物排放；工业部门按政府的要求限制或推迟部分工业活动，以减少排放。

---

① 弗吉尼亚（Virginia）：《开启洁净空气的持久战》，《绿色中国》2013 年第 2 期。

（5）强化城市规划效力。依照紧凑型的城市规划在城市周边建立多个生活中心，使交通和尾气排放不会过度集中在市中心区。德国有40多个城市设立了"环保区域"。"环保区域"内只允许符合排放标准的车辆驶入并限速，禁止排污水平通常较高的重型货车通行。

（6）发展公共交通，减少交通源污染。密集的公共交通系统与自行车租赁系统配套，紧密相连。改善步行环境，使人们在城市步行更加方便高效。通过补贴或宣传项目鼓励乘坐公共交通以及骑自行车出行。通过合理的交通标示灯变化，设置机动车专用道等，更好地管理交通。实行拥堵费制度，对在高峰时段在市中心行驶的车辆征收一定费用，抑制不必要的道路占用。

（7）向公众公开空气质量信息。德国由空气质量监测协会负责监测空气中的污染物浓度，并及时向公众提供空气质量信息。法国环境与能源管理局每天会在网站上发布当日和次日的空气质量指数图，并就如何改善空气质量提供建议。当污染指数超标时，地方政府会立即采取应急措施，并向公众提供卫生建议。政府还会呼吁调节生活方式以减少会导致臭气浓度增加的污染物排放。

（8）加强科学研究，为城市大气环境治理保护提供支撑。开展对PM2.5城市空气污染的主要物质成因和形成机理、传输流动规律等的研究工作，为有针对性地采取措施提供科学依据和科技支持。例如，美国加州理工学院研发的电脑模型在治理空气污染中就发挥了巨大的作用，加州政府根据此模型评估了造成空气污染的各方面的因素，并进行了综合治理。

（9）把对城市进行结构性调整作为治理城市空气污染的根本出路，包括经济结构、产业结构、能源结构、交通结构等的优化升级，腾出环境容量，为城市大气环境质量改善奠定良好基础。

第五节　城市大气环境治理保护的对策

总体要求是：以保护人民群众身体健康为根本出发点，切实改善城市大气环境质量。总体思路是：结合调整优化结构、强化创新驱动，控制总量、加强协同、标本兼治，转变城市规划、建设和管理模式，从生产、生活、生态三个方面着手，突出重点、多管齐下、科学实施决策。

一　分期实施的对策

(一)　近期对策

(1) 强化地方政府对当地空气质量负总责的责任意识,把区域空气环境质量纳入生态红线的指标体系,作为考核政府政绩的重要指标。构建基于城市空气质量改善的总量控制体系,评估、考核体系。制定和完善包括重污染天气、重污染企业限产、限排,机动车限行等内容的城市大气污染应急管理方案,强制公开重点污染行业企业的环境信息,公布重点城市空气质量排名。

(2) 整治城市扬尘。其一,强化施工扬尘监管,加强城市重点工程施工扬尘环境监理和执法检查,禁止使用袋装水泥,杜绝现场搅拌混凝土和砂浆。其二,道路机械开挖和路旁拆迁采用湿法作业;施工作业面应定时洒水降尘,并用湿法及时清扫施工场地内道路与车辆出入口;建筑工程渣土清理采用湿法作业;施工现场必须全封闭设置围挡墙,严禁敞开式作业。其三,减少道路开挖面积,缩短裸露时间,开挖道路应分段封闭施工,及时修复破损道路路面①。积极推行城市道路机械化清扫,增加城市道路冲洗保洁频次,切实降低道路积尘负荷。渣土运输车辆实施密闭运输,实施资质管理与备案制度,安装 GPS 定位系统,对重点地区、重点路段的渣土运输车辆实施全面监控。

(3) 加速淘汰黄标车。严格执行老旧机动车强制报废制度,限期淘汰黄标车,提升油品品质。

(4) 加强秸秆和其他有机质焚烧环境监管。禁止城市清扫废物、园林废物、建筑废弃物等生物质的露天焚烧。全面推广秸秆还田、秸秆制肥、秸秆饲料化、秸秆能源化利用等综合利用措施,建立秸秆综合利用示范工程,促进秸秆资源化利用。

(二)　中期对策

中期对策是以工业源污染物的减排为重点,落实企业减排治污的主体责任。

---

① 环境保护部、国家发展和改革委员会、财政部:《重点区域大气污染防治"十二五"规划》。

（1）强化节能环保指标约束，加快淘汰落后生产能力和工艺，全面整治燃煤小锅炉，加快重点行业脱硫脱硝除尘改造。2014年完成钢铁、水泥、电解铝、平板玻璃等重点行业"十二五"落后产能的淘汰任务[①]。重点行业主要大气污染物排放强度到2017年底下降30%以上。严控高能耗、高污染行业新增产能。对未通过能评、环评的项目，不得批准开工建设，不得提供土地，不得提供贷款支持，不得供电、供水。

（2）加强工业污染源监管。通过污染源在线监测、定期督察等强化监管措施，确保燃煤电厂、工业锅炉、工业炉窑污染治理设施稳定达标。

（3）提高企业清洁生产水平。推进燃煤电厂、冶金、建材、化工等重点行业采用高效除尘措施，提高排放标准，进一步削减烟粉尘排放。

（4）调整能源结构，加大天然气、煤制甲烷等清洁能源的供应。

（三）长期对策

长期对策是推进产业升级，发展方式转型，多种污染物的综合协同防治。

（1）采取污染物总量控制和煤炭消费总量控制等措施，形成用严格的环保手段"倒逼"的传导机制，促进经济发展方式的转变，优化经济发展。

（2）用法律、标准"倒逼"产业转型升级。制定、修订重点行业排放标准。加大对环境违法行为的处罚力度。推行激励和约束并举的节能减排新机制，加大排污费征收力度。

（3）采取选择性的激励策略，推动跨城市区域的大气污染治理的集体行动。鉴于空气的流动性，大气污染的治理更需要采取跨区域一体化治理的战略。单个城市的大气污染治理在现有体制下往往难以得到相邻城市政府的协作与配合，但仅靠市场又无法实现变"单打独斗"为"集体行动"，通过实施包括社会制裁和社会奖励两个方面内容的"选择性的激励"政策，对个体加以区别对待，不服从的个体受到排斥，合作的个体则被邀请参加。例如，以奖促治、以奖代补等措施和手段，就有利于动员潜在的集团、地方政府参与到治理大气污染的集体行动中来，从而实现跨区域城市的大气污染治理过程中中央政府至地方政府的集体行动。

---

① 《国务院常务会议部署大气防治污染十条措施》，《决策导刊》2013年第6期。

（4）建立区域大气污染联防联控管理机制。实现区域"统一规划、统一监测、统一监管、统一评估、统一协调"；根据区域内不同城市社会经济发展水平与环境污染状况，划分重点控制区与一般控制区，实施差异性管理。

（5）加强森林城市建设，用林带、绿带过滤、清洁空气，阻挡沙尘暴。

二　城市空气污染防治重点

根据是否危害群众身体健康、威胁城市环境安全、影响经济社会可持续发展制定标准，确定城市空气质量保护的重点领域、重点行业和重点污染物。

除污染防治的重点区域以外，关键是抓污染防治的重点领域，具体如下。

（一）防治煤烟污染

（1）建立煤炭消费总量预测预警机制。通过提高能源效率，改善能源结构，增加天然气、煤制甲烷气供应等途径，力争控制燃煤消费总量。

（2）扩大禁煤区范围。加强"调污染燃料标燃区"划定工作，逐步扩大标燃区范围。

（3）对使用废弃木料的中小型锅炉进行规范管理，对无烟尘治理设施的进行限期治理。

（二）治理机动车污染

（1）大力发展城市公交系统和城际轨道交通系统，实施公交优先战略，改善居民步行、自行车出行条件，鼓励选择绿色出行方式[①]。

（2）保畅缓堵，提高机动车通行效率。优化城市路网结构建设，错峰上下班、调整停车费，推广城市智能交通管理和节能驾驶技术。

（3）鼓励选用节能环保车型，推广使用天然气汽车和新能源汽车，逐步完善相关基础配套设施，积极推广电动公交车和出租车。

（4）出台城市机动车保有量调控政策，实施城市机动车增量控制。

（5）推动油品配套升级。加强油品质量的监督检查，严厉打击非法生

---

① 《国务院常务会议部署大气防治污染十条措施》，《决策导刊》2013年第6期。

产、销售不符合国家和地方标准要求车用油品的行为。

（6）加强机动车辆环保管理。全面推进机动车环保标志管理；完善机动车环保检验与维修制度；加快推行简易工况尾气检测法，强化检测技术监管与数据审核，提高环保检测机构监测数据的质量控制水平，推进环保检验机构规范化运营。

（三）PM2.5 治理

（1）从控制人为污染着手。PM2.5 污染是自然因素和人为因素共同作用的事件，天气等自然原因是人力难及的，所以控制 PM2.5 污染只能从控制人为污染行为着手。

（2）实施区域城市联防联控，分区分类管理。依据不同城市的自然地理特征、社会经济发展水平、大气污染程度、城市空间分布及区域内污染物的空间输送规律，将区域划分为重点控制区和一般控制区，实施差异化的控制管理，制定有针对性的污染防治措施。

（3）强化对 PM2.5 前体物的控制，推进多污染物协同控制。完善挥发性有机物污染防治体系，开展挥发性有机物摸底调查；完成城市加油站、储油库和油罐车油气回收治理；大力削减石化行业挥发性有机物排放；积极推进有机化工等行业挥发性有机物控制；加强表面涂装工艺挥发性有机物排放控制；推进溶剂使用工艺挥发性有机物治理。严格新建饮食服务经营场所的环保审批；饮食服务经营场所要安装高效油烟净化设施，并强化运行监管；强化无油烟净化设施露天烧烤的环境监管。强化烟花爆竹监管，严格限制烟花爆竹燃放种类和燃放时间。开展挥发性有机物监测制度和挥发性有机物污染源的普查，建立基础数据库，开展重点行业挥发性有机物排放总量控制试点。

（4）控制开放源和非道路移动源污染。建立工程机械、农业机械、工业机械和飞机等非道路移动源大气污染控制管理台账，推进非道路移动机械的排放控制。积极开展施工机械环保治理，推进安装大气污染物后处理装置。

三　强化科研支持

针对中国城市大气环境治理保护方面表现出的"家底不清、科技不够"

的现状，加强城市大气污染防治的科研工作，为城市大气污染防治提供科技
支撑。

第一，针对各地特有的气象条件和前体物排放情况，开展大气二次颗粒
物形成机理和来源精细化解析研究；根据重污染应急决策需求，建立实时或
近实时的快速解析技术。

第二，针对新实施的环境空气质量标准，进一步加强对城市 PM2.5 来
源、传输规律的科学研究。

第三，开展重点行业挥发性有机物排放特征及总量控制研究。

第四，开展城市实施煤炭总量控制工作研究。

第五，开展影响空气质量的气象条件预报预测技术研究，开展大气条件
对城市空气质量的影响研究。

第六，开展城市环境空气颗粒物对人群健康的损害研究，分析实施空气
质量新标准后环境质量提升以及由此带来的各类环境经济与健康效益。

四　公众的积极广泛参与

治理保护城市大气环境的三大主体是政府、企业、民众，但公众的意识
和参与对于城市大气环境保护尤其重要。这既是因为大气污染对公众健康和
经济生活造成重大影响，也是因为公众人数众多，可以对立法、企业和其他
各界起到监督作用，还在于民间组织在环境治理中可以发挥积极的作用。

五　加强保护环境的宣传教育工作

倡导全社会"同呼吸、共奋斗"的行为准则，倡导节约、绿色消费方
式和生活习惯，动员全民参与环境保护和监督。

第六节　中国主要城市的大气环境保护

一　北京市

第一，控制燃煤。北京市提出在 2010—2015 年将全市的煤炭消耗量从
2700 万吨降低到 1500 万吨。主要措施包括在 2008 年奥运会前夕将大量的工

业企业搬出城市的基础之上，把到 2013 年市区尚有的 4 座燃煤发电厂实行煤改气，大力引领用可再生能源来替代化石能源。

第二，发展公共交通，改善交通拥堵情况。2013 年北京市建成了全球最长的地铁线路，对公共交通系统进行大量投资补贴来促进其发展。

第三，实施整治城市环境空气质量的"平原造林工程"。北京市从 2012 年开始用 5 年时间，实现新增森林面积 100 万亩，平原地区的森林覆盖率达到 25% 以上，提高 2.3 个百分点，全市森林覆盖率提高 1 个百分点，把北京市变成"城区绿化千顷，周边绿意环城"的"绿意之都"。

2012 年北京市在完成"十二五"规划年度计划造林任务 10 万亩、新增城市绿地 1000 公顷的基础上，实施平原造林 20 万亩的平原绿化工程，总投资 100 亿元。20 万亩平原造林工程，紧紧围绕北京市"两环、三带、九楔、多廊"的空间布局，按照相对集中连片、成带联网的原则，着重在六环路两侧、城乡接合部 50 个重点村拆迁腾退地区，以及重点河流道路两侧和荒滩荒地、航空走廊和机场周边、南水北调干线和配套管网范围等地区进行造林绿化。在造林的品种选择上注重滞尘效果好，碳汇作用明显，更加节水、耐旱、抗寒，不容易发生病虫害等特点。

第四，建立"霾预警"制度。其信号分为二级，分别是黄色预警和橙色预警，橙色预警信号是最高等级，其标准是：6 小时内可能出现能见度小于 2000 米的霾，或者已经出现能见度小于 2000 米的霾且可能持续。2013 年 1 月 1 日开始全市 35 个监测站实时发布空气污染物的浓度信息，以及前 24 小时的空气质量指数。

第五，制订并实施《北京市空气严重污染日应急方案》。在极重污染日对尾气排放严重的车辆实行临时交通管制，减少建筑工地和交通产生的粉尘，严格禁止在城市郊区露天燃烧生物废弃物和垃圾。提醒公众减少室外活动和减少学生的体育课，避免室外大型露天比赛，工地采取降尘措施，建筑工地土石方作业必须停止，道路应洒水降尘等。机关事业单位要停驶 30% 的公务车。

第六，制订《北京市清洁空气行动计划（2011—2015 年）》《北京市 2012—2020 年大气污染治理措施》《关于分解实施北京市 2013 年清洁空气行动计划任务的通知》等政策规范。2013 年开始从严控增量、压缩燃煤、绿色交通、遏制扬尘、治理工业、增加容量、加强执法、强化保障 8 个方面实施 52 项大气污染治理措施,并将任务分解到区县政府、市级有关部门和单位,明确主要污染物的年均浓度下降 2% 的目标。

二　上海市

通过 2000 年以来连续 4 轮"环保三年行动计划"的推进,上海市每年环保投入占 GDP 的比重都在 3% 以上,截至 2011 年年底环保总投入达 3780 亿元,其中 2011 年为 558 亿元。市区的工厂已全部搬迁,消灭了黑烟的排放,许多污染大户关停并转,一些长期以来脏乱差的工业园区得到了很大改善,全市大气污染防治取得显著成效。但是,新的环境问题又在不断产生,灰霾和光化学污染问题仍然突出,大气污染类型已从传统、单一的煤烟型污染向区域性、复合型污染转变。2012 年 6 月 27 日开始进行监测工作以来到 2012 年底,全市的 PM 2.5 平均浓度为 48 微克/立方米,折算为年平均浓度为 56—60 微克/立方米,超过国家年二级标准限值。2013 年第一季度,上海市已经多次出现空气质量重度污染的情况。其预防措施如下。

第一,改善空气质量预警系统。从 2013 年 3 月 1 日起,上海市环保局对空气质量的发布系统进行改版,相关网站、手机软件和微博同步升级。市民只需登录首页就能一目了然地看到实时空气质量状况、外滩实景照片、污染物实时浓度变化等信息。

第二,推进第五轮"环保三年(2012—2014 年)行动计划"。专门加强了大气专项工作的内容,设置 53 个项目,投资 103 亿元,与第四轮行动计划相比,项目和投资增加了 40% 左右。

第三,制定和实施《上海市环境空气质量达标规划》,提出达标期限和分阶段目标,还将根据国家有关部门的要求,实施重点区域大气污染防治,从改善产业结构、加强污染源治理、深化工业区综合整治、加强高污染应急等方面制定达标措施,通过强化区域合作,有计划、有步骤地协同推进大气环境的综合治理。

三　辽宁省蓝天工程

目标:到 2015 年,全省 70% 以上的省辖市城市环境空气质量达到国家《环境空气质量标准》（GB3095 - 2012）二级标准，细颗粒物、灰霾污染得到有效控制。二氧化硫、氮氧化物排放总量完成国家下达的控制指标。

措施如下：①出台6项治理大气污染的重点措施，共投资70亿元，启动项目1084个。其一，区域一体高效供热。实施后地级市的区域一体高效供热系统热源总计将达到53个。总供热面积为4.97亿平方米，每年将减少烟粉尘排放15.67万吨，二氧化硫18.57万吨，氮氧化物6.86万吨。全省区域一体高效供热面积达到6.8亿平方米，占全省供热面积的比例达到53%。其二，"气化辽宁"。改变长期以煤炭为主、天然气等优质能源缺乏的能源结构。2011年全省消耗天然气仅占一次性能源的1.8%，远低于全国平均水平。目标是2013年全省天然气管网覆盖到除丹东以外的省辖市，2014年覆盖到各省辖市和各县（市、区），2015年覆盖到70%以上的乡镇。全省天然气供气能力达200亿立方米，用量达184亿立方米，替代标煤2447万吨，占一次性能源的比例提高到9%。到2012年全省天然气主供网络已形成100亿立方米的供气能力，加快推进300公里输气支线工程建设。②争取国家政策支持。2010年已被国家发改委确定为全国首批低碳试点省之一，交通运输部将其确定为全国首批液化天然气汽车推广使用试点省之一。

四　成都市蓝天行动

成都是典型"盆地气候"的城市，大气环境质量先天不足。从2005年开始用了6年时间，成都实现了全年空气质量超过二级标准的天数从293天上升到2011年的322天。

（1）整治扬尘。出台了《成都市扬尘污染防治管理办法》等9项扬尘污染管理办法和规定，建筑施工工地实行专人驻守，运渣车实施密闭运输，统一安装GPS，实行全面监控。在绕城高速公路以内全面实行裸土覆盖、道路硬化、绿化带提档降土"三大工程"。2011年全市散装水泥使用率达65.3%，预伴砂浆产能比达33%，比全国平均产能高出2.7倍①。

---

① 凌翌：《成都空气质量全面达到国家二级标准》，《成都日报》2012年2月8日。

（2）燃煤污染整治。关闭燃煤电厂，2011 年 4 月四川嘉陵电力有限公司冷却塔被爆破拆除，关闭了城市最大的涉气污染源，每年减少二氧化硫排放 1 万多吨。之前还关闭了成都热电厂、华能热电厂。火电厂的关闭大大改善了城市的大气环境。中心城区禁烧燃煤，实施煤改气工程。2011 年底，三环路内和三环路至绕城高速路内企事业单位和大型餐饮企业实现全面禁煤，年均减少燃煤 400 多万吨。

（3）机动车排污整治。实施机动车环境标志管理，到 2011 年 11 月 30 日，全市核发环保标志 146.5 万张，转出和报废达不到国家第一阶段排放标准的汽车 6 万多辆。发放老旧汽车、黄标车以旧换新补贴近 2 亿元。推行高污染车区域和时段限行，限行区域从二环路扩大到绕城高速公路。严格新车上户标准，从 2011 年 7 月 1 日起，分阶段实施国家第四阶段机动车尾气污染物排放标准。全面启动油气回收治理工作。

（4）饮食服务业油烟污染整治。中心城区在 2011 年 6 月 30 日前全面完成对 2010 年未完成油烟治理的规模以上餐饮服务企业的治理任务。锦江区开展了油烟在线监控试点工作。到 2011 年底，中心城区安装油烟净化装置的餐饮企业超过 90%。二、三圈层区（市）县按中心城区标准全面推进餐饮服务业油烟治理工作。

（5）与创建国家生态县工作相结合。从 2007 年开始，重点推进全市 14 个郊区市县的省级、国家级生态县建设工作。围绕生态县建设"发展生态经济、开展环境整治、加强生态保护"三大任务，大力推进产业结构优化升级，转变经济发展方式，改善城乡人居环境，2011 年全市完成绿道建设 1079 公里，基本实现联网成片；全面完成人民公园等 5 个公园开敞改造工作，将公园景观与道路和城市景观融为一体。新建 6 个市政公园，新增 25 个街头绿地。

2011 年全市 14 个郊区县已有 9 个达到省级以上生态县建设指标体系的要求，其中双流县、郫县、蒲江县、温江区、青白江区等已成为省级生态县，新都区等已通过省级生态县验收，或技术核查。双流县、温江区已被环保部正式命名为国家生态县，2011 年 12 月，以上两县又被环保部正式确定为全国生态文明建设试点县。

（6）完成"十一五"减排任务。"十一五"期间成都市在 GDP 翻番的情况下，累计削减化学需氧量 12.17 万吨，下降 23.65%，二氧化硫排放 7.14 吨，下降 22.9%。"十一五"期间，全市共实施减排项目 2798 个，其中二氧化硫减排项目 263 个。

五　城市群联防联控城市大气污染

（一）京津冀城市群共同治理大气污染

京津冀城市群包括北京、天津以及河北省的石家庄、张家口、承德、保定、廊坊、唐山、秦皇岛、沧州等 8 个市。

北京市提出在治理大气污染和环境保护问题上要实现从"虹吸"到"溢出"的蜕变。随着国家"十二五"规划中提出"推进京津冀地区区域经济一体化发展"，打造首都经济圈上升为国家战略，同时也开启了京津冀城市群联手防治大气污染的进程[①]，在以北京奥运会召开为契机开始实施风沙治理、大气污染治理的基础之上，国家又实施京津冀及周边大气污染防治行动计划，内容包括 PM2.5、二氧化硫、氮氧化物、颗粒物和挥发性有机污染物下降的比例以及大幅度削减煤炭消费总量等方面的要求。

《北京市 2010—2020 年大气污染治理工作方案》要求，到 2015 年空气中 PM2.5 浓度比 2010 年下降 15%，浓度降至 60 微克/立方米；到 2020 年空气中主要污染物的浓度比 2010 年下降 30%，PM2.5 的浓度降至 50 微克/立方米。二氧化硫浓度降至 20 微克/立方米以下，臭氧超标小时数减少 30%。

河北省从 2013 年 5 月开始开展对全省范围内的大气污染源普查工作，摸清家底，以便实施有针对性的监管。2013 年河北省还开展了大气环境质量的攻坚行动，推动城市规划布局、产业结构、能源结构的调整。治理燃烧烟尘、工业粉尘、施工扬尘、机动车排气、餐饮油烟污染，加快城市及周边地区的生态环境建设，实施二氧化硫、氮氧化物、细颗粒物、挥发性有机物等多种污染物的综合控制[②]。

天津市大气污染防治联防联控工作全面展开，包括推动开展优化产业结

---

① 《京津冀及周边共治大气污染》，《北京日报》2013 年 5 月 14 日。
② 环境保护部、国家发展和改革委员会、财政部：《重点区域大气污染防治"十二五"规划》。

构和布局、能源清洁利用、重点污染物排放控制、重点环境企业监管、联防能力建设等方面。政府下发了《天津市机动车污染防治管理办法》，实施《天津市提前淘汰"黄标车"补贴管理暂行办法》。从2012年7月1日开始，实施了"黄标车"第一阶段分时段、分区域限行；发放在用机动车黄绿标219万个，完成7077辆"黄标车"补贴拆解申请联审、发放补贴资金6088.5万元；完成外省市车辆转入8170辆；编制了《天津市机动车环保检验机构"十二五"发展规划》，开展了3个简易工况法试点站建设①。

石家庄市要求在5年内对城区内18户燃煤大户实施搬迁改造，全部进入产业园区或聚集区。2013年6月底前全部拆除城区内的155台燃煤锅炉。构建低碳产业体系，"十二五"期间重点用能单位节约能源200万吨标准煤以上，到2015年非化石能源占一次性能源的比重达5%。建设低碳城市交通体系，提高公交线网密度和站点的覆盖率，建立以步行、自行车、电动车为主的低碳慢行交通系统，到2015年公交系统中新能源汽车的比例占90%以上。

唐山市是全国老工业基地，经济结构偏重，在2013年第一季度全国74个城市空气质量报告中唐山市列末位。最近，唐山对全市工业企业生产环境进行了"体检"，将严重污染环境的百家企业列入首批"黑名单"，包括钢铁、焦化、矿山、水泥、造纸、塑料、电镀等多个行业，分别分布在滦县、玉田、路南、古冶、丰南、丰润、高新技术开发区等县区。

太原市2013年加快推进热源工程建设，确保清洁型供热全覆盖。结合中环路及城市重点工程建设拆除城中村21个，拔掉城中村黑烟囱1万根，使城市的燃煤量下降。2013年还对城市规划范围内污染严重的选煤储煤厂、焦炭发运站、小火电、水泥建材等百家企业实施关停、淘汰和搬迁，涉煤行业逐步退出主城区。

山西省抓紧制订《大气污染防治五年行动计划》，将把PM2.5作为约束性考核指标，直接与政府政绩考核挂钩。通过深化工业企业大气污染综合治理、强化机动车污染防治、加强扬尘环境管理、严格控制冬季采暖期大气污染物的排放、淘汰落后产能、调整产业结构、强化清洁能源利用、妥善应对

---

① 《京津冀及周边共治大气污染》，《北京日报》2013年5月14日。

重污染天气等措施，整治大气污染。规定将 PM2.5 作为约束性考核指标，考核工作将由政府主抓，多部门参与。环保部门正在进行先期的准备工作，加快 PM2.5 监测的能力建设，各地市要向社会公布 PM2.5 的监测结果，年底要具备完善的 PM2.5 监测的日报能力。

（二）珠三角城市群

呼吸清洁空气是幸福生活指数的重要内容。从 2010 年开始，广东把"清洁空气行动"作为建设"幸福广东"的重要内容。

2012 年广东省传统的污染物如化学需氧量、氨氮、二氧化硫、氮氧化物分别下降了 4.33%、2.92%、5.73%、6.11%，同时，城市的"净肺"压力却在增大。随着区域一体化和城市化的进一步加快，占全省近 80% 的多种污染物在珠三角狭小空间集中排放，给珠三角环境空气质量持续改善带来巨大挑战，使珠三角成为全国经济发达地区复合型污染的典型地区①。

措施：大力推进大气污染的防治研究，空气质量的监测与发布，大气污染减排与治理等工作。

空气质量监测与预警对做好大气污染的防治至关重要。珠三角城市群从四个方面加强建设空气质量预警中心：一是扩网，增加纳入珠三角大气环境监控网的监测点位数量，增加监测项目；二是逐步推广国家 863 项目"重点城市群大气复合污染综合防治技术与集成示范"中区域空气质量监测预警技术的业务化应用，实现区域范围内空气质量的实时监控与预警；三是深化区域大气污染联防联控机制，构建省、市联动一体应急响应体系；四是充实人才，加强大气污染防治技术人才与队伍的建设。

"以奖代补""以奖促防""以奖促治"，落实推进清洁能源、治污减排、绿色交通、清新城市等重点工程。2013 年珠三角地区估算投资 81.6 亿元，用于火电厂、石化、水泥、钢铁、燃煤锅炉以及挥发性有机物、黄标车淘汰等重点工程项目，二氧化硫、氮氧化物、工业烟粉尘、挥发性有机物的排放量分别减少 8.6 万吨、18.4 万吨、1.4 万吨、7.4 万吨。

（三）成都平原城市群联手治理秸秆焚烧

该城市群同处于成都平原，只有一市禁烧没用，必须全部开展禁烧。空

---

① 《京沪广着手构建空气治理长效机制》，《经济日报》2013 年 4 月 28 日。

气是流通的，一方点火，周边相邻地区的大气环境都会受到影响。基于秸秆禁烧是一项系统工程的认识，2013年4月四川省农业厅和省环境保护厅联合下发《关于秸秆禁烧工作的意见》，要求将成都市、广汉市、什邡市、仁寿县、彭山县、简阳市全域范围，以及机场、高速公路、铁路、国道和省道干线周边一定范围内，划为秸秆禁烧区。但是，每个地区的政策不一样，执行力度也不同，很难落实统一管理。在过去几年中，成都、眉山、德阳等市区曾进行过多次合作交流的协商，但始终未得以真正落实。

2013年4月26日，成都市、德阳市、绵阳市、眉山市、资阳市共同签订了《秸秆综合利用区域合作和禁烧联防工作协定》，规定五市每年召开一次联席会议，形成高层领导定期会晤机制。各市确定一名分管市领导负责统筹安排区域合作工作。形成区域间信息共享机制，尤其是每年收割季节要相互及时通报秸秆禁烧工作情况。开展区域间的巡查执法合作。开展跨区域的联合巡查执法，由省农业厅组织督察此项工作①。

建立区域间项目引进和经济政策合作。建立秸秆综合利用项目引进协商机制，共同促进项目在适宜地区落户。积极探索和推行区域内秸秆综合利用补贴、农机购机作业补贴、秸秆收储运体系建设、绿色上网、用电用地、企业融资等经济政策。

第七节　治理城市大气环境的国际经验

一　毒雾事件的警醒，半个世纪伦敦摘掉了"雾都"的帽子

早在工业革命时期，就有过所谓的伦敦烟雾的说法。英国化学家霍华德在1818年出版的《城市气候》一书中，最早对伦敦冬季空气的浑浊和低劣的能见度进行过十分详尽的描述。1952年12月5—8日，英国伦敦由于逆温层笼罩，连日寂静无风，煤炭燃烧产生的粉尘、有毒气体和污染物在上空蓄积，引发大雾天气，整座城市弥漫着浓烈的"臭鸡蛋"气味，人们走在街头，甚至低头也看不见自己的双脚。当时伦敦正在举办一场牛展览会，参展

① 张彧希：《五市联手"禁烧"劲往哪里使？》，《四川日报》2013年5月2日。

的牛首先对烟雾产生反应，350 头牛中有 52 头严重中毒，14 头奄奄一息，1
头当场死亡。很快市民也感到呼吸困难，眼睛刺痛，出现哮喘、咳嗽等呼吸
道症状的病人明显增多。12 月 5—8 日全市死亡人员达 4000 人。12 月 9 日
毒雾才开始消散，但之后的两个月内仍然有 8000 人死于呼吸道疾病。10 年
以后类似的事件再次发生，又造成了 1200 人非正常死亡。

经过半个世纪的努力，伦敦逐步摘除了"雾都"的帽子，烟雾事件基
本上没有再发生，大气环境质量有了明显的改善。1952—1960 年伦敦烟雾
的排放总量下降了 37%，冬季日照时间增加了 70%。到 1975 年伦敦的雾日
已由每年几十天减少到 15 天，1980 年降到只有 5 天。英国采取的主要措施
如下。

（1）经济转型、结构调整。1956 年成为伦敦作为"雾都"的分水岭。
当年英国议会通过大规模的讨论后，通过了《清洁空气法案》，规定伦敦城
内的火电厂都必须关闭，只能在大伦敦区重建；要求工业企业建造高大的烟
囱，加强疏散大气污染物；要求大规模改造城市居民的传统炉灶，减少煤炭
用量，逐步实现居民生活天然气化；冬天采取集中供暖。对家庭和工厂排放
的废气进行控制，规定一些城镇为"烟尘控制区"，在这些区域里只能使用
无烟煤。政府出资帮助市民改造炉灶，限定一些企业搬离城市。

（2）法律保障。继《清洁空气法案》之后，英国陆续颁布了《控制公
害法》《公共卫生法》《放射性物质法》《汽车使用条例》等多项法规。
1974 年颁布的《控制公害法》包括从空气到土壤和水域的保护条款，添加
了控制噪声的条款。

（3）改善能源结构，以气代煤，开发清洁能源。随着北海油田的开发，
伦敦开始以气代煤，对煤的依赖大大降低。英国政府 2012 年提出，到 2020
年可再生能源在能源供应中要占 15% 的份额，通过对火电的绿色改造和发
展风能等绿色能源等途径，让 40% 的电力来自绿色能源。

（4）针对交通日益成为新污染源的现状，大力改善交通条件，发展公
共交通。随着产业结构的调整和能源使用的变化，煤炭已经退出了伦敦的生
产和生活，交通排放便代替煤炭成为城市空气污染的主要源头，58% 以上的
氮氧化物、68% 以上的 PM10 都来自汽车尾气排放。为了治理交通污染，
1993 年英国进一步完善了《清洁空气法案》，增加了关于机动车尾气排放的

规定，要求所有的新车都必须加装净化装置，以减少氮氧化物的排放。

伦敦密集的公共交通系统与自行车租赁系统紧密相连。全市通勤人口增多，约有72.7万人居住在伦敦以外地区，每天搭乘各类公交车来伦敦上班。

政府致力于改善步行环境，使人们在城市步行更加方便高效。政府要求大型企业鼓励员工拼车上班，乘坐公共交通或者骑自行车或步行上班。

从2003年起，伦敦市政府开始实行"拥堵费"制度，对在高峰时段在市中心行驶的车辆征收一定费用，抑制不必要的道路占用，并将该笔收入用来推进公共交通系统的发展。"拥堵费"屡经调整，2013年已经涨至进城一天要交10英镑，比较有效地限制了车辆出行。过去每天有超过300万辆的机动车在路面上行驶，而征收"拥堵费"后，每天下降了7万辆。伦敦市政府还公布了更为严格的《交通2025》方案，严格限制私家车进城，计划在20年内减少私家车流量9%，每天进入塞车收费区域车辆的数目减少6万辆，由此废气减排12%。

伦敦大力推广新能源汽车。电动车买主可享受高额返利和免交汽车碳排放税等优惠。伦敦计划2015年前建立2.5万套电动车充电装置。

（5）强化城市规划，依照紧凑型的城市规划在城市周边建立了多个生活中心，使交通和尾气排放不会过度集中在市中心区。另外，在城市扩建绿地也对治理大气污染起到了重要作用。

二　以治理光化学污染事件为契机，洛杉矶成为美国战胜空气污染的重要实验基地

1943年7月洛杉矶遭到"杀人尘"雾霾"袭击"，数千人出现咳嗽、流泪、打喷嚏等症状，严重者出现眼睛刺痛、呼吸不适、头晕恶心等情况。开始有谣言说，这是日本人的毒气攻击。后来发现这种烟雾属于"光化学"烟雾，主要是由汽车排放的氮氧化物在阳光照射下发生光化学反应造成的。光化学污染一直持续到20世纪70年代，城市的天空经常出现这种烟雾，使洛杉矶成为美国最早陷入空气污染的"雾都"之一。不少没有吸烟等不良生活习惯的市民会患上严重的肺病。在学院生活了数月的人竟然不知道离学院几公里外有座山。1979年9月城市空气中的臭氧含量接近"危险点"，烟雾笼罩了整个城市，能见度已降至3个街区。

以治理光化学污染事件为契机，洛杉矶成为美国战胜空气污染的重要实验基地。通过开展包括科研、政策、法律、公民意识等内容的一系列治理空气污染的"蓝天保卫战"，城市空气质量已经有了很大改善，城市空气污染治理已经收到了良好的成效：一年中多数时间从洛杉矶市中心都可以清晰地看到山上"好莱坞"的标志，从格里菲斯山上的天文台可以清晰地看到全城风貌，晚上很多时候也可以看到洁净天空中的繁星点点。

（一）法律先行

1970 年美国总统尼克松签署了《国家环境政策法》，确定了国家环境保护的目标，要求政府所有部门的工作都要考虑环境因素，成为美国最早确立的整体环境政策[①]。20 世纪 50 年代后，针对空气污染问题，美国联邦政府陆续出台了多项立法和修正案。1955 年出台第一部《空气污染控制法》。1963 年国会通过的《洁净空气法》首次提出空气污染是跨地区的全国性问题，并根据这部法律颁布了全国空气质量标准，规定国家环保署必须定期审查空气质量监测标准。以后几十年间该法案数次修改。2006 年针对 PM2.5 标准进行了修改，规定全美无论在城市还是在乡村，任何地区、任何 24 小时周期内 PM2.5 的最高浓度由先前每立方米 65 微克，降到 35 微克，年平均浓度的标准则是每立方米小于或等于 15 微克。PM10 的可吸入颗粒物的标准为 24 小时周期内每立方米 150 微克。1970 年版增加了加强对汽车尾气控制的内容；1990 年版规定了更严格的机动车尾气排放标准，并对 189 种有毒污染物制定了新的控制标准。根据《洁净空气法》的规定，国家环保署将全国的空气质量划分为未达标、达标或数据不足（虽然数据不足但可被列为达标）三类[②]。所在的州和地方政府需在三年内制订如何减少污染、实现达标的执行计划。

进入 20 世纪 90 年代，洛杉矶又采取了大量的治理空气污染的地方法规和政策，如规定在该地区出售的汽车须是清洁的，要求 1994 年以后出售的汽车全部安装"行驶诊断系统"，即时监测机动车的工作状态，让超标车及

---

① 《图片记录美国环保 40 年》，新华网，http：//news.xinhuanet.com/environment/2012 - 06/05/c_123233247.htm，最后访问日期：2014 年 12 月 1 日。

② 《美欧日"云开雾散"路》，新华网，http：//news.xinhuanet.com/mrdx/2013 - 02/08/c_132160184.htm，最后访问日期：2014 年 12 月 1 日。

时脱离排污状态并接受维修。通过严于联邦的《污染防治法》，引导并促使美国和外国汽车生产厂商改进汽车的排放性能。规定到 2020 年前本州电力企业 1/3 的能量需来自可再生能源。启动一系列项目，如太阳能激励计划，鼓励企业和家庭安装太阳能光伏发电系统，加大对太阳能的利用。引导市政设施多利用风能来发电。通过退税等税收激励项目来推动交通运输电气化。鼓励消费者选购电动汽车，致使 2012 年丰田普锐斯混合动力汽车成为该州最畅销的汽车，其在该州的销量占全美国总销量的一半以上。

（二）建立专门机构，专司城市大气污染治理

1970 年依据《国家环境政策法》，美国成立国家环保署，其任务是"修复被污染的自然环境，建立新规则，引导美国人民创造更清洁的环境"。而在此之前政府没有负责应对危害人体健康及破坏环境的专门机构。此外，城市专门成立了烟雾委员会。公共事务局要求市工程局拿出解决办法，卫生部门也参与排查工业排放。

（三）民众成为推动治理大气污染的主力

公众意识对于环境治理举足轻重。洛杉矶的光化学污染事件促使民众反思无秩序的工业开发所带来的环境代价。以 1962 年美国生物学家和环保活动家蕾切尔·卡森所著的《寂静的春天》、1972 年在瑞典斯德哥尔摩召开的联合国人类环境会议上通过《联合国人类环境会议宣言》等事件为标志，美国民众从多个领域发起倡导环保的活动：内布拉斯加州的大法官弗雷德·巴恩斯带头骑自行车上班；建筑师探讨循环利用金属管和饮料软包装来建造环保房屋；科罗拉多大学学生开展实验，研究城市烟雾的流向；在密歇根州举办的研讨会上一辆新能源汽车宣布问世；各级环保组织纷纷成立；不少大企业也行动起来，力图为自己塑造勇于承担社会责任的形象……

美国采取了包括增加停车收费等多种方式，鼓励多人合乘一辆汽车，减少公路上汽车的实际行驶量和尾气排放。政府还通过低息贷款和补贴方式鼓励人们尝试使用清洁燃料汽车。加州是美国第一个在燃料泵上装配橡皮套的州，套内的填充装置可以减少汽油蒸气逸入大气。

（四）开发和使用新能源

加州在替代清洁燃料的研发和激励政策方面也处于领先地位，立法规定

到 2020 年前本州电力企业 1/3 的能量需来自可再生能源。启动一系列项目，致使加州成为世界上风能和太阳能发电装置最多的地方①。

（五）开展环保宣传教育活动

美国国家环保署经常列入一些小贴士，提示人们在日常生活中"从我做起"，以提高空气质量。例如，在节约用电方面，夏天将空调温度稍微调高些，冬天稍微调低些；购买带有"能源之星"的家用和办公设备；在可能的情况下拼车，使用公共交通工具，骑自行车或步行。在可吸入颗粒物水平较高的日子里，减少乘车外出数量，减少或停止使用壁炉；避免使用燃气割草机和其他花园机械；避免燃烧秸秆和树叶、垃圾；等等。

三 米兰艰难的治污之路

从 19 世纪下半叶开始，米兰逐步成为意大利的"经济首都"，工业扩张，成为意大利内部人口迁徙的主要目的地。但是，到 20 世纪 70 年代中期，米兰开始了大规模的城区去工业化进程，这一进程持续了 10 年时间。城市人口向边缘地区迁移，市区人口不断减少。

去工业化仍未改变米兰是欧洲和意大利大气污染最严重的城市的状况。原因是自然地理条件先天不足，城市所处的波河平原面积为 4.6 万平方公里，是南欧地区最大的平原，夹在阿尔卑斯山脉和亚宁山脉之间。受地形影响，米兰及周边地区上空的气流非常稳定，经常会形成 300 米厚的逆温层，就像盖了一层厚毯子，不利于城市被污染的空气消散。

近年来，米兰危害较大的污染物主要是细小颗粒物，每年因此造成的死亡病例达 550 例以上。城市空气污染的治理难度越来越大，采取进一步措施的空间越来越小。

针对以上情况，米兰把对城市进行结构性调整作为治理城市空气污染的根本出路。所采取的主要措施如下。

第一，治理交通源污染。增设交通管控区，加收车辆拥堵费以抑制车辆进城的需求。仅这两项政策就使城市碳排放量降低 30%—40%。另外加强区域集中供暖也是减少大气污染的重要措施。

---

① 白韫雯、杨富强：《后天加倍努力　弥补先天不足》，《中国环境报》2013 年 5 月 14 日。

第二，搞清城市空气污染的主要物质和成因，有针对性地采取措施。米兰空气污染的结构是：PM10占22%，交通、建筑施工等扬尘占20%，硫酸铵和硝酸铵等二次污染物形成占40%，工业排放占11%，生物质（木材）燃烧占7%。

第三，开展系统防治，包括生态环保的检测标准，以及交通、绿地管理、碳排放、水、空气质量、节能环保建筑、能耗、垃圾处理等。

第 四 章
构建"三型"城市评价指标体系

建立"三型"城市既是系统目标，又是一个渐进的过程。构建评价指标体系，不仅可以对建立"三型"城市的状况进行评估，摸清家底，还可以跟踪城市生态环境可持续发展和生态文明建设进程，监测、评价、改善、管理城市生态环境建设和生态文明实现情况，找出应对气候变化条件下中国城市生态环境可持续发展与生态文明建设的路径，以更加科学、协调、可持续的方式推进中国城市化的进程。

第一节 资源节约、环境友好指向的城市生态环境评价

一 国内外城市生态环境评价概述

随着 21 世纪前十年中国城市化的快速推进，城市病在全国各地大中城市集中爆发，尤其是城市生态破坏和环境污染不仅日趋严重，而且还呈现出相互交织的态势，从单一污染向多种污染链式发展转变。因此，构建系统的城市生态环境可持续发展评价指标体系，全面认识和评价城市生态环境问题，克服单一资源种类或污染类型的评价指标体系的片面性，有助于统筹解决城市生态环境问题、促进城市生态环境可持续发展、建设城市生态文明。在这一领域，国外的研究起步较早，具有代表性的有联合国可持续发展委员会指标、美国的环境可持续性指标、苏格兰的可持续发展指标等。

在城市生态环境可持续发展评价方面，中国生态环境评价的方法和评价的指标体系比较多，但大部分仍是小范围的，至今没有一个统一的方法和评价指标体系。一般都是根据实际需要，结合评价区域的现状，并在一定原则指导下进行的①。郭秀锐、杨居荣、毛显强构建了以城市生态系统健康度为核心的评价指标体系和评价模型，以此分析城市生态系统。韩庆利、陈晓东、常文越从自然资源、经济发展、社会发展、生态环境四个维度，构建了城市生态环境可持续发展评价指标体系。赵秀勇、缪秀波用生态足迹法计算了中国城市的生态足迹，分析了城市的生态盈余和生态赤字。胡习英、张杰以自然、经济、社会作为影响城市生态环境的三个变量，评价了城市的空间结构、生态功能及其协调度。王平、马立平以生态学为基础，探讨了城市生态环境系统的主体、重点，作为评价的目标和对象，并以此构建城市生态环境评价指标体系，利用层次分析法确定各指标的权重，得出综合评价结果。刘清丽、陈友飞立足于可持续发展理论，以建设生态城市为目标构建评价指标体系。此外，部分研究以特定区域为对象，构建生态环境评价指标体系。例如，刘全友、张遂业从自然资源、生态环境、环境污染、社会经济四个领域，建立综合性生态环境评价指标体系，评价了晋冀鲁豫接壤区的生态环境状况。谭子芳、魏晓芳用城市生态环境适宜度指数法，评价了长沙市生态环境质量的基本状况。梅卓华用复合指数法建立生态环境评价指标体系，用因子分析法对南京城市生态环境质量进行综合评价。

二　主要的评价技术

(一) 德尔菲法

德尔菲法（Delphi Method），是在 20 世纪 40 年代由 O. 赫尔姆和 N. 达尔克首创，经过 T. J. 戈登和兰德公司进一步发展而成的。该方法主要是由调查者拟定调查表，按照既定程序，以函件的方式分别向专家组成员进行征询；而专家组成员又以匿名的方式（函件）提交意见。经过几次反复征询和反馈，专家组成员的意见逐步趋于集中，最后获得具有很高准确率的集体

---

① 宋荣兴、孙海涛：《城市生态环境可持续发展能力研究》，《财经问题研究》2007 年第 7 期。

判断结果①。

　　谢鹏飞等从环境、经济、社会 3 个维度分类罗列了现有指标体系研究成果中提出的评价指标，筛选、剔除其中重复、相近或无法操作的指标，构建指标数据库；再经过专家论证，从中选出 61 项关键性指标，建立二次指标库，将一些重要但难以量化的指标总结成 5 项"门槛条件"进行考察；通过专家座谈、学术研讨、问卷调查等多种形式征询各领域专家的意见和建议，进一步甄选出包含 32 项指标的评价指标体系，并对曹妃甸、北川、吐鲁番、密云等 13 个生态城市示范案例进行评价②。

（二）层次分析法

　　所谓层次分析法，是指将一个复杂的多目标决策问题作为一个系统，将目标分解为多个目标或准则，进而分解为多指标（或准则、约束）的若干层次，通过定性指标模糊量化方法算出层次单排序（权数）和总排序，以作为目标（多指标）、多方案优化决策的系统方法③。

　　李雪松、夏怡冰通过定性分析构建了"两型社会"建设绩效评价指标体系，通过层次分析法得出指标体系内各个指标的权重，分析 2006—2010 年各指标变化趋势，对武汉城市圈④"两型社会"建设的绩效状况及城市圈内部各城市"两型社会"建设绩效状况进行了实证研究⑤。

（三）模糊物元分析法

　　物元分析是中国著名学者蔡文教授于 1983 年首创的一门介于数学和实验之间的学科。这门新学科的要点是把事物用"事物、特征、量值"三个要素来描述，把这些要素组成有序三元组的基本元，称为物元。物元分析就是研究物元及其变化规律，并用于解决现实世界中的不相容问题。不相容问题就是所给条件不能达到要实现目的的问题。这些问题的中心是如何通过事物的物元变换与系统的结构变换，使这类难题得以解决，并找出最优解。如

---

①　张秀梅、刘俊丽、周晓英：《网络信息资源评价综述》，《图书馆学研究》2013 年第 12 期。

②　谢鹏飞等：《生态城市指标体系构建与生态城市示范评价》，《城市发展研究》2010 年第 7 期。

③　赵静：《数学建模与数学实验》，高等教育出版社 2000 年版，第 39 页。

④　包括武汉、黄石、鄂州、孝感、黄冈、咸宁、仙桃、潜江、天门 9 个城市。

⑤　李松雪、夏怡冰：《基于层次分析的武汉城市圈"两型社会"建设绩效评价》，《长江流域资源与环境》2012 年第 7 期。

果物元中的量值带有模糊性，便构成了模糊不相容问题，对此类问题进行的物元分析被称为"模糊物元分析"[①]。

朱孔来、王如燕在熵模糊物元分析的基础上，结合模糊集合理论和欧式贴近度的概念，将资源节约型社会、环境友好型社会建设进程分解为资源消耗支持系统、经济发展支持系统、社会发展支持系统、生态环境支持系统、科技发展支持系统；对每个支持系统，遵循导向性、代表性、整体性、相对可比性、敏感性、综合指标优先等原则，采用目标分析法预选指标，建立预选指标体系；对预选指标体系中的各个指标，搜集相应数据通过进行信度检验、效度检验和鉴别力分析等方法进行定量判断，剔除掉与主要指标信息高度相关、大部交叉等冗余及辨识度低的指标，从而筛选出代表各个系统本质特征的评价指标，并对青岛市的资源节约型、环境友好型社会的建设进程进行了实证分析[②]。

（四）"压力—状态—响应"模型

"压力—状态—响应"模型是最初由加拿大统计学家弗兰德（A. Friend）等提出，后由经济合作与发展组织和联合国环境规划署于 20 世纪 80—90 年代共同发展起来的用于研究环境问题的框架体系[③]。高彩玲、高歌、张现文用 P－S－R 模型建立郑州市生态城市评价体系，用变异系数法确定各指标权重，研究郑州市 2005—2010 年生态城市建设状况及资源环境、生态环境、污染治理和经济潜力的系统响应[④]。

三　两种典型的评价思路

（一）以目标完成程度为导向的评价体系

以目标完成程度为导向的评价体系的显著特点就是预先设定一个实现目标（如"三步走"战略、全面小康社会等），在对实现目标进行各个方面分

---

①　张斌、雍歧东、肖芳淳：《模糊物元分析》，石油工业出版社 1997 年版。

②　朱孔来、王如燕：《两型社会的综合评价研究》，《中国人口·资源与环境》2011 年第 12 期。

③　赵赞：《基于 PSR 模型框架下旅游发展对民族传统文化影响机制分析》，《中国农学通报》2010 年第 9 期。

④　高彩玲、高歌、张现文：《基于 P－S－R 模型的郑州生态城市建设评价》，《地域研究与开发》2013 年第 4 期。

解的基础上，相应形成以分目标、子目标为基础的二级、三级指标，构成全面而具体的指标评价体系。再通过主成分分析法、层次分析法等各种评价方法计算出权重，依据经济学原理、经济发展规律、指标间数量关系、统计意义及主观设定的"门槛"水平确定阈值，并针对评价对象进行实证研究。得到的分数表明目标的完成程度，并以此进行横向纵向比较。

具有代表性的评价体系有国家发改委的"全面建设小康社会指标体系"。这套指标体系根据全面建设小康社会的内涵及其目标确定的原则，建议全面建设小康社会的指标体系包括经济、社会、环境和制度4个方面的16项指标，经济方面4项指标（人均GDP、非农产业就业比重、恩格尔系数、城乡居民收入），社会方面7项指标（基尼系数、社会基本保险覆盖率、平均受教育年限、出生时预期寿命、文教体卫增加值比重、犯罪率、日均消费性支出小于5元的人口比重），环境方面3项指标（能源利用效率、使用经改善水源人口比重、环境污染综合指数），制度方面2项指标（廉政建设、政府管理能力）[1]。

（二）以发展进步程度为导向的评价体系

以发展进步程度为导向的评价体系一般用来对没有明确实现目标、更注重发展过程的问题（如可持续发展等）进行评价。由于其过程性在数据上表现出时间序列的特征，随着不同时间段内数据的波动，很难用较为复杂的评价方法来确定"独立"的指标权重；同时，基于发展进程的连续性，也难以以某个时点的数据为基础，设立阈值。因此，这类评价体系一般用综合指数法来简明直观地表达发展进步程度。这样做有三个好处：第一，可以以过去某个时间点为基点，将现在的发展水平换算成相对于这一基点的发展水平，直接描述出发展趋势；第二，综合指数法一般使用的是无量纲的指标，可以在不同单位的指标间进行比较；第三，可以直接计算出各种数据的分类排行榜和总排行榜，是进行同类项目间横向比较最常用的方法之一。

具有代表性的评价体系有北京大学杨开忠教授的"生态文明指数"。这套指数在生态足迹计算的基础上，得出了生态文明指数的计算公式：

---

① 李善同、侯永志、孙志燕、冯杰：《全面建设小康社会的目标和指标体系》，《调查研究报告》2004年第20号。

$$ECI = \frac{\left(\dfrac{\text{地区人均 GDP}}{\text{地区人均生态足迹}}\right)}{\left(\dfrac{\text{全国人均 GDP}}{\text{全国人均生态足迹}}\right)} \times 100 \qquad \text{(式 4 - 1)}$$

$$\text{单位 GDP 足迹(公顷 / 万元)} = \frac{\text{人均生态足迹(公顷 / 人)}}{\text{人均 GDP(万元 / 人)}} \qquad \text{(式 4 - 2)}$$

杨开忠教授的课题组首先计算出 2010 年中国各省份的生态文明指数。在排名中考虑到 30 个省份生态文明指数的标准差为 47.21,课题组以 50 为一个标准差区间将全国各省份简单划分为高水平组(ECI 高于 150)、中高水平组(ECI 介于 100 与 150 之间)、中低水平组(ECI 介于 50 与 100 之间)、低水平组(ECI 低于 50)4 组。其次,以 2007—2010 年数据为基础,计算出全国各省份生态文明指数的排序变动。再次,考察了各省份单位 GDP 足迹的变化情况及总体增减趋势,在此基础上,计算出 2000 年、2005 年以及 2007—2010 年中国 ECI 指数的标准差及其波动趋势。最后,研究了各省份经济发展与生态足迹变动的互动关系[①]。

第二节 应对气候变化指向的城市生态环境 评价——以 ECO² 城市为目标

一 应对气候变化与 ECO² 城市[②]

2003 年英国能源白皮书《我们能源的未来:创建低碳经济》、2006 年英国的《气候变化的经济学:斯特恩报告》、2007 年联合国政府间气候变化专门委员会第四次评估报告等重要文件发布以来,越来越多的科学证据表明:CO_2 等温室气体已成为气候变化的直接因素。城市是现代文明形成和发展的主要空间载体,是人口、产业的主要集聚地,也是最大最集中的"碳源",据国际能源机构估计,城市地区与能源相关的温室气体排放量占全世

---

① 杨开忠:《哪个省的生态更文明?——中国各省区市生态文明水平大排名》,《中国经济周刊》2011 年第 12 期。

② 王彬彬、杜受祜:《ECO²:低碳城市的第三种模式?》,《四川师范大学学报》(社会科学版)2012 年第 6 期。

界总排放量的 71%，到 2030 年将达到 76%。随着城市社会的不断成长，在可以预见的将来，继纽约都市圈、东京都市圈、伦敦都市圈、巴黎都市圈、北美五大湖都市圈之后，中国长三角、珠三角、京津冀、成渝等都市圈也将快速崛起，有可能进一步加重城市温室气体排放的负担，在碳排放与消解上形成新的二元结构，即城市作为主要碳排放的一极，而非城市地区作为碳补偿的另一极。从人类城市发展与气候变化的关系来看，可以认为"昨天是气候影响城市，今天是城市影响气候"。因此，控制城市的碳排放、强化城市的碳减排对于全球低碳化的总体格局具有重要意义，对于中国这样的新兴城市大国也具有突出的现实性。然而，在已有的低碳城市建设中，由于经济格局与碳排放格局不匹配，出现了"低碳不经济"和"经济不低碳"的现象。构建经济与环境协同发展的新型低碳城市迫在眉睫。

（一）低碳城市发展的两类模式及其不足

尽管对低碳城市有各种不同的概念界定，但较为一致的观点是"城市在经济高速发展的前提下，保持能源消耗和 CO_2 排放处于较低水平"[①]，即经济发展与能源消耗、温室气体排放"脱钩"。研究表明，自 1975 年以来，除英国一直实现强脱钩外，美国、德国、加拿大、澳大利亚、意大利、西班牙、法国、日本等主要发达国家至少在一定时间段内出现过一次强脱钩，其余发达国家也呈现出强脱钩或弱脱钩的特征[②]。作为"低碳经济"的提出者和最早践行者，以欧盟为主的发达国家与地区引领了"低碳革命"，出现了丹麦的低碳社区建设运动、英国的应对气候变化的城市行动、瑞典的可持续行动计划、日本的低碳社会行动计划、美国的低碳城市行动计划（见表 4 - 1），构成了以发达国家为主的第一类低碳城市发展模式。其主要特征是通过家居、交通、能源等生活类消费的低碳化，促进低碳技术、低碳服务创新，拉动低碳型固定资产投资和基础设施建设，逐步形成低碳经济体系。以伦敦为例，英国政府从 2001 年启动低碳城市项目，2003 年后相继出台了《伦敦能源策略》《伦敦规划（修订版）》《气候变化行动纲要》以及"低碳城市"住宅标准，以覆盖"绿色家居"、低碳能源、交通运输、废物处理等

---

①　辛章平、张银太：《低碳经济与低碳城市》，《城市发展研究》2008 年第 4 期。

②　庄贵阳：《低碳经济引领世界经济发展方向》，《世界环境》2008 年第 2 期。

碳减排领域；在成功转变消费观念、培育起低碳消费市场后，2008 年英国提出创建"低碳经济体"，不仅出台了《低碳产业战略远景》，而且将"碳预算"纳入政府预算框架，并于 2009 年公布了《英国低碳转型计划》，形成消费拉动型低碳城市发展模式。但是，由于技术不够成熟、前期产业化介入不足，以及全球金融危机后居民消费能力、固定资产投资能力下降，高昂的技术研发应用费用和收益的不确定性正在阻碍发达国家的低碳城市发展。例如，碳捕获和封存技术，每捕获 1 吨二氧化碳的成本大约为 70 美元，最多能捕获 90% 的二氧化碳排放量，且还要再多消耗 25% 的煤炭才能将原先产生的二氧化碳去除。此外，埋存二氧化碳的安全性条件也较为苛刻，碳捕获与封存技术仍是一个过渡性解决方案[①]。从这个意义上可以讲，发达国家的低碳城市模式更多的是构建了一个国际性的低碳制度体系，并凭借其经济和技术优势实现碳转移。

表 4 - 1 世界主要城市的低碳政策与措施

城市	主要政策与措施
伦敦	①改善现有和新建建筑的能源效益；②发展低碳及分散的能源供应；③降低地面交通运输的排放；④建立绿色政府
纽约	①成立"能源规划部"；②政府拨款支持节能；③提高建筑物能源效益；④增加清洁能源的供应；⑤减少来自交通的温室气体排放
东京	①协助私人企业采取措施减少二氧化碳排放；②在家庭部门实现二氧化碳减排；③减少由城市发展产生的二氧化碳排放；④减少由交通产生的二氧化碳排放

资料来源：王伟光、郑国光主编《应对气候变化报告（2009）——通向哥本哈根》，社会科学文献出版社 2009 年版，第 225—241 页。

随着国际气候谈判和全球价值链的延伸，服务于发达国家低碳消费的低碳产品制造业转移至发展中国家，其溢出效应触发了发展中国家的低碳城市发展进程：国际贸易的碳规制使低碳技术被引入生产过程，锁定效应和"能源饥渴"推动了低碳能源和固定资产投资；为了给产业节约碳排放指标、减轻国际碳转移后本国的环境负担，又实施了交通、建筑、能源等生活类消费的碳减排，由此形成了以发展中国家为主的第二类低碳城市发展模式。这种

---

① 《CCS：迈向低碳时代的加速器，高昂成本谁买单》，《科技日报》2009 年 9 月 6 日。

基于全球价值链分工形成的生产推动型低碳城市发展模式在中国尤为突出。例如，保定的太阳能产业最初是从专门面向欧美市场的太阳能硅片制造起家的，随着太阳能产业链向上下游拓展，发展成为国际上重要的新能源及能源设备制造基地；同时依托太阳能制造业，保定加大太阳能综合利用力度，从而全面推进低碳城市建设。虽然产业化极大地推动了中国低碳城市发展，但也逐渐暴露出三个方面的不足：①不顾基础和条件，潮涌式地建设低碳城市。目前各省份至少有 100 个城市提出了打造"低碳城市"的口号，试图将建筑、交通、工业这三大碳排放源的低碳规划纳入城市的整体运行规划之中，使整个城市的碳排放量有明显下降[①]。②低碳产业低端制造加工环节产能过剩，普遍存在"烧着高碳的煤，生产低碳的节能灯"的不合理现象[②]。③政策支持缺乏连续性和针对性，使得关键领域或潜力巨大的低碳技术支持不够，反而一些自生能力不足的低端技术得到生存空间。更值得商榷的是，在低碳产业快速成长阶段，能否在短期内实现强脱钩，完成环境库兹涅茨曲线的拐点过程？相对于消费拉动型低碳城市发展模式和生产推动型低碳城市发展模式，一个可取的方向就是"将低碳与经济统一起来"[③]，实现低碳与经济"挂钩"发展，提升城市低碳化的经济性和可持续性。在这一层面上可以说，世界银行的 ECO^2 城市发展模式为中国低碳城市发展提供了新的范例。

（二） ECO^2 发展模式

从可持续发展理论出发，对未来城市形态的前沿展望之一是建设生态与经济相协调的生态经济城市。据世界银行估算，到 2030 年发展中国家的城镇建成区将从 20 万平方公里增长到 60 万平方公里，全球城市人口将达到 50 亿人。为了应对未来 30 年发展中国家大规模城市化的趋势以及由此带来的经济增长与环境承载压力，2008 年世界银行提出了生态经济城市（ECO^2 City）概念。生态经济城市是经济发达并生态友好的城市，是一种促进环境和经济协同增效、互为依赖并实现可持续的城市发展的新型商业模式："通过一体化城市规划和管理，充分利用生态系统，为社会和人民谋福祉，为子

---

① 《上百城市争贴"低碳"标签，新一轮"城建浮躁化"须警惕》，《新华时政》2010 年 12 月 3 日。

② 毕军：《"低碳城市"不能高碳发展》，《人民日报》2011 年 10 月 12 日。

③ 潘家华：《经济要低碳，低碳须经济》，《华中科技大学学报》（社会科学版）2011 年第 2 期。

孙后代保护、培育生态系统";同时,"通过有效利用所有有形和无形资产,为城市居民、商业和社会创造价值与机会,实现有创造性、有包容性和可持续的经济活动"[①]。

ECO^2 最大的特征与优势是通过资源整合、系统集成和协同决策实现生态与经济的协调发展。在 ECO^2 的四大原则[②]中,存在两个重要的整合力量,从而使得生态经济的外部性内生化:其一,在生态层面,将城市与城市环境纳入一个完整的系统,使市场区位、资源流动、生产力布局、基础设施建设、城市空间形态等融为一体;其二,在经济层面,将政府与相关利益主体构成一个协调的体系,构筑起企业运营、城市服务、区域合作三个层次的协作平台。在平台内层,部门为追求可持续运营而进行内部合作;在平台中层,利益阶层为提高服务可持续性而协作;在平台外层,实现更大范围的相关利益主体之间的协作[③]。

(三) ECO^2 导向的"三型"城市

按照 ECO^2 发展模式的基本理念,低碳城市建设就不仅是在城市经济社会各领域中实施强制性的碳减排措施,更重要的是形成城市生活各利益主体协同共赢的利益机制。这也符合落实《中国应对气候变化国家方案》"一个结合、两面推进"[④] 的主要原则[⑤]。在此基础上,我们提出了低碳城市建设的生态路径和经济路径,由此形成城市低碳经济循环体系(见图 4-1)。

以能源流为主线的生态路径(用虚线表示),实现能源控制—能源循环—碳排放控制的全流程能源规划、渠道集成与碳约束。其中,能源循环中的原料燃料生产碳排放—生产过程碳排放—消费碳排放—废弃物处理碳排放尤为重要,研究表明碳排放主要集中在这一链路上。生态路径上的碳约束可

---

① Hiroaki Suzuki, Arish Dastur, Sebastian Moffatt Nana, *Eco*^{2} *Cities*: *Ecological Cities as Economic Cities* (New York: World Bank Publications, 2010).

② 四大原则:基于项目城市实际情况的方法、扩大的协同设计和决策平台、单一系统方法、重视可持续性与恢复力的投资框架。

③ Hiroaki Suzuki, Arish Dastur, Sebastian Moffatt Nana, *Eco*^{2} *Cities*: *Ecological Cities as Economic Cities*.

④ "一个结合":把应对气候变化和实施可持续发展战略,加快建立资源节约型社会、环境友好型社会和创新型国家紧密结合起来;"两面推进":一手抓减缓温室气体排放,一手抓提高适应气候变化的能力,尤其是防灾减灾能力。

⑤ 马凯:《气候变暖是人类共同面临的挑战》,《绿叶》2007 年第 8 期。

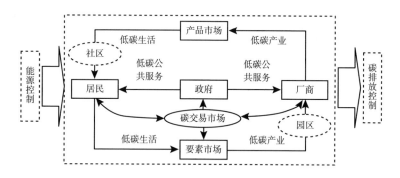

图 4 - 1 城市低碳经济活动循环

以由碳足迹法来测量，目前国内外计算碳足迹的方法主要有两种，一是用生命周期评估计算产品制造、使用、处置的整个生命周期中的碳排放量；二是通过计算产品制造、使用和处置时所使用的煤、石油、天然气等化石燃料的碳排放量进行测算。除了具体商品与服务层次的碳排放计量外，低碳城市碳排放控制的两个重要节点是社区和园区。其一，社区是现代城市的细胞，是人们生活、居住的场所，也是低碳产品的终端消费市场。在逆城市化的潮流下，社区亦呈现出多元化、模块化的发展方向，逐渐集成了生产、生活、生态等多重功能。国际知名的低碳社区（如丹麦的贝泽、英国的贝丁顿、德国的沃邦、瑞典的维克舍），通过改变在城市蔓延中社区复制对自然资源的线性消耗、降低社区活动所产生的碳排放、加强社区生态绿化改造、实现社区碳中和，并推动社区生产方式、生活方式、价值观念的根本变革，从而影响低碳技术、产品和服务供给。其二，园区是在空间管制政策指导下集中统一规划的产业区域。目前园区碳减排在中国应用较多，其主要手段是采用新能源和清洁生产技术，提高能源、原材料的综合利用效率，降低环境污染物溢出的总量。

以低碳产业—低碳生活—低碳公共服务，形成低碳区域层次的经济路径（用实线表示），通过构建循环实现经济体内部碳中和。从新古典经济学的角度来看，在图 4 - 1 的城市经济活动循环模型中，存在政府、居民、厂商三类经济主体和产品市场、要素市场、碳交易三大市场。政府向居民和厂商提供低碳公共服务，包括低碳产业的发展规划、低碳技术的支持政策、低碳产品的公共采购、低碳理念的教育推广、低碳消费的补贴政策等，以此获得政府报酬和政府税收；在要素市场上，居民不仅向厂商提供劳动、资本、土地，而且还提供支持低碳生产与服务的知识技术、企业家才能，以此获得政府补贴和工资收入；在商品、服务市场上，厂商不仅在三次产业上形成低碳产业的产业链，而且向居民提供低碳商品和服务，以此获得政府补贴和销售收入；在碳交易市场上，政府、居民、厂商之间相互交易标准化的配额碳减排指标和自愿碳减排指标，获取碳减排补偿性收益，并发展碳现货、期货、期权和掉期等金融衍生品。

二　ECO^2 城市评价实验——以温江为例

"三型"城市评价是在大空间尺度内统筹区域差异性和政策一致性的研究，这需要从小尺度空间入手，考察一个具体区域的"三型"城市建设及其评价，形成总体评价的微观基础。据此，2010 年我们选择在生态城市建设和低碳城市建设中具有典型性的成都市温江区进行评价实验，设计了一套适合小尺度空间的低碳城市评价指标体系。

（一）低碳城市评价综述[①]

以指标体系进行定量评价是科学界定和认识低碳城市的必要手段。鉴于联合国政府间气候变化专门委员会报告并没有提出权威的评价指标，因此国内外关于低碳城市的评价体系丰富多样，而国内现有的研究主要沿袭了格莱泽（Edward L. Glaeser）、卡恩（Matthew E. Kahn）[②]、古德尔（Chris Goodall）[③] 等的思路，可以说是对城市综合低碳化的评价。其评价体系和思路可以分为两类（见表 4 - 2）。其一，目标导向型。这类评价研究侧重于从宏观指标体系上构建一个低碳城市建设的框架，根据指标的重要性赋予权重，根据发展要求赋予阈值，并分年度予以实现。其二，任务分解型。这类评价研究从物质流和能量流过程来看待低碳城市建设，将低碳城市看成能源

[①]　王彬彬、杜受祜：《ECO^2：低碳城市的第三种模式？》，《四川师范大学学报》（社会科学版）2012 年第 6 期。

[②]　Edward L. Glaeser et al. "The Greenness of Cities： Carbon Dioxide Emissions and Urban Development," *Journal of Urban Economics*（2010）：67.

[③]　Chris Goodall, *How to Live a Low-carbon Life：The Individual's Guide to Stopping Climate Change*（London：Earthscan, 2010）.

投入与温室气体产出的中介。其基本思路一是从微观角度分析"碳源",通过提高能源利用效率、减少"碳源"、提高碳中和能力来达到碳减排目的;二是分析主要能源指标与主要经济社会指标的联动关系来确定碳减排成效。总的来看,现有评价研究具有三个显著特征:一是系统化思维,从系统论的角度将低碳城市建设与评价具体分解为生产、消费、政策、资源、技术等独立的城市子系统的建设与评价,以此获得低碳城市的综合评价指数;二是结构化指标,相对于总量指标的应用,反映经济结构、产业结构、消费结构、能源结构、环境结构以及绩效结构的结构化指标广泛存在于现有研究之中,从而强化评价体系的趋势导向作用;三是减量化指向,通过对建筑、交通、生产等碳排放较为密集的领域进行技术更新,实施节能减排,从总体上降低整个城市的能源消耗强度与碳排放强度,推动城市经济社会生活从高碳向低碳转变。

表 4 - 2　现有低碳城市评价的典型研究

类型	典型研究
目标导向型	在以中国社会科学院为主体完成的《吉林市低碳发展计划》中,构建了包含低碳生产力、低碳消费、低碳资源、低碳政策 4 大类 12 个指标的低碳城市评价体系
	张学毅等基于物质流分析方法构建低碳经济指标体系,包含经济发展、能源消耗、自然环境 3 大类 13 项指标
	付允等综合考虑经济、社会和环境 3 个方面,描述了城市低碳的 8 大状态,使用 23 项具体指标,从产业结构体系、基础设施体系、消费支撑体系、政策制度体系、技术支撑体系构建了评价城市低碳水平的指标体系
	李云燕在系统分析评价城市的生产系统、交通系统、节能和生态建筑、城市空气污染控制、清洁能源开发等不同方面的低碳化建设的基础上,进行指标综合与集成,并通过模糊层次分析法确定准则层的权重,通过主成分分析法得到城市低碳经济发展综合评价指数
	王爱兰从经济增长、城市化率、产业结构、能源结构、能源利用效率、交通体系、消费模式、碳汇林业、制度环境等方面构建了低碳城市指标体系
任务分解型	诸大建主张"相对脱钩"(在二氧化碳排放总量增长下的效率提高)和"绝对脱钩"(在经济增长的情况下稳定与减少二氧化碳排放)概念,及"低碳城市生态绩效 = 城市福利增长(价值量)/资源环境消耗(实物量)"的判定方法

资料来源:张学毅、王建敏:《基于物质流分析方法的低碳经济指标体系研究》,《学习月刊》2010 年第 12 期;付允、刘怡君、汪云林:《低碳城市的评价方法与支撑体系研究》,《中国人口·资源与环境》2010 年第 8 期;李云燕:《低碳城市的评价方法与实施途径》,《宏观经济管理》2011 年第 3 期;王爱兰:《低碳城市建设水平综合评价指标体系构建研究》,《城市》2011 年第 6 期。

(二) 温江区低碳经济实践

温江区是四川省确定的全省首批生态区（县）建设区（县）之一，具备发展低碳经济的深厚基础和巨大潜力。2007 年全区已建成 2 个国家级环境优美乡镇，2 个省级工业生态园区，15 个市级生态村，1 个市级绿色社区；建成了 2 所省级绿色学校，5 所市级绿色学校，2 所区级绿色学校。2007 年 11 月温江区创建四川省环保模范区工作顺利通过达标验收，成为四川省首个成功创建省级环保模范区的区县；2007 年，温江区城区河流水系综合整治工程获建设部颁发的"中国人居环境范例奖"。

2007 年以来，温江区区域经济发展与节能减排协同推进，出台了一系列支持发展低碳经济的政策措施（见表 4 - 3）。

表 4 - 3 "低碳温江"的主要措施

低碳城市制度	制定《关于实施"低碳温江"建设、打造世界田园城市示范区的意见》
	成立建设"低碳温江"领导小组和相应的工作推进机构
低碳城市规划	推行"紧凑型"城市规划和建设模式
	在城市规划中充分体现城市和田园的相互楔入
低碳产业体系	实施"兴三优二、一三联动"的产业发展战略
	推进以服务业为主导的"八大功能片区"建设
节能产品与技术	对区内重点企业实行强制性清洁生产审核
	建成温江农业循环经济示范园
	实施科技园企业集中供热、煤液化、煤气化
	编制全区燃煤污染控制规划
	在市政设施中广泛采用节能材料
绿色能源产业	推进沼气以及秸秆汽化、固化等生物质清洁能源的综合利用
	推广地热利用技术、太阳能利用技术
低碳建筑	把建筑节能监管工作纳入工程基本建设管理程序
	应用新型墙体材料和建筑节能新技术
低碳交通	发展地铁、轻轨等大容量快速公共交通
	鼓励和推广步行、骑人力车等低排放出行方式
	鼓励使用节能环保型车辆
低碳生活方式	减少使用一次性餐饮住宿用品
	抑制商品过度包装
	采用节能的家庭照明方式
增加碳汇	发展花卉产业和休闲观光体验农业

（三）"低碳温江"评价指标体系

"低碳温江"区域发展战略，与构建以服务业为主导的现代经济体系紧密结合，与建设"品质温江"紧密结合，与深入开展城乡环境综合整治和创建省级、国家级生态示范区紧密结合，以发展绿色能源产业、节能减排为突破口和重要抓手，以"低能耗、低排放、低污染"为目标，以调结构、转方式为重点，坚持政府推动、规划先行，市场运作、公众参与，示范带动、循序渐进的原则，发展低碳经济，推广绿色可再生能源产业，构建低碳的建筑、交通体系，倡导低碳生活方式，建设低碳社会。

建设"低碳温江"既是系统目标，又是一个渐进的过程。这就需要建立一个多维度的综合性评价指标体系。在宏观层面，"低碳温江"评价指标体系为政府决策提供了比较客观的、可量化的、科学的分析与预测手段；在中观层面，"低碳温江"评价指标体系为企业在经济转型期制定企业发展战略提供依据；在微观层面，"低碳温江"评价指标体系为引导个人选择消费方式、生活方式提供依据。

构建综合性评价指标体系（见表4-4），不仅可以对建设"低碳温江"的状况进行评估，摸清家底，还可以跟踪温江区生态环境可持续发展和生态文明建设进程，监测、评价、改善温江区低碳经济发展情况，找出温江区低碳发展的路径和模式，以更加科学、协调、可持续的方式推进温江区城市化进程和统筹城乡发展。因此，评价指标体系可以作为建设"低碳温江"的长效管理工具之一，主要用于对低碳经济发展水平进行综合评价，并可用于今后温江低碳发展进度的动态跟踪和综合分析，对温江区低碳经济的发展和改善起到很好的指导作用。

表4-4　ECO^{2}导向的低碳城市评价体系

状态层	准则层	指标层	单位	说明
生态路径	节能减排	单位 GDP 能耗	吨标煤/万元	提升能源综合利用效率,提高新能源利用比重
		单位 GDP 二氧化碳排放	吨/万元	
		人均交通能耗	吨标煤/人	
		新能源再生能源占总能源比例	%	

续表

状态层	准则层	指标层	单位	说明
经济路径	低碳产业	人均地区生产总值	元	调整产业结构、要素投入结构、技术结构,促进三次产业低碳化,发展新兴低碳产业,推动地区经济增长
		现代服务业占GDP比重	%	
		有机农药化肥使用率	%	
		新增低碳技术投资增长率	%	
	低碳生活	城镇化率	%	在有序的城镇化进程中,构建由绿色环境、绿色建筑、绿色交通组成的低碳生活方式
		森林覆盖率	%	
		人均绿地面积	平方米/人	
		新增节能建筑面积比率	%	
		公共交通出行分担率	%	
	低碳公共服务	公共机构能耗下降率	%	降低政府自身的碳排放和公共资源的碳减排,增强公众低碳环保意识,完善低碳制度体系
		公众低碳认知率	%	
		建立碳排放监测、统计和监管体系	—	
		公众对环境的满意率	%	

第三节 "三型"城市评价的模型建立、指标选择与权重确定

一 "三型"城市评价的基本路径

(一) 确定"三型"城市建设评价的参评指标体系

在评价"三型"城市建设时,首先必须筛选好参评指标。指标体系是一个由目标层、准则层、指标层构成的具有递阶层次结构的指标束集合(见图4-2)。

(二) 确定各评价指标的权重

较常用的确定权重的方法有层次分析法、熵值赋权法等。其中较为适当的是基于德尔菲法的层次分析法。

层次分析法利用某种能对事物作出优越程度差别的相对度量作为评价事物合意度的指标。这个相对度量(称之为权重或优先权数)是相对于某属性而言的,它是用两两比较的方式确定事物优越程度的指标,指标值越大,

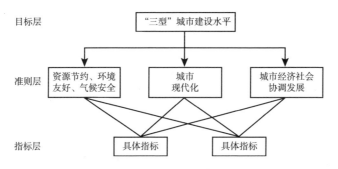

图 4 – 2 "三型"城市建设评价的递阶层次结构

则权重越大，说明优越程度越高；指标值越小，则权重越小，说明优越程度越低。层次分析法适用于具有多层次结构的评价指标体系的综合权重的确定①。其关键在于用某种简单的方法确定用于区分各比较对象优先程度的一组权重。一般运用两两比较的方法，对比较对象的优越程度进行判断，从而确定每个单一指标的权重 α_i。笔者采用层次分析法来确定"三型"城市建设评价指标体系的权重。

（三）统一量纲

由于各个指标的经济含义不同，单位也不一样，在计算过程中不可能直接赋值，必须将各个指标进行量纲统一。

现在有多种实现量纲统一的处理方法，比较常见的是直线型、曲线型、折线型。其中，较好的一种方法是选择简单而实用的直线型无量纲化方法。具体操作方法就是，对于某个指标，首先收集该指标的实际值，再收集或计算该指标的标准值（一般选取该指标阈值或平均水平作为标准值），按照以下公式进行量纲统一，计算评价值：

对于正指标，采取

$$P_{x_i} = R_{x_i}/C_{x_i} \qquad\qquad （式 4 - 3）$$

对于逆指标，采取

$$P_{x_i} = C_{x_i}/R_{x_i} \qquad\qquad （式 4 - 4）$$

---

① 徐建平：《数学模型在地理信息系统中的应用》，高等教育出版社 2002 年版，第 87 页。

（四）分别计算"三型"城市建设的综合发展指数

笔者采取线性加权的方法计算"三型"城市建设的综合发展指数：

$$Eco = \sum_{i=1}^{n} w_i e_i$$

$$Mor = \sum_{i=1}^{n} w_i m_i \qquad (式 4-5)$$

$$Soc = \sum_{i=1}^{n} w_i s_i$$

其中：w_i 为各个系统的权重；e_i、m_i、s_i 分别为"资源节约""环境友好""气候安全"，"四化"互动，经济社会协调发展三个维度统一量纲后发展指标的评价值。

（五）分析国家或区域的"三型"城市建设程度

通常以三种效益之和表示综合效益，三种效益之积表示复合效益。建立模型的目标就是在综合效益最大的基础上，求得最大复合效益[1]。即：

$$H = \frac{Eco \times Mor \times Soc}{(Eco + Mor + Soc)^3} \qquad (式 4-6)$$

同时，也可以用平均效益指数代替综合效益指数，对 H 进行标准化处理：

$$H = \left| \frac{Eco \times Mor \times Soc}{\left[\dfrac{(Eco + Mor + Soc)}{3} \right]^3} \right|^k \qquad (式 4-7)$$

其中，k 为调整系数，赋值因区域的差异而有所变化。

二 "三型"城市评价的基本模型

"三型"城市建设既包括资源节约、环境友好、气候安全等城市生态环境的全面提升，又包括城市现代化、城市经济—社会子系统协同等城市生态文明的有序发展。因此，笔者将"三型"城市建设理解为"资源节约""环境友好""气候安全"，"四化"互动，经济社会协调发展三个层面，用数学模型可以表达为：

---

① 徐建平：《数学模型在地理信息系统中的应用》，第 43 页。

$$C = C(Eco, Mor, Soc) \qquad (式 4-8)$$

在式 4-8 中，C 表示"三型"城市建设水平，Eco 表示城市"资源节约""环境友好""气候安全"水平，Mor 表示城市"四化"互动水平，Soc 表示城市经济社会协调发展水平。

假设式 4-8 中各自变量具备以下性质：①都为正数，即 $Eco > 0$，$Mor > 0$，$Soc > 0$；②一阶微分为正，二阶微分为负，即自变量对因变量有促进作用，但这种作用边际递减。

$$\frac{\partial C}{\partial Eco} > 0 \qquad \frac{\partial^2 C}{\partial Eco^2} < 0$$

$$\frac{\partial C}{\partial Mor} > 0 \qquad \frac{\partial^2 C}{\partial Mor^2} < 0 \qquad (式 4-9)$$

$$\frac{\partial C}{\partial Soc} > 0 \qquad \frac{\partial^2 C}{\partial Soc^2} < 0$$

假设式 4-8 为经典的柯布—道格拉斯函数，对式 4-8 全微分，可得：

$$dC = \frac{\partial C}{\partial Eco} \cdot dEco + \frac{\partial C}{\partial Mor} \cdot dMor + \frac{\partial C}{\partial Soc} \cdot dSoc \qquad (式 4-10)$$

对式 4-10 左右两端同时乘以 $\dfrac{1}{C}$，并作如下变换：

$$\frac{dC}{C} = \frac{\partial C}{\partial Eco} \times \frac{Eco}{C} \times \frac{dEco}{Eco} + \frac{\partial C}{\partial Mor} \times \frac{Mor}{C} \times \frac{dMor}{Mor} + \frac{\partial C}{\partial Soc} \times \frac{Soc}{C} \times \frac{dSoc}{Soc} \quad (式 4-11)$$

其中 $\dfrac{\partial C}{\partial Eco} \times \dfrac{Eco}{C}$、$\dfrac{\partial C}{\partial Mor} \times \dfrac{Mor}{C}$、$\dfrac{\partial C}{\partial Soc} \times \dfrac{Soc}{C}$ 分别代表三个维度对"三型"城市建设水平的弹性，$\dfrac{dEco}{Eco}$、$\dfrac{dMor}{Mor}$、$\dfrac{dSoc}{Soc}$ 分别代表三个维度的变化率。这意味着，"三型"城市建设需要从三个维度加以促进，且促进水平与三个维度的弹性相关。

三 "三型"城市评价指标选择

ECO^2 导向的"三型"城市更注重经济、生态之间的融合共生和功能集成，其评价体系需要综合多重目标。我们主要以联合国开发计划署"千年发展目标监测指标体系"、国家发改委"全面建设小康社会指标体系"、中国城市科学研究会"中国生态城市指标体系"、国务院发展研究中心"统筹城乡发展评价指标体系"、中国社会科学院"低碳经济发展指标体系"、气候研究所与"第三代环境主义"的"G20低碳竞争力评价指标体系"为蓝本，构建评价指标集[①]。

由于指标集中原始指标数量较多，我们采用德尔菲法进行隶属度分析，以专家选择频次大小排序，剔除与"三型"城市不相关的指标。假设第 i 个指标选择频次为 M_i，那么该指标的隶属度为 $r_i = \dfrac{M_i}{N}$，r_i 值越大指标就越重要。

为了进一步简化指标、提高指标的评价能力，我们又对指标集作了两次筛选。第一，利用《中国城市统计年鉴（2010）》的统计数据以及中国知网"中国经济与社会发展统计数据库"的集成数据，对指标作相关性分析和鉴别力分析。通过指标的标准化处理 $Z_i = \dfrac{X_i - \bar{X}}{S_i}$（$X_i$ 为指标的原始数据，$\bar{X}$ 为指标的均值，S_i 为指标的标准差，Z_i 为标准化值），计算指标之间的简单相关

系数 $R_{ij} = \dfrac{\sum\limits_{k=1}^{n} (Z_{ki} - \bar{Z}_i)(Z_{kj} - \bar{Z}_j)}{\sqrt{\sum\limits_{k=1}^{n} (Z_{ki} - \bar{Z}_i)^2 (Z_{kj} - \bar{Z}_j)^2}}$ 和变异系数 $V_i = \dfrac{S_i}{\bar{X}}$，剔除 R_{ij} 较大和

V_i 较小的指标。第二，由于经济社会等领域的统计数据一般列入统计系统的统计范围，可以从中国城市统计年鉴、各省份统计年鉴及各种专门统计年鉴中获取数据，而一些与自然地理条件相关的数据掌握在国土资源系统、环保系统的监测部门，可获取性不强，因此我们剔除了一些数据来源不足的指标。

由此，我们得出了"三型"城市建设评价体系（见表 4-5）。

四　指标说明及其算法

"三型"城市建设评价指标体系采用三层结构，分别是一级指标、二级指标和三级指标。其中，一级指标共由三个部分构成：第一部分是"资源节约、环境友好、气候安全"的指标表述，该指数用于衡量一个城市的资

---

① 王彬彬、杜受祜：《ECO^2：低碳城市的第三种模式?》，《四川师范大学学报》（社会科学版）2012年第6期。

表 4 - 5 "三型"城市建设评价指标体系

一级指标	二级指标	三级指标	指标属性
A 资源节约、环境友好、 气候安全	A_1 资源节约指数	A_{11} 耕地资源承载能力指数	+
		A_{12} 森林资源承载能力指数	+
		A_{13} 淡水资源承载能力指数	+
		A_{14} 空间资源承载能力指数	+
	A_2 环境友好指数	A_{21} 大气自净能力指数	+
		A_{22} 水体自净能力指数	+
		A_{23} 固体废弃物处理能力指数	+
	A_3 气候安全指数	A_{31} 产业能耗指数	-
		A_{32} 温室气体排放指数	-
B 城市现代化	B_1 "四化"互动指数	B_{11} 人口城镇化指数	+
		B_{12} 工业化指数	+
		B_{13} 农业现代化指数	+
		B_{14} 信息化指数	+
C 经济社会协调发展	C_1 经济开发指数	C_{11} 经济优势指数	+
		C_{12} 城乡协调指数	趋于 1
		C_{13} 经济活力指数	+
	C_2 社会发展指数	C_{21} 教育指数	+
		C_{22} 健康指数	+

源承载能力、生态环境承载能力、气候变化承载能力的大小，指数值越大说明该城市承载能力越大。第二部分是体现城市现代化的指标表述，具体指"四化"互动指数，该指数用于从发展经济学的角度衡量一个城市在较长时期内人口城镇化、工业化、农业现代化、信息化四个现代化的发展趋势，指数值越大说明该城市具有越好的发展势头。第三部分是体现城市经济社会协调发展的指标表述，该指数用于衡量一个城市在各个时间节点上经济、社会等重要领域的发展水平。

需要说明的是，在研究中我们统一采用指数化的评价指标，这主要是基于对区域差异性与评价标准一致性的平衡问题的考虑。在中国这样一个大国内，广泛存在各具特色的区域经济，有资源型区域与资源贫乏区域、资源枯竭区域，有发达地区与欠发达地区乃至老少边穷地区，有生态富集区域与生态脆弱区域，还有各种特殊区域，如经济特区、地震灾区等。与此相应，区域内城市在自然地理条件、产业基础、社会发展、文化属性等方面也存在许多差异。然而，较少体现区域差异性、反映区域特色一直是各类指标评价体系广受批评的原因之所在。这种剥离了异质性的指标评价体系，在实际应用中也往往造成"一刀切"的政策效应，可操作性不强。而过于突出区域差异性、缺乏统一性，形成分区域的多套评价指标，也将削弱指标评价体系在同一层面进行评价和对比的功能。也许研究出各区域差异之间的约当系数 k 是一个较好的办法，但是目前仍然缺乏可靠的方法令人信服地得出 k 值或 k 值的区间。

为了平衡这一矛盾，我们借鉴了"云南省主体功能区指标体系"的构建思路，采用两个方法进行处理：在全国这一大空间尺度与城市这一小空间尺度之间，引入省份这一亚空间尺度。省份内城市在自然条件、经济管理、社会发展、文化认同等方面相对具有一致性，而各省份之间又存在广泛的差异性；用类似区位商的计算方法得出某城市在该省份的资源相对富集程度、污染相对集中程度等，在一定程度上可以反映资源型城市、重度污染城市等个别特征。因此，我们是在消除了区域差异性特征的基础上进行一致性比较的（见表4-6）。

表4-6　"三型"城市建设的差异性评价思路

区域异质性的评价思路	方法
全局评价→局部评价	基于德尔菲法的独立的多区域评价体系
消除局部特征→全局评价	"区位商"法

（一）资源节约、环境友好、气候安全类指标

资源节约、环境友好、气候安全是"三型"城市的本质特征和根本要求。一方面，城市是经人类文明改造后的自然界的一部分，构成了资源共生、环境交流、气候运动的重要节点。在今天，城市更是资源循环、环境生成、局地气候形成的关键环节。自古以来诸多案例表明，资源条件、环境条件、气候条件深刻影响着城市发展的生命周期。另一方面，城市自身的成长以及活跃于城市内部的经济社会生活也强烈地主导着资源环境气候面貌的改善。作为自然特性的城市生态环境的组成部分，对资源节约、环境友好、气

候安全的评价是我们最重要的评价内容，也是"三型"城市建设评价指标有别于其他城市生态环境评价指标的基本特征。

我们从资源节约、环境友好、气候安全三个角度评价城市生态环境。虽然城市生存与发展所依托的自然资源总体可以归纳为耕地资源、森林资源、淡水资源、能源资源、矿产资源、草地资源、旅游资源、空间资源八种，但为保证城市之间的横向可比性①，我们仅选择体现自然地理条件的耕地、森林、淡水、空间四大资源。这部分涉及自然地理条件的指标参考国家发改委主体功能区规划云南培训会提供的"云南省主体功能区指标体系"的相关指标。在环境友好方面，我们从垃圾处理能力、饮水安全、空气质量出发构造大气自净能力指数、水体自净能力指数、固体废弃物处理能力指数。在气候安全方面，我们选用代表节能减排能力的产业能耗指数、温室气体排放指数。

1. 具体资源承载能力指数的计算

$$A_{1i} = 10 \times a'_{1i} + 50 \qquad i = 1,2,3,4$$

$$a'_{1i} = \frac{a_{1i} - \overline{a_{1i}}}{\delta a_{1i}}$$

$$\delta a_{1i} = \sqrt{\frac{1}{36-1}\sum_{j=1}^{36}(a_{1ij} - \overline{a_{1ij}})^2}\ (j \text{ 为第 } j \text{ 个城市})② \qquad (\text{式 } 4 - 12)$$

$$a_{1i} = \frac{RF_m}{NF_m} \qquad m = 耕地,森林,淡水,空间$$

$$\overline{a_{1i}} = \frac{1}{36}\sum_{j=1}^{36} a_{1ij}\ (j \text{ 为第 } j \text{ 个城市})$$

其中：A_{11} 为耕地资源承载能力指数，a'_{11} 为标准化后的耕地资源承载力指数，a_{11} 为该城市耕地的原始指数，$RF_{耕地}$ 为该城市的耕地密度，$NF_{耕地}$ 为全体城市的耕地密度，耕地密度为有效耕地面积与行政区国土面积的比值，$\overline{a_{11}}$ 为 36 个城市耕地的原始指数的平均值。

---

① 一是有些城市在能源、草地等某类自然资源方面存量很不显著；二是矿产资源、旅游资源种类和等级较多，对其进行分类分级有一定困难。

② 由于"云南省主体功能区指标体系"是对云南全省126个县按行政区域进行空间全覆盖评价，所以 n 为126。而笔者鉴于数据可获性，选择31个省会城市和深圳、青岛、大连、厦门、宁波5个享受省一级经济管理权限的计划单列市作为评价对象，因此 n 为36。

A_{12} 为森林资源承载能力指数，a'_{12} 为标准化后的森林资源承载能力指数，a_{12} 为该城市森林的原始指数，$RF_{森林}$ 为该城市的森林密度，$NF_{森林}$ 为全体城市的森林密度，森林密度为林地面积、建成区绿化面积之和与行政区国土面积的比值，$\overline{a_{12}}$ 为 36 个城市森林的原始指数的平均值。

A_{13} 为淡水资源承载能力指数，a'_{13} 为标准化后的淡水资源承载能力指数，a_{13} 为该城市淡水的原始指数，$RF_{淡水}$ 为该城市的淡水密度，$NF_{淡水}$ 为全体城市的淡水密度，淡水密度为淡水量与行政区国土面积的比值，$\overline{a_{13}}$ 为 36 个城市淡水的原始指数的平均值。

A_{14} 为空间资源承载能力指数，a'_{14} 为标准化后的空间资源承载能力指数，a_{14} 为该城市空间的原始指数，$RF_{空间}$ 为该城市可开发空间密度（= 1 - 城市建成区面积/该市行政区国土面积），$NF_{空间}$ 为全体城市可开发空间密度（= 1 - 全体城市建成区面积/全体城市行政区国土面积），$\overline{a_{14}}$ 为 36 个城市空间的原始指数的平均值。

2. "三废"自净能力指数的计算

$$A_{2i} = 10 \times a'_{2i} + 50 \qquad i = 1,2,3$$

$$a'_{2i} = \frac{a_{2i} - \overline{a_{2i}}}{\delta a_{2i}}$$

$$\delta a_{2i} = \sqrt{\frac{1}{36-1} \sum_{j=1}^{36} (a_{2ij} - \overline{a_{2ij}})^2} \,(j \text{ 为第 } j \text{ 个城市}) \qquad (式 4-13)$$

$$a_{2i} = \frac{RF_m}{NF_m} \qquad m = 大气，水体，固体废弃物$$

$$\overline{a_{2i}} = \frac{1}{36} \sum_{j=1}^{36} a_{2ij} (j \text{ 为第 } j \text{ 个城市})$$

其中：A_{21} 为大气自净能力指数，a'_{21} 为标准化后的大气自净能力指数，a_{21} 为该城市大气的原始指数，$RF_{大气}$ 为该城市空气质量二级或者更好的天数比率，$NF_{大气}$ 为全体城市空气质量二级或者更好的天数比率，$\overline{a_{21}}$ 为 36 个城市大气的原始指数的平均值。

A_{22} 为水体自净能力指数，a'_{22} 为标准化后的水体自净能力指数，a_{22} 为该城市水体的原始指数，$RF_{水体}$ 为该城市三级以上水质地表水占总地表水的比例，$NF_{水体}$ 为全体城市三级以上水质地表水占总地表水的比例，$\overline{a_{22}}$ 为 36 个城市水体的原始指数的平均值。

A_{23} 为固体废弃物处理能力指数，a'_{23} 为标准化后的固体废弃物处理能力指数，a_{23} 为该城市固体废弃物的原始指数，$RF_{固体废弃物}$ 为该城市固体废弃物无害化处理率，$NF_{固体废弃物}$ 为全体城市固体废弃物无害化处理率，$\overline{a_{23}}$ 为 36 个城市固体废弃物的原始指数的平均值。

3. 节能减排能力指数的计算

$$A_{3i} = 10 \times a'_{3i} + 50 \qquad i = 1,2$$

$$a'_{3i} = \frac{a_{3i} - \overline{a_{3i}}}{\delta a_{3i}}$$

$$\delta a_{3i} = \sqrt{\frac{1}{36-1} \sum_{j=1}^{36} (a_{3ij} - \overline{a_{3ij}})^2} \, (j \text{ 为第 } j \text{ 个城市}) \qquad (式 4-14)$$

$$a_{3i} = \frac{RF_m}{NF_m} \qquad m = 能耗强度，温室气体排放强度$$

$$\overline{a_{3i}} = \frac{1}{36} \sum_{j=1}^{36} a_{3ij} (j \text{ 为第 } j \text{ 个城市})$$

其中：A_{31} 为产业能耗指数，a'_{31} 为标准化后的产业能耗指数，a_{31} 为该城市能耗的原始指数，$RF_{能耗强度}$ 为该城市每万元 GDP 能源消耗总量，$NF_{能耗强度}$ 为全体城市每万元 GDP 能源消耗总量，$\overline{a_{31}}$ 为 36 个城市能耗的原始指数的平均值。

A_{32} 为温室气体排放指数，a'_{32} 为标准化后的温室气体排放指数，a_{32} 为该城市温室气体排放的原始指数，$RF_{温室气体排放强度}$ 为该城市每万元 GDP 二氧化碳排放总量，$NF_{温室气体排放强度}$ 为全体城市每万元 GDP 二氧化碳排放总量，$\overline{a_{32}}$ 为 36 个城市温室气体排放的原始指数的平均值。

（二）"四化"互动类指标

实现现代化是中国经济社会发展的重大战略目标，也是中国城市化本身所承载的使命之一。实现现代化在现阶段集中体现在工业化、城镇化、农业现代化、信息化"四化"互动上，而"四化"互动也是当前统筹推进现代化发展的重要途径。我们分别构建了人口城镇化[①]、工业化、农业现代化、

———————

①　城镇化本质上是人的城镇化，这也是今后中国城镇化发展的着力点，因此我们选用人口城镇化，而不是土地城镇化或经济城镇化，作为城镇化的指标。

信息化四大指数来表征城市现代化发展的总体水平。

"四化"互动指数的计算：

$$B_{1i} = 10 \times b'_{1i} + 50 \qquad i = 1,2,3,4$$

$$b'_{1i} = \frac{b_{1i} - \overline{b_{1i}}}{\delta b_{1i}}$$

$$\delta b_{1i} = \sqrt{\frac{1}{36-1} \sum_{j=1}^{36} (b_{1ij} - \overline{b_{1ij}})^2} \, (j \text{ 为第 } j \text{ 个城市}) \qquad (4-15)$$

$$b_{1i} = \frac{RF_m}{NF_m} \qquad m = \text{人口城镇化,工业化,农业现代化,信息化}$$

$$\overline{b_{1i}} = \frac{1}{36} \sum_{j=1}^{36} b_{1ij} (j \text{ 为第 } j \text{ 个城市})$$

其中：B_{11} 为人口城镇化指数，b'_{11} 为标准化后的人口城镇化指数，b_{11} 为该城市人口城镇化的原始指数，$RF_{\text{人口城镇化}}$ 为该城市非农人口与总人口之比，$NF_{\text{人口城镇化}}$ 为全体城市非农人口与总人口之比，$\overline{b_{11}}$ 为 36 个城市人口城镇化的原始指数的平均值。

B_{12} 为工业化指数，b'_{12} 为标准化后的工业化指数，b_{12} 为该城市工业化的原始指数，$RF_{\text{工业化}}$ 为该城市非农产值与总产值之比，$NF_{\text{工业化}}$ 为全体城市非农产值与总产值之比，$\overline{b_{12}}$ 为 36 个城市工业化的原始指数的平均值。

B_{13} 为农业现代化指数，b'_{13} 为标准化后的农业现代化指数，b_{13} 为该城市农业现代化的原始指数，$RF_{\text{农业现代化}}$ 为该城市农业装备普及率，$NF_{\text{农业现代化}}$ 为全体城市农业装备普及率，$\overline{b_{13}}$ 为 36 个城市农业现代化的原始指数的平均值。

B_{14} 为信息化指数，b'_{14} 为标准化后的信息化指数，b_{14} 为该城市信息化的原始指数，$RF_{\text{信息化}}$ 为该城市人均研发费用，$NF_{\text{信息化}}$ 为全体城市人均研发费用，$\overline{b_{14}}$ 为 36 个城市信息化的原始指数的平均值。

（三）经济社会协调发展类指标

经济社会协调发展是城市生态文明建设的主要内容和重要保障。而城市生态文明建设要求城市经济功能由生产型向生活型转变，城市社会功能由管理型向服务型转变。因此，适应生态文明模型的城市必定是经济社会协调发展的城市。在经济开发方面，我们采用经济优势指数、城乡协调指数、经济活力指数进行评价。在社会发展方面，我们采用教育指数和健康指数进行评价。

1. 经济开发指数的计算

$$C_{1i} = 10 \times c'_{1i} + 50 \qquad i = 1,2,3$$

$$c'_{1i} = \frac{c_{1i} - \overline{c_{1i}}}{\delta c_{1i}}$$

$$\delta c_{1i} = \sqrt{\frac{1}{36-1} \sum_{j=1}^{36} (c_{1ij} - \overline{c_{1ij}})^2} (j \text{ 为第 } j \text{ 个城市}) \qquad (\text{式 } 4-16)$$

$$c_{1i} = \frac{RF_m}{NF_m} \qquad m = \text{经济优势,城乡协调,经济活力}$$

$$\overline{c_{1i}} = \frac{1}{36} \sum_{j=1}^{36} c_{1ij} (j \text{ 为第 } j \text{ 个城市})$$

其中:C_{11} 为经济优势指数,c'_{11} 为标准化后的经济优势指数,c_{11} 为该城市经济优势的原始指数,$RF_{\text{经济优势}}$ 为该城市的人均 GDP,$NF_{\text{经济优势}}$ 为全体城市的人均 GDP,$\overline{c_{11}}$ 为 36 个城市经济优势的原始指数的平均值。

C_{12} 为城乡协调指数,c'_{12} 为标准化后的城乡协调指数,c_{12} 为该城市城乡协调的原始指数,$RF_{\text{城乡协调}}$ 为该城市的城乡居民收入比,$NF_{\text{城乡协调}}$ 为全体城市的城乡居民收入比,$\overline{c_{12}}$ 为 36 个城市城乡协调的原始指数的平均值。

C_{13} 为经济活力指数,c'_{13} 为标准化后的经济活力指数,c_{13} 为该城市经济活力的原始指数,$RF_{\text{经济活力}}$ 为该城市的外资经济占 GDP 的比重,$NF_{\text{经济活力}}$ 为全体城市的外资经济占 GDP 的比重,$\overline{c_{13}}$ 为 36 个城市经济活力的原始指数的平均值。

2. 社会发展指数的计算

$$C_{2i} = 10 \times c'_{2i} + 50 \qquad i = 1,2$$

$$c'_{2i} = \frac{c_{2i} - \overline{c_{2i}}}{\delta c_{2i}}$$

$$\delta c_{2i} = \sqrt{\frac{1}{36-1} \sum_{j=1}^{36} (c_{2ij} - \overline{c_{2ij}})^2} (j \text{ 为第 } j \text{ 个城市}) \qquad (\text{式 } 4-17)$$

$$c_{2i} = \frac{RF_m}{NF_m} \qquad m = \text{教育,健康}$$

$$\overline{c_{2i}} = \frac{1}{36} \sum_{j=1}^{36} c_{2ij} (j \text{ 为第 } j \text{ 个城市})$$

其中：C_{21} 为教育指数，c'_{21} 为标准化后的教育指数，c_{21} 为该城市教育的原始指数，$RF_{教育}$ 为该城市的高中毛入学率，$NF_{教育}$ 为全体城市的高中毛入学率，$\overline{c_{21}}$ 为 36 个城市教育的原始指数的平均值。

C_{22} 为健康指数，c'_{22} 为标准化后的健康指数，c_{22} 为该城市健康的原始指数，$RF_{健康}$ 为该城市的人均预期寿命，$NF_{健康}$ 为全体城市的人均预期寿命，$\overline{c_{22}}$ 为 36 个城市健康的原始指数的平均值。

五 指标权重确定

（一）权重确定的层次分析法

我们根据层次分析法的基本思想将指标体系分为三个层次，即目标层、准则层和指标层。要比较 N 个指标 b_1，b_2 … b_n 对某因素 F 的影响大小，通常采取指标两两对比的方法，用 a_{ij} 表示指标 b_i 和 b_j 对 F 的影响大小之比。层次分析法利用萨迪标度（即将标准值限定在 1—9 范围内变动的比率标度，具体的标度评定标准如表 4 - 7 所示）来确定 a_{ij} 的值。为保证 a_{ij} 的科学合理性，通常采用德尔菲法对 a_{ij} 赋值，即设置问卷调查表，邀请相关领域的专家，要求其给出指标体系两两指标之间对评价目标影响的 a_{ij} 值，并依据各专家学者的学识、资历和行业经验等给定其信任度系数，加权汇总便得到最终的 a_{ij} 值[①]。

表 4 - 7 萨迪标度

标度 a_{ij}	含义
1	b_i 与 b_j 相比,具有同等重要性
3	b_i 与 b_j 相比,一个因素比另一个因素稍微重要
5	b_i 与 b_j 相比,一个因素比另一个因素明显重要
7	b_i 与 b_j 相比,一个因素比另一个因素强烈重要
9	b_i 与 b_j 相比,一个因素比另一个因素极端重要
2,4,6,8	上述两个相邻判断的中间值
倒数	b_i 和 b_j 互为倒数,即 $a_{ij} = 1/a_{ji}$

---

① 秦江波、王宏起：《基于 AHP 法的银行信贷风险管理绩效评价模型的构建》，《金融理论与实践》2009 年第 1 期。

综合各位专家给出的所有的 a_{ij} 值，我们将其排列成矩阵形式，即：

$$A = (a_{ij})_{n \times n},$$

$$(a_{ij})_{n \times n} = \begin{bmatrix} \dfrac{a_1}{a_1} & \dfrac{a_1}{a_2} & \cdots & \dfrac{a_1}{a_n} \\ \dfrac{a_2}{a_1} & \dfrac{a_2}{a_2} & \cdots & \dfrac{a_2}{a_n} \\ \cdots & \cdots & \cdots & \cdots \\ \dfrac{a_n}{a_1} & \dfrac{a_n}{a_2} & \cdots & \dfrac{a_n}{a_n} \end{bmatrix} \qquad \text{（式 4 - 18）}$$

其中：$a_{ij} > 0$，$a_{ij} = 1/a_{ji}$，且 $a_{ii} = 1$，满足这种条件的矩阵称判断矩阵或对比矩阵。

在已经确定了 n 个指标 $a_1, a_2, a_3 \cdots a_n$ 并建立判断矩阵后，就需要在此基础上确定指标权重。我们通过采用方根法求出判断矩阵的最大特征值，然后再求出与之相应的特征向量的方法，求出这 n 个指标在 $a_1, a_2, a_3 \cdots a_n$ 的相对权重 $w_1, w_2, w_3 \cdots w_n$。具体步骤如下。

（1）计算判断矩阵每行所有元素的几何平均值

$$\overline{w}_i = \sqrt[n]{\prod_{j=1}^{n} a_{ij}} \qquad j = 1, 2, 3 \cdots n \qquad \text{（式 4 - 19）}$$

（2）将每行所有元素的几何平均值归一化处理，即：

$$w_i = \frac{\overline{w}_i}{\sum\limits_{i=1}^{n} \overline{w}_i} \qquad (i = 1, 2, 3 \cdots n) \qquad \text{（式 4 - 20）}$$

由此建立列矩阵 (w_i)，同时，为方便计算，令 $(v_j)^T = (w_i)$，即：

$$\overline{w} = (w_i) = \begin{bmatrix} w_1 \\ w_2 \\ w_3 \\ w_4 \end{bmatrix} = (v_1, v_2, v_3, v_4)^T = (v_j)^T = \overline{v} \qquad \text{（式 4 - 21）}$$

根据以上计算方法，便可得到各预警指标相对于所在层次的风险权重[①]。

[①] 宋荣威：《商业银行构建信贷风险预警指标体系的探讨》，《四川师范大学学报》（社会科学版）2007 年第 5 期。

但是，判断矩阵是通过两个因素两两比较得到的，而在很多这样的比较中，往往可能得到一些不一致的结论。例如，当因素 i,j,k 的重要性很接近时，专家在对指标进行两两比较时，可能得出 i 比 j 重要，j 比 k 重要，而 k 又比 i 重要等矛盾的结论，这在指标的个数多时特别容易发生。同时，由于在萨迪标度表中用 1—9 来对给定的两个指标对某因素影响程度进行标定，可能导致某些标定数的倒数是循环小数，在计算处理过程中采取四舍五入的方法将会破坏 $a_{ji} = 1/a_{ij}$ 的条件，导致满足判断矩阵一致性的条件：有唯一非零特征根 $\lambda_{max} = n$ 失效。

其中：

$$\lambda_{max} = \frac{1}{n} \sum_{i=1}^{n} \frac{\sum_{j=1}^{n} (a_{ij} \times v_j)}{w_i} \qquad (式 4-22)$$

因此，还需要对该判断矩阵进行一致性检验。

层次分析法主要通过采用随机一致性比率 CR 来达到这一目的，检验公式为：

$$CR = CI/RI \qquad (式 4-23)$$

其中：CI 为一致性指标，且 $CI = \dfrac{\lambda_{max} - n}{n-1}$，$n$ 为判断矩阵的阶数，λ_{max} 为判断矩阵的最大特征值，RI 为标值，又叫修正值自由度量指标，具体如表 4-8 所示。

表 4-8　修正值自由度指标（RI）

维数	1	2	3	4	5	6	7	8	9
RI	0.00	0.00	0.58	0.90	1.12	1.24	1.32	1.41	1.45

CR 值越大，表明一致性越差，反之则越好，当 $\lambda_{max} = n$，$CR = 0$，为完全一致性。一般认为，只要 $CR \leqslant 0.1$，就认为判断矩阵是一致的，否则就要重新比较，直到检验通过为止[1]。

---

[1]　宋荣威：《商业银行构建信贷风险预警指标体系的探讨》，《四川师范大学学报》（社会科学版）2007 年第 5 期。

（二）"三型"城市建设评价指标体系的权重

根据上述理论方法，我们运用 Yaahp 6.0 软件，可以确定"三型"城市评价指标体系各指标的权重如下（见表 4 – 9）。

表 4 – 9　"三型"城市指标权重

一级指标	二级指标	三级指标	权重
资源节约、环境友好、气候安全	资源节约指数	耕地资源承载能力指数	0.0536
		森林资源承载能力指数	0.0378
		淡水资源承载能力指数	0.0478
		空间资源承载能力指数	0.0527
	环境友好指数	大气自净能力指数	0.0527
		水体自净能力指数	0.0493
		固体废弃物处理能力指数	0.0412
	气候安全指数	产业能耗指数	0.0631
		温室气体排放指数	0.0616
城市现代化	"四化"互动指数	人口城镇化指数	0.0647
		工业化指数	0.0631
		农业现代化指数	0.0488
		信息化指数	0.0550
经济社会协调发展	经济开发指数	经济优势指数	0.0746
		城乡协调指数	0.0613
		经济活力指数	0.0600
	社会发展指数	教育指数	0.0557
		健康指数	0.0531

第四节　中国"三型"城市建设评价

一　数据来源及处理

根据"三型"城市评价指标体系，在数据可获得的基础上，我们选择 31 个省会城市和深圳、青岛、大连、厦门、宁波 5 个享受省一级经济管理权限的计划单列市作为评价对象。相关数据主要来自 2000—2012 年度的《中国城市统计年鉴》《中国环境统计年鉴》，部分来自《新中国 60 年统计资料汇编》、中国知网"中国经济与社会发展统计数据库"、国泰君安"区域与城市"数据库、有关城市统计年鉴等。

由于数据的单位不一致,为了能够进行比较,一般采用阈值法和平均值法对数据进行无量纲化处理。比如,阈值的选取主要参考权威、实时的政府相关规划及文件提出的待实现目标,如国家国民经济与社会发展"十二五"规划及各类"十二五"专项规划、小康社会统计目标等;而对于其他指标数据则按照平均值方法进行无量纲化处理。阈值法表明各项指标对最终目标的实现程度,平均值法表明各项指标数值相对平均水平的"领先"或"落后"程度。由于我们已将具体指标指数化,在标准化的过程中已经对数据进行了无量纲化处理。指数化的过程是按数据自身分布的情况,施加标准差的"惩罚"后,形成的新的分布情况,在此基础上得出的排名位序。

二 "三型"城市综合评价结果

(一)"三型"城市建设的总体状况

根据层次分析法确定的各指标权重,我们合成"三型"城市建设水平值。如表4-10所示,1999年"三型"城市指数仅为24.8657,而进入21世

表4-10 1999—2011年中国"三型"城市建设指数及其构成

年份	资源节约、环境友好、气候安全指数	城市现代化指数	城市经济社会协调发展指数	"三型"城市指数
1999	14.8818	3.5281	6.4558	24.8657
2000	16.0724	4.3573	7.2305	27.6602
2001	17.3582	4.6659	8.1982	30.2222
2002	18.7468	5.3658	9.0700	33.1826
2003	20.2466	6.7706	10.1583	37.1756
2004	21.8663	7.0962	11.3774	40.3399
2005	23.6156	8.1607	12.7426	44.5189
2006	26.5049	9.3848	14.2718	50.1614
2007	27.9452	11.7925	16.4844	56.2221
2008	29.5489	12.4113	17.9025	59.8627
2009	32.1288	14.2730	20.0508	66.4526
2010	34.6991	16.4140	23.4569	74.5699
2011	37.4750	18.8761	25.1517	81.5028

纪，随着快速城市化阶段的到来，城市资源配置和应对环境的能力逐渐增强，经济发展成果加快集中，内部各子系统更加协调，中国"三型"城市建设水平逐步提高，到 2011 年"三型"城市指数达到 81.5028，增长了 2.28 倍。根据三个维度指数的数量关系可知，资源节约、环境友好、气候安全等城市生态环境建设水平提高了 1.52 倍，"四化"互动推动的城市现代化水平提高了 4.35 倍，城市经济社会协调发展水平提高了 2.90 倍。这表明，这三个维度的进步共同推动了中国"三型"城市建设水平的提高，其中城市生态环境的改善对"三型"城市建设的贡献最大，而城市现代化发展对"三型"城市建设的作用越来越显著。

（二）"三型"城市建设的空间格局

进一步考察 2011 年中国 31 个省会城市和深圳、青岛、大连、厦门、宁波 5 个享受省一级经济管理权限的计划单列市建设"三型"城市的成果，我们可以获得以下综合评价结果（见表 4-11）。

表 4-11　2011 年"三型"城市综合评价结果

单位：分

排　序	得分	排序	得分
上　海	95.643	哈　尔　滨	78.164
北　京	94.592	石　家　庄	77.393
深　圳	91.375	长　春	76.549
天　津	90.590	长　沙	74.386
广　州	89.152	福　州	74.118
南　京	88.347	南　昌	73.875
杭　州	88.105	太　原	73.326
厦　门	86.332	呼　和　浩　特	72.658
宁　波	84.892	南　宁	71.456
大　连	83.386	兰　州	70.116
青　岛	82.592	合　肥	69.840
西　安	81.994	乌　鲁　木　齐	69.285
重　庆	81.756	昆　明	68.465
成　都	80.065	海　口	67.954
武　汉	80.003	拉　萨	63.963
济　南	79.874	贵　阳	63.582
沈　阳	79.356	银　川	60.429
郑　州	78.942	西　宁	58.542

从 2011 年"三型"城市评价结果可以看出，上海、北京、深圳位列前三，得分分别为 95.643 分、94.592 分、91.375 分；贵阳、银川、西宁排在最后三位，得分分别仅为 63.582 分、60.429 分和 58.542 分。我们以 10 为一个区间将 36 个城市简单划分为 4 组。

高水平组（得分高于 90 分）：有 4 个城市处于高水平组，分别是上海、北京、深圳、天津。这些城市全部集中在中国经济最为发达的东部沿海地区，并且是长三角经济区、珠三角经济区、京津冀经济区的中心城市。无论是资源配置能力、环境治理能力、风险抵御能力，还是产业结构、技术创新、城市管理、社会发育，这些城市都处于全国领先水平，这为"三型"城市建设奠定了坚实基础。其中，上海、北京在"三型"城市建设上遥遥领先，天津因近年来大力推进生态经济城市建设而进入高水平组。

中高水平组（得分为 80—90 分）：共有 11 个城市处于此区间，分别是广州、南京、杭州、厦门、宁波、大连、青岛、西安、重庆、成都、武汉。这些城市中有 7 个在东部地区，有 1 个在中部地区，3 个处于西部地区，除广州是一线城市外，其他城市都是传统的二线城市。由于这些城市本身就是本省份的省会城市或经济中心城市，部分城市还是区域性中心城市，因此聚集了更多建设"三型"城市所需的人力、物力、财力，同时也是创新"三型"城市建设区域模式的主体力量。

中低水平组（得分为 70—80 分）：共有 13 个城市在此水平之间，包括东部沿海地区的济南、沈阳、哈尔滨、石家庄、长春、福州、南昌，中部地区的郑州、长沙、太原，也包括西部地区的呼和浩特、南宁、兰州。在全国资源节约型和环境友好型社会建设综合配套改革试验区、东北老工业基地振兴、中原城市群、海峡西岸经济区、北部湾经济区、兰州新区等重大区域性政策的刺激下，近年来这些城市经济发展十分迅速，"三型"城市建设提速较快，但总体来看仍然处于 36 个城市中的中低水平。

低水平组（得分低于 70 分）：共有 8 个城市处在 70 分以下，处于 36 个城市中的最低水平，分别是合肥、乌鲁木齐、昆明、海口、拉萨、贵阳、银川、西宁。这些城市虽然在城市生态环境方面具有相对优势，但是由于城市经济开发不足、社会发展滞后等多方面因素，在"三型"城市建设上处于低水平。

（三）"三型"城市指数变化情况

又好又快的城市化道路是在城市经济发展的同时不断提高"三型"城市建设水平。因此，我们将1999—2011年36个主要城市的GDP增长率与"三型"城市指数增长率分别作为X轴和Y轴，作散点图（见图4-3），并以年均17%的GDP增长率和年均27%的"三型"城市指数增长率作为分界线，划分出4个象限。右上象限代表着经济发展与"三型"城市建设齐头并进。右下象限代表着经济高速发展的同时，"三型"城市建设相对滞后。左上象限代表着"三型"城市建设高于36个主要城市的平均水平，而经济发展相对不足。左下象限代表着经济发展与"三型"城市建设的空间有待于进一步开拓。

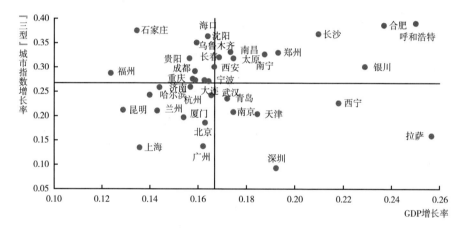

图4-3 "三型"城市指数变化情况

第 五 章
建设"三型"城市的国际经验

据联合国统计,世界总人口已经有一半以上居住在城市。高密度的城市环境和高频率的各类活动使城市对资源有巨大的需求,城市所排放的温室气体也占全球总排放量的75%,而碳覆盖领域的扩张还远远超出其所能承载的界限,严重影响了城市的可持续发展①。

2013年5月,二氧化碳在大气中的浓度超过了400ppm,这在人类历史上是首次。气候变化的证据是不容置疑的:大气中的温室气体水平在上升,温度在上升,春天到来得更早了,冰川在融化,海平面在上升,降雨和干旱的模式在改变,热浪与冰雹灾害越来越频繁,海洋在酸化。随着气候变化带来的影响更多地表现在局部地区或区域的层面上,城市无论规模大小,必然会成为适应气候变化的"实验室"。为了适应气候变化,人类也将造就各种创新。过去是城市依赖环境,今后可能是环境依赖城市。

只有明确人为导致的气候变化与环境以及社会灾难之间的联系,这样公众才会支持削减二氧化碳排放的行动,愿意改变现有的生活方式,来实现人类与自然和谐共生的生存目标。所有城市都应当采取长远的战略,减少排放,改变行为习惯以及管理方式,通过技术创新来实现城市自身的发展以及城市居民行为方式的改变。

而这一转变的目的,不在于不增长或零增长,而是着眼于找到增长与保护之间的平衡点。为了应对气候变化,保证经济发展、资源节约型发展和环

---

① 《城市如何应对气候挑战?》,中国网,http://www.china.com.cn/international/txt/2012-01/02/content_ 24309310.htm,最后访问日期:2014年12月1日。

境友好型发展携手共进，世界上很多发达国家和一些走在前列的发展中国家，都将这种转变作为一种机遇来进行探讨。

第一节　建设"三型"城市的国际政治、经济背景

联合国人类住区规划署每年都会发表一份专题报告，2011 年报告的主题是气候变化，内容涉及气候变化对城市的影响以及城市对气候变化的影响。报告运用大量的资料、图表和背景材料力图证明：我们应当改变生活方式。报告呼吁所有城市采取长远的战略，减少排放、改变行为习惯以及管理方式[①]。

什么是可持续发展？世界上有一种公认的答案是：生活在我们的生态约束以内。很多的发展中国家与发达国家一样，其生活方式都是不可持续的，都是建立在大量消耗自然资源，无节制地排放温室气体的基础之上的。通过对人类生态足迹[②]的测量发现，人类每年消耗的不可再生能源比地球能够供应的多 25% 以上，而且这个平均数还完全没有考虑到不同的国家具有不同的消耗水平。然而，我们只有一个地球，因此，如何通过降低人类的生态足迹实现"一个地球的生活"，是城市生态环境可持续发展的重要问题。

"一个地球的生活"基于以下三个方面的认识：其一是地球共有 110 亿地球公顷的土地，全球共有 62 亿人，意味着全球人均的生态承载力为 1.8 地球公顷。而发达国家的代表英国的生态足迹已达 6 地球公顷，按其标准，需要 3 个地球才能满足人类需要；美国人均生态足迹已达 10 地球公顷，按其标准，需要 5 个多地球才能满足人类需要。所以，必须通过发展低碳经济等一系列措施来把人类的生态足迹调整到一个地球能够满足的水平上来。其二是一个国家的生态足迹主要取决于家庭、能耗、交通、食品、消费品、服务、政府、工厂和建筑等因素，所以调整生态足迹也应当从这些方面着手。

---

① 《城市如何应对气候挑战？》，中国网，http：//www.china.com.cn/international/txt/2012－01/02/content_ 24309310.htm，最后访问日期：2014 年 12 月 1 日。

② 生态足迹测量的是为了维持个人、国家的生存及活动需要多少具有生物生产力的地域面积与水资源，来生产所需要的可再生能源并吸收所产生的废弃物。具有生物生产力的地域面积与水资源是指为人类提供有用资源（森林、耕地、渔区、建设用地）的区域，但不包括沙漠、山区以及海洋等边际土地。

其三是与生态足迹比较起来，碳足迹只反映温室气体的排放情况，而未体现和反映环境污染等因素，所以生态足迹更能全面衡量和引导可持续发展。

"生态城市"是应对气候变化条件下，全球各国在城市生态环境可持续发展与生态文明建设研究中的创新与探索。综观全世界，已经有一些创新示范项目，包括欧洲可持续社区的典范德国弗赖堡的沃邦社区、瑞典的哈马比社区，以及更小的生态社区，如英国的贝丁顿和"大弓庭院"（Great Bow Yard）等环保建筑。

这些项目都是伟大的范例，但"生态城市"却要更进一步，需要汲取这些创新示范的经验与教训，来示范真实与可测量的可持续生活，既鼓励与允许人们生活在生态约束以内，同时又能在愉悦的环境里畅享高品质的生活。而检验生态城市及其可持续性的首要标准是：一个城市的设置，能够让居民减少 2/3 的生态足迹，并在 1990 年的基础上减少 80% 的二氧化碳排放。用这个标准界定的生态城市才具备真正的示范效应，以真实与可度量的方式，向全世界展示我们可持续的未来究竟是什么样子。

为了在全球范围内建立以低能耗、低排放、低污染为基础的经济模式，通过国际协作的各种理论、政策、对策的创新是必不可少的。与此同时，以城市为单位的能源、交通、运输、建筑、生活方式的机制转变与技术创新也需要及时调整与跟进。为了实现低碳高增长的目标，我们应该直接应用 21 世纪的创新技术与创新机制，通过低碳经济模式与低碳生活方式，实现社会可持续发展，为逐步迈向生态文明走出一条新路；同时，借鉴一些发达国家与发展中国家城市在建设"生态城市"方面的经验为中国建设"资源节约、环境友好、气候安全"的城市带来启示与思考。

第二节　国际上的理论探索与政策创新

一　欧盟——向低碳经济转型

世界银行前高级副总裁斯坦恩博士 2006 年发表的《气候变化的经济学》，又称为《斯坦恩报告》，奠定了欧盟从发展低碳经济的战略高度采取应对气候变化行动的政策基础。

《斯坦恩报告》面对气候变化这一严峻的现实指出，气候变化必定会阻碍经济发展。如果坐视气候变化而不管的话，21 世纪末或 22 世纪初，人类社会的经济与社会将面临大规模混乱的危险，这个危险的规模将远远超过两次世界大战和 20 世纪上半叶的世界性大恐慌。因此，气候变化是对全人类以及经济学前所未有的巨大挑战。积极应对气候变化问题终将会促进经济的发展，要保全人类赖以生存的地球社会，就必须向低碳经济转型[①]。

以《斯坦恩报告》为基础，欧盟设定了跨越式的减排目标，促使自己改变现有的经济和社会体制，率先向低碳经济转型，从而追求更为长远的经济利益和竞争优势。通过碳税（瑞典的实践）或是总量控制的排放权交易为二氧化碳定价，支持技术进步，提高可再生能源在最终能源消费中的比重等，全力进行低碳技术的创新，实现了经济发展与节能减排的双脱钩，在政策、制度、法律、标准、知识产权和新的贸易规则方面领导世界低碳经济的潮流，增加了国际竞争力。

（一）欧盟低碳经济转型路线图

1. 减排目标

欧盟到 2050 年要实现减排 80% 的总目标，其余的减排指标则通过联合国清洁发展机制等国际合作协调行动来实现。为实现 2050 年的总目标，欧盟必须在 2030 年减排 40%、2040 年减排 60%，并提出相应的减排目标逐年递增的要求：以 1990 年排放值为基准，2020 年前的年减排目标每年递增 1%；2020—2030 年减排目标为每年递增 1.5%；2030—2050 年减排目标为每年递增 2%。

2. 不同行业的减排任务各不相同

在不同的行业里，各自减排的压力各不相同，其中电力部门减排任务最重，农业部门则相对较轻。例如，要求成员方政府每年必须最少对 3% 的公共房屋进行翻修以提高其能源效率，政府采购的商品和服务（如供热设施、空调等）必须符合高能效标准等[②]。

3. 减排配套措施

第一，大力实施创建于 2005 年的欧盟温室气体排放权交易体系

---

① 蔡林海：《低碳经济——绿色革命与全球创新竞争大格局》，经济科学出版社 2009 年版，第 36 页。

② 严恒元：《欧盟提出向低碳经济转型路线图》，《经济日报》2011 年 4 月 15 日。

（ETS），欧盟成员国和挪威、冰岛、列支敦士登等都是该交易体系的成员，目前已覆盖了区域内 50% 的工业和能源行业，涉及 1 万多家企业。根据排放权交易体系，欧盟的总体减排指标被层层分解到各成员方、各个行业和各家企业。如果当年的减排指标没用完，可留转下一年度使用，或出售给排放超标的企业。如果有企业排放超过配额，则必须向其他企业购买排放配额或缴纳罚款。这个体系有利于调动企业参与减排的积极性，既使排放总量受到严格控制，又照顾到成员方发展水平的差异，不至于增加发展水平落后成员方的负担。

第二，把节约能源、提高能效、发展可再生能源作为实现温室气体减排目标和向低碳经济转型的重要举措。因此，欧盟明确规定到 2020 年前，可再生能源的使用要占欧盟能源消费总量的 20%，并且将能效在现有基础上提高 20%。

第三，加大低碳经济投资力度，特别要增加对可再生能源、碳捕捉和封存、智能电网、混合动力汽车及电动车等领域的投资。欧盟委员会发表的《面向 2020 年——新能源计划》提出，欧盟对新能源领域的投资将增加 1 倍，达到每年 700 亿欧元。同时，还鼓励新能源行业通过发行债券、风险投资、证券基金等多样化的金融工具筹集资金，以开展新能源的研发和创新。

（二）从全球低碳经济起源地转变为低碳经济领头羊

欧盟不仅是低碳经济的起源地，近年来还视低碳经济为新的经济增长点和就业机会的摇篮，并将低碳经济写入欧盟未来发展战略规划。《欧洲 2020 年战略》提出，欧盟将加大在节能减排、发展清洁能源等领域的投入，将低碳产业培育成未来经济发展的支柱产业。通过加大对低碳经济的投资，促进欧盟经济的可持续发展，创造更多的绿色投资与就业机会。有关研究表明，到 2020 年欧盟仅再生能源行业就业人数就可达 280 万人，比 2005 年翻一番。

2003 年英国政府发表《能源白皮书》，首次提出低碳经济的概念；2007 年欧盟委员会提出一揽子能源计划，把低碳经济确立为欧盟经济未来发展方向，称低碳经济为新一轮工业革命；2008 年欧盟又通过了能源气候一揽子计划，包括欧盟排放交易体系修正案、欧盟成员方配套措施任务分配的决定、可再生能源指令、碳捕捉和储存的法律框架、汽车二氧化碳排放法规以及燃料质量指令 6 项内容；2009 年 3 月，欧盟委员会宣布在 2013 年前投资 1050 亿欧元支持绿色经济发展，促进就业和经济增长，以确保欧盟在低碳领域世界领先的地位；2009 年 10 月欧盟委员会建议欧盟在未来 10 年内，每年增加 500 亿欧元，专门用于发展低碳技术；2011 年发表的欧盟低碳路线图则是工商业企业界与科技界合作的结果，希望在风能、太阳能、生物能源、碳捕获和储存等 6 个具有发展潜力的领域大力发展低碳技术[①]。

（三）以英国为代表的欧盟国家的低碳战略

英国于 1997 年开始制定《气候变化法案》。该法案在世界上首次将温室气体的减排以法律的形式义务化，并按照中长期目标，提出了具体的减排目标[②]。《气候变化法案》明确承诺到 2020 年削减 26%—32% 的温室气体，到 2050 年实现减排 60% 的长远目标，为促成碳减排目标的实现，确保企业和个人向低碳科技领域投资，提供了一个明确的框架。

2008 年 3 月，英国气候变化委员会成立。该委员会主要有三个职责。首先是对英国如何向低碳经济转型，以及相关的具体政策和技术等问题提供建议。其次是负责英国"碳预算"的相关工作。这些预算根据《气候变化法案》，明确规定英国从 2008 年 12 月开始每 5 年排放的二氧化碳最高额度以及其他温室气体的排放量。最后是对照所制定的预算监督减排情况，向国会提交英国的减排进展报告。

英国气候变化委员会在 2008 年 12 月发表题为《建设低碳经济——英国对解决气候变化的贡献》的报告，就英国在 2008—2012 年、2013—2017 年和 2018—2022 年的"碳预算"提出了建议，建议英国应该在 2050 年将温室气体排放量在 1990 年基础上削减 80%。该委员会认为，2050 年英国的温室气体减排目标可以在不牺牲经济增长和繁荣的情况下实现：通过低碳技术创新提高能源使用效率的机会很大；改变生活方式可以在不影响生活水平的情况下大幅度减少能源消耗。该报告还提出，没有合适的配套措施，如碳价、税收和津贴等财政刺激措施扶持技术创新、信息以及激励措施等，实现这一目标是不可能的。

---

① 严恒元：《欧盟提出向低碳经济转型路线图》，《经济日报》2011 年 4 月 15 日。

② 彭峰：《论我国气候变化应对法中谨慎原则之适用及其限制》，《政治与法律》2010 年第 3 期。

二　美国奥巴马政府——绿色新政

（一）美国民主党智库报告成为奥巴马政府应对气候变化的基础

2007 年 11 月，美国民主党的智库"美国进步中心"（Center for American Progress）为美国新一届政府提出了题为《渐进增长，促使美国向低碳经济转型》的报告。奥巴马胜选后，在应对气候变化方面的表态和一系列重大决策基本上都是以该报告的政策建议为基础的。《渐进增长，促使美国向低碳经济转型》的报告，敦促美国采取五大措施，促进经济向低碳经济转型：实施温室气体总量管制与排放权方案；将总量管制与排放权交易收入用于低碳技术创新投资和向低碳经济转型；实施配套政策，减少运输部门和电力部门温室气体的排放并提高能源效率；白宫设立全国能源委员会，确保联邦政府在向低碳经济转型方面起到带头作用；在全球范围内，美国要做发展低碳经济的领袖[①]。

（二）美国的"绿色新政"：《美国再生·再投资法》

奥巴马政府在 2009 年 2 月 17 日正式通过了《美国再生·再投资法》，实施总额为 7872 亿美元的经济刺激政策，其中大约 580 亿美元投入环境与能源领域，这就是所谓的"绿色新政"。对环境与能源领域的投资将起到使美国经济再生、创造就业、创造新的市场需求的效果。到 2010 年 12 月，美国将为 50 万人创造绿色就业的机会。

绿色新政的实质是通过基础设施的投资扩大内需，应对气候变化所带来的危机，减少对进口石油的依赖，它并非仅追求眼前的经济复苏，而是更加着眼于中长期的增长，重视技术与产业的创新。而根据美国进步中心政治经济研究所在 2009 年 1 月发表的报告，绿色新政的核心就是发展低碳经济，是在未来两年内振兴美国经济并使美国经济走向可持续繁荣与发展的绿色经济复苏方案[②]。绿色新政的发展远没有想象的顺利。2009 年 6 月众议院勉强通过了全国性的碳排放权交易体系的立法，在 2010 年却没被参议院通过。更糟糕的是，2010 年下半年中期选举后，当共和党人夺得众议院多数席位

---

① 施勇峰：《各国应对气候变化的创新政策和技术》，《杭州科技》2010 年第 4 期。
② 蓝虹：《奥巴马政府绿色经济新政及其启示》，《中国地质大学学报》（社会科学版）2012 年第 2 期。

时，全国性的气候立法胎死腹中。

（三）奥巴马第二任期重新正视全球变暖问题并出台可再生能源与提高能源效率行政法案

2013 年 1 月，奥巴马在总统第二任期就职仪式上承诺"应对气候变化的挑战"，这标志着奥巴马重新正视全球变暖问题，在减少美国国内碳排放上将更加积极，虽然很难得到国会共和党议员的支持，但仍将运用自己的行政权力来全力推进应对气候变化与促进经济向低碳经济转型，为自己留下丰厚的政治遗产。

美国政府部门 2014 年 5 月 6 日发布了长达 839 页的第三次国家气候评估报告，详细解读了全球变暖对于美国不同的地区、不同的经济部门已经产生的以及预期的影响。政府部门的网站形象地解读了第三次国家气候评估报告，读者可以通过网站上交互式的多媒体工具来了解气候变化对自己、自己所在的社区、自己所处的国家的影响。

白宫为第三次国家气候评估报告的发布掀起了一场公关闪电战，奥巴马不仅在电视访谈中与全国广播公司的著名天气预报员、气象学家阿尔·罗克（Al Roker）一起讨论全球变暖的话题，白宫还希望像阿尔·罗克这样著名的天气预报员能够在未来的气候播报中预测美国各地的气象灾难，以更好地帮助观众理解最新发布的气候评估报告。

奥巴马总统 2014 年 5 月 9 日宣布运用行政法案推广可再生能源与提高能源效率。其中包括在未来 3 年间投资 20 亿美元提升联邦大楼能源效率，并启动合同能源管理这一绿色营销方式，用远期能源节约的费用支付前期成本。能源署将对例如自动扶梯、超市大型冷库等工业产品的能效制定新的标准，同时制定更加严格的建筑能效标准。白宫希望上述行政法案能够促进私营企业在提升能效方面拿出约 20 亿美元的投资，并且削减超过 3800 万吨碳排放，相当于一年内减少 8000 万辆汽车的排放量。

在奥巴马任期内，美国的太阳能产业已经强劲增长了 11 倍。在政府的倡导下，已经有 300 家公共与私营企业承诺将致力于太阳能的研发，让 13 万户家庭可以使用太阳能；通过进一步降低太阳能价格，将太阳能引入低收入社区与沃尔玛、苹果、宜家公司等大型零售卖场。

在 2014 年 4 月举行的"太阳能"白宫峰会上，美国政府极力呼吁企业主与地方负责人更多地使用太阳能，启动了一个 150 亿美元的项目来帮助各地区、州政府应对气候变化并使用太阳能。奥巴马总统率先宣布将在白宫安装太阳能电池板，这是 30 年来的第一次，具有清洁能源革命的象征意义，也标志着历史建筑与太阳能、能源效率升级的有机结合。

2014 年 11 月 12 日，奥巴马与中国国家主席习近平在北京举办的亚太经济合作组织会议上，发布应对气候变化的联合声明，重申加强应对气候变化双边合作的重要性，宣布了两国各自 2020 年后应对气候变化行动，认识到这些行动是向低碳经济转型长期努力的组成部分。美国计划于 2025 年实现在 2005 年基础上减排 26%—28% 的全经济范围减排目标并将努力减排 28%。中国计划 2030 年左右二氧化碳排放达到峰值目标且将早日达到峰值，并计划到 2030 年将非化石能源占一次能源消费的比重提高到 20% 左右。

三　日本——投资低碳革命

日本福田康夫首相上台后提出，"在应对气候变暖的对策上，日本必须有新的价值观"，此后他以《低碳社会与日本》为题发表了日本的低碳革命宣言，又称"福田前景"。福田首相强调，日本将把"向低碳社会的转型当成'新的经济增长的机会'"。他指出："应对地球变暖的政策将会为日本带来新的需求，新的需求又会带来新的就业，同时又会产生新的收入。所以，应该把应对地球变暖的政策当成机会，所谓低碳社会可以说是保护地球环境与经济发展的活动为日本带来巨大机会的社会。"日本应该"把二氧化碳的排放当成一种'负债'，确立这种新的观点可以保证日本的创新会带来最高的国际竞争力"。

福田康夫还提出，到 2050 年，全世界的二氧化碳排放量应该减半，日本在到 2050 年的长期目标方面承诺，比目前减排 60%—80%，并且完全实现领先于世界的低碳技术。

在应对地球变暖的具体政策方面，日本提出了四大核心政策：一是技术创新，二是在日本全国构建低碳经济的基础框架，三是促进日本各地方的低碳社会建设，四是实现国民的低碳化[①]。

---

① 施勇峰：《各国应对气候变化的创新政策和技术》，《杭州科技》2010 年第 4 期。

日本在构建低碳经济基础框架方面，特别重视可再生能源的普及与应用，普及太阳能发电，如今后 70% 的新建住宅必须采用太阳能发电，建设全世界最大规模的"亿兆维太阳能发电站"，推进家电的低碳化革新，进行"排放量交易国内市场的统合试验"，还将实施"税制绿化改革"计划等。

为了促进公众的积极参与，福田康夫宣布日本将从 2009 年开始进行"碳足迹制度"和"食物运送里程制度"的试验，在消费领域推进"二氧化碳可视化"进程，为消费者选择低碳产品和低碳食品提供参考依据，在消费领域促进低碳化，并且积极参与到"碳足迹制度"的国际规则的制定中去。

福田康夫认为，构建低碳经济，实现低碳社会，国民是主角。因此，日本将在针对国民的"低碳化教育"方面加大投资，要让每一位国民都知道什么是气候变化，懂得构建低碳社会的意义，理解要实现低碳社会必须付出的代价和实现低碳社会的好处；还要让日本国民知道什么是低碳社会，如何描绘低碳社会，以及为了在日本实现低碳社会，每一个国民应该如何行动。

福田康夫通过自己的《低碳社会与日本》的宣言，呼吁日本进行"低碳革命"，在中央政府、地方、产业、国民四大领域认真推进低碳革命，从而加强了国际竞争力，确立了日本在世界低碳经济进程中的领导地位[①]。

四　新兴国家与发展中国家的个性化减排政策创新

新兴国家与发展中国家的个性化减排政策创新主要内容是扩大风能和太阳能等可再生能源的利用以及保护森林等，这样做是为了回避后京都议定谈判中将要规定的具有约束力的数字目标。

（一）韩国的绿色成长

2008 年韩国为加强应对能源、资源危机和气候变化的能力，解决温室气体增长与经济增长之间的矛盾，在可持续发展的基础上，提出了新的国家发展战略——绿色成长。韩国在"适应气候变化、实现能源自立；创造新成长动力；改变生活质量，提升国家形象"三大战略的指导下，制定并实

---

① 蔡林海：《低碳经济——绿色革命与全球创新竞争大格局》，第 53 页。

施了一系列政策措施①。

1. **具体措施**

其一，设立绿色成长委员会等专门组织机构，包括民间的金融、产业、科学技术、生活等方面的绿色成长合作社；制定了包括温室气体减排、绿色成长教育、促进绿色投资等方案，以及绿色信息技术国家、新再生能源发展、绿色交通等战略。

其二，制定相关的政策法规。2010 年出台《低碳绿色成长基本法》，规定企业有义务每年汇报温室气体的排放量和能源消耗量。对超标企业则下令在预期内加以改善，对违规企业处以罚款。规定了温室气体排放的权利，温室气体减排及回收、碳交易市场的有关事宜。还出台了《绿色建筑法》《智能电网法》，制定了低碳产品积分、低碳产品认证制度，温室气体、能源的目标管理体制以及减排节约的目标。

其三，制定了促进绿色技术研发、绿色产业投资、扶植重点绿色项目的措施。鼓励国内大企业扩大投资规模，制定绿色技术研发综合政策，将 GDP 的 2% 投入绿色成长计划（2009—2013 年）。

其四，加强学校的绿色成长教育。设立绿色教育事业团，负责制定环境和绿色成长教育课程，编写教科书，培训教师，设立绿色教育资源中心。2010 年开始中小学开设了绿色成长相关科目，设立了绿色成长研究学校、气候保护实验学校、环境体验学校等，使学生了解、体验、实施绿色成长，养成节约资源、保护环境的好习惯。

其五，通过各种渠道宣传绿色成长。

2. **取得的成效**

其一，在节能减排方面，2009 年的碳强度比 2005 年降低了 0.6%；2010 年的能源强度比 2005 年减少 4.6%，可再生能源的普及率增加了 0.5%。

其二，环境质量改善。2007—2011 年，优良水质的比重提高了 3.5%。尤其是从 2005 年开始林木储备量以年均 7.3% 的速度增加，人均生活垃圾从 2009 年开始呈现减少趋势。

---

① 刘学谦、金英淑：《借鉴国际经验 促进绿色发展》，《经济日报》2012 年 5 月 4 日。

其三，国民的环保意识提升。2012年权威调查机构的调查表明，95%以上的国民都认识到气候变化的严重性，认为有必要继续推行绿色成长战略。

其四，绿色技术水平上升，新再生能源的生产和出口大幅度增长。由韩国科学技术情报研究院与国家教育科学技术部共同制作了9个发达国家绿色技术考评表，用来了解绿色汽车、可替代水资源、绿色信息技术、二次电池、太阳能电池5项绿色技术水平和绿色技术开发动向。这项研究表明，韩国的二次电池专利水平排第一位，可替代水资源排第五位，5项技术的年均专利申请数量排第二位。

3. 获得的经验

韩国重视专业人才培养，发动公众参与，利用世界环境日、世界气象日、世界无车日、全国科普日等主题日，举办各种节能减排环保研讨会、展览会，提高公众对绿色发展的认识。重视绿色教育，把绿色发展纳入国家的教育体系，中小学要有相关课程，大学设相关专业，幼儿园也讲授相关知识。制定和完善相关法规法律，加快研究制定新能源和可再生能源价格体系，强化节能减排监管力度，把节能减排纳入社会发展的综合评价体系，注重实践体验。

国际知名学者波特（Porter）和范德林德（van der Linde）认为，对于一个国家来说，如果国内环境方面的立法与政策比其他国家的立法更加严格，稍稍领先一步，就会在国际舞台上更具国家竞争力。但是，如果国家立法远超国内的企业，走得太前，则会在国际上失去竞争性。这一理论很好地诠释了不同的国家在不同的发展阶段，应该根据自身发展的需要在建设资源节约、环境友好、气候安全方面制定出各具特色的创新政策。

（二）印度减排立场的变化

以前印度一直拒绝对其温室气体的减排提出量化的目标，认为这会影响本国的经济发展。印度的观点代表了发展中国家坚持发达国家更富裕、有最高的人均排放水平，因此应该负起历史责任，而且有能力付诸行动的普遍认识。现在印度也仍然表示其应对气体变化的立场未改变，仍然坚持按人均来确定减排量的原则，印度不会作出任何有法律约束力的减排承诺。

2002年，印度首相阿塔尔·比哈尔·瓦杰帕伊在新德里举行的联合国气候问题磋商中已经很清楚地进行了阐述。他的演讲让他成为大多数发展中国家的代言人：

> 朋友们，像印度这样的所有发展中国家对于大气层中温室气体的贡献，相比工业化国家是少之又少。而这种情况会持续几十年。可悲的是，发展中国家却要不成比例地承担气候变化带来的严重负面影响……
>
> 近年来有建议要求发展中国家在缓解气候变化方面承担超出《联合国气候变化框架公约》所规定的责任。这个建议在很多方面都是不合时宜的。
>
> 首先，我们的人均温室气体排放是世界平均值的一小部分，也远远地排在发达国家之后。这种局面在几十年间不会发生变化。我们不相信民主精神会不支持在全球环境资源面前人人享有平等的权利。
>
> 其次，我们的人均收入更是那些工业化国家人均收入的一小部分。发展中国家连满足自身国民基本生活需求的资源都不够，而缓解气候变化会让发展中国家已经很脆弱的经济雪上加霜，更会阻碍我们实现更高的 GDP 增长和快速消除贫困的目标[①]。

近期印度将对其温室气体减排设定数量化的目标，当然这不是具有法律约束力的减排目标，而是自愿减排的目标。这一目标将与印度 GDP 年增长率 8% —9% 相适应。其国内一些专家也曾建议这一目标可设定为到 2030 年减少 25% 。印度正在起草法律来确立这一自愿减排的目标。

印度的这一转变，是全球气候谈判领域的一大突破，既改变了印度过去"顽固"的形象，也增加了发达国家在兑现减排时的压力。

（三）其他国家的个性政策

（1）巴西保护森林的措施：防止亚马孙地区的非法砍伐，制定法律限制外国人获取土地，设定防止砍伐森林的具体数字目标。

（2）土耳其：提出在 2020 年前通过植树造林实现温室气体减排 1.814 亿吨的目标。

---

① 〔瑞典〕克里斯蒂安·阿扎：《气候挑战解决方案》，第 114 页。

（3）南非：拟提高碳税和电动汽车的普及率，并提出 2050 年前能够控制排放的数字，还要求发达国家提供援助，负担由此而增加的费用。

（4）印度尼西亚：提出一项在 2030 年前排放量比 2005 年减少 40% 的目标。

第三节 "三型"城市的能源

能源被称为经济发展的动力，能源也决定着国家的兴衰，17 世纪煤炭的大规模发掘和蒸汽机的使用，奠定了英国两百年"日不落帝国"的基础。19 世纪，石油资源的应用铸就了美国的繁荣。由于气候变化问题凸显，现代人逐渐意识到，自工业化以来，人为大量燃烧化石能源，是温室气体浓度上升的最主要原因，因此要减少温室气体排放，必须增加可再生能源在能源结构中的使用比例，新能源因此成为未来国际竞争的制高点。

一　英国的零碳城市建设和以英国、丹麦为代表的能源战略

在欧洲的能源战略中，近些年来迅猛发展的是以太阳能和风能为代表的清洁能源的利用。

太阳能是取之不尽、用之不竭的，使用太阳能只需要很低的甚至零碳的排放，就能够获得造福地球人的能源供应。根据测算，只要在全球 5% 的沙漠里铺上太阳能电池板，就能够获得足够全球 100 亿人所需要的能源。

2005 年，全球太阳能的装机容量为 1 兆瓦，到 2010 年，全球太阳能的装机容量变成了 20 兆瓦。在未来几年间，据预测，太阳能电池的年生产能力将达到 100 兆瓦。风能年装机容量比太阳能的增长还要快：2011 年前，风能的装机容量为 40 兆瓦，到 2011 年，风能的总装机容量达到 240 兆瓦。

2011 年，欧洲太阳能光伏发电的装机容量达到了 21 兆瓦，从装机容量的增长来说，位居欧洲供电来源的榜首。风能与天然气发电厂紧随其后，均为 10 兆瓦。核能的装机容量萎缩到 6 兆瓦，而煤炭却增加了 1 兆瓦。由太阳能光伏电池发出的电量约为每年 60 兆瓦，足以为 150 万户欧洲家庭供电。

同时太阳能与风能的成本都大大降低。现在太阳能电池板的平均售价约为每峰瓦 2 美元，最低价格甚至达到了每峰瓦 1 美元。有企业家预言，随着

太阳能光伏产业的飞速发展，在未来几年间，不需要政府提供补贴，太阳能光伏发电就能够与传统的电力生产相抗衡。

投资于太阳能，产出的将是无限的能源，同时可以将生物质能源的需要降到最低，因为生物质能源的种植会与全球粮食种植争地，还会不断地对热带雨林造成威胁；另外也不必增加核能发电，避免核武器扩散以及核电事故的巨大风险。

"全球能源系统零排放的转化需要超过五十年，或者一个世纪的时间。太阳能与风能的年增长率要在现在的基础上增加十倍才行。几十年间，我们都不得不受到旧的技术的拖累，然而，从长期来讲，我们才有机会应对气候变化的挑战。"[①] 在这个过程中，以英国、丹麦和瑞典为代表的欧盟国家都纷纷作出了自己的选择与试验。

（一）英国的零碳城市试验

2008 年英国举办第一届国家气候变化节，发布了《气候变化战略》，提出了后碳时代城市的目标，即到 2026 年减少二氧化碳排放 60%，人均排放从 6.6 吨下降到 2.8 吨。

英国 2002 年在伦敦的贝丁顿建成了第一个"零能耗生态社区"。该社区采取了以生物质燃料热电联产为小区集中供暖，在屋顶铺设光伏板为电动汽车充电，增加保温绝热材料厚度，使用节能电池等措施。与同类型社区相比，生态社区住房取暖能耗降低了 88%，用电量减少了 25%，用电量只相当于英国平均水平的 50%，而且社区居民的生活质量丝毫没有降低[②]。具体方式如下。

（1）建筑节能。增加建筑物保温绝热材料厚度，减少能源的需求量，如社区所有房屋的墙壁都很厚，约 300 毫米，为保温，墙壁都用纤维玻璃材料做成；从吸收太阳光能量的考虑，房屋的玻璃窗，南面用双层，北面用三层玻璃；在屋顶设置风罩，使其新鲜空气从后面进入，受到从屋内排出的空气的加热。

（2）生活方式节能。房间尽量多开玻璃窗户，从而直接吸收太阳的热

---

① 〔瑞典〕克里斯蒂安·阿扎：《新能源革命的前夜》，杜珩译，《光明日报》2012 年 8 月 7 日。

② 徐锭明、赖江南：《低碳发展 引领变革》，《中国科技投资》2008 年第 7 期。

能；使用节能电池，使用的洗衣机、洗碗机、照明用具等都是低能耗的，相当于同类机器能耗的 45%；将能吸收到的天然能源用尽，如把卧室放到第一层，因为那里是经常活动的地方，所产生热能从下而上，从而节约能源。

（3）交通节能。减少社区内的停车位，提高停车费标准，增设免费停放自行车的地方；社区内组织车友俱乐部，每个会员每年交 200 英镑的会费，可以每次付少量的租金后，使用社区的公共小汽车；提倡拼车，解决出行问题；在社区内设立为电动汽车充电的设施。

（4）绿色材料。尽量使用运输半径不超过 30 公里的材料修建房子，其考量在于运距越远，可能就会多耗能，从而多排碳。

（5）绿色能源。在每户的屋顶上、墙壁上安装了太阳能发电设备，每户每天发的电如果还有剩余就可以出售；如果不够也可以向邻居购买，还可以以高于一般电价 20% 的价格向电力公司购买可再生能源发的电。

（二）丹麦的低碳社区

人们逐渐意识到，减少二氧化碳排放的根本，还在于增加绿色能源的利用和改进现有的生活方式，丹麦的低碳社区就是最早建设的生态社区之一。

丹麦的贝德（Beder）太阳风社区是由居民自发组织起来建设的公共住宅社区，竣工于 1980 年，共有 30 户。该社区最大的特点就是公共住宅的设计和可再生能源的利用。

公共住宅是指为节约资源而建立的共用健身房、办公区、车间、洗衣房和咖啡厅等设施。这个社区以太阳能、风能等可再生能源作为主要能源，社区内约有 600 平方米的太阳能电池板，这些太阳能电池板主要设置在公共用屋和住宅上。公共用屋的地下有两个容量为 75 立方米的聚热箱，被加热的液体通过地下管道进入聚热箱，然后热量再以热水和辐射热的形式通过地下管道进入居民住宅。

太阳能满足了贝德社区 30% 的能量需求。居民还在离社区 2 公里左右的山坡上设置了 22 米高的风塔来获取风能。风能提供的能量占社区能量总消耗的 10% 左右[①]。

---

① 陈柳钦：《低碳城市发展的国外实践》，《环境经济》2010 年第 9 期。

（三）瑞典以可持续供热系统为亮点的能源战略

瑞典在北欧国家中面积最大，约为44.9万平方公里，人口为902万人。首都斯德哥尔摩有200万人口，中心区有100万人口，国内生产总值占整个瑞典的42%。

瑞典拥有北欧地区最多的跨国公司和世界上最多的信息技术产业集群以及欧洲最大的清洁能源、生物科技的集中之地，被称为北欧的硅谷。首都斯德哥尔摩是北欧的金融中心，在北欧地区银行总部最多，也是北欧的证券交易中心所在地。斯德哥尔摩也是欧洲第一个获得"绿色首都"称号的城市，是世界上少数几个人均拥有87.5平方米绿地面积的国家首都之一，拥有世界上取得绿色认证最多的酒店，以及众多的碳平衡会议室、办公室。斯德哥尔摩还被誉为世界上最适宜居住的地方，城市为居民奉献最佳的生活质量，每一个家庭都拥有触手可及、未受污染的大自然，95%的人在300米范围内就能找到公共绿地。

斯德哥尔摩市历来在环境保护上有较好的口碑，有可持续发展的历史传统，当今的创新又在延续着过去的成就。1995—2009年，瑞典的GDP增长了40%，但同时二氧化碳减排了25%，人均碳足迹已经降至4吨，实现了经济增长与环境污染、碳排放"双脱钩"的目标。

未来斯德哥尔摩市的环境目标是：2015年人均碳排放减少为3吨（比1990年减少44%）；2050年全部用新能源、可再生能源替代化石能源；2012年城市用电100%购买自经认证的绿色电力；2006—2011年减少市政建筑能源消耗10%。

可持续供热系统是瑞典能源领域坚持发展的重点。1940—1950年，城市居民各家各户以煤炭能源分散取暖、供热。1950年开始改煤为油，并把分散供热改为社区集体供热和供冷气，从而大幅度地减少了能源的使用。迄今为止，已有70%的居民使用社区集体供热的方式，形成了世界上最大的社区集中供热网络。而且供热工厂使用的生物质燃料的比率稳步上升，2009年已经接近80%的水平，由此从1990年开始，二氧化碳排放量每年减少了59.3万吨。

瑞典还一直致力于发展循环经济，开发利用生物质燃料。工业和生活的垃圾、废弃的木材、木屑、生物气体（如人畜粪便产生的热气）等都成为可回收利用的资源能源；甚至对车站等人口密集地方的热能也进行回收利用；夏天从湖底收集冷空气用于室内降温等。

专栏5-1 可持续发展城市的世界典范——哈马比示范区

20世纪90年代初，出于争办奥运会、减少能源30%和减排20%二氧化碳等目标的考虑，市政规划将注意力转向皇家海港和哈马比市，这两个地方都是日渐退化与衰落的港口与工业区，污染很严重，以煤炭为主要能源。皇家海港的生态改造，以生活展示区为目标，以新居住区规划为准则来建设。清除旧建筑的工程始于1998年，此后开展了一系列清理危险化学品与物质的工作。那时还没有人能够想到这片区域后来会成为一个向全球展示的窗口。皇家海港现已被克林顿基金会定为世界上16个适宜居住区之一。

哈马比市位于斯德哥尔摩市南面。示范区建设周期为1995—2017年。规划面积是1.8平方公里、建筑10400幢新公寓，20万平方米的商业区，计划居住5万—6万人。到2010年工程已过半，已有1万人入住。哈马比示范区已经成为可持续发展城市的世界典范，每年迎来成千上万的参观访问者，来学习可持续生活的哈马比模式，研究这个社区如何取得了举世瞩目的环境目标。

从项目初始阶段，市政府就对哈马比试验区提出了相当超前的目标，即要构建独特的生态循环模式，其环境影响仅为同类城市的一半。在能源与垃圾处理上的创新主要在于以下两个方面。

（1）可再生能源、沼气、垃圾生热的再利用：所有可燃的垃圾都被用于集中供暖与集中发电，生物质能源也用于供暖与供电。污水处理过程中产生的热量用于供暖与供冷气。采用太阳能发电并生产热水。社区使用的电都是经过认证的清洁能源。

（2）垃圾处理实现完全分类：尽可能地实现原料与能源的循环使用。垃圾循环建立在自动化的垃圾处理系统之上，包括多条沉积物处理管道。以街区为单位的循环处理室，与以区域为单位的环境站系统促进了垃圾的分类与循环。有机垃圾分解成为生物固体肥料，可燃烧垃圾转化为用于社区供热与发电，废旧报纸、玻璃、纸板、金属等所有可回收的垃圾都进入了循环使用。具有危险性的垃圾被焚烧或回收。

二　美国的"绿色能源"法案与页岩气革命

（一）美国的"绿色能源"法案包括可再生能源、二氧化碳回收与储藏、低碳交通和智能电网四个方面的内容

该法案要求，风能、太阳能、生物能和地热等可再生能源产生的电力要在电力公司的发电量中占一定的比例，以此促进可再生能源的发展。这一比例从 2012 年开始执行，具体数字是 6%，然后逐年上升，到 2025 年时达到 25%。

在智能电网领域，该法案规定，要采取措施促进智能电网的推广和使用，例如推广使用智能电网的需求，推广应用软件减少企事业单位的高峰用电，同时要促进新型家用电器适应智能电网的性能。该法案还指示联邦能源管理委员会改革地区规划流程以便实现电网现代化，并做好准备铺设新型输电线以便传输可再生能源产生的电力①。

目前美国科罗拉多州彼尔得已成为全美的第一个智能电网城市。美国多个州已经开始设计智能电网系统。西门子等多个信息产业的龙头企业都已经投入智能电网业务。根据美国能源部统计，通过对美国电网的智能化改造，在未来 20 年内可节省近千亿美元的投资。

（二）美国的页岩气革命

1998 年，美国一家私营企业用液压破碎法与水平钻探法开采得克萨斯州的巴涅特页岩层成功后，这两项创新做法迅速风靡全美，解码了以前技术无法开采的页岩气。2006—2012 年，美国自产的天然气增长了 30%。天然气的价格下跌了近 50%，用更清洁的燃气发电来替代传统的煤炭发电，这使得美国国家电网有足够的能力应对环保部制定的更严格的空气污染标准。煤炭从 2007 年为美国提供 50% 的电力下降到 2012 年的 37%。

2013 年 9 月，美国石油产量达到每天 775 万桶，这是自 1989 年以来的峰值，同时石油的进口也创下了每天 750 万桶的新低。2013 年初，美国成为石油馏分油的净出口国。国际能源机构预计，到 2035 年，按净值计算，美国能够实现完全的能源自给。从 2008 年花费 3410 亿美元用于进口原油，

---

①　陈亚雯：《西方国家低碳经济政策与实践创新对中国的启示》，《经济问题探索》2010 年第 8 期。

到 2012 年实现出口 1170 亿美元的加工石油产品，让大量的资本能够留在美国国内，是页岩气的大规模开采导致的革命性的转变①。

（三）风能与太阳能上升势头强劲

美国 2012 年电力的最大来源并不是化石能源，而是风能。超过 1.3 万兆瓦的风电进入了 2012 年的美国电网，占新增电力的 43%。到 2012 年底，风力发电超过 6 万兆瓦——可以为 1500 万个家庭提供能源。包括爱荷华州、南达科他与堪萨斯在内的 9 个州的电力消耗，20% 以上都来自风能。在美国的一些州，风能逐渐成为主流能源。

虽然太阳能在全美能源消耗总量中占比不到 1%，但其发展势头也紧随风能之后。晶体太阳能电池板的价格从 1977 年的每瓦特 76.77 美元下降到不到每瓦特 1 美元。从当年到现在，太阳能发电从 0 上升到每小时 43000 亿瓦特。2013 年秋天，在加利福尼亚州与内华达州的交界莫哈韦沙漠，艾文帕太阳能发电站开始发电。艾文帕发电站的功率为 3.77 亿瓦特，主要原理是通过曲面镜反射沙漠中的太阳光来产生电流，这也是用太阳的光热来发电的世界上最大的太阳能发电站。

（四）能源效率显著提高

现在的美国比起 40 年前使用更少的石油，然而 40 年前的经济总量仅是如今的 1/3。主要归因于：

——燃油发电厂的限制与终结；

——汽车、家庭以及办公室使用的原油蒸馏物 2012 年比 2005 年的峰值下降了 14%；

——电力增长的需求落后于人口增长率，所有电器的能源效率都有显著提高。

奥巴马政府近期又把能源效率提到一个新的高度，规定企业车辆汽油里程的平均能源效率标准，到 2016 年将提高到 57.13 千米/加仑，2025 年达到 87.70 千米/加仑，在这期间将减少 120 亿桶石油的使用。

以美国 1980 年的能源效率为基础单位，现在每一单位能源能够得到两个单位的经济价值，而且这个效率还将持续改进。换言之，不论是页岩气革

---

① Bryan Walsh, "Power Surge," *Time*, October 7, 2013.

命,还是核能、新技术开采石油等,这些常规与非常规能源的开发加起来,都没有能源效率的提高重要。

三 日本实现"零排放"电力,促进可再生能源的开发和普及

日本资源匮乏,几乎所有的化石能源都依赖进口,同时日本政府也一直高度重视能源的多元化和提高能效,堪称全世界能源效率最高的国家。

日本为了应对气候变化的挑战,控制温室气体的排放,多年来一直积极开发太阳能、风能、核能等新能源,利用生物发电、垃圾发电、地热发电以及制作燃料电池作为新能源,特别是对太阳能的开发利用寄予厚望,希望以此取代排放大量二氧化碳的化石燃料,来实现"零排放"电力[①]。

日本是最早推行太阳能政策的国家。1974 年执行的"阳光计划"规定以居民屋顶并网发电为主要目标,对太阳能系统实施政府补贴,初始补贴达到了太阳能系统造价的 70%。经过多年的发展,太阳能技术和产品在日本已逐渐普及,很多家庭都购买了太阳能发电装置。自 2002 年以来,日本的太阳能发电、太阳能电池产量多年位居世界首位,占据了世界总体产量的一半。全球太阳能生产排名第一的日本夏普公司 2010 年太阳能电池销售额为5000 亿日元。与此同时,日本东京电力和关西电力等 10 家电力公司也宣布,在 2020 年之前,10 家电力公司将增设 30 处太阳能发电装置,发电规模为 14 万千瓦。这一计划完成后,可满足约 4 万户家庭 1 年的电力需求,由此每年可减少约 7 万吨二氧化碳的排放。

前首相麻生太郎提出日本将在 2020 年左右将太阳能发电规模在 2009 年基础上扩大 20 倍,并将太阳能系统的价格减至 2009 年价格的一半。

日本政府从 2009 年 11 月 1 日起推行家庭、学校等安装的太阳能设备发电剩余电力收购新制度,电力公司以每千瓦时 48 日元(约合人民币 3.65元)的价格购买剩余电力,新价格是原先的 2 倍。

作为日本 6 个"环境模范城市"的横滨市,开展了"横滨能源项目",计划在 2025 年之前,将化石能源消费量的 10% 转化为可再生能源,其中备受瞩目的一个创新就是利用发行市民参与的市场公债券筹资兴建的横滨风力

---

① 杨东:《日本声称引领全球低碳经济革命》,《中国能源报》2009 年 4 月 27 日。

发电站"滨翼",已于 2007 年开始投产。"滨翼"的发电能力相当于大约
860 户一般家庭的年用电量,它的投入运转每年可以减少 1100 吨二氧化碳
排放,这个数字相当于 4500 棵直径为 10 厘米、高 4—5 米落叶阔叶树所吸
收的二氧化碳。

四　巴西在新能源开发上的先进经验

南美洲国家巴西虽然是发展中国家,但是在新能源开发,尤其是生物燃
料技术方面却处于世界领先地位。为推进生物质能源的发展,巴西政府专门
成立了一个由总统牵头的跨部门的委员会,负责研究和制定有关生物柴油生
产与推广的政策措施。2004 年巴西颁布了有关使用生物柴油的法令,规定
在 2007 年前允许柴油批发商在柴油中添加一定比例的生物柴油,从 2008 年
起,全国市场上销售点的柴油必须添加 2% 的生物柴油,到 2013 年达 5%。
制定相应的鼓励政策,政策性银行——巴西国家经济社会开发银行设立专项
信贷,为生物柴油企业提供融资信贷。政府也设立了相应的信贷资金,鼓励
农民种植甘蔗、大豆、向日葵、油棕榈等,以满足生物柴油原料的需要。研
究机构与企业联手共同研发生物柴油技术的推广应用。全国 27 个州中已有
23 个州建立了开发生物柴油的技术网络。

走在巴西的大街上,即使是在车水马龙的市中心,人们也不会闻到浓重
的汽油味,因为这里很多汽车都是以乙醇为燃料的。在巴西,汽车燃料有两
种,一种是纯乙醇,一种是含 25% 乙醇的汽油。那种使用纯汽油作动力来
源的汽车,在巴西已经不存在了——因为人们没办法在加油站找到需要的燃
料,即使是大型机械都大量使用生物柴油。

20 世纪 70 年代,由于经济发展,巴西大量进口石油,然而还是不能满
足自身需要。由于巴西耕地面积广阔,拥有足够的原材料,便开始研究生物
燃料。一开始巴西的生物燃料技术不是很成熟,燃料成本比较高,政府也给
予了很多的补助和极大的支持。随着技术的成熟,生物燃料的价格随之下
降,政府不必再扶持乙醇企业,这些企业可以在市场上自由地跟传统燃料生
产企业竞争。2006 年巴西的乙醇生产企业有接近 500 家,用于生产乙醇的
原材料甘蔗的种植面积达到 800 万公顷。乙醇总产量不但可以满足巴西国内
需求,而且一旦拥有更广阔的国际市场,巴西还可以生产更多的乙醇。

生物燃料属于清洁的可再生能源。虽然乙醇燃烧后也会产生二氧化碳，但是这些二氧化碳不会对臭氧层造成破坏，因为接下来种植的甘蔗等作物在生长的过程中会消耗掉这些二氧化碳。这个循环周期只需要一季作物的生长期，非常短。除此之外，生物燃料不会像传统的石油、煤炭等燃料在燃烧过程中产生二氧化硫，因此也不会造成酸雨。

能源一直决定着人类生存的方式。在传统能源走向枯竭之前，人们应该积极地投身到新能源的开发和利用当中。每个国家都应该根据自己的实际情况寻找适合自身的新能源，既可以开发太阳能、风能、生物燃料，也可以选择通过优化能源利用，实现资源的循环使用，根据自己的国情摸索出一条正确的新能源发展之路。

第四节 "三型"城市的交通与运输

当发展中国家的中产阶级逐渐过上有房有车的生活时，西方大城市却开始"摆脱汽车"：发达国家主要城市正面临"汽车峰值"，汽车保有量和使用率逐渐下降，这既是因为公共交通的发展，更是由于城市的扩张和拥堵。

汽车已经成为现代生活不可或缺的重要组成部分。全世界目前的汽车数量已经超过 10 亿辆，到 2020 年这个数字很可能会翻一番。在亚洲、拉丁美洲和非洲的新兴国家，人们只要能够负担得起，就会马上买车，加入有车一族成为一种新的生活方式与时尚。

然而，在富裕国家，汽车销量的飙升态势正在趋于停止。越来越多的学者都提出了这样一种可能性，即发达国家的汽车保有量和行驶里程或许即将达到饱和，甚至正在逐渐下降。这一概念被称为"汽车峰值"。

从 2008 年开始，经济衰退和高油价导致许多国家的汽车行驶里程出现明显下降，其中包括美国、英国、法国和瑞典。2012 年 3 月公布的一份受澳大利亚政府委托的研究报告显示，全世界已有 20 个富裕国家表现出汽车行驶里程连续增长了几十年后，人均里程的增长速度明显放缓，在许多国家已经停止增长的趋势。

导致这种现象的原因很多，主要原因在于，公共运输系统比以前更快捷、更可靠，同时许多城市也增加了运输能力。再加上近年来，取代私家车的一些新兴事物开始在北美和欧洲流行，特别是共用汽车的汽车俱乐部。据估计，一辆租赁汽车可以取代 15 辆私家车。

不过，最根本的原因或许在于，就城市生活而言，汽车本身已经成为汽车大获成功的受害者。1994 年，物理学家切萨雷·马尔凯蒂认为，人们希望把上班平均时间控制在一小时左右，他们不愿意再花更多的时间。在过去几十年里，汽车的应用使人们在一小时的时间里抵达更远的地方。然而，随着郊区的扩张和拥堵情况的加剧，绝大多数城市最终达到了扩张的极限，人们的通勤距离远到不能再远，因此城市无法继续扩张。

而且，驾车出行的人均占用空间大于其他任何交通方式。据澳大利亚科廷大学的彼得·纽曼和罗布·索尔特估算，利用一条高速公路车道的空间，私家车每小时可以运送 2500 人，公共汽车可以运送 5000 人，火车则是 5 万人。

由于富裕国家或许已经达到"汽车峰值"，这意味着已经处于艰难时期的汽车厂商将无法轻易地在这些国家开拓新市场，不过，制造商们明白，发展中国家才是未来所在。2010—2011 年，中国的汽车销量已经超过美国，并且增长了 2.6%。与此同时，更加年轻的印度尼西亚市场的汽车销量增长了 17%。

在收入水平相当的情况下，非经济合作与发展组织成员的汽车保有量要高于经济合作与发展组织成员当时的水平。这是因为其交通基础设施比富裕国家当年发展得更快，而且汽车的实际价格更便宜，城镇化进程也更快。

不过，据伦敦大学的戴维·梅茨估计，新兴国家的城市会在发展过程中提前进入类似的阶段。由于汽车的使用增长过快，城镇规划却落在后面，因此较贫穷国家的城市将比富裕国家的城市更早地达到扩张极限。

在发达国家的汽车发展已经达到峰值的情况下，这些国家积极发展公共交通并采取各种方法降低交通领域的碳排放。

一　积极发展公共交通

（一）新加坡市：城市规划与交通网络

新加坡市虽然是世界上汽车密度最大的城市之一，但交通秩序井然，汽车畅通无阻，其秘诀就是通过标本兼治的城市规划，把城市的重心分散。

新加坡市将全部土地规划为若干小区，小区不但具有居住的功能，还同时配备了办公楼、购物中心、学校、医院、餐饮、娱乐、公园等，居民的上班与生活休闲，基本上可以在一个小区内解决，此举有效缓解了交通问题。

同时，倡导公交优先的新加坡市构筑了一个高度发达、有效的交通网络，以地铁和巴士为主线，以轻轨和出租车为辅助。四通八达的交通网络保证了居民出行的便捷快速，每个站点的来车频率为15分钟一趟，从任何地方出来，400米以内必有一个站点。目前新加坡的公交出行率为60%，高于世界上绝大多数国家，到2020年还将提高到70%。

（二）东京：轨道交通十分发达

东京大力实施以轨道交通为中心的公共交通优先发展战略，东京大都市圈轨道交通总运营里程达2000公里以上，担负了东京全部客运量的80%左右，轨道交通成为绝大多数东京市民的出行首选。

规划合理和配套齐全，是东京轨道交通建设的最大亮点。在东京，市内地铁、市内电车、城郊电车以及新干线之间的换乘，基本都可以在交通枢纽站内实现。车站的出站口大都直接通往商场、写字楼和著名景点，有效避免了人流二次拥堵。在东京市中心驾车出行，费用昂贵、经常堵车、时间比乘坐电车更长，因此人们更愿意乘坐公共交通工具。

（三）伦敦：鼓励"停车再乘车"进城

历经多年发展，伦敦摸索出一套发展公共交通行之有效的模式，包括设置"公交车道"、鼓励"停车再乘车"等举措。

伦敦的"公交车道"都配有相应的蓝色标示牌，详细标明允许使用该车道的车辆种类及运行时间。如果有其他车辆在规定的公交车运行时间段占用公交车道，公交车尾部的摄像头会自动拍下违章车辆的车牌，违规司机日后会收到交管部门的罚单。

自20世纪70年代起就启动的"停车再乘车"计划，则鼓励市民少驾车进城。具体做法是：在伦敦外围修建大面积停车场，鼓励市民将车停放在停车场，然后乘坐公共交通工具进城，有效减轻了车辆尾气造成的空气污染。

（四）巴黎："公交优先"效果明显

"公交优先"最早由法国在20世纪60年代末提出。在巴黎，政府对公交车道的"保护"鲜明地体现出"公交优先"的原则。

巴黎多数街道相当狭窄，且大部分为单行线，但依然坚持设置出公益车道。主要路段都有专门的公交车道，很多还设有专门的公交车道信号灯。在少数关键路段，全程都建有隔离带，形成封闭公交车道，彻底阻止私车入内。此外，警察会对公交车道上的违章停车，进行极其严厉的罚款，并要求违规进入公交车道而与公交车发生交通事故的车辆司机，对此类事故负全责。"公交优先"大大提高了巴黎地面公交车的行驶效率和乘坐舒适性。

（五）阿姆斯特丹：积极发展自行车

荷兰机动车保有量高达847万辆，人均机动车数量是北京的两倍多。但是高机动车保有量并没有造成交通拥堵。关键的一点是倡导绿色交通，特别是积极倡导自行车出行。

二　日本促进交通运输领域的低碳化

（1）确定对二氧化碳排放量进行课税的标准，在税制上明确地奖励购买和使用低碳汽车，进而为普及"低碳汽车"铺平道路。

（2）领先世界开发低碳汽车。

（3）奖励低碳汽车的技术开发。

（4）积极普及电动汽车或混合动力车，力争打造10个"电动机车先进典范城市"，计划到2020年将电动机车的比例提高到50%。

以横滨市为例，该市建立了"零排放交通项目"，将促进低公害、低耗油车辆的引进，并与日产汽车公司合作，共同构建与横滨市相称的新一代交通系统。

三　美国的低碳交通

在低碳交通领域，法案要求联邦政府制定一个低碳交通运输燃料标准，以便促进先进的生物质燃料和其他清洁交通运输燃料的发展。法案批准向城市、州或公营公司提供拨款或贷款担保，以扶持电动汽车的大规模示范项目，并批准扶持汽车厂商对其生产制造设备进行改组，以便能够生产电动汽车。

四　英国贝丁顿生态村的低碳交通

在英国，交通对能源的消耗占整体能源消耗量的30%，但在这个温室气体排放大国，却出现了世界上的第一个生态环保村——"贝丁顿生态村"。

专栏 5 - 2　世界上的第一个生态环保村——贝丁顿生态村

为降低交通的碳排放量,生态村实行了一项"绿色交通计划",旨在提倡步行、骑车和使用公共交通,减少对私家车的依赖。这使得该村私家车行驶里程数比当地平均水平低了 50%。该计划的内容主要有:首先,减少居民出行需要。联合开发住宅和办公空间,使居民可以从家中徒步前往工作场所,从而减少社区内的交通流量。其次,推行公共交通。生态村附近有良好的公共交通网络,从生态村步行到公交车站或火车站均不超过 10 分钟。最后,提倡合用或租赁汽车。生态村成立了伦敦第一家汽车俱乐部,鼓励居民租车外出,并提倡居民合乘一辆私家车上班。

五　丹麦哥本哈根的绿色交通

丹麦的哥本哈根宣布,到 2025 年有望成为世界上第一个碳中性(零碳)城市。所谓碳中性,就是通过各种削减或者吸纳措施,实现当年二氧化碳净排量降低到零。在哥本哈根推广的城市绿色交通中,除了电力车、氢动力车以外,最有特色的是其推行的"自行车代步"。

驾车行驶在哥本哈根的大街上,总是会被一个又一个红灯所阻挡。如果骑上一辆自行车匀速蹬踏,倒是可以几乎一路绿灯,畅通无阻。这是因为,在哥本哈根市内,所有交通灯变化的频率是按照自行车的平均速度设置的。这正可以反映哥本哈根市对各种交通工具的重视程度:自行车居首、公共交通第二、私人轿车最末[①]。

哥本哈根还在继续通过改善基础设施,为自行车建造更多、更安全的专用道路以及停车场,从而让汽车停车更困难、成本更高。

六　瑞典斯德哥尔摩的可持续交通

瑞典斯德哥尔摩从 1940 年开始建造地铁,成为世界上最早引入地铁的首都。城市里的公共交通由地铁、有轨电车、通勤火车、大巴与渡轮等构

---

① 郭万达、刘艺娉:《政府在低碳城市发展中的作用——国际经验及对中国的启示》,《开放导报》2009 年 12 月 8 日。

成。现在，60%的人使用公共交通进城，而在上下班高峰期达到78%。该市的阿兰达国际机场，4年来其二氧化碳排放量已经减半，第一个达到机场碳减排最高标准。机场为绿色出租车提供优先权，机场大巴与机场快铁为旅客提供快速简便的环保出行方式。

斯德哥尔摩还通过下述手段来促进城市的可持续交通。

（1）促进清洁汽车发展。始于1995年的清洁汽车项目，极大地促进了使用清洁能源的环保汽车的大发展。现在，市内出售的所有汽油都混合了5%的酒精，仅此一项即占这个地区使用的可再生能源的一半以上。增加可供电动车充电的基础设施。通过以上措施使城市公共交通中清洁能源的普及率达到97%，城市公交网络内的大巴车100%都使用沼气或酒精作为能源。2007年50%的垃圾车与40%的出租车都转换成油电混合动力车。每5辆销售出的汽车中就有1辆是经过认证的清洁汽车。

（2）提倡拼车，从而减少私人汽车出行次数。

（3）推广自行车，投资修建和改进了760公里的自行车道，在全市73个地点有1000辆自行车可供短期租用。实行人性化的交通信号灯，方便自行车出行。

（4）改进物流系统，减少重型卡车的使用。1996年就专门针对重型卡车设置了环境区。对重型卡车与大巴设置环境禁入区域。

（5）征收交通拥堵税。征收的对象是上下班高峰期进出城市的本地车辆。自从拥堵税于2007年开征以来，交通数量减少了20%，排放减少了10%—14%，堵车率下降了20%，城市空气质量提升了2%—10%，空气质量显著改善。

第五节　"三型"城市的建筑

一　欧盟国家的绿色建筑实践

欧盟经济委员会发表的《住宅能源效率工作委员会报告》指出，投资住宅能源效率化比建设新的发电站更为有效。为住宅节能改造投资1欧元，可以节约能源生产所需的2欧元，而且住宅节能改造可以为每户家庭每年节约 200—1000 欧元。

据统计，建 1 平方米的房子，将向大气中排放 574 千克二氧化碳，建筑成为温室效应的第一帮手。英国建筑和家庭的能耗占能源使用总量的 30%。推行节能住宅，是欧美国家当前推行城市低碳化的一大热点。

为降低新建筑物能耗，2007 年 4 月英国政府颁布了《可持续住宅标准》，对住宅建设和设计提出了可持续的节能环保新规范。在具体操作层面，政府宣布对所有房屋节能程度进行"绿色评级分"，从最优到最差设 A 级至 G 级 7 个级别，并颁发相应的节能等级证书。F 级或 G 级住房的购买者，可由政府设立的"绿色住家服务中心"帮助采取改进能源效率的措施，这类服务或免费或有优惠[1]。

瑞典的低碳建筑：全市改造了 2.5 万个 1950 年前建造的旧建筑，能效比过去提高 50%。建筑的低碳改造包括能源主要由生物燃料和可回收的热能提供；市内所有新建的大型建筑都采用绿色能源；建设智能窗户，改变窗户的颜色，使室内空气保持凉爽。

二 美国的绿色楼宇与 LEED 认证

美国能源部的报告指出，美国电力消费的 71%，温室气体的 30% 都是由建筑物产生的。为了应对气候变化，提高能源效率，减少环境负荷，必须推进绿色楼宇项目的建设。绿色楼宇是从设计到建筑施工的所有环节都考虑环境负荷，尽可能减少环境负荷的建筑项目，使用低负荷的涂料、建筑材料、可再生能源和节能产品，并建立绿色楼宇共同标准"LEED"（Leadership in Energy and Environmental Design），进行"绿色楼宇认证"。取得认证的建筑比一般的建筑可以节能 30%—50%，而要取得认证的高分，需要具备太阳能发电、能源效率高的照明等相关条件。LEED 认证不但适用于新建筑，而且也适用于老建筑的改造项目；不仅适用于商用办公楼，还适用于民间住宅。

在 2006 年，华盛顿州通过了全美第一个绿色楼宇法，要求超过 450 平

---

[1] 仇保兴：《创建低碳社会 提升国家竞争力——英国减排温室气体的经验与启示》，《建设科技》2009 年第 1 期。

方米的主要企事业单位的设施必须取得绿色楼宇的 LEED 认证。由于这项法律的实施，华盛顿州每年能源费用和水费大约节约了 20%，废水减少了 38%，由建筑材料产生的垃圾减少了 22%。

在 2007 年，美国绿色楼宇认证的市场规模是 120 亿美元，而到 2015 年将达到 420 亿美元。

三　日本实现住宅和办公大楼的低碳化

日本的住宅、办公大楼以及超市等商业设施的温室气体排放量在 2007 年比 1990 年增加了大约 50%。为了大幅度削减这些领域的二氧化碳排放量，日本必须一方面加强管制，另一方面对减排计划提供财政支援，必要时还需采取两者兼施的行政手法[①]。

在具体做法方面，创设了住宅领跑者计划的制度：制定"低碳化住宅建设标准"并要求开发商实施。这些标准包括采用高效率节能的住宅装修设备，利用太阳能发电和地热的标准和数值目标，安置可以显示并掌握电和煤气的消费量的系统设备等。修改住宅货款减税条例，对节能型住宅实行税制上的优惠[②]。

第六节　"三型"城市的生活方式

一　低碳化教育的实施

日本要在学校、地区（生活小区）、企业和事业单位等所有的场所开展低碳化教育，使得国民都能够认识和理解地球气候变暖问题的严重性，养成低碳行动的习惯，特别是加强对学生的低碳化教育。

2008 年 7 月，日本政府选定了 6 个积极采取切实有效措施防止温室效应的地方城市作为"环境模范城市"。被选中的城市有人口超过 70 万人的"大城市"横滨、九州，人口在 10 万人以上的"地方中心城市"带广市、富山市，以及人口不到 10 万人的"小规模市县村"熊本县水俣、北海道下

---

① 林朝阳：《日本低碳经济战略对厦门低碳经济实践的启示》，《经济师》2010 年第 11 期。
② 施勇峰：《各国应对气候变化的创新政策和技术》，《杭州科技》2010 年第 4 期。

川町等。这项活动以"推动向'低碳社会'的转型，引领国际趋势"为方针，其目标是向世界第一个"低碳社会"迈进[①]。

二　建立以市民行动为基础的行动计划

日本横滨市 2008 年制定了削减温室效应的行动准则"CO－DO3"，计划在 2025 年之前每人削减温室效应气体 30% 以上，2050 年之前削减 60% 以上。同时，作为环境模范城市，在以"CO－DO3"为基准切实削减二氧化碳排放的前提下，横滨市还以"智慧共享"（促进市民的意识及行为转变）、"增加选择"（市民能够选择不排放二氧化碳的行为或消费）和"付诸实践"（引导社会采取不产生二氧化碳的行为和消费）为三大支柱，开展具体项目。

横滨市是日本著名的港口城市，拥有 365 万人口，仅次于东京。这个大城市存在许多环境问题，尤其是大量的垃圾，以及垃圾量的增长速度超过当地人口增长的问题，成为多年来的严重困扰。横滨市制定了由市民与企事业单位联手削减垃圾、推进废物利用的"G30"活动（G 为英文中 Garbage 的首字母，30 是一个目标值），计划在 2010 年以前将垃圾排放量与 2001 年相比减少 30%。当地政府在社区积极推进"G30"活动，鼓励市民踊跃参与，"市民力量"成为此次活动的中流砥柱。结果显示，与 2001 年市内垃圾量 161 万吨相比，2005 年减少到了 106 万吨，提前 5 年完成了减少 30% 的目标。横滨市削减了垃圾数量，同时也意味着减少了温室效应气体的排放。

三　美国人的新主张

美国人认为，保护自然风景的办法就是把人类发展集中化，而不是摊成一大片，各守一小片。

美国著名学者大卫·欧文认为，纽约是美国可持续性最强的城市之一，纽约城的人均碳足迹是全美国最小的，每年每个居民的温室气体排放只有 7.1 吨，而美国的平均值是 24.5 吨，其原因就在于高人口密度。人与人之间，特别是人与目的地之间的距离大大缩小，从而大大减少了能源消费、碳排放和各种废物的数量。住得更小、更密，并减少开车，是可持续发展的核

---

① 林宏：《国内外低碳经济发展情况及对我省的建议》，《政策瞭望》2009 年第 8 期。

心经验。

减少碳足迹，最重要的因素还是减少汽车的数量。汽车不仅直接消耗燃料并排放污染物，而且会导致能源浪费和环境破坏的源头大大增加，包括城镇规模的扩大、大而无当的住宅、能效低下的商业、巨大而浪费的公共基础设施网络等。纽约城的汽车占有率是全美国最低的，54%的家庭都没有汽车，在曼哈顿地区，这一比例高达77%，这在美国其他地方简直不可想象。

大卫认为，城市应该集中精力想办法变得更适宜更加密集的居住，这才是最好的环境投入。对人口密集的城市来说，真正重要的环境问题并不是在屋顶上放几块太阳能板，而是看似最普通的与生活质量密切相关的东西，比如教育、文化、犯罪、城市噪声、臭味、老人服务资源以及休闲设施，所有这些都会决定人们的居住意愿。

要减少汽车的使用，就必须要解决好两件事情：第一件是城市要实现足够的紧密性，让走路和骑车作为交通方式得以实现；第二件是要提高开车的成本，让它足够昂贵、足够不便、足够让人恼火，这样人们就会选别的方式，仅靠修建一个完备的交通系统是绝对不够的。

虽然环境论者和城市规划者常常说，为了让人们少开车、多走路，新开发的区域必须通过增加"绿色通道"和其他美丽的绿化人行通道，变得更具田园气息。这些措施再加上公园和自然区域，可以鼓励人们多走路，但是，如果把目标设定为让人们把步行作为实际的交通方式，过大的"绿色通道"反而会带来不良后果。步行生活需要让到达目的地变得更加方便，而不是更加广大的绿化设施。

因此，美国人的新主张认为，如果要解决包括气候变化在内的几个世界环境痼疾，纽约城是最好的典范，人口密集聚居是可以选择的途径之一。人们必须想办法缩小居住空间，缩短自己和目的地之间的距离，还要戒断对汽车的严重依赖，重新学会迈开自己的双脚行走。

四　世界各国如何杜绝"舌尖上的浪费"

在中国，春节期间人们走访亲朋好友，免不了大吃大喝一番。但是，如何既能享受丰盛的食物又不造成"剩宴"呢？这是国人在努力思考的问题。

而美国人"餐桌上的浪费"也是不容小觑的。据美国环保组织"自然资源保卫委员会"2012 年 8 月发布的一项调查报告，美国每年整个供应链中高达四成的食物最终被扔进了垃圾桶，价值为 1650 亿美元。更值得担心的是，食物浪费的情况比 20 世纪 70 年代增加了 50%。报告显示，如此庞大的食物浪费存在于食品供应链的各个环节，其中，在餐厅用餐的消费者们也要为浪费负相当大的责任。据统计，美国顾客在餐馆用餐时平均留下 17% 的剩菜，只有约一半的顾客会将剩菜"打包"回家。

对于如何抵制"舌尖上的浪费"，世界各国都有自己行之有效的办法，很多经验可供参考。

（一）继承节俭的优良传统

瑞士在第二次世界大战中因其中立国地位，免于战祸，但战争期间食品供应匮乏，各家各户甚至要铲掉庭院的花草，种上土豆和胡萝卜，以预防冬季食物短缺。如今，瑞士人民生活富足，但战争时代的苦涩回忆让老一辈瑞士人珍惜食物，绝不容忍奢靡浪费的生活方式，年轻的瑞士人也延续着老一辈的节俭传统。

亲朋好友聚会到餐馆用餐，一般提前预订座位，来宾各自点菜，从头盘到主菜，最后是甜品，根据胃口量力而行。餐厅也常为客人准备自助餐，按人数计算，客人各取所需，一旦有剩余，未动的食品打包带走。家庭聚会或公司聚会，根据人数、规格、品种要求，餐厅可提供自助餐、酒会、正餐等多种形式的送餐服务，少有浪费。

（二）创造务实、节俭的社会环境与风气

加拿大经济发达，生活水平较高，但无论收入高低，人们对于私人请客或聚餐普遍持务实、节俭的态度。去餐馆吃饭与讲排场、争面子无关，而是为了创造一个与家人和亲朋好友交流叙谈的机会。所以，大家认为一起吃饭而能相互见面更重要，吃什么则其次，饭桌上铺张浪费的现象就非常罕见。

而且需要指出的是，在加拿大，事务性聚餐（特别是在下班以后的私人时间）并不常见。如果要谈工作、谈生意，通常是去咖啡馆。加拿大人特别注重家庭生活，下班后的时间要与家人分享，社交活动很少。既然是自己人吃饭，不是请客，就更要讲求经济实惠。没有成家的年轻人，相约一起到餐馆吃饭是常事，但习惯上各人点自己的菜，付自己的账。因此从用餐者的角度来看，加拿大的餐桌浪费不易发生。

（三）超市提供小包装食品，将临近保质期的食品赠予低收入群体

快节奏的现代都市生活与饮食节俭的传统在瑞士得到了很好的融合，这体现在大小超市都提供大量小包装食品上。150—200克的新鲜鸡胸肉、牛排或鱼肉，小份蔬菜沙拉，供单身人士或小型家庭选择。在瑞士人的厨房中，大容量冰箱并不多见，人们并不喜欢一次性购买大量食品囤积在冰箱内，一般都会在住所附近超市随时购买。这样做既能避免食物浪费，又能保证食物的新鲜。

瑞士两大连锁超市米格罗斯（Migrost）和库普（Coop）经常将临近保质期但仍可放心食用的食品免费赠予低收入群体，超市因此能腾出库存空间，而低收入群体则可减少生活支出，也不失为一种带有公益性质的双赢解决方案。

（四）媒体对于政府高层公务宴会的报道

2013年1月21日，美国总统奥巴马出席了公众就职典礼后，随即按照传统出席了由国会邀请和筹备的午宴，包括行政官员、参众议员、最高法院法官在内的三大分支主要公职人员均有出席。除了奥巴马等要人席间讲话的内容外，在这顿有着仪式意义的重要午宴上，究竟吃了什么也成为媒体热炒的话题。按照组织者公布的菜单，当天午宴主要分三道菜：龙虾浓汤、烤牛肉、苹果派。从菜单设置、菜品制作来看已属于高档次的公务宴会，仍算不上豪华水准，非常低调。

除了此类公开报道的高档公务宴会，美国媒体还时常公布一些包括奥巴马、副总统拜登、离任国务卿希拉里等要员购买和品尝快餐的消息或照片。例如，2010年6月，时任俄罗斯总统梅德韦杰夫到访美国，奥巴马特意将他带到和华盛顿一河之隔的弗吉尼亚州阿灵顿县一家汉堡店用午餐。两位领导人同吃汉堡、周围顾客表现"淡定"的画面，也和副总统拜登到访北京老字号小店"姚记炒肝"时一样，受到各路媒体大量报道。这家汉堡店也由此名声大噪，打出"奥巴马汉堡"的招牌。就在华盛顿及周边地区，因政要名人常常光顾而出名的类似快餐店着实不少。

（五）餐厅杜绝浪费的方法

1. 创造优雅、良好的就餐环境

自助餐馆是容易发生食客取食过多、浪费食物的地方。加拿大的自助餐

馆经营者注重通过加强管理，减少食客浪费的现象。比如，他们会丰富菜式品种，保持食品新鲜、质量稳定，同时为食客提供宜人的用餐环境和周到的服务。这样有助于给食客留下受到尊重的印象，让他们也注意自己的行为，从容取食，每样食物只取一点。当然，自助餐馆也会放置提示牌，善意劝告食客不要过量取食，有的还规定了浪费食物的罚款标准。

2. 服务员的善意提醒

中餐在瑞士很受欢迎，如果是在中餐馆点菜，一般是每人一个菜配一碗米饭；几个人点菜时，服务员会善意地提醒顾客，"这些菜够了，不够时再点"。无论收入多寡，饮食节俭的观念已融入了每个瑞士人的生活中，这样有助于身体健康。

3. "半份菜"以及打包服务

美国"自然资源保卫委员会"在其"轻松九步减少食物浪费小贴士"中专门针对餐馆环节列出两条：其一，餐馆可以经常为食客们减价提供半份菜，以免一份菜菜量过大而人们又想多点几样而造成浪费；其二，食客们可以将剩菜打包回家，如果不能立即吃掉也没关系，可将剩菜放到冰箱冷冻层内储藏，以延长保存期。

加拿大的中餐馆服务员都会主动询问食客是否需要打包剩菜，而食客总是非常乐意。餐馆方面也会做一些配合工作，方便食客打包剩菜。比如，餐桌上备好公用的筷子或勺子，这样剩菜不会成为不卫生的"口水菜"；提供一次性打包盒，包括能装汤汤水水的杯状打包盒。

4. 倡导剩菜再度变美味

除了外出就餐，每逢感恩节、圣诞节这样的重要节假日，很多美国家庭都会在家中设筵招待亲友，但要在食量和菜量之间实现平衡，对家庭主妇们来讲实在是为难，剩菜难以避免。但剩菜的终点不一定是垃圾桶。"自然资源保卫委员会"就建议各家发挥创意，或到倡议减免食物浪费的网站上搜索现成的菜谱，将剩菜再度变成美味①。

加拿大的很多中餐厅经常向食客介绍如何更好地利用剩菜，比如把容易被人忽视的水煮鱼的汤带回家，放些豆腐、白菜煮一煮，又是一道美味佳

---

① 奚冬琪：《"舌尖外的浪费"同样不容忽视》，《检察日报》2013 年 4 月 8 日。

肴。这些餐厅的经营者们表示，餐馆的菜选料讲究、制作精良，希望不要浪费，物尽其用。

5."剩宴"克星——好吃不浪费的巴西"公斤饭"

巴西有一种独特的餐饮方式——"公斤饭"，是克制"剩宴"现象的独门武器。"公斤饭"也是巴西最流行的一种就餐方式，在全国大概有上百万家这样的餐厅。

"公斤饭"店门口有一个服务员，会发给每个食客一张单子，凭此单子记录各人所取食物的重量。餐厅里的凉菜热菜琳琅满目，食客凭自己喜好和需要随意选择，能多吃就多取，少吃就少取。

热菜里面以鱼肉居多，考虑到肚量有限，食客们面对诱人的食物也不得不有所放弃。有一样食品是少不了的，那就是非常有名的巴西烤肉。巴西人热爱吃烤肉，但如果去烤肉店吃，都是自助餐，价格昂贵，吃多吃少都要付同样的价钱。但在"公斤饭"餐厅，反正是按食物的重量付账，可以花很少的钱，选择一块适合自己食量的烤肉，食客们何乐而不为呢？

在取好自己喜欢的食材，落座之前，还有一道特殊的程序需要完成，就是到收银台过秤。这里的食物价格按重量计算，每公斤约为48雷亚尔（1雷亚尔约合3元人民币）。平均每人能吃400克食物，折合人民币不到60元。称重后的食物价格，饮料、甜点、咖啡价格都记在进门时领取的那张单子上，结账时一目了然。

"公斤饭"这种巴西独有的餐饮形式，最突出的优点就是只取所需，食客根据自己的食量大小来选择吃多少，也为自己实际吃掉的食物买单，切实消除了浪费。现在在巴西，不仅西餐有"公斤饭"，中餐也开始采用"公斤饭"的形式售卖①。

五　世界各国正在减少一次性用品的使用

一次性消费曾被当成时髦、潇洒、富有、品位的象征，也因为其简单方便而在全世界范围内大行其道。然而，时至今日，人们开始正视环境

---

① 《光盘运动》，《人人健康》2013年2月15日。

污染、资源浪费现象，也对一次性商品的使用重新进行审视。在国外，随着相关法规的完善和环保理念的深入人心，使用一次性用品已经不再吃香。

美国是一次性产品生产和消费的头号大国，其历史可以追溯到19世纪上半叶。1827年，纽约州特洛伊城一个名叫汉娜·蒙塔古的女子，发明了世界上第一个假领。她的丈夫奥兰多受到启发，在曼哈顿的哈德逊河畔创办了一家生产用后就扔的纸质领子和袖口的工厂。很快这类工厂相继开办，到1872年，美国的纸质衬衫领子和袖口的产量已经达到1.5亿个，这标志着美国一次性消费时代的开始，并且逐渐形成了一次性消费文化。

到今天，一次性产品已经席卷世界，这些产品在满足消费者对方便、快捷、洁净等现代生活需求的同时，也很快形成了规模巨大的产业群和产业链。全球一次性医疗器械市场价值在2011年就超过了1000亿美元，其中美国大约占据40%的份额。城市化进程和生活节奏的加快，人们外出就餐消费的扩大，推动了一次性餐饮用品市场的日益增长。美国也保持着全球最大的一次性餐饮用品市场，市场规模约为190亿美元。数据显示，到2015年，一次性餐饮用品的全球市场可望达到533亿美元。

但是，消费主义的狂欢也带来了很多后遗症。一次性用品泛滥成灾，在生产和消费过程中所产生的环境污染日益严重，而且一次性用品不仅浪费资源，更会增加环境负担。

（一）立法限制

从20世纪60年代开始，生态经济、绿色消费等可持续发展理念逐渐进入世界各国政府、民众的视野，各国开始通过立法限制一次性用品。美国政府机构和立法部门就相继推出法律法规和行政措施，从生产许可证、污染物排放、产品标准、税收等生产经营环节对一次性消费进行规范，对以不可再生资源为原料的一次性用品的生产与消费，如宾馆的一次性用品、餐馆的一次性餐具和豪华包装等进行限制。

韩国政府自20世纪90年代中期开始颁布实施《资源节约与循环利用法》，限制一次性用品的使用并逐步扩大限制范围。2002年，韩国对《资源节约与循环利用法》进行修订，明确了一次性用品的定义范围，并制定了更严厉的限制措施。法律规定，旅馆（7个房间以上）和洗浴场所不得免费提供一次性洗发水、牙刷牙膏和刮胡刀等用品。经营者必须提醒顾客，如有需要可到前台购买，经营者在开具住宿发票时，必须将一次性用品消费额单独列出。对于违反此项规定者，每次处以5万韩元以上、300万韩元以下罚款。法律还鼓励市民对旅馆澡堂等经营场所进行监督，对据实举报者每次由当地政府给予2万—15万韩元不等的奖励。该规定出台后，有一段时间，举报者大行其道，旅馆从业者风声鹤唳。虽然也曾有些旅馆老板因恶意歪曲举报而遭受不白之冤，但这项措施的最终结果是使一次性用品基本从旅馆房间消失，而旅馆业产生的一次性用品垃圾也因此迅速减少。越来越多的韩国民众习惯于在出门旅游或去温泉洗浴时自带洗漱用品。

（二）民众支持

韩国国土狭小、人口密集、资源贫乏、工业发达的基本国情，也导致了韩国人对一次性用品从根本上的排斥情绪。一次性用品既浪费资源，更增加环境负担，韩国民众在日常生活中体现出对此的深刻认识。且不说韩国人在家里、饭馆普遍使用铁筷子以及用淀粉制成的牙签，就是叫韩餐或中餐外卖，餐馆使用的也不是一次性饭盒而是正规餐具。所以在韩国，饭馆送外卖的人特别辛苦，他们不仅要负责把饭菜按时送到，还要负责把餐具及时收回。

韩国国民的环保意识还体现在他们对政府限制一次性用品政策的支持态度上。2002年，韩国政府曾针对一次性用品的限制措施进行过民意调查。结果显示，93.5%的市民表示支持政府对一次性用品的限制政策，86.3%的人表示将忍受限制措施带来的不便，而另有90.5%的人表示将参与减少使用一次性纸杯的活动。正是基于这种民意基础，韩国政府制定的《资源节约与循环利用法》才得以通过。

（三）企业生产经营理念转变

随着绿色理念越来越深入人心，企业的生产观念和经营观念也发生了变化，将循环使用资源、创造良性社会财富作为企业的核心价值观和企业社会责任的重要组成部分。同时，民众的消费观念也发生了巨大变化，人们逐渐接受环保主义理念，克制过度消费的冲动。

第七节　"三型"城市中承担社会环境
责任的企业公民

一　倡导企业环境责任对于建设"三型"城市的意义

工厂对于废气不进行任何处理，就通过烟囱将巨大的黑烟排向空中，既增加了附近居民的清洁成本，更损害了他们的健康。或者，工厂为逃避环保部门监督将废水通过高压泵打入地下水层，污染水质，导致附近居民患上恶疾。虽然工厂通过生产赚取了一定的利润，但居民健康状况的恶化却增加了社会的成本，而这些是不会计入工厂的成本的。

这个过程从经济学的角度来分析就叫做外部化效应，即在经济活动中产生不能以价格的形式完全反映出来的成本与效益，而承受这个成本与效益的人又不是直接从事这项经济活动的人。用通俗一点的语言来解释就是，前人栽树，后人乘凉，或者说是上游污染，下游治理。

经济学家认为，当外部化是正效应时，市场自身会提供得很少，只能通过提供补贴来调节；当外部化是负效应时，市场上会充斥这样的产品或服务，需要通过税收来调节。最有效的方法是让参与到这个经济活动的主体通过自觉的方式将外部成本进行内部核算。

当今第一号全球性问题，非气候变化莫属。面对气候变暖，没有哪一个国家和个人可以独善其身，可以置之度外，其影响的范围和深度是其他任何环境问题都不可比拟的。如果说环境治理是提供公共产品的话，那么应对气候变暖又是世界上最大的公共产品，气候变暖又充分体现了环境问题的"外部性"特征。大到一个国家，小到一个企业、家庭，应对气候变化的成本是本国、本公司、个人承担，好处却是全世界共享的，所以此前普遍的选择是"搭便车"。为此，世界银行前首席经济学家斯特恩把气候变化称为有史以来最大的"市场失灵"问题。

迄今为止，世界上是以"共同但有区别的责任"原则、公平正义原则，来安排不同国家在应对气候变化中的责任和义务的。"共同但有区别的责任"的应对气候变化基本准则既体现了可持续发展的公平性，即人类在使用资源和环境方面具有平等的权利，当代人之间如此，隔代人之间也如此。若是谁多耗费了资源、污染了环境，谁就有责任进行补偿。这也充分考虑了各个国家所处的发展阶段、应当承担的责任和承担责任的实际能力，来确定其在应对气候变化过程中的责任和义务，从而为应对气候变化目标的实现提供了根本的制度保证。

"共同但有区别的责任"原则，也同样适用于承担社会环境责任的企业公民。自20世纪70年代以来，通过布雷顿森林体系美元确立了国际货币地位，资本可以在国际上自由地流动，国家政府对于资本的影响力越来越小，而大公司特别是跨国公司开始在市场中发挥越来越大的作用。全球化挑战改变了市场的条件；利益相关者成为社会反应与商业管理的桥梁。因此，企业需要将全球化挑战与公司目标相联系，确认利益相关者。

通过对世界上著名的国际大公司进行调查发现，这些公司经过上百年的发展所赚取的利润其实远远小于其带来的外部化成本，比如环境破坏、对生物多样性的破坏、空气污染、水源污染、贪污受贿、侵犯劳工权利等。面对众多的环境、社会、经济的全球化挑战，市场机制是不能解决所有问题的，在市场失灵的情况下，消费者、媒体、社区形成国际国内巨大的社会舆论，企业只有与政府、非营利机构结成可持续发展的战略伙伴关系，通过承担企业社会责任，将资源、环境、气候等外部成本自觉纳入内部核算，才能将这种挑战转化成机遇。

因此，欧盟对企业社会责任的定义为：企业自愿将社会和环境方面纳入其商业运营及其利益有关各方的互动。

现在，越来越多的公司愿意承担企业社会责任，特别是环境责任，关注公益事业，还花费大量的人力、物力、财力编制自己的社会责任报告，投身于众多的企业社会责任国际创新活动之中。在这个靠软实力说话的市场上，承担企业社会责任能带来品牌的吸引力与更高的效率，企业除了关注财务报表上的数字，还开始重视社会的、环境的效益，对于建设资源节约、环境友好、气候安全的城市具有重要意义。

二　以瑞典为代表的社会企业在建设"三型"城市中的角色与案例分析

瑞典是世界上首个在政府内部设置企业社会责任问题协调部门的国家。

早在 2002 年，瑞典政府就在南非约翰内斯堡世界可持续发展峰会之后在外交部设立了全球责任局，鼓励企业在人权、基本工作条件、反腐败和改善环境方面开展工作。

瑞典政府严厉打击腐败行为。各种研究报告均认为，瑞典社会是世界上腐败现象最少的社会之一，瑞典也是世界上首个要求国有企业编制可持续发展报告的国家。

瑞典还在国际非营利组织社会责任协会《2007 年负责任竞争力情况报告》排名榜上居首位。负责任竞争力指数按照 108 个国家的企业在气候、工作环境、腐败和社会问题等方面企业负责任程度的若干个参数确定。

创新投资（Innovest）战略价值顾问公司专门分析企业的环境、社会和公司治理绩效，它将瑞典阿特拉斯·科普柯（Atlas Copco）、霍尔曼（Holmen）、斯堪尼亚（Scania）等企业列入 2008 年全世界在社会和环境方面最负责任的 100 家企业行列。评选这些企业的标准是其在处理能源效率、二氧化碳排放、工作条件和安全以及童工和强迫劳动等问题上所采用的方法。

2007 年，瑞典一家商业杂志在对 100 家大型企业的调查报告中强调指出，环境和社会责任对瑞典企业日趋重要。88% 的企业表示其企业社会责任方面的工作有所增加，工作重点是"气候与环境"（占 81%）以及"做一个好雇主"（占 78%）两个方面。

1991 年 1 月，瑞典给二氧化碳的排放制定了价格。通过碳税收让使用煤和石油都更加昂贵，而使用生物质能源却变得更加经济。由此，大量用于区域供热的生物质能源都来自林业部门的林下剩余物。这个政策是成功的。生物质能源的使用率显著上升，而石油与煤的使用则从区域供暖中绝迹。同时区域供暖的网络极大地延伸，从而使更多的家庭与商业建筑不再使用石油取暖。并没有要求人们改变生活方式，也没有从道德上追究企业的责任，上述改变就自然而然地发生了。区域供暖厂的经理们从来没有梦想过成为环境保护主义者或活动家，也从来没有试图撰写任何关于环境问题的书籍，却引领了向新能源体系过渡的潮流。就像环保能源过渡带来了更加环保的结果一样，恰好在这个问题上，环境保护和企业的利益有了结合点。

专栏 5 - 3　麦柯斯（Max）汉堡包的故事

麦柯斯汉堡包公司是一个家族企业，它号称提供世界上第一份健康的汉堡食品的公司。在这个麦当劳、肯德基美式快餐雄霸天下的年代，麦柯斯在瑞典独树一帜，取得了良好的销售业绩与口碑。麦柯斯公司承担社会责任、关注气候变化的举措屡屡见诸《纽约时报》、美国有线电视新闻网、英国广播公司等媒体的报道，为麦柯斯公司赢来了更多的关注与财富。

麦柯斯公司对于可持续性经营、企业社会责任有自己独特的理解与见解，具体分为社会可持续、道德楷模与环境可持续三个方面。以社会可持续为例，公司非常关注残障人士融入社会生活的层面，为残障人士提供就业机会，不光是让他们能够通过自己的劳动养家糊口，更重要的是让他们在前台为顾客提供直接的服务，在这个过程中充分与顾客进行一对一的交流，获得劳动的快乐与社会的认同。麦柯斯在道德楷模上，通过导向型人际关系理论（FIFO）对员工进行培训，让他们尽快找到自己的位置，迅速适应企业的文化。在环境可持续性上，实施了减少重复包装的举措，既节约了成本又减少了对资源的使用以及对环境的污染。在这里要重点介绍麦柯斯公司在环境可持续方面对气候变化问题的关注和采取的对策。

麦柯斯家族第一次开始重视气候变化问题是在全家人观看了由美国前副总统戈尔指导的影片《不可忽视的真相》（*Inconvenient Truth*）之后，对气候变化可能导致的灾难性后果感到无比震惊，觉得需要从现在开始做些事情。但当公司的决策层开会讨论后发现有两个巨大的挑战：一是还没有哪家公司将应对气候变化纳入日常经营活动中，没有先例可以照搬；二是这样做将耗费大量的人力、物力、财力，不一定能够得到社会的认同。

尽管有着这样那样的疑问，麦柯斯公司还是决定先从测定自己生产周期的碳足迹开始做起。他们惊讶地发现，公司近 70% 的碳排放来自牛肉汉堡（由于牛是反刍类动物，在饲养过程中会释放大量的甲烷气体），但作为主营业务的牛肉汉堡又不可能从菜单中去除掉，于是麦柯斯公司采取了下列步骤与方法来中和他们的二氧化碳排放。

（1）在所有的汉堡包菜单上标注温室气体排放量：一个牛肉汉堡排放 1.8 公斤二氧化碳当量温室气体，而一个鸡肉汉堡则排放 0.9 公斤二氧化碳当量温室气体。这种方法让消费者能够进行灵活选择，从理性消费做起防止气候变暖，同时也是对青少年进行环境教育的重要方法。

（2）购买风电这种清洁能源：在瑞典风力发电与石油发电、核电都是混合上网、分别定价的。用户在使用时可以根据自身不同的情况进行购买。由于发电的成本相对传统方法如石油发电更高，作为清洁能源的风电价格比平均价格高5%。麦柯斯公司所有的用电都选择购买风电，以承担使用清洁能源的社会责任。

（3）100%碳中和计划：通过对公司生产周期的碳足迹进行计算，麦柯斯公司测算出全公司一年的碳排放总量，通过与国际知名非营利机构合作在非洲开展获得认证的造林项目，用森林碳汇的形式100%中和麦柯斯公司排放出来的二氧化碳当量温室气体。

（4）绝不把开展上述活动的费用转嫁到消费者身上：这一考虑是基于企业勇于承担自己应尽的社会责任，以及汉堡类快速消费品行业的特点来进行决策的。

那么采取这些勇敢的举措又为麦柯斯公司带来了些什么呢？让我们来看看这一连串的荣誉吧！

麦柯斯公司的首席执行官理查德·伯格福斯（Richard Bergfors）先生登上了瑞典主流商业周刊的封面，并被评选为"年度绿色资本家"。

瑞典一家环境专业杂志对麦当劳、汉堡王（Burger King）和麦柯斯三家汉堡包公司在环保方面开展的工作进行评估，麦柯斯公司在各个方面都很优秀，远远地将汉堡行业的霸主麦当劳、汉堡王甩在了后面。

麦柯斯公司还荣获2009年度在伦敦授予的环保大奖。

麦柯斯公司节能环保的行动通过《纽约时报》的报道、英国广播公司的新闻以及纪录片的播出，源源不断地传递给了消费者、国际社会。

资料来源：〔瑞典〕帕拉山（ParLarshan）：《实现低碳营销，履行社会责任》，杜珩译，《西南民族大学学报》2010年第10期。

在麦柯斯公司工作了24年的可持续发展经理帕拉山先生强调，体现竞争力的第一要务是与众不同，企业的大小不重要，重要的是吸引力。根据统计分析，影响西方客户对公司品牌忠诚度最大的因素是企业是否承担社会责任，这一点远远超过产品价格、公司价值等。如果有企业不能很好地与利益相关者进行沟通，及时分享所承担的责任，在竞争中就处于弱势。再加上当今世界随着全球一体化的进程，资本自由流动已经超越了国家、地域的界线，像社会责任投资（SRI）以及由联合国前任秘书长安南发起的责任投资原则（PRI）这样具有强烈主张诉求的国际资本在市场中发挥着越来越大的作用。要想受到这些国际投资的青睐，也必须从更多地在承担社会责任方面体现自己的竞争力。

如果说像麦柯斯这种类似于中国中小型民营企业的公司承担社会责任主要是为了体现竞争力，那么像山特维克（Sandvik）、阿斯利康（Astra Zeneca）这样的大型跨国公司为什么也要承担企业社会责任呢？

在20世纪30年代之前，人们普遍认为企业应该承担的责任就是实现利益最大化。从30年代到60年代早期，企业管理者的角色从原来的授权者变成了受权者，其职能也相应地由追求利润扩展为平衡利益，企业从要向价值股东负责转变为要向更多的利益相关者负责。90年代以来，全球化的进程加快，跨国公司遍布世界各地，但是生态环境恶化、自然资源破坏、贫富差距加大等全球化过程中的共同问题引起了世界各国的关注和不安，而这些问题也有相当一部分是由跨国公司在生产经营过程中产生并反过来影响了公司的发展。因此，企业在发展的同时，承担包括尊重人权、保护劳工权益、保护环境等在内的社会责任已经成为国际社会的普遍期望和要求[①]。

提高能源效率的倡导者指出了全球的大公司在提高能效和应对气候变化方面的进展。1994—2004年，化学巨头杜邦公司在增产30%的基础上将气候污染物的排放降低了70%，仅此一项就为该公司节约了20亿美元。国际商业机器公司（IBM）、英国电信、加拿大铝业、诺斯克加拿大以及拜耳在20世纪90年代早期，通过减排60%也节约了20亿美元。1990—2001年，英国石油公司减少了10%的排放，也减少了6.5亿美元的能源开支。

三　在中国倡导企业环境责任与建设"三型"城市的战略结合

中国共产党十八大将中国特色社会主义总布局从经济、政治、文化、社会建设"四位一体"升华为包括生态文明建设的"五位一体"，标志着中华

---

① 夏晓明：《国际加工贸易企业社会责任问题研究》，硕士学位论文，复旦大学，2011年。

文明格局开启了向物质文明、政治文明、精神文明、社会文明和生态文明全面发展的更高阶段演进的新里程。坚定不移地推进"中国梦"的实现，中华文明必将放射出更加灿烂的光芒。

党的十八大将生态文明建设放在突出位置的重要原因就是，只有推进生态文明建设，才能保持经济持续健康发展。一方面，中国经济发展面临的资源环境制约越来越凸显，石油、铁矿石等重要资源对外依存度快速上升，2/3的城市缺水，耕地逼近18亿亩红线；另一方面，环境污染严重，环境状况总体恶化的趋势没有得到根本遏制，生态系统退化，由此带来的自然灾害频发。

面对严酷的生态压力，作为现代企业不仅要算好经济成本这本账，更要对社会、环境成本进行综合核算。对于企业来讲，一方面是国家发展低碳经济的要求，对于自然资源的使用将付出越来越高的成本；另一方面，从守法的角度来遵守规则是一般性的要求，从增强竞争力的角度来增加吸引力，可以让企业脱颖而出，主动承担企业环境责任能够作为提升自己竞争力很好的补充。与其被动接受环境法律、法规的限制，不如从现在开始，积极承担在企业活动、生产、服务过程中产生的环境责任；行动起来改善企业对环境的影响，用自己的行动来影响同行业的其他企业。

由政府制定二氧化碳排放管制措施，实行总量管制与排放权交易制度，或是通过立法管理二氧化碳等温室气体的排放量等措施，不仅在欧、美、日成为现实，而且是国际大趋势。气候变化与企业经营紧密相关，企业不仅面临着政府加强排放管制的风险，还要面对消费者意识变化所带来的风险，需要加强对"碳风险"以及"碳信息披露项目"的管理，让自己生产的商品的二氧化碳排放量最小化，并且提供低碳型商品和低碳型的服务。

从发达国家企业在这个过程中的表现来看，如果只是被动地采取应对措施，往往会让企业在激烈的竞争中处于不利地位，只有把上述"碳管理"作为企业经营管理中新的机遇、新的管理标准、新的价值标准来看待，才能提高自身的竞争力，增强企业的品牌吸引力，确保企业中长期的收益能力。

第 六 章
建设"三型"城市的国内实践

城市作为人类的主要聚居地和财富的主要创造地，是政治、经济、社会、文化的中心，更是统筹城乡发展的引擎。城市的生态文明建设是国家和区域生态文明建设的关键和主体，城市的可持续发展是国家和地区可持续发展的重点和基础。

中国城市生态可持续发展面临着严峻挑战。中国的城市生态可持续发展不仅起步较晚，而且中国在从计划经济向市场经济转变的过程中面临着与发达国家不同的任务和挑战，我们既要借鉴发达国家的成功经验，更需要总结自身发展的实践经验。面对资源环境和气候变化的巨大压力，外延增长式的传统城市发展模式已难以适应新形势下的发展要求。未来的中国城市亟须积极实践，探索出一条资源节约、环境友好、气候安全的新的"三型"城市发展道路。

本章根据中国当前经济社会发展的现实情况，选择不同资源禀赋、不同环境容量、不同经济发展水平的城市来研究，注重对不同区域、各具特色的城市在"三型"城市建设中的主要做法进行梳理和评价，分析存在的问题及原因，揭示不同城市发展的特性和典型城市生态可持续发展的经验。

第一节 防灾减灾——建设气候安全型
城市的宁波实践

低碳经济可以为城市可持续发展提供经济、技术、制度多方面的支持，发展低碳经济是各个国家和地区在未来发展中提升竞争力的契机。发展低碳经济既是中国应对气候变化的国际责任，同时也是保证中国能源安全、优化经济结构、转变发展方式、实现可持续发展的内在要求。发展低碳经济也是宁波市实现经济发展速度和发展质量"双增长"的最佳路径。

2009年12月，宁波市与世界银行合作开展了"应对气候变化宁波市防灾减灾体系建设"课题研究，以宁波为案例城市寻求建设气候变化适应性城市、健全减灾防灾体系的新方法和新路径。应对气候变化问题，涉及生态环境、资源能源、内政外交、国家安全和经济社会的方方面面，是全球共同面临的重大挑战。全面提升应对气候变化的能力，需要不断提升生态和环境保护的层次和水平，同时在科学发展观的基础上构建气候适应性城市的防灾减灾体系，以全面提升全社会防灾减灾的能力。宁波作为沿海开放港口城市，经济发达，工业化和城市化发展速度快，但其人口多、资源少，生态环境相对较弱，建设"低碳宁波"势在必行。

一　宁波的城市脆弱性与气候变化

宁波市地处中国海岸线中段，长江三角洲南翼，是中国最著名的沿海港口城市之一。宁波市管辖11个县、县级市和市辖区，包括慈溪、余姚、奉化、象山、宁海等。其总面积为9365平方公里，其中市区面积为1033平方公里。2008年底，固定人口为900万人。

宁波拥有漫长的海岸线，港湾曲折，岛屿星罗棋布。全市海域总面积为9758平方公里，岸线总长1562公里，其中大陆岸线788公里，岛屿岸线774公里。

甬江作为宁波主要干流，是浙江省八大水系之一。甬江流域有大量的雨水和丰富的水资源，年均降水量为1300—1400毫米，主汛期5—9月的降水量占全年的60%。

宁波的自然灾害主要由一些恶劣天气（台风、干旱等）引起，如洪水、洪涝、山体滑坡及海水侵蚀。台风影响期主要集中在每年7—9月，年平均2.8次。超强台风（平均雨量大于或等于200毫米）每隔几年发生一次，给宁波带来了严重的损害。自1953年以来，累计共有4个超强台风登陆宁波，其引起的暴风雨给宁波造成了巨大的损失，例如，第5612号强台风严重影响象山县，第9711号台风造成的损失累计超过45亿元。暴风雨年均2—5

场，主要集中在 6 月到 7 月初的雨季期和 8—9 月的台风期，其中 9 月暴发频率最高。从空间分布来看，宁海县的暴风雨多于其他县市区。暴雨通常引起洪水灾害，例如，1988 年 7 月 30 日发生的洪水灾害致使 100 多人死亡。干旱通常发生于梅雨期后的 8—9 月，特别是在宁海、象山等县山区，干旱每 2—3 年发生一次，而其他地区，一般 4—5 年一次。

近年来，随着全球气候变暖的恶化和社会经济的加速发展，暴风潮、潮汐、赤潮等海难的发生对宁波各方面都造成了影响。经济合作与发展组织的研究显示，宁波是世界上受极端气候影响的脆弱性和高风险位于前 20 位的港口城市之一。宁波及其他被分析城市的风险迅速增加受人口剧增和城市化的影响。

人类活动所引起的气候变化，其结果主要从引发的自然灾害衡量。我们从宁波城市的城镇化和工业化来分析人类活动对气候变化的影响，同时从最易受气候变化影响的贫困人口来分析气候变化如何影响城市脆弱性，政府行为则被用来分析城市增强应对气候变化能力的方法。气候变化与城市及其脆弱性之间的关系见图 6 - 1。

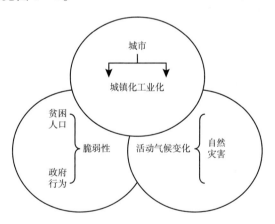

图 6 - 1　气候变化与城市脆弱性

城市与气候变化分析的气候变化侧重人类活动引起的气候变化，反过来，人类活动引起的气候变化又会引发自然灾害，从而影响人类活动。当然，其影响效用既有正面的，也有负面的；结合目前大量的数据与现实情况来看，气候变化对人类活动的影响多为负面的，呈现负效应。工业革命 100

多年来，气候变化主要是由人类活动的影响造成的——化学燃料的大量燃烧，引发温室效应，加速全球变暖；人类对土地的开发和利用，改变了土地的状况和地表的植被，对整个气候系统有着重大的影响。由此看来，气候变化已经并将继续对全球生态环境带来更广泛、更深刻的影响，进一步威胁生态安全。

从城市层面分析，导致气候变化的人类活动主要是城镇化和工业化。宁波"十一五"期间城镇化率已达65%，"十二五"期间城镇化率估计达到70%；宁波城市的重化工业结构特征十分明显，其中电力、石化、钢铁、造纸等行业都是高耗能、高碳排放的产业。宁波城市快速城镇化的进程和重化工业结构的特征，使得宁波发展低碳经济任重而道远，宁波气候变化加剧可从环境空气优良率、酸雨率等窥见一斑。市区环境空气优良率从2001年的97%下降到2009年的89.7%。从2001年到现在，酸雨率从73.1%上升到了97.2%，全市各大区域几乎均为重酸雨区。1991—2000年，宁波市区灰霾天气一共只有11天，2001年达到了10天，之后每年都在20天以上，而2009年则达到了30天①。

在气候变化条件下，宁波的城市脆弱性同样包括了灾害发生前的敏感性、灾害发生中的应对能力和灾害发生后的恢复能力。

灾害发生前的敏感性：主要包括气候资源、水资源、土地资源和生物资源等对气候变化和灾害发生的响应程度②。以气候资源为例，宁波的气候呈现增暖趋势。虽然其降水量没有发生趋势性改变，但降水日数明显呈现减少趋势。降水日数的减少主要表现为小雨日数的减少，而中雨以上降水日数呈现缓慢增加趋势，这表明宁波出现强降水的概率在增加。同时，宁波市年平均风速出现减小趋势，8级以上大风天气也呈现减少趋势，但影响宁波市的台风次数呈缓慢增多趋势。此外，宁波市的大雾天气减少，阴霾天气增多，降雪日数明显减少。气候变暖将使宁波城市的水、电等能源和资源的调度难度增加③，因此，气候变化引起宁波城市脆弱性中灾害发生前的敏感性虽说

① 《宁波市区空气优良率8年下降7个百分点》，《钱江晚报》2010年2月4日。

② 俞雅乖、潘汉青：《气候变化、地质灾害与城市减灾防灾体系构建——基于宁波城市脆弱性的视角》，《西南民族大学学报》（人文社会科学版）2012年第12期。

③ 俞雅乖、高建慧：《试论城市脆弱性与气候变化适应性城市建设》，《商业时代》2011年第5期。

有好的也有坏的，但大部分是负面影响。

灾害发生中的应对能力：宁波市近年来先后遭遇了干旱、台风、雪灾、冰冻等多次由极端气候造成的自然灾害。虽说我们不可能扭转和改变自然灾害的发生，但积极妥善应对灾害发生，提升应对城市灾害的能力却是可行的。从政府层面上看，有应对自然灾害与突发性事件的各种应急预案，在灾害发生时，各级政府部门也能够迅速组织群众进行抗灾。宁波市政府可建立一套操作性强、灵活有效的应对预防机制，应从被动应急的机制逐渐转向主动预防的机制，以增强预防自然灾害管理的有序性和有效性。

灾害发生后的恢复能力：需要政府部门建立健全一套信息畅通、反应快捷、指挥有力、责任明确、依法运转、成本低廉的防灾管理体系，通过对自然灾害的预警分析，改变被动的反应模式。宁波市最经常性发生的自然灾害主要有两个：一是夏秋季节的台风，二是冬季的道路冰冻。对于防台，在宁波市的自然灾害应急预案中，已有《宁波市防台风应急预案》，并有一整套预防措施。对于冰冻等极端气候，宁波市政府出台了《宁波市气象灾害防御条例》，以加强城市气象灾害防御工作，避免和减轻气象灾害损失，保障经济社会发展和人民生命财产安全。因此，要通过法律法规等，使灾害发生后城市能尽快恢复生产和生活。

二　宁波的城市脆弱性与地质灾害

（一）宁波的突发性地质灾害

2010年，宁波市共有突发性地质灾害点252处（崩塌119处，滑坡87处，泥石流45处，地面塌陷1处）[①]，其中威胁常住人口地质灾害点153处，受威胁常住人口为1653户，受威胁人员为4869人。地质灾害点主要分布在宁波市南部、西北部等丘陵山区。其中，余姚市有60处，占地质灾害隐患点总数的23.8%，宁海县有56处，占22.2%，慈溪市、奉化市、鄞州区和象山县地质灾害隐患点分别为25处、33处、23处、17处，分别占全市总数的9.9%、13.1%、9.1%和6.7%，镇海、北仑、东钱湖、大榭及江北各

---

① 俞雅乖、潘汉青：《气候变化、地质灾害与城市减灾防灾体系构建——基于宁波城市脆弱性的视角》，《西南民族大学学报》（人文社会科学版）2012年第12期。

区地质灾害隐患点均在 10 处以下，合计 38 处，占全市地灾隐患点总数的 15.1%。灾害规模以小型为主，其中大型 2 处，中型 24 处，小型 226 处。地质灾害隐患多数是山区削坡建路、建房等造成山体稳定性破坏所致。2010 年，宁波市发生地质灾害 13 起，崩塌 7 起，滑坡 6 起。灾害规模均为小型，未造成人员伤亡及财产损失。在全国开展汛期地质灾害隐患再排查紧急行动中，宁波市经排查确认新发现地质灾害隐患点 61 处。

（二）宁波地质灾害的减灾防灾

（1）地质灾害的预警机制。一是在地质灾害高易发区、重大隐患点布设位移自动报警器等专业监测仪器，2012 年建立 5 个气象自动观测站，探索建立雨量变化与地质灾害发生的定量监测预警，提高防灾救灾的主动性和有效性。继续做好全市汛期突发性地质灾害气象预报（警）工作，加强地质条件与雨情状况的分析，进一步完善预报（警）系统，提高短期与临灾预报的及时性和准确率。二是制订和完善突发性地质灾害气象预警预报工作方案，加强地质灾害预报（警）信息发布，充分利用电视、广播、网络等载体或者手机短信等方式，及时有效地将信息发送到防灾相关人员。三是各地修订和完善突发性地质灾害应急预案，位于地质灾害易发区的乡（镇）人民政府编制完成突发地质灾害应急预案，并定期组织应急演练。

（2）地质灾害的机制构建。地质灾害防治作为生命工程是政府履行社会管理的重要职责，要贯彻落实国家和浙江省的地质灾害防治条例以及《关于进一步加强地质灾害防治工作的意见》[1] 精神。各级政府要切实加强领导。政府主要领导对地质灾害防治工作负总责，分管领导具体抓，相关部门单位按职责抓。各地要落实地质灾害防治经费纳入同级财政预算，切实管好、用好地质灾害防治专项资金。市、县两级要建立由政府领导任组长，有关部门为成员的地质灾害领导小组，明确职责，通过联席会议制度平台，形成政府统一领导、部门各负其责、灾情分级管理、防灾信息共享的工作格局。地质灾害防治任务重的县（市）、区要建立地质环境管理专门机构或地质环境监测站[2]。

---

① 甬政办〔2010〕270 号文件。

② 俞雅乖、潘汉青：《气候变化、地质灾害与城市减灾防灾体系构建——基于宁波城市脆弱性的视角》，《西南民族大学学报》（人文社会科学版）2012 年第 12 期。

三　构建宁波城市的减灾防灾体系

（一）宁波市应对气候变化的基本思路

一个有适应能力的城市必须了解其面对的灾害并控制其发展，同时系统地通过灾害风险管理和后续活动来适应气候变化所带来的影响。宁波通过降低城市应对当前自然灾害和预期气候变化影响的脆弱性，来提高城市适应气候变化的能力。

（1）建设气候变化适应型城市。宁波气候变化适应型城市项目旨在建设城市减少现有自然灾害及气候变化预期影响的能力，编制地方应对行动计划，以形成未来计划的行动，并将研究的成果融入现有的规划，如"十二五"规划。气候变化适应型城市框架主张将气候变化和灾害风险管理纳入城市规划管理主流。鉴于气候变化及其对最贫困社区的影响的明确证据，将气候变化问题纳入发展规划是一个高度优先事项。气候变化与灾害风险和贫困间的联系，要求增强社会、经济和环境的防御性，特别是在有高度密集资产和人口的城市。城市管理者需要具体的局部驱动战略，以帮助他们通过规划识别、减少、管理和应对风险。这种积极规划的目的在于明显减少其脆弱性，应对气候变化和有关自然灾害的潜在影响。

（2）构建气候变化适应型城市减灾防灾体系。宁波市政府高度重视发展防灾减灾体系。为了抗击自然灾害，过去几年投入了大量的财力和物力用于高标准海塘、防洪、小流域综合治理和城市灾害应急体系建设。经过多年的努力，几乎所有建成的海堤都达到了"50年一遇"的标准。根据城市实际，宁波先后出台了《宁波市防洪条例》《宁波市防台风应急预案》《宁波市防御雷电灾害管理办法》《宁波市气象灾害预警信号发布与传播办法》等地方性法规。《"十一五"期间宁波市突发公共事件应急体系建设规划》，对包括自然灾害在内的各类灾害监测预警系统、应急指挥系统、应急队伍、物资保障和教育培训与演练等方面进行了详细规划。当然，随着经济的快速发展，城市规模在不断增大，越来越多的新灾害和次生灾害频繁发生，宁波需要研究建立健全一个更宏观的区域建设防灾减灾体系，以促进城市可持续发展的能力。

（二）气候变化条件下宁波城市减灾防灾体系的建设路径

（1）建设气候变化适应型的城市。首先要明确全球、全国以及本地区气候特征、气候变化趋势,尤其是极端气候现象,理清人类经济社会系统与气候变化之类的相互关系,从人类经济社会活动角度减轻和减缓其对气候变化的影响。因此,要加强对气候变化专项规划的制定和建设,充分运用规划的提纲挈领作用统筹协调各部门(区域)应对气候变化的行动。在规划基础上,加强国家层面上的气候变化立法工作,以法律规范全社会的经济社会活动,明确各自责任和义务,切实实现有利于人类可持续发展的气候安全。其次要充分发挥科技对气候变化的支撑作用。通过利用科技加大气候变化规律研究、气候变化趋势预测、气候变化影响分析,提高气候变化预测的准确性,增强应对气候变化的针对性、有效性和科学性,以减轻已经存在或可能发生的气候变化对人类经济社会的负面影响。最后要提高气候变化适应型城市的防灾减灾能力。应对气候变化和防御极端气候灾害能力是体现未来 20 年和谐社会建设水平与国家综合国力的一个重要方面,应把应对气候变化和防灾减灾纳入国家安全体系,动员全社会力量,共同增强防灾减灾、抵御极端气象灾害的能力,降低气候变化的风险,提高农业生产、水资源保障、公共卫生等领域适应气候变化的能力。

(2)构建气候变化适应型城市的减灾防灾体系。第一,提高城市对气候变化和自然灾害的灾前适应能力。加强极端气候变化和重大气候现象及其影响的中短期预报和精细化预报,提高重大气象灾害预报的准确率和时效性,形成全国性、多层次、布局合理的气象监测预报网络,实现灾害性气候事件的预警分析和风险分析。第二,加强城市对气候变化和自然灾害的灾中应对能力。建立不同级别自然灾害应急处置制度和响应制度,建立分级响应、属地管理的纵向组织指挥体系,构建信息共享、分工协作的横向部门协作联动体系,建立政府、企业、群众共同响应的灾害应急处置体系。第三,加速城市对气候变化和自然灾害的灾后恢复能力。充分发挥政府在灾后重建过程中的重要作用,政府要从组织领导、保障措施、责任落实以及政策措施等方面,切实做好灾后的重建恢复工作。政府应该加强资金和物资管理,强化督促检查,统筹处理灾后重建与做好日常工作的关系,确保灾后恢复重建工作扎实推进①。

---

① 俞雅乖、高建慧:《试论城市脆弱性与气候变化适应性城市建设》,《商业时代》2011 年第 5 期。

第二节　低碳世博——"城市，让生活更美好"理念下的上海实践

上海既是中国最大的经济中心城市，也是重要的国际港口城市，全市的国内生产总值已经连续 11 年保持 10% 以上的增长速度。在此基础上，上海确定了到 2020 年建成现代服务业和先进制造业的国际金融中心和国际航运中心的社会主义现代化国际大都市的中长期战略目标。而就上海自身的资源禀赋——资源能源稀缺，以及城市建设状况——人多地少、生态环境承载力与城市发展的矛盾来看，实现国际大都市的目标，必须始终走绿色、低碳、可持续的城市建设之路。而建成国际大都市的目标也必须通过全面提升上海市城市生态环境指标来实现。

一　低碳世博——上海"三型"城市建设的旗帜

第 41 届世界博览会于 2010 年 5 月 1 日至 2010 年 10 月 31 日，历时 184 天，在上海市中心黄浦江两岸，南浦大桥和卢浦大桥之间的滨江地区举行。上海世博会的会场面积为 5.28 平方公里，共有来自世界上 240 个国家或地区参加，创造了世界博览会历史上的最大规模。在"城市，让生活更美好"的主题下，上海世博会展示了城市的文明成果、交流城市的发展理念，不论是一轴四馆、主题馆、国家馆、地方馆、企业馆、组织馆还是城市实践区，都充分展示了上海世博会是一次绿色的世博会，是上海"三型"城市建设的旗帜，引导城市的低碳可持续发展（见图 6 - 2）。

图 6 - 2　绿色世博——上海"三型"城市建设旗帜

（一）世博选址

上海世博园的选址与上海城市旧区改造结合在一起，从先前考虑的郊区

绿色地区改为黄浦江两岸的工业地带，这样选址不是偶然的，而是经过深思熟虑的。从世博园选址考虑的因素来看，符合条件的会场选址，首先，要有广阔的用地规模，足够来办这样一场世界文明展览会；其次，要具有较完善的基础设施配套建设以及便捷的交通条件，这样可以减少重复投资带来的资源浪费；再次，要具有良好的自然环境、人文环境和景观环境，世博会是国际性的文明展示，这样良好的外部环境也是世博会所展示的一部分；最后，选址应该位于城市重点发展或者改造的地区，只有这样才能保证世博会后，相关设施得以充分利用，达到城市规划和城市发展紧密结合。

黄浦江作为贯穿上海市区的天然港口，其两岸的滨江地带，不仅有着悠久的历史，文化底蕴深厚、自然景观独特、城市硬件设施完备，符合选址的原则，而且在上海国际化大都市战略目标以及城市可持续发展的理念下，需要对黄浦江两岸城市初创时期的工业化产物适时地进行改造更新。将世博园的选址选在黄浦江，不仅能利用黄浦江的优势，而且还能对黄浦江滨江地带进行改造，达到了世博园建设和黄浦江工业带改造的双赢。上海世博会实现了黄浦江开发的生态优先、重塑功能、公众江岸、重现风貌、城市景观五大目标，推动黄浦江从原来的城市工业生态岸线向城市公共开放空间转型，这样的世博选址，充分展示了上海世博的绿色环保理念，在治理和开发并重的前提下，实现了资源的最大化利用。

（二）绿地规划

上海世博绿地规划形成了"一轴、两带、五园、多楔"结构概念。一轴即世博轴，作为世博园区的主入口，连接着主要场馆、轨道交通车站的地上以及地下建筑综合体。绿坡是世博轴的重要组成部分，采用大面积的草地，配以线性的低矮灌木和草木，营造贴近自然、清新愉悦的感觉。两带即黄浦江两岸沿江绿化带，集景观、防护、防汛、生态等功能于一体，是绿色世博的重要保障。五园即沿着黄浦江两岸建立的世博公园、白莲泾公园、后滩湿地公园、江南公园和求新公园。中心城区的大型滨水绿地的世博公园，城市绿色生态走廊重要组成部分的白莲泾公园，一个可复制水系生态净化模式，有一条带状的、具有水净化功能的人工湿地系统的后滩湿地公园，以水资源和水景观以及自然景观整合塑造的特色适宜滨水区的江南公园以及求新公园，和其他结构概念融合，为上海城市的可持续发展和"三型"城市建设，提供了充分的生态保障支撑。多楔即由多种绿地构成的垂直分布的楔形绿地结构，包括园区防护绿地、缓冲绿地、配套绿地以及道路绿化等。在这样的世博会绿地规划结构概念下，绿地面积超过了100万平方米，占世博园的30%，这充分诠释了世博会所秉承的生态、环保、绿色的世博理念。

（三） 绿色建筑

绿色建筑就是在建筑的全寿命周期内，最大限度地节能、节地、节水、节材，从而实现资源的最优利用、环境的最低污染，即与自然和谐共生的建筑。在世博园区，90%以上的场馆采用的为环保、可回收利用的绿色建筑材料，尽量不使用保温、节能性不佳的大理石、花岗岩等建筑材料并且严格按照国家各项节能规范，对能耗、水耗、室内空气质量、可再生材料的使用进行控制。西班牙馆的藤条材料、挪威馆的勃竹材料、世博演艺中心的自然通风设计、主题馆的太阳能光伏建筑一体化技术、南北广场超过3万平方米的平面绿化及东西两侧外墙上的7000平方米的垂直绿化、万科企业馆的麦秸压缩墙土材料，都是绿色建筑理念在世博会中的充分体现。在城市最佳实践区，更是将新能源（光伏发电、风力发电、江水源热泵、LED半导体照明等）、智能化技术（江水源冷却系统、地源系统、雨水收集系统、冰蓄冷系统等）运用到展馆的具体设计和运作中。

二 低碳世博下的上海"三型"城市建设原则

（一） 经济发展原则

城市建设应当追求经济和社会的发展，当然这样的发展要立足在经济效益、社会效益和环境效益的统一之中。上海在"三型"城市建设中，突出资源的节约性、环境的保护性、气候的安全性，而这又为城市长久的经济发展奠定了外部基础。同时，只有经济得到了良好的发展，才能为资源节约、环境保护、气候安全提供有效的防治措施和规范管理。总之，不以牺牲环境为代价，以长远发展为目标，追求经济的快速发展，不仅是上海建设"三型"城市的终极目标，也是向国际化大都市目标前进的必要途径。经济发展程度的高低、发展质量的好坏都是衡量城市建设发展现状和发展前景的标准。上海在绿色、低碳、环保的城市建设道路上，通过城市经济的发展，综合提升了城市的水平。

（二）以人为本原则

城市建设不单单是国家经济实力的展示，更应该落到实处，从人的需求角度，建设人们需要的城市。因为城市是人的综合体，没有了人，城市也就失去了生存的土壤。同时，随着中国城市化步伐的加快，城市将成为中国未来人口居住的基本区域，而高污染、高消耗、高浪费、低生态效益、低经济效益以及低社会效益这样的"城市病"的伴随出现，让我们对如何提升居民的生活质量和生活幸福度引发了深远的思考。以人为本，即要求城市建设符合人性，不以牺牲人的生存需求和发展需求为代价。概括地说，既要保护生态环境、保存原有的历史文化环境，也要提供完善的基础设施建设、健全的就业机制等。上海世博"城市，让生活更美好"的主题就充分体现了以人为本的原则。在《迎世博文明行动计划》中，从为了人民和由人民来推动两个方面对以人为本的原则进行了诠释，即由人民来积极广泛参与推动整体人民利益的实现。在世博会的规划和举办过程中，不管是在世博选址、绿色规划、绿色建筑、最佳实践区优秀城市成果的展示方面，还是在为参观者提供相应配套措施与服务以及世博会后资源后续利用方面，都充分展示了将人的利益放在首位，从人的角度出发，谋求经济效用的最大化。这一切都得益于人是城市建设的主体，又是城市建设成果的享有者，只有以人为主，才能紧跟人不断提升的需求，让城市在满足人的需要的同时也得到快速发展。

（三）生态环境保护原则

城市建设要将开发与保护并重，通过生态环境的保护，治理已有的环境问题，防范新的环境问题的出现，达到城市的可持续发展，让城市的经济与环境良性协调发展。在粗放型经济的增长模式下崛起的一批批大城市，面临着早期发展带来的资源和环境问题，必须通过生态环境的保护谋求新的绿色发展。上海作为中国早期发展城市和目前最大的经济中心城市，在如今低碳经济浪潮下谋求发展，不仅面临着像土地这样的自然资源稀缺，以煤为主的能源结构，不合理的人口分布与参差不齐的人口质量等问题，还遭受着以煤炭型污染为主的复合型污染、水污染、生活垃圾污染等生态环境质量降低的威胁。在全球气候变暖的趋势下，走低碳经济之路成为必然。低碳经济就是通过减少煤炭、石油等高碳能源消耗，以期实现温室气体的少排放，让经济社会发展和生态环境保护双赢的一种经济发展模式。而城市建设则是实现低碳经济的载体。低碳能源系统、低碳技术、低碳产业体系都将在"三型"城市建设中得到体现。以上海世博会为例，上海世博是节能减排和低碳的最佳实践者。不论是上海世博基础设施、配套设施的建设，还是上海世博区内人类城市建设优秀成果的展示，都是一次次新能源利用、环保技术创新、绿色建筑理念的践行。上海在"三型"城市建设中必须牢牢恪守生态环境保护的原则，走人口、社会、经济和资源与环境相协调的城市生态建设之路。

（四）科技创新原则

科技发展是经济增长的直接动力。高科技的运用是降低消耗、提高利用率、保证质量的有力手段。上海"三型"城市建设之路，必须坚持产业结构与经济结构的适时转型，城市规划与城市建设的合理管理以及环境治理与生态保护的及时落实。而科技创新中的知识创新、技术创新、管理创新则为这些目标的实现提供了坚实的保障。上海世博会就是一次人类科技成果聚集展示的盛会。在追求高速度城市建设的同时，保障高标准的建设质量，则离不开高科技的运用和创新。上海奔着国际化大都市的发展目标，在"三型"城市建设中，更应加大对科技研发和创新工作的投入力度，通过科技的提升，追求更好更快的发展。

三　低碳世博下的上海"三型"城市建设重点

在气候变化日益严峻的挑战下以及能源供应日益紧缺的背景下，节能低碳发展已经成为各国发展的主流方向。如何使经济发展方式由粗放型向集约型转变，如何调整经济产业结构向服务型、创新型、知识型的第三产业发展，如何提升经济发展结构中的新能源、可再生资源的利用率，成为当今及未来相当长的时间内国家发展的重点。作为经济发展、社会生活和生态环境融合的基本载体，上海市的城市发展在面对当前节能减排和低碳发展的任务时，更负载着重大的使命和现实意义。"十二五"期间上海就推进了节能减排和低碳发展，发布了上海市节能和应对气候变化"十二五"规划，力争到2020年实现传统化石能源消费总量的零增长，以及单位生产总值二氧化碳排放量相比于2005年下降40%—50%的目标。可以看出，上海在应对气候变化、建设"三型"城市中的重点应该放在以下几个方面。

（一）研发新能源

积极研发新能源利用技术、节能低碳技术，改变传统的以煤电、火力发电、石化为主的能源消费结构。通过能源的充分利用以及循环利用，降低环境污染和生态破坏，实现资源的天然利用以及生态系统的循环自净。

（二）发展绿色建筑

大力发展绿色建筑，采用可回收、可降解的污染小、能耗低的建筑材料以及科学合理的建筑规划，以合理地利用各种生态能源，从而最大化地利用资源并减少建筑垃圾。从上海市 2005—2011 年垃圾产生量来看，总体上呈现递增的趋势，以 2011 年增长最快，垃圾产生量为 2005 年的 1.47 倍（见表 6 - 1）。而 2011 年垃圾产生量猛增是由于建筑垃圾的增多导致的。由图6 - 3可知，2011 年建筑垃圾相比前 6 年平均值增长了 184 个百分点。

表 6 - 1 上海城市环境卫生情况

单位：万吨

年份	2005	2006	2007	2008	2009	2010	2011
垃圾产生量	777	805	852	841	870	890	1142

资料来源：根据 2012 年上海统计年鉴整理。

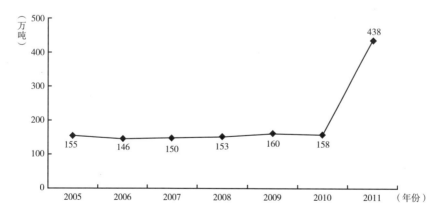

图 6 - 3 上海城市建筑垃圾产生量

资料来源：根据 2012 年上海统计年鉴整理。

（三）协调新城发展与旧城改造

上海积极将新城发展与旧城改造结合在一起，既关注旧城已有的环境生态问题，又以旧城为鉴，找寻新城建设中环境与建筑完美衔接的切入点，做到新城建设和旧城改造同步抓，从而在整体上塑造继承与发展并存的城市形象。

（四）宣传环保理念

我们不仅应该将绿色环保的理念运用到城市规划中，更应该将此融入城市生活的主体——居民的生活、消费过程中。从需求刺激消费的角度来看，没有需求，也就没有供给。若生活在其中的人有很强的环保理念，都作为环境生态保护的积极宣传者和实践者，那么市场上以损害生态环境为代价的行为将被摒弃，而居住的城市也会越来越美好，生活也会越来越幸福。

四　上海"三型"城市建设的经验借鉴

以世博会为切入点，上海在"三型"城市建设中表现出良好的示范带头作用，但是面对上海自身发展目标和资源瓶颈现状，上海"三型"城市建设需要一定的机制保障，不仅要从物质方面促进上海在城市生态环境建设方面的资金投入，也要从精神层面加大环保、低碳、绿色、宜居城市理念的推广，让这种理念引导绿色发展行动。总之，上海"三型"城市建设需要在政府导向、公众参与、科学规划、合理建设的机制下实现城市可持续发展。

（一）政府导向

政府需要从制度和资金两个方面对"三型"城市建设提供保障。一方面是制度倾斜，从制度上引导"三型"城市建设。从上文中也可以看出，上海市政府在国家政策的背景下，结合自身特点针对一些城市建设问题和发展需求，相应建立了一系列的规章制度；另一方面为资金投入，上海市政府加大了对生态环境建设的资金投入力度，既对已有的生态环境问题进行治理，也对符合环保标准的城市规划和建筑项目予以优先考虑。政府导向是上海"三型"城市建设有力的外部环境支撑，在政府正向的导向下，会引导上海城市可持续发展。

（二）公众参与

政府一方面要加强对生态环境保护意识的宣传，从意识层面增强人们的环保观念以及从身边的小事践行这样的观念；另一方面要制定相应的规章制度，对不符合相应环境保护的行为给予负强化，从而遏制这样的行为再度出现。鼓励和倡导公众参与，不仅可以让公众的需求得到更切实的实现，也可以通过公众自我环保意识的提高，对上海城市建设中一些严重影响生态环境的行为进行社会监督，从而让城市建设沿着正确的道路前进。

（三）科学规划

科学规划是合理建设的前提，没有一个科学的规划，建设的合理性也就只是空谈，科学规划上升到战略高度，则需要政府的全程参与和监督，既要对城市规划项目进行谨慎的审批，将不符合生态环境效益和社会经济效益相统一的项目遏制在摇篮里；也要积极参与相关城区的规划事项，利用已有的高技术规划人才，为科学规划提供人才支持和技术保证。在现行的上海城市规划中，要积极推动世博园区的国际性中央商务区的构建，加快迪士尼项目的建设，推进商务发展集聚阵地虹桥商务区的建设以及推进郊区新城的建设。

（四）合理建设

上海作为一个早期发展的历史老城，不仅存在具有浓厚历史文化色彩的早期建筑及遗留的古建筑，还存在早期城市化阶段不合理的城区建筑。在现行城市建设中，则需要将未来城市发展与现行的建设现状和风格相契合，这就不仅要求具有合理的城市规划，更要将把城市规划落到实处的建设放在首位。从合理建设的角度，则需要这样一个由政府控制、公众参与的监督机制，对不合理、违反相关生态环境保护法律法规条文的建设情况，予以及时调整，从而保证科学规划落到实处、科学规划惠及公众。

由以上分析可知，上海需要在以人为本、生态环境保护、科技创新以及经济发展的原则指导下，依托政府导向、公众参与、科学规划和合理建设的机制，着重研发新能源、发展绿色建筑、协调新城发展与旧城改造并宣传环保理念，从而更好地建设"三型"城市，促进城市的绿色可持续发展（见图6-4）。

上海世博是一次真正意义上的绿色世博，充分体现了人与自然环境、人与人的和谐，也充分展示了创新的城市建设理念、可持续发展的城市规划方

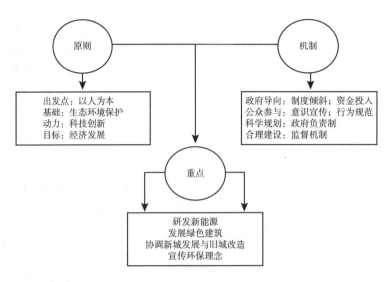

图 6 - 4　上海"三型"城市建设

案，是低碳、绿色、环保、可持续的"三型"城市建设的实践。不管是上海自身的可持续发展需求、城市化高速发展的趋势，还是国际化大都市的目标追求，上海的"三型"城市建设都将起到越来越重要的作用。在"城市，让生活更美好"主题下的上海世博会，已经为上海的"三型"城市建设开启了好的开端，后世博时代必将给上海带来新一轮的经济发展、社会和谐、生态文明的城市建设。

第三节　"中国电谷"——可再生能源产业发展战略转型的保定实践

在全球气候变化的大背景下，发展低碳经济已成为国际社会的共识。早在 2006 年，保定市便明确提出打造"保定——中国电谷"的战略构想，着手重点发展低碳经济，依托保定国家级高新区新能源与能源设备产业的基础，培育风电、光电、生物质发电、节电、储电、输变电六大产业体系，从而将保定打造成具有国际影响力的新能源产业基地。2008 年初，凭借其在新能源产业发展和应用领域的领先优势，保定被世界自然基金列为中国国内首批"低碳城市项目试点城市"。2010 年 8 月，保定市又与天津、重庆、深圳、厦门、杭州、南昌、贵阳一起成为中国首批发展低碳产业、建设低碳城市的试点城市。

保定市是典型的内陆中等城市,人口密度大,廉价劳动力充足,但资源较贫瘠,发展落后于东部地区;拥有良好的区位优势,毗邻首都,是环渤海经济圈的重要城市,位于京津唐工业区内,能够在把劳动力转为成本优势的同时,接受大城市的发展辐射,得到技术、投资、人才等多因素的支持;保定的生态环境相对较弱,同时肩负着保护白洋淀与维护京津地区生态环境的重大使命,因此在加快推进城市化和工业化的进程中,要求把城市建设与生态保护结合起来,彻底摒弃传统粗放型的生产与生活方式。在该背景下,保定低碳城市之路是与国家发展要求紧紧贴合的,保定走的"发展新能源产业、打造中国电谷、建设低碳三型城市"之路是科学的、可持续发展的。

一 保定市的低碳经济发展之路

保定市低碳经济发展之路的重点是发展新能源产业,并将新能源科技成果运用到城市生活中,真正全面建设低碳城市。在被确定为第一批"低碳城市项目试点城市"之时,保定市便抓住契机制定了国内首个《低碳城市发展规划》,并紧接着出台《关于建设低碳城市的意见》,明确了保定建设低碳城市的一个理念、三个主要任务和五项重点工程。

(一)一个理念

所谓"一个理念",即探索一条城市经济以低碳产业为主导、市民以低碳生活为理念和行为特征、政府以低碳社会为建设蓝图的符合保定发展实际,节能环保,绿色低碳的生态文明发展之路。

(二)三个主要任务

一是发展低碳经济,培育低碳产业。加快新能源和能源设备制造业发展,进一步完善六大产业体系,打造"中国电谷",构建低碳城市的产业支撑体系。二是树立低碳理念,建设低碳社会。通过开展各种社会活动,在各级部门和广大市民中树立低碳意识和理念,推进生活方式低碳化和城市建设低碳化。三是加强低碳化管理,强化节能减排。强化工业企业节能减排,抓好农村节能,推进建筑节能,强化城市交通运输节能减排和推进商贸流通业节能减排。

（三）五项重点工程

一是"中国电谷"建设工程：力争到 2015 年，新能源和能源设备产业产值达到 1500 亿元，使保定成为中国新能源产业发展的领军城市之一。二是"太阳能之城"建设工程：力争通过 5 年努力，市区单位庭院及公共场所太阳能照明达到 90%，新增建筑基本实现太阳能设施一体化。三是城市生态环境建设工程：实施"蓝天行动"，计划用 3 年时间，将市区内 1100 台分散燃煤锅炉全部取缔，实施以城镇污水处理厂、大水系建设为重点的"碧水计划"。加快推进城市大水系建设，将市区建设成"两环四廊、五湖十园"和青绿交映、水城一体的城市水系格局。同时实施以城镇绿化为重点的"绿荫行动"和"森林固碳计划"，力争到 2015 年，人均绿地面积实现 13.5 平方米，绿化覆盖率达 43%，绿地率达 40%，争创国家园林城市和国家森林城市。四是低碳化社区示范工程：2015 年前，低碳化社区建设规模将达到现有社区的 50%。五是低碳化城市交通体系整合工程：开展低碳化交通整合方案设计，大力倡导低碳化出行，控制高耗油、高污染机车发展，鼓励生产使用节能环保型车辆和新能源汽车、电动汽车，加快天然气加压站、电动车充电站布点建设。到 2015 年，建立起快速公交系统，建成市区内部及市区与卫星城之间快捷的公共交通网络[①]。

二　保定市"中国电谷"建设的成效

在打造"中国电谷"的过程中，保定市将新能源的利用与城市基础建设相结合，更好地体现了发展低碳经济的要求，打造保定新名片——"太阳能之城"。

2007 年，保定市启动了一项名为"太阳能之城"的建设，在全市范围内广泛推广光伏 LED 与光热产品的应用，让"阳光"照亮保定、温暖保定、融入保定生活、推动保定发展，致力于将保定打造成为中国新能源产业发展与应用领域的领军城市。2012 年蓝色太阳能光伏电池板已遍布保定市区的

---

① 杨彦华：《保定发展低碳经济简论》，《改革与开放》2013 年第 2 期。

街头巷尾，甚至保定市大大小小旅游景点、广场、校园、机关、社区的角落。已建成的太阳能应用工程，每年可以节电2100万度，减排二氧化硫1.7万吨，在节约能源的同时减少了有害气体的排放，保护了城市的生态环境。由此，保定市也被命名为国内首座"国家太阳能综合应用科技示范城市"，被评为"中国节能减排20佳城市"。

从图6-5、图6-6和图6-7观察可知，总体上保定市正在努力实现"资源节约"。从保定市能耗情况对比分析可以看出，保定市能源节约效果明显优于河北省，而又远远落后于北京市，同时节约能源的能力不够稳定，特别是单位工业增加值的能耗。由此，保定市在发展以工业为主要内容的第二产业的新发展模式转变上，必须付出更多的努力，控制能耗，节约资源；同时在建设低碳城市、发展低碳经济时，要牢牢把握住能源的开源节流，探索更好地建设低碳保定的道路。

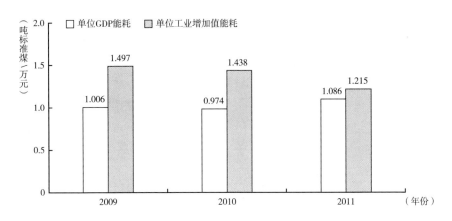

图6-5 保定市2009—2011年能耗情况绝对数分析

三 新能源产业发展：领头企业带动整体发展

作为源于新能源的发现和应用的新兴产业，新能源产业的发展已是不可阻挡的发展趋势。建设低碳城市，必然要对其在能源的使用上进行根本性的结构调整，同时在生产与生活领域积极推广太阳能、天然气、地热、沼气等清洁能源的综合开发与利用。作为保定经济发展中增长最快、拉动力最强的支撑产业，新能源产业现在是保定经济发展过程中极为重要的增长点，在保

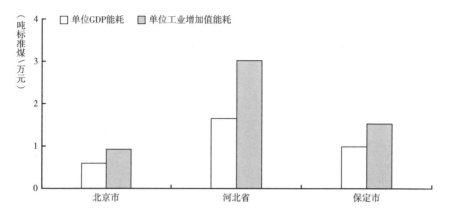

图6-6　北京市、河北省、保定市能耗情况绝对数对比

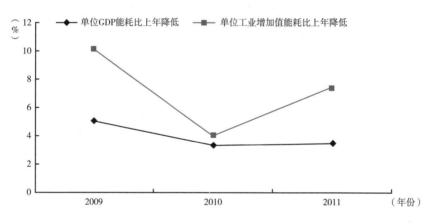

图6-7　保定市2009—2011年能耗情况相对数分析

资料来源：相关年份《保定市国民经济和社会发展统计公报》。

定实施低碳经济的过程中起到了主导性的作用，是保定实现低碳经济的首要
途径。保定市发展新能源产业有一个明显的特点，那就是重点培育各个新能
源产业的领头企业，使各个新能源产业依靠实力雄厚的领头企业发展，以强
带动使该产业变得更强。

（1）在风电产业方面，中航惠腾风电设备股份有限公司作为行业内领
头企业，是目前国内唯一可以进行自主研发风电叶片的企业。在其带领下，
中国电谷形成了中国最完整的风电整机、风电部件研发与制造产业聚集区，
在风电技术研发、风电人才培养、风电设备检测和认证以及风电标准制定等

领域引领着中国风电产业的发展。

（2）在太阳能产业方面，天威英利有限公司是国内唯一全产业链多晶硅太阳能电池生产企业，年产太阳能电池、组件产能达 600 兆瓦，约占世界产量的 1/10。在其强有力的带动下，中国电谷光伏产业已形成光伏组件生产，光伏系统控制及逆变装置生产，光热产品制造，光伏电站系统设计、建设、运营，光伏 LED 照明装置生产在内的企业群。产业链涉及光伏、光电产品、研发、制造、应用多个环节。在城市建设应用方面，在城市道路、广场、机关、庭院和公园等地方大量采用太阳能光伏照明。目前已安装使用的约 1 万盏太阳能灯一年可节电 1830 万度。

（3）在输变电、节能产业方面，中国电谷培育出了一批节电领域的重大原始自主创新项目。在输电、配电、用电三大环节拥有多项重大自主创新技术，包括大电网稳定系统控制技术、大型电动机串级调速节电技术、复合光电缆技术等，可极大地提高节电效率[①]。其中保定天威集团作为中国最大并具有完整产业链、完整自主知识产权的输变电制造基地，其变压器的产量连续三年位居世界之首。

（4）在光伏产业方面，保定高新区以英利集团为主导，一方面保持光伏组件规模化扩张态势，另一方面加速产业体系建设，在高纯硅生产、配套产品国产化等方面已进入实质性的项目运作阶段。目前，保定高新区多晶硅产能达到 3000 吨，铸锭、硅片、电池、组件产能达 600 兆瓦，已经形成太阳能光伏产品研发、制造、应用的完整产业链，一个国际化的太阳能光伏产业体系正在形成[②]。

（5）在储能设备产业方面，以"好马配好鞍，好车配风帆"著称的风帆集团，是中国铅酸蓄电池行业中规模最大、技术实力最强、市场占有率最高的企业。风帆蓄电池与国内外 40 多种主流车型配套，国内生产的中高档轿车 70% 以上都装配有风帆蓄电池[③]。

保定市培育以光电、风电、生物质发电、节电、储电、输变电六大产业

①　于群：《保定："低碳"理念助推生态文明》，《城市住宅》2008 年第 5 期。

②　杨文利：《追风逐日——保定高新区崛起新能源产业集群》，《中国高新技术产业导报》2009 年 11 月 2 日。

③　王方杰、王洪生：《保定倾力打造"中国电谷"》，《中国经济周刊》2008 年第 3 期。

体系，欲打造"中国电谷"，以低碳生产的电能提供新兴生产动力。新能源的应用是现代社会经济建设的必然，在"十二五"期间，新能源开发利用的重点之一是太阳能光伏发电以及风能发电等洁净能源的利用。中国还是光伏太阳能生产大国，光伏产业也是中国具有国际影响力的新能源产业之一。

保定市建设"中国电谷"，其最大的优势在于保定国家高新区，被称为"中国电谷奇迹的策源地"。保定国家高新区 1992 年成立，结合自身区位优势及产业特色，选择了以新能源产业为主攻方向的发展道路，在 2010 年被评为"中国最具投资潜力经济园区"。它是目前全国唯一的"国家级新能源与能源设备产业基地"和"国家科技兴贸出口创新基地（新能源）"，以风能、太阳能为代表的新能源与能源设备产业具备雄厚的产业基础。保定高新区在新时期的发展目标是"中国智慧电谷、北部低碳新城"，强调以低碳理念为引领，以特色产业为支撑，以科技创新为动力，建成具有国际影响力的科技新城区。可以看出，"中国电谷"的发展与"保定高新区"的发展是密不可分的。如下是以保定高新区和"中国电谷"战略为依托所产生的多个"第一"的荣耀：中国第一个全产业链的大规模太阳能电池制造商、中国第一个大功率风力发电叶片研发中心、中国第一台向美国出口的大型风电整机、中国第一个大型风电整机传动检测平台、中国第一块直径 320 毫米锗单晶棒、中国第一座太阳能光伏大厦。

近年来，保定市"中国电谷"的发展战略展现出强大的生机，先后被命名为国家可再生能源产业化基地、国家新能源高技术产业基地、国家火炬计划新能源与能源设备产业基地、新能源高技术出口创新基地、国家新型工业化产业示范基地，形成了良好的国家级政策平台，确立了重要的低碳行业领军地位，现在正朝着世界一流园区的目标迈进。

第四节　"两型"社会试验区——"三型" 城市建设的武汉探索

武汉城市圈是指以武汉为中心，包括其周边的咸宁、黄石、黄冈、仙桃、天门、鄂州、潜江、孝感 8 个城市在内的城市圈，因此也称"1＋8"城市圈。武汉城市圈囊括了湖北省一半的人口和 2/3 的 GDP，是湖北经济发展的重要部分;同时,"武汉城市圈"作为中部四大城市圈之首,在中国"中部崛起"战略中发挥着支点的作用。随着城市化进程的不断推进,工业化程度的不断加深,城市发展以及工业生产对大自然的索取和破坏加大,城市圈资源环境形势不容乐观,传统的发展方式已成为城市经济可持续发展的阻碍,只有加快转变经济发展方式,节约资源,保护环境,维护生态平衡,才能促进武汉城市经济又好又快发展。

2007 年 12 月,武汉城市圈获准成为全国资源节约型和环境友好型社会(以下简称"两型"社会)建设综合配套改革试验区。"两型"社会的建设为武汉城市圈的发展指明了大方向,即从地区实际出发,结合资源节约型和环境友好型社会建设的要求,转变经济发展方式,加快产业升级,全面推进经济、科技、交通等各个领域的改革,最终带动中部地区的发展。武汉城市圈在充分认识和分析"两型"社会特点的基础上,紧抓资源、环境、生态三大重点,全面展开了"两型"社会下的"三型"城市建设。伴随着一批重大项目和工程的实施,武汉城市圈在生态建设以及环境保护、资源节约等方面取得了显著成绩。

一 全国水生态系统保护与修复试点城市建设的主要成绩

2005 年,武汉市被国家水利部批复为全国首批水生态系统保护与修复试点城市。为配合水生态系统的修复和建设工作,武汉市接连出台了数部地方性法规和规范性文件。"十二五"期间,武汉市根据已编制完成的《武汉市环保"十二五"规划草案》拟每年按环保投资指数 3%(占 GDP 比重)的比例,重点实施水环境保护等 8 个方面的重大环保项目,总投资额将是"十一五"期间的 4 倍,为全面建设国务院批复的武汉"1 + 8"城市圈资源节约型、环境友好型社会综合配套改革试验区提供了支持。

(一)治理污水——"清水入湖"工程

"清水入湖"工程始于 2006 年 4 月,是武汉市为防止工业废水、生活污水直接被排入湖泊而采取的一项急救性保护措施。武汉市先根据武汉市中心地域 40 个湖泊的地域地形及湖泊周边的用地基本情况划定了"三线",即根据湖泊最高控制水位而划定的"蓝线",依据绿化用地及其控制范围而划定的"绿线"以及界定正常用地和可控制用地的"灰线"。这三条线的划定为后续的湖泊保护工作奠定了基础。正是在"三线"的基础上，工程第二阶段的主要工作就是正式实施截污。截污的关键在于"治污"，而"治污"的重点在于污水处理基础设施的建设。在污水处理方面，武汉市采取集中处理为主，分散处理为辅的方式，一方面不断完善管网建设，加强对市内各主要管网的排污控制；另一方面，对于无法实现集中处理的排放口，武汉市针对不同排放口排出污水的排放量和水质特征进行区别分散处理，保证了全市整体截污效果。

通过表6-2与图6-8中的数据得知，从绝对值角度看，武汉市2005—2010年污水处理厂有所增加，年总污水处理量也成倍增加，2010年各污水处理厂平均污水处理量为0.54亿吨，是2005年的两倍多。可见，武汉市污水处理水平从数量上看有所提高。

表6-2　武汉市污水处理量分析（2005—2010年）

年份	污水处理厂（个）	处理污水量（亿吨）	平均污水处理量（亿吨）
2005	7	1.79	0.26
2006	8	2.98	0.37
2007	10	3.10	0.31
2008	10	4.57	0.46
2009	10	5.26	0.53
2010	10	5.37	0.54

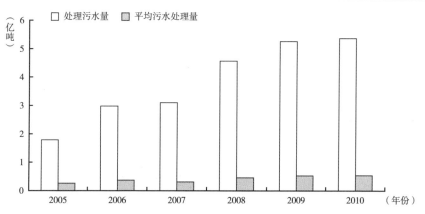

图6-8　武汉市污水处理量分析（2005—2010年）

资料来源：根据2005—2010年《武汉市水环境状况公报》整理。

从图6-9中，可以得出以下结论：2005—2010年，武汉市污水处理率稳步提高，2010年的污水处理率相当于2005年的3倍，已达到80.03%的较高水平。从表6-3中可以清晰地看出，武汉市2005—2010年总污水排放量基本保持稳定，出于技术进步、管理改善等原因，污水处理率有所提高，污水处理量逐年增加，水污染治理成效显著。

表6-3 武汉市污水处理率分析（2005—2010年）

年份	总污水排放量(亿吨)	处理污水量(亿吨)	污水处理率(%)
2005	6.57	1.79	27.25
2006	6.57	2.98	45.36
2007	6.37	3.10	48.67
2008	7.89	4.57	67.21
2009	7.84	5.26	67.09
2010	6.71	5.37	80.03

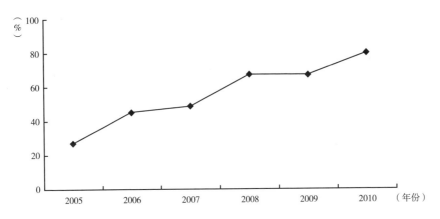

图6-9 武汉市污水处理率变化趋势分析（2005—2010年）

资料来源：根据2005—2010年《武汉市水环境状况公报》整理。

（二）生态水网——生态水网构建工程

加强水体之间的联系是增强水体自净能力的方法之一。武汉选择在汉阳、武昌地区开展生态水网构建工程的试点工作，并针对两个地区不同的自然环境特点，采取了不同的措施。汉阳地区江湖生态水网修复工程是中国"十五"科技项目，其实施范围包括汉阳主要湖泊河流及周边水域，项目强调将龙阳湖、南北太子湖连接起来，恢复江与湖之间的联系，通过恢复各水体的联系，实现水体互通，形成动态水网，从而取得加快水体良性循环、加强水体自净能力的效果。而武昌地区生态水网的构建强调改善整个"大东湖"水系的水生态质量。武汉为达到该目的，制定了"三大工程、一个平台"的治理方针（见图 6 - 10），旨在通过污染控制、水网连通以及生态修复三项工程和监测评估研究平台的建设，实现"大东湖"生态水网的构建，改善生活环境状况，促进区域生态经济的发展。

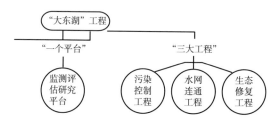

图 6 - 10　"大东湖"工程

伴随着生态水网构建工程的实施，武汉市实现了"死水变活"的治理目标，连通了武汉市各水系，逐渐形成了完善的生态水网，水体互换能力增强，水生态环境的修复功能显著提高，最终改善了汉阳主要湖泊河流及周边水域以及整个"大东湖"水系的水生态质量。而通过"清水入湖"工程，武汉市建立了生态化污水处理设施，加大人工治污的力度，成功地从源头上减少了工业废水、生活污水的排放，提高了境内江河湖泊的水质。

我们整理了 2005—2010 年《武汉市水环境状况公报》中关于江河、湖泊水质的数据资料。从图 6 - 11 和图 6 - 12 中，我们可以看出，武汉市大多数江河和湖泊水质类别为 II 类或 III 类。自 2005 年武汉市被国家水利部批复为全国首批水生态系统保护与修复试点城市以来，武汉市江河水质略微改善，湖泊水质有较明显改善；自 2007 年起，由于"两型社会"的建设正式展开，政府对水生态治理的财政支持进一步加大，增建了 2 处污水处理厂，提高了整体污水处理能力，加上武汉市长年积累下来的治水经验，江河水质总体有所改善，湖泊水质也稳定持续地改善。可见，武汉市经过 5 年的水生态化治理，江河湖泊水质都得到很大的改善。

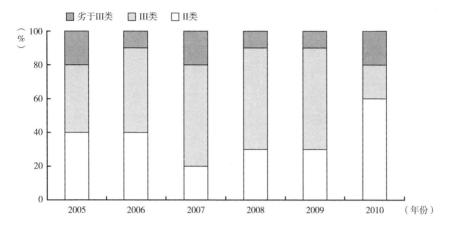

图 6 - 11　武汉市江河水质变化分析（2005—2010 年）

资料来源：根据 2005—2010 年《武汉市水环境状况公报》整理。

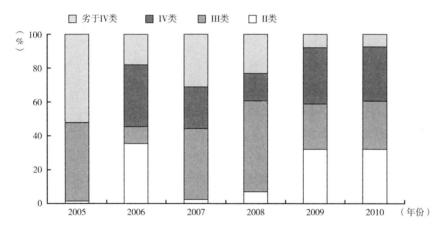

图 6 - 12　武汉市湖泊水质变化分析（2005—2010 年）

资料来源：根据 2005—2010 年《武汉市水环境状况公报》整理。

二　全国水生态系统保护与修复试点城市建设的做法和经验

2008 年 9 月，湖北省人民政府正式通过了《武汉城市圈"两型"社会建设综合配套改革试验区生态环境规划纲要》，武汉市抓住建设"两型"社会的契机，采取了一系列改善环保产业发展环境的措施，积极筹集城市圈生态建设资金，调动政府、社会和市场的力量，努力促进投资主体和投资渠道多元化，鼓励社会各界资金投入城市圈生态环境建设。以下是主要做法和经验。

（一）加大政府投入

在武汉城市圈"两型"社会构建过程中，政府一方面通过调整财政支出结构和支出方向，展开了一场关于生态安全、环境保护的改革，加大了对生态环境的关注和投入，刺激环保产业不断向前发展，充分发挥了财政在生态建设和环境保护等方面的特殊作用。另一方面，政府通过让利、补贴等方式，积极引导企业将资金投入环保项目的建设之中，并开展绩效评价机制，给予环保项目投资更大的优惠。另外，城市圈的各级政府还紧抓财政预算，将环保预算纳入本级财政预算，并对环保预算的比例和年增幅作出了严格的规定。

（二）设立城市圈生态环境保护基金和环保产业发展专项资金

武汉城市圈自"两型"社会建设开展伊始，就计划成立武汉城市圈生态环境保护基金会。该基金会的主要任务是广泛接收各地区各类实物资产、非实物资产的捐赠，为武汉城市圈的生态建设和环境保护提供资金、物资以及技术上的支持。环保产业发展专项资金是由湖北省人民政府设立的以省财政预算安排为主的一项专项资金，该项资金主要用于支持武汉城市圈生态建设和环保产业发展，保证"两型"社会的试验得以顺利进行。另外，武汉城市圈还通过发行水环境专项治理债券的方式来筹集资金。发行水环境专项治理债券是武汉城市圈为改善水环境并筹集环保资金的又一项创新性措施。该措施试图通过发行债券的形式来募集水环境污染治理资金。其侧重点在于城市圈江河湖泊水污染的防治、城市湿地生态系统的修复以及生态环保技术的推广和应用等。

（三）开展环境税费改革试点

为了率先消除不利于环境保护和生态建设的税收政策的影响，提高国家税收的绿色化程度，从征税的角度来调节和引导经营者的生产行为和消费者的消费行为，武汉城市圈向国家相关部门申请开展环境税费征收制度改革。该项环境税制改革的具体内容如下：一是开展增值税改革，对经认证的节能、环保产品生产企业和有效开发利用可再生能源、积极推行循环经济以及实现"零排放"的企业实行增值税上的税收优惠。二是针对环保节能企业实施再投资退税，尤其表现在针对大型节能环保企业的税率优惠，在企业的税款如实并按期缴库后，在每年财政收入增长的部分，由地方财政进行补贴，返还给企业。

（四）坚持依法治水

武汉市在正式展开水生态系统保护与修复工作之前制定了《武汉市水生态系统保护与修复规划》，为该项目确定了基本方向，并在此基础上编制了《武汉市水生态系统保护与修复试点工作实施方案》，为项目提供了具体的实施方案。上述两份文件的制定是水生态保护与修复工作开展的政策依据。另外，武汉市同时也开始了相关法律法规的建设，相继出台了《武汉市湖泊保护条例》《武汉市城市排水条例》《武汉市水土保持条例》等多部地方性法规以及一系列相关的规范性文件。这些法律法规为工作的开展提供了法律保障。

第五节 低碳消费模式——政府主导下城市低碳化发展的南昌探索

自 21 世纪以来，从"既要金山银山，更要绿水青山"理念的提出，到"生态立市""绿色发展"理念的深入实施，再到鄱阳湖生态经济区的战略实践，都体现了南昌市致力于绿色发展的道路。为贯彻与落实可持续发展战略，转变经济发展方式，完善产业结构，南昌市制定了"建设低碳城市、实现绿色崛起"的发展目标。之后，南昌市成为全国唯一一个发展低碳经济试点的中部省会城市。南昌市在政府主导下进行城市低碳化运营，实行可持续的城市低碳消费模式，通过构建绿色交通体系、发展绿色建筑、改变居民生活方式等向低碳化转型，实现城市的低碳消费模式和绿色生活方式。

一 南昌市生态环境现状

（一）丰富的自然资源

南昌市在古民谚中有"七门九州十八坡，三湖九津通赣鄱"之称，是一座现代与古老融合的都市。南昌市因水而发，缘水而兴，它具有"西山东水"的自然地势，拥有异常丰富的水资源（见表6-4、表6-5和表6-6），是一座名副其实的东方水城。南昌境内江河湖塘星罗棋布，以鄱阳湖为中心散布着青山湖、金溪湖、青岚湖、瑶湖等大小数百个湖泊，市区东北有艾溪湖、青山湖和贤士湖，城区有东、西、南、北四个风景湖。南昌市耕地面积为21.04万公顷，其中有效灌溉面积达18.98万公顷，占90.2%。在有效灌溉面积中，旱涝保收面积为15.57万公顷，占82.0%。

表6-4 南昌市水域面积

全市总面积（平方公里）	水域面积（平方公里）	比重（%）
7402.36	2204.37	29.78

表6-5 南昌市水量

单位：亿立方米

年均产水量	地表水资源	地表径流量	还原水量	地下水资源
66.25	61.53	51.42	4.07	14.97

表6-6 南昌市水资源

水资源蕴藏量（万千瓦）	可供开发的资源（万千瓦）	比重（%）
7.27	3.45	33.7

南昌林地面积为13.2万公顷，森林覆盖率为17.1%，活立木蓄积量为220万立方米（见表6-7、图6-13）。主要树木有413种，常见树种为松、杉、樟等，被称为活化石的银杏、水杉和被誉为水果之王的猕猴桃也有零星分布。用材林、薪炭林居多，分别占林地面积的39.0%和31.8%；防护林、特用林比重偏小，分别占林地面积的20.9%和4.5%。

表6-7 南昌市林地比重

林地面积（万公顷）	森林覆盖率（%）	活立木蓄积量（万立方米）	用材林所占比重（%）	薪炭林所占比重（%）	防护林所占比重（%）	特用林所占比重（%）
13.2	17.1	220	39.0	31.8	20.9	4.5

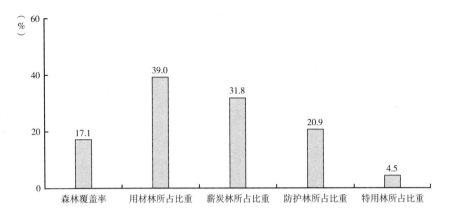

图 6 – 13　南昌市林地比重

南昌市野生动植物资源品种繁多。野生动物有 480 多种，其中国家级保护鸟类有 20 多种，珍稀鸟类有 12 种。

（二）良好的气候条件

南昌市属于亚热带湿润季风气候，气候湿润温和，日照充足。一年中夏冬季长，春秋季短，是典型的"夏炎冬寒型"城市，夏天炎热，有火炉之称；冬天较寒冷。年日照时间为 1723—1820 小时，日照率为 40%。年平均气温为 17℃—17.7℃，极端最高气温为 40.9℃，极端最低气温为 – 15.2℃。年降雨量为 1600—1700 毫米，降水日为 147—157 天，年平均暴雨日为 5.6 天，年平均相对湿度为 78.5%。年平均风速为 2.3 米/秒。年无霜期为 251—272 天。冬季多偏北风，夏季多偏南风。这样的气候适合植物花卉生长，是营造"花园城市"的理想地区，也为建设低碳化城市打下了基础。

二　政府主导下的南昌城市生活低碳化

中国环境保护工作的历程证明，在环境保护工作中占据主导地位的是政府，政府主导是实现城市发展低碳模式的关键。

（一）南昌市开展城市生活低碳化的必要性

首先，南昌市城市污染相对严重、城乡发展不平衡、城市区域发展不协调等问题均显示，南昌的城市生活低碳化势在必行，城市生态环境建设存在的问题涉及交通、建筑、居民生活方式等，只有开展城市低碳化建设，才能贯彻可持续发展战略，落实科学发展观，实现经济与环境的协同发展。

其次，南昌市正面临着国家新一轮经济发展战略转型调整带来的重大战略机遇，能否准确把握国家经济发展的要求，抢占先机，打造全新的南昌市生活模式，实现经济与质量的双赢，在很大程度取决于南昌市能否积极开展城市生活低碳化，积极发展低碳经济。

最后，南昌市作为中部地区较发达地区，成为唯一一个发展低碳经济试点的中部省会城市，其能否积极发展城市生活低碳化、能否积极落实低碳政策、能否积极发展低碳经济，在很大程度上影响着中部其他地区和城市低碳经济的发展。

（二）基本原则、目标和主要任务

南昌市发展低碳的基本原则可概括为坚持"两个促进"和"三个并重"。一方面，强调低碳发展要与经济发展相互促进，同时兼顾与节能减排、循环经济、生态环境政策之间的协调互动。另一方面，南昌市还提出传统产业的低碳化，需与低碳产业支柱化并重，强调科技和制度方面的创新以及同时提升低碳产品在外部市场的占有率及对内的示范应用。

南昌市低碳试点确立的目标是：通过开展国家低碳城市试点工作，有效控制全市二氧化碳排放强度，提高经济发展质量，进一步优化产业结构、经济结构和能源结构，建立和完善低碳发展法规保障体系、政策支撑体系、技术创新体系和激励约束机制，形成具有南昌特色的市民具有较高低碳意识的低碳城市发展模式，创建全国低碳发展示范城市①。

南昌市发展低碳产业的主要任务如下：构建低碳社会，倡导低碳生活；发展低碳交通；创新体制机制，建立低碳技术支撑体系；调整产业结构，转变经济发展方式；优化能源结构，提高低碳能源比重；推进节能降耗，提高能源利用效率；发展生态农业，增加林业碳汇。

（三）主要做法和成效

（1）提高低碳意识。南昌市充分利用报纸、广播、电视、网络和其他社会渠道进行低碳宣传，使各级政府、企业和市民明确自己的责任和义务，

---

① 谢奉军：《南昌将成全球低碳实践标杆城市》，中国发展门户网，http：//cn. chinagate. cn/zhuanti/ditannanchang/2012－07/17/content_ 25929304. htm，最后访问日期：2014 年 12 月 1 日。

在全社会普及低碳理念，提高社会公众对开展低碳城市试点重要性和紧迫性的认识，建立低碳生产、低碳消费、低碳生活的社会公共道德准则，做到"政府引导，加大投入，公众参与，联动发展"。

（2）优化城市规划。按照低碳理念优化城市规划，坚持采取组团推进的方式扩大城市规模，坚持把就业和生活等集束多功能的城市综合体作为城市开发的主要载体。规划建设低碳绿道网络，建设"全互通"的"城市田园脉络"，实现"显山露水"的自然低碳景观。通过强调太阳能屋顶、太阳能路灯、立体花园、电动汽车站、绿色建筑、垃圾分类等低碳设施布局，建设可视化低碳城市。

（3）发展低碳交通。严格执行排放标准，机动车严格执行国Ⅳ标准，新增公交车辆执行欧Ⅳ排放标准。扩大市区高污染机动车辆限行范围，鼓励提前淘汰主城区高污染机动车辆。加强机动车管理，鼓励购买小排量、新能源等环保节能型汽车，发展低排放、低能耗交通工具，推广使用电动汽车。结合停车场和加油站，建设充电设施体系。在公交车、出租车、公务车中推广使用节能与新能源汽车。加快地铁建设，计划在2016年完成地铁1号线、2号线建设，2020年完成3号线建设，形成由1号线、2号线、3号线组成的轨道交通骨架网。加速水运现代化建设。抓住国家黄金水道和鄱阳湖生态经济区建设的机遇，积极推进南昌港建设，到2015年，建设1000—2000吨级泊位14个，500—1000吨级泊位8个，新增港口年吞吐能力735万吨，集装箱年吞吐能力16万标箱。建设智能交通网络。推进四县五区公交一体化，加快畅通工程建设，发展智能交通系统，全面推进城市交通信息化动态管理，推进多种交通方式无缝对接。推行公交优先，制定公交专用道规划并加紧推行，建立快速公交系统。发展"免费自行车"服务系统。研究提高中心城区路边停车收费水平、重要道路征收拥堵行驶费、高峰期限行等措施，限制传统能源私家车出行。有计划、分步骤实施"免费自行车"行动，方便市民换乘公共交通，实行积分奖励制度，鼓励市民低碳出行。公共自行车不仅提高了道路资源利用率、缓解了城市交通压力、节约了能源消耗、方便了市民出行，同时也引领了"低碳出行，绿色生活"的生活方式。

（4）倡导低碳生活。政府率先垂范，引导全社会树立正确的低碳消费观，提倡节俭理性的低碳生活，使公众从自己的生活习惯做起，控制或者注意个人的碳足迹，反对和限制高碳消费，使低碳生活逐步成为市民的自觉行动。积极引导合理选购、适度消费、简单生活等绿色消费理念成为社会时尚。构建低碳生活指数，评估低碳生活水平，完善配套设施，引导居民生活向低碳方式转型。加快农村沼气的应用和推广，建设大中型沼气工程，发展秸秆汽化、固化，加快省柴灶、节能灶和节煤炉的升级换代，推进农户生活低碳化。支持各类服务组织、行业协会、学会等非营利性组织向全社会提供有针对性的低碳指导和服务，转变传统观念，推行低碳和绿色消费，在全社会形成健康文明的低碳生活方式。

总之，南昌市作为唯一一个中部低碳试点城市，在政府主导下进行城市低碳化运营，积极探索符合自身城市特点的低碳发展模式，积极探索有利于节能减排和低碳产业发展的体制机制，积极倡导低碳绿色的生活方式和消费模式，创新低碳技术，改变生活方式，最大限度地减少城市温室气体排放，尽快实现可持续的城市低碳消费模式和低碳生活方式，为应对全球气候挑战作出了贡献[①]。

第六节　绿色奥运——绿色北京的"三型"城市建设实践

北京作为中国四大古都之一，拥有 3000 余年的建城史和 850 余年的建都史，在中国经济崛起和发展中有着举足轻重的作用。随着城市化趋势的不断加快，城市所面临的发展和环境之间的矛盾也日益加剧。北京市站在中国经济发展的前沿，创新城市的发展方式，用行动来塑造应对资源能源短缺、环境容量小的制约条件下的内涵式、集约化的可持续发展典范。不管是从北京申奥成功后积极努力达成从能源到交通、从环境质量到民众衣食的提高等奥运承诺，还是奥运期间绿色奥运的践行者。北京市"十二五"时期绿色北京发展建设规划提出的率先形成科学发展的全新格局，打造生产清洁、环境优美的绿色发展先进示范区，初步形成人与自然和谐共处的绿色城市的目

---

① 《南昌市国家低碳试点工作实施方案》，百度文库，http：//wenku.baidu.com/link? url = 9apXua4iioQ1XrkIqKtySLY4 - fl8Nc4ey5llynV1LUbQvej3 - aSzTHY4V0mmHdInpPq5N04fFsCjmylCCGS1rOAYW9ym9RmU2lxQOJwJb9i，最后访问日期：2014 年 12 月 1 日。

标，都是北京在应对气候变化条件下，建设资源节约、环境友好、气候安全的"三型"城市建设的实践。

一　北京城市生态环境的现状

自 2001 年北京申奥成功以来，北京一直走在治理和保护环境的前列，加快发展新能源产业，淘汰高污染、高消耗、高排量的产业，推进污染防治和生态建设工作，并以 2008 年"绿色奥运"为契机，将绿色理念融入了居民生活的方方面面。同时，作为奥运会结束后的发展方向之一，"绿色北京"理念也上升为北京城市的发展战略。在这样的战略指导下，北京的经济发展、城市规划、环境治理和生态建设也在协同中共同进步。依据《生态环境状况评价技术规范（试行）》，2010 年北京市的生态环境质量指数达到 66.1，生态质量良好。

（一）主要污染物排放量继续下降

"十一五"期间北京市主要污染物排放量累计下降了 39.73%，大幅超出了国家下达的任务指标 19.33%，下降幅度位居全国第一。图 6 - 14 列出了以二氧化硫、烟粉尘以及化学需氧量在 2007—2010 年的排放量，可以看出，北京市主要污染物的排放量总体上呈现下降趋势，以二氧化硫排放量下降最快，2010 年相对于 2007 年降幅约为 31.2 个百分点。

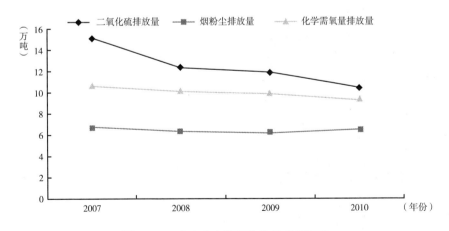

图 6 - 14　北京市主要污染物排放量变化

资料来源：根据 2007—2010 年《北京市环境状况公报》整理。

（二） 空气质量持续改善

北京全市 2010 年的空气质量在二级以上（包括二级）的天数占全年总天数的百分比达到了 78.4%，创下了连续 12 年来的最好水平。图 6 – 15 清晰地展示了自 2001 年以来，北京空气质量二级和好于二级天数的变化情况。2011年北京空气质量好于二级（包括二级）天数达 286 天，高出 2001 年 54.6 个百分点，其中一级天数为 74 天，比 2009 年提高了 57.4 个百分点。

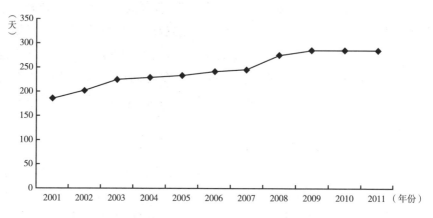

图 6 – 15　北京空气质量二级和好于二级天数的变化趋势

资料来源：根据 2008—2011 年《北京市环境状况公报》整理。

（三） 水环境质量稳步提升

北京市境内的拒马河、沟河、北运河的出境断面水质全部达到了国家考核要求且在污水处理和再生水利用方面均稳中有升。从图 6 – 16 可以看出，北京市区污水处理率保持在 93% 以上的水平，再生水利用率由 2008 年的 57% 上升为 2010 年的 65%，上升了 8 个百分点。

（四） 绿化建设稳步加速

2010 年全市基本形成了山区、平原、绿化隔离区这样的三道生态屏障。新增 1.07 万公顷的造林面积，新增 617.5 公顷的城市绿化面积，城市绿化覆盖率由 42% 提高到 45%，使得北京呈现出一派市区森林环抱、郊区绿海田园环绕的自然景观。如图 6 – 17 所示，北京城市绿化率、林木绿化率和森林覆盖率均在稳步中强化。

承接"十一五"期间在环境建设方面取得的成效，北京市按照建设

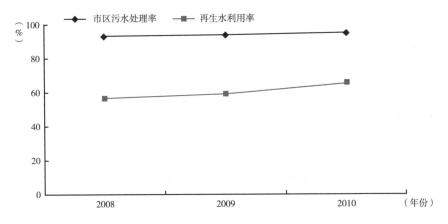

图6-16　北京市污水处理率和再生水利用率

资料来源：根据2008—2011年《北京市环境状况公报》整理。

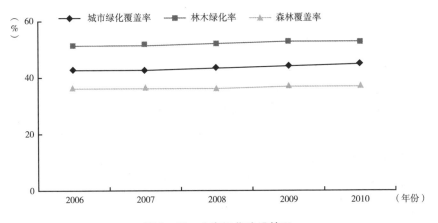

图6-17　北京绿化建设情况

资料来源：根据《北京市统计年鉴（2011）》整理。

"人文北京、科技北京、绿色北京"和中国特色世界城市的要求，制定了《北京市"十二五"时期环境保护和生态建设规划》和《北京市"十二五"时期绿色北京发展建设规划》。在《北京市"十二五"时期环境保护和生态建设规划》中，提出通过加快调整经济和能源结构，优化以改善生态环境为重点的城市布局，加强城市基础设施建设，加快环境污染防治工作，从而落实宜居城市和生态城市的城市功能定位，达到经济、社会和自然的和谐统一；在《北京市"十二五"时期绿色北京发展建设规划》中，提出通过综合考虑城市功能布局、设施建设管理、生产生活行为等因素，在绿色生产、绿色消费和生态环境三大体系中建设绿色北京。

从"十二五"开局之年可以明显看出，北京市生态环境建设质量逐步提高，全市生态质量指数为 66.4。以二氧化硫、氮氧化物、化学需氧量和氨氮排放为主的主要污染物排放量下降幅度继续领先于全国水平；开始实施《地表水环境质量评价方法》，污水处理率达到了 82%，再生水利用量占全市用水总量的 19%；全市新增绿地为 1320 万顷，林木绿化率达到 54%，森林覆盖率达到了 37.6%，城市绿化覆盖率达到了 45.6%。

二　北京市绿色奥运的可持续发展探索

城市作为经济增长的引擎，发展的可持续性决定着其发展的高度。面对气候变化的严峻性和发展的迫切性，可持续发展更是被提上了重要的议程。综合资源、环境、经济和社会四个方面，可以将城市可持续发展界定为在环境容量许可的范围内注重资源开发利用程度的平衡，以求以最小的环境付出获得最大的经济产出，追求经济、社会和环境的和谐统一。

（一）奥运会前的可持续探索

不管是《奥林匹克宪章》中对于申办奥运会城市环保方面的特殊要求，还是来自经济迅速发展与环境急剧恶化之间矛盾的压力，北京市走可持续发展的城市建设之路是一种偶然中的必然。奥运会的筹建也是为了北京新形象的塑造与传承。在奥运会举办之前，北京市调用了 122 亿美元资金，共完成了 20 项治理环境的重大工程，为后续的北京可持续发展奠定了良好的基础。

经过北京市政府、社会团体和市民的共同努力，北京在限定时间内超额完成了举办奥运会的 7 项绿化指标承诺。其中北京市的林木绿化率超过50%，城市绿化覆盖率超过 40%，自然保护区面积的比例高于全市面积的8%，由山区绿屏、平原绿网和城市绿景组成的三道绿色生态屏障基本形成（见表 6-8）。这些不仅标志着北京积极落实了当初申请举办奥运会的环境承诺具有了举办奥运会的现实资格，而且预示着北京市生态环境向良性发展的转变，也表明了北京市抓住了申奥的机遇，并以此为契机，通过建生态城市，办绿色奥运，促进环境保护。

（二）奥运会中的可持续探索

经过长达 7 年的一系列奥运会前期筹备工作，北京市不仅在理念层面将"绿色"融入全体居民的神经末梢，而且在行动层面更是用数据和成效向全中国展示了城市健康可持续发展的典范。在 2008 年的世界环境日期间，中国为了响应世界环境日"转变传统观念，推行低碳经济"的主题，结合举办奥运会的契机，提出了"绿色奥运与环境友好型社会"的主题，从而使得通过人的行为创造有利于居住和发展的生态环境的观念深入人心。同时，在为期 17 天的奥运会期间，更是将这种绿色精神加以展示和延续，从而向全世界展示了一个体育、文化和环境融合得当的奥运盛典。联合国环境规划署表示，北京市通过有效的环境整治和保护措施，实现并超越了绿色奥运的承诺，大大提升了举办大型赛事的环保标准。

表 6-8 2007 年 7 项绿化指标承诺实现情况

序号	承诺指标	兑现情况（截至 2007 年底）
1	市区林木绿化率达到 50%	已达到 51.6%
2	山区林木绿化率达到 70%	已达到 70.49%
3	城市绿化覆盖率达到 40%	已达到 43%
4	全市要形成由山区、平原及城市绿化隔离地区组成的三道绿化生态屏障	已经形成
5	市区要建成 1.2 万公顷的绿化隔离带	已建成 1.26 万公顷
6	市区自然保护区面积不能低于全市国土面积的 8%	已达到 8.18%
7	"五河十路"两侧要形成 2.3 万公顷的绿化带	已建成 2.5 万公顷

在奥运会期间，尤其是在人员流动大、物资消耗多这样的特殊情况下，北京市全市的空气质量不仅没有变坏，而且是天天达标，其主要污染物浓度下降了 50% 左右。就 2008 年一整年来说，北京市的空气质量处于二级以上（包括二级）的天数占全年天数的 74.9%。这主要得益于清洁能源和清洁技术的应用以及全市民众环保意识的增强。

以科技奥运为导向，人文奥运为主推力，绿色奥运在节能减排中得到了充分体现。首先，表现在进行奥运器材运输、工作人员场馆内移动等频繁的活动时，采用了无污染、高性能和低能耗的电动车作为运输方式，从而创造了奥运会上的首次"零排放"。其次，作为我国"863 计划"的自主创新研发成果，包含纯电动大客车、混合动力轿车、燃料电池轿车、燃料电池城市客车和各类纯电动场地车在内的 500 辆新能源车辆在奥运会以及之后的残奥会期间投入使用。并且，针对众多的观光游客，北京市设立了专门的奥运电动公交车对其进行接送。此外，大型的奥运场地和配套设施采用了新能源来节能减耗。不管是诸如鸟巢、水立方这样的主要奥运场地 1/5 的电依靠风力发电，还是依靠北京市建设的太阳能并网光伏电系统，实现 90% 的奥运场馆的草坪灯、路灯的照明工作，都是通过新能源的有效利用，从而实现奥运会期间的环保低碳的。

（三） 奥运会后的可持续探索

奥运会为北京留下了重要的绿色"遗产"，对于这些"遗产"，北京市不仅对其进行规范化的管理，更在早期的筹建工作中就已经考虑到它们的后续利用，从而达到了资源不浪费和设施循环利用等环保效果。综观奥运会后北京在城市可持续发展方面的探索，可以看出，北京市传承着绿色奥运的精神，继续进行产业和能源结构调整、新能源以及新技术的推广并在绿色奥运精神的基础上提出绿色北京的新理念，以求北京获得更好更快的可持续发展。

为了将绿色奥运的精神延续下去，北京适时地提出了"绿色北京"的新理念，从而很好地完成了奥运会期间的绿色建设与奥运会后绿色探索的对接。"绿色北京"即要求北京在城市规划发展过程中注重城市各个方面的环境与生态可持续性，追求经济、社会和环境更加协调统一的更高层次上的北京新形象的塑造。此外，以"爱国、创新、包容、厚德"为内容的"北京精神"于 2011 年被提出来。"北京精神"作为北京人民在长期的发展实践过程中所形成的精神财富的概括和总结，为今后北京城市建设和发展提供了精神方面的支撑。不管是绿色奥运、绿色北京，还是北京精神，都是北京在城市建设过程中不断更新思想意识，从思想高度决定行动效率的表现，体现了北京人民在精神层面的追求，并通过这样的精神传导，不断地走在城市建设和发展的前列。

三　绿色北京——"人与自然和谐共生"中国特色世界城市的展望

纵观北京城市发展的历程，从绿色奥运到绿色北京，从奥运城市到世界城市，北京将建设中国特色世界城市纳入《北京城市总体规划》中，是顺应发展潮流,把握发展机遇,谋求更高水平发展的必经路径。在绿色奥运的理念下,北京奥运会的绿色精神已经辐射到这座善于继承优秀文化的历史古城的角角落落,并在秉承与发扬的基础上提出了绿色北京的新理念。作为北京奥运会后三个发展方向的"绿色北京、人文北京、科技北京",都是在新的环境问题、人居要求和经济增长的情况下体现着北京追求城市可持续发展的孜孜不倦的精神。"三个北京"之间相互促进并在平衡中求发展,致力于建设具有中国特色的世界城市的远大目标。从绿色奥运的"过去时"到绿色北京的"现在时",我们看到了北京建设世界城市的"将来时"。那么,怎样建设具有中国特色的世界城市呢?在国家层面,将通过香港、上海和北京三个世界城市的崛起,带动珠三角、长三角和环渤海都市圈的发展,从而推动中国世界城市区域体系的形成。从北京自身的建设层面,将继续落实经济发展方式的转变,促进经济实力明显提升、城市功能持续优化、社会环境更加和谐以及市民福祉不断提高,从而将北京打造成为国际经济和贸易的活动和交易中心、高端人才的聚集之地、高新技术的研发之地以及和谐融洽的宜居之都。

绿色北京是建设中国特色世界城市的发展方向。《北京市总体规划(2004—2020)》按照"国家首都、世界城市、文化名城和宜居城市"的城市定位,将北京的城市发展目标划分为三大阶段:2004—2008年是构建现代国际城市的基本框架的第一阶段;2009—2020年是力争确立具有鲜明特色的现代国际城市地位的第二阶段;2021—2050年是建设成为经济、社会、生态全面协调可持续发展的城市,进入世界城市行列的第三阶段。同时,在人口规模、空间布局、城镇结构、交通规划、城市环境、城市绿化、城市安全、旧城保护以及基础设施等具体方面都明确提出了规划目标。例如,在城市环境方面提出了通过明确划定禁止建设地区、限制建设地区和适应建设地区,合理利用土地,从而保护生态环境,到2020年实现建成生态城市的目标。在环境绿化方面提出通过经济发展的绿色转变,到2020年实现全市林木覆盖率达到55%,城市绿地率达到44%—48%的目标。可以看出,北京在城市建设过程中有目标地进行着并不断在前一目标完成的基础上对下一个目标进行完善,是一个动态的持续发展的过程。

《绿色北京行动计划(2010—2012年)》提出了2012年建设绿色北京的近期目标,即通过构建绿色生产、绿色消费与生态环境三大体系,实施清洁能源利用工程、绿色建筑推广工程、绿色交通出行工程、节能环保新技术和新产品推广工程、废气资源综合利用工程、大气污染综合防治工程、循环型水资源利用工程、城乡绿化美化工程以及绿色典范打造工程这9大工程，完善组织领导、法规引导、标准准入、价格微控、财税金融、科技支撑、市场服务、评价考核、协调协作和社会参与这10大机制，从而为把北京打造成为绿色的、可持续的、现代化的世界城市夯实基础。此外，提出了绿色北京建设的指标体系，其中生态环境指标体系由空气质量二级和好于二级天数占全年比例、化学需氧量排放量下降率、二氧化硫排放量下降率、林木绿化率以及人均公共绿地面积这5项指标构成。《绿色北京行动计划（2010—2012年）》虽然只是短期的的规划指南，但却在巩固绿色奥运的绿色成果，发扬北京建设可持续城市的绿色精神，致力于中国特色世界城市的建设中发挥着重要的引导和激励作用。

北京建设中国特色世界城市，最重要的就是要提升城市发展质量，完善城市功能，提高市民生活水平。秉承着这样的思想，在2011年的节能减排中，北京是中国众多城市中仅有的完成减排指标的两座城市之一，并已经初步构建了北京特有的公园体系，致力于构建"两环、三带、九楔、多廊"的绿色布局。此外，面对北京城区土地少、绿化空间不足等先天限制，北京实施多种绿化方式，使得"见缝插绿、拆墙透绿、垂直挂绿、屋顶铺绿"成为可能，不仅节约了空间，节约了水资源，也提升了北京城市的整体绿化范围和水平，营造着人与自然和谐共处的美好画卷。同时，"人文北京、科技北京、绿色北京"三大理念也从三个方向提出了构建中国特色世界城市的发展途径。在今后构建中国特色世界城市的过程中，需要致力于北京更蓝的天、更清的水、更绿的空间、更高新的技术、更多的人才、更大的国际舞台、更适宜的环境这样人与自然和谐共生的城市建设。

第七节 "三化联动"——欠发达地区城市灾后低碳重建的广元实践

一 广元市概况

广元市位于东经104°36′—106°45′、北纬31°31′—32°57′，是四川盆地

北部山区、嘉陵江上游、川陕甘三省的接合部，古称利州。1985 年建立省辖地级市，辖利州、元坝、朝天 3 区和苍溪、旺苍、剑阁、青川 4 县，面积为 1.63 万平方公里，城区面积为 38.13 平方公里。广元是长江上游重要的生态屏障和全国生态建设的重点区域。

2008 年，"5·12"汶川特大地震使得广元 7 个县区全部成为地震重灾区，青川县成为极重灾县，全市有 4850 人罹难，26.3 万人受伤，148.3 万群众痛失家园，直接经济损失超过 1200 亿元。广元市当年国内生产总值为 233.56 亿元，按可比价格（下同）比上年增长 3.3%，增速比上年回落了 11 个百分点。

在灾后重建过程中，广元市坚持"规划先行、民生优先、科学重建、低碳发展、精神家园和物质家园重建并重"的原则，制定了"低碳广元"的发展目标，积极开展灾后重建工作。2008 年 12 月，广元市认真分析了资源转化战略，提出"资源型灾区的低碳重建"构想。2009 年 5 月，广元市明确提出"坚定不移走低碳经济之路，努力促进广元市的可持续发展"。至此，广元市开始大力实施资源转化战略，充分发挥天然气、水电、风能、地热等清洁能源的优势，务实推动经济结构、产业运营低碳化，实现经济社会与人口环境资源的健康、协调、可持续发展，标志着灾后建设"低碳广元"正式展开。

二　"三化联动"的低碳广元模式

2009 年 6 月，广元市发布了《关于推广清洁能源和建设循环经济产业园区实现低碳发展的意见》，以此为指导，广元市积极探索"能源低碳化、产业低碳化、生活低碳化"的发展低碳经济的"三化联动"的基本模式[①]。

（一）能源低碳化

鉴于不同能源的碳排放量不同，且差异较大（见表 6-9），广元市通过"气化广元"、新型能源开发、水电开发及农村沼气工程等项目，积极调整能源结构，降低能源消耗产生的碳排放。

1."气化广元"

该项目是实施资源转化战略，依托广元市天然气资源优势，推进低碳发

---

① 丁一、俞雅乖：《气候变化下灾后重建的低碳农业发展研究——基于"低碳广元"的视角》，《农村经济》2012 年第 10 期。

展的重大民生工程，是中石油支持老区建设、助推灾后重建的天然气民用重点工程。该项目占地338亩，总投资为16亿元，拟建2套24万吨/年天然气综合利用装置及辅助设施，日处理天然气200万立方米，年产液化天然气48万吨，同时配套建设利州区盘龙镇末站至回龙河工业园区输气管线一条，液化天然气加气站45座。项目建成后，可实现年产值20亿元，年实现利税3.2亿元，解决4500人就业，为液化天然气客货车降低燃料成本25%以上，同时减排99%的二氧化硫、80%的二氧化氮、94%的一氧化碳以及25%的二氧化碳[①]。

表 6-9　各种能源碳排放参考系数

能源名称		潜在排放系数	碳氧化率
固体燃料	无烟煤	101.59	0.918
	烟　煤	95.53	0.915
	褐　煤	103.97	0.933
	炼焦煤	91.09	0.980
	型　煤	123.31	0.900
	焦　炭	107.94	0.928
液体燃料	原　油	73.69	0.979
	燃料油	77.40	0.985
	汽　油	69.36	0.980
	柴　油	74.02	0.983
	喷气煤油	71.57	0.981
	液化天然气	63.12	0.989
	石化原料油	73.40	0.982
气体燃料	天然气	56.22	0.990

注：数据根据全球气候基金、中国工程院、美国能源部数据加权。

目前，已经建成、在建九龙山气田净化厂、元坝气田净化厂、油砂综合利用等项目，形成了日产300万立方米的天然气生产能力。新增天然气用户3.1万户，民用及工业用气20989万立方米，城镇气化率达到75%。完成锅炉煤改气47家；建设压缩天然气加气站2座，压缩天然气汽车使用量超过3000

---

① 杨小杰、杜受祜：《后发地区低碳经济发展模式研究——以四川省广元市为例》，《农村经济》2012年第8期。

辆，液态轻烃加注站 2 座。计划至"十二五"末，新发展天然气用户 9.62 万户，全市城镇气化率超过 80%；新建压缩天然气加气站 11 座，使压缩天然气加气站总量累计达到 17 座；新建液化天然气加气站 20 座；新发展压缩天然气汽车 8300 辆、液化天然气汽车 7000 辆，天然气清洁能源累计达到 15300 辆；"五小企业"煤改气完成 2780 家，累计达到 5166 家。建成苍溪天然气工业园（10.9 平方公里）、利州区天然气配套工业园（2.2 平方公里）[①]。

2. 新型能源

广元市利用水能、太阳能、风能、地热等新兴能源储量丰富的优势，发展新型能源，降低碳排放。截至 2012 年底，已完成朝天芳地坪风力发电项目（10 万千瓦）；亭口子水利枢纽工程（110 万千瓦）、沼气水电站（6 万千瓦）、东江河流域 4 个梯级电站（3.8 万千瓦）、苍溪航电枢纽（6.6 万千瓦）和清江河流域水利项目（2.6 万千瓦）等项目正在建设中；利州区风电项目（10 万千瓦）已经正式签约。地热农业、地热花卉园林及地热温泉旅游等地热能源项目全面展开。阁天赐温泉建成投入使用，朝天凯迪生物质项目前期工作有序推进。申报评审了"山桐子优良品种选育和试点项目"，实施了"无患子良种（菩提）树种植技术推广示范"国家科技项目，全市发展山桐子林 2 万亩，营造无患子良种示范林 1000 亩[②]。

3. 农村沼气

广元市以灾后重建和新农村建设为契机，大力推广农村沼气建设。2010年，新建农村户用沼气池 2.2 万口、沼气工程 24 处、养殖场大中型沼气工程 2处（3620 立方米）、净化沼气池 58 处（4225 立方米）；发展农村沼气综合利用农户 21.27 万户；推广沼液浸种 34.02 万亩，建设生态家园模式农户 9556户；新建沼气服务网点 70 个，农村沼气入户率达 47%。2012 年，广元市新建农村户用沼气池 2 万口，生活污水净化沼气池 3000 立方米，养殖沼气池 2 处（1000 立方米）；推广玻璃钢拱罩沼气池，使该技术覆盖面积达到 50% 以上；推广使用沼气提抽装置 2 万套；新建县级沼气服务站 3 个，乡村沼气服务网点

① 丁一、俞雅乖：《气候变化下灾后重建的低碳农业发展研究——基于"低碳广元"的视角》，《农村经济》2012 年第 10 期。

② 杨小杰、杜受祜：《后发地区低碳经济发展模式研究——以四川省广元市为例》，《农村经济》2012 年第 8 期。

57个；继续开展沼气综合利用，新增综合利用农户15万户；推广沼气浸种2万公顷，新增生态家园模式农户6000户；实现减少碳排放100万吨以上[①]。

（二）产业低碳化

广元市抓住灾后低碳发展的机遇，以合理规划产业布局为前提，通过调整产业结构，减少碳排放；通过建设低碳产业园区，推广低碳与清洁生产技术，发展低碳工业；通过引进综合利用生物与沼气发电技术，发展循环经济，实现低碳农业；通过开展低碳宣传，举办低碳活动，发展低碳旅游。经过几年建设，广元市已基本形成了低排放、少污染和高效益的产业发展态势，创造了低碳广元的产业模式（见图6–18）[②]。

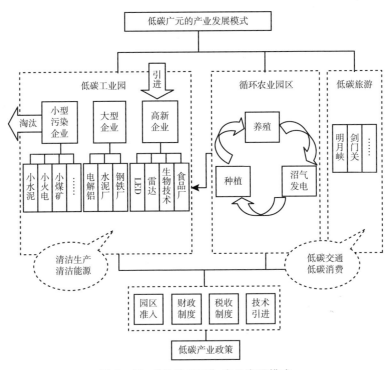

图6–18　"低碳广元"产业发展模式

---

① 丁一、俞雅乖：《气候变化下灾后重建的低碳农业发展研究——基于"低碳广元"的视角》，《农村经济》2012年第10期。

② 杨小杰、杜受祜：《后发地区低碳经济发展模式研究——以四川省广元市为例》，《农村经济》2012年第8期。

1. 产业结构调整

在工业方面，全市基本形成了能源、农副产品加工、建材、电子机械和金属五大工业板块，其中能源、农副产品加工板块已经调整为广元工业的主导板块。在农业方面，广元市积极推进"粮猪型"向"多经型"转移、"数量型"向"质量型"转移、"传统型"向"科技型"转移、"小农型"向"规模型"转移，在总体布局上形成规模突出的主导产业和特色产业，初步形成了六大产业示范带，极大地优化了农业产业结构。在现代服务业方面，广元市突出商贸物流和旅游业，狠抓现代服务业的发展。目前，现代服务业发展进程加快，会展中心、老城中心商业区改造和古堰路特色街区打造工作加快推进，物流配送、信息服务、会展经济和社区服务等发展迅速，旅游市场初具规模[①]。

2. 低碳工业

广元市按照低碳重建和低碳发展的思路，从建设低碳工业园区和推动新技术应用入手，发展低碳工业。第一，在低碳园区建设方面，广元遵循集约用地原则和企业互动原则，实现园区设计的低碳化；通过企业选择与推广清洁生产技术，实现园区单元的低碳化。园区内太阳能等新型能源企业、电解铝与水泥厂等高耗能企业、相控阵雷达和 LED 等高新技术企业、物流企业，相互依托，通过资源互补，相互促进，共同发展，实现低排放、低能耗、高产出。到 2015 年，广元市低碳工业园区销售收入将达到 550 亿元，占全部产业园区的 60%；其中，将建成销售收入 200 亿以上的园区 1 个，销售收入超过 100 亿元的园区 1 个，销售收入超过 50 亿元的园区 3 个。第二，在低碳技术推广上，广元积极推动企业应用低碳技术，淘汰落后产能。"十一五"期间，广元市关停小煤矿 12 户，淘汰 23 户企业生产线及设备 70 余台，实现节能 18.9 万吨标准煤。支持企业改进技术，推行清洁生产。目前，已经通过清洁生产审核验收的企业有 10 户，实施低费方案 54 个，实现经济效益 116 万元，节约用水 1.2 万吨，节约用电 220 万千瓦时，节约标准煤约1000 吨，为全市 GDP 能耗累计下降 20.11% 作出了重要贡献[②]。

---

① 杨小杰、杜受祜：《后发地区低碳经济发展模式研究——以四川省广元市为例》，《农村经济》2012 年第 8 期。

② 杨小杰、杜受祜：《后发地区低碳经济发展模式研究——以四川省广元市为例》，《农村经济》2012 年第 8 期。

3. 低碳农业

广元坚持农业园区与新村建设互动，龙头企业与农户互动；大力发展生物技术、太阳能技术，发展种养殖业循环经济。目前，广元市已建成综合现代农业园区41个，推广生物防控等新技术112项，成立农村专业合作社150家，引进龙头企业81家。其中，龙潭现代农业综合示范区大力发展养殖业、特色种植业和生态旅游业，已经初步形成"猪—沼—果"的循环农业模式和"果园＋农家乐"的休闲旅游模式①。

4. 低碳旅游

广元市结合自身旅游资源实际，大力推进低碳旅游。目前全市成功创建国家4A级旅游景区11个，3A级旅游景区3个，旅游低碳工作成效显著。一是景区建设凸显低碳旅游理念。广元市在景区建设过程中，在项目的规划、审批、招投标、建设各个环节中，加入低碳指标，贯彻低碳理念。东河口地震遗址公园就广泛使用石质、木材、藤蔓等建筑材料，大朝驿站采用建筑物采暖、皇泽寺景观道太阳能灯的利用、各景区大力推广节能灯等多种手段。二是景区运营贯彻低碳理念。广元市根据旅游资源的特点，合理推出旅游产品，为游客规划旅游线路，实现低碳出行；各景区开展节水节电活动，实施减量化、再使用、再循环以及替代使用等项目，减少旅游废弃物，实现低碳旅游；各旅游企业通过采购新型动力旅游汽车，降低企业运营的碳排放，实现低碳运营。剑门关景区根据自身特点推出了低碳旅游方案：自2010年4月起，从每一张剑门关旅游门票中，支出2元钱支持低碳发展，所筹集的资金将设立专户，用于碳汇造林，以冲抵旅游活动中所产生的部分二氧化碳②。

（三）生活低碳化

1. 低碳政务

低碳政务是"低碳广元"建设的示范项目，广元市各级政府在采购过程中，优先采购绿色产品，将政府对低碳产品的采购列入考核指标；在工作过程中，通过完善信息共享平台，推行无纸化办公，降低行政成本，提高工作效率；加

---

① 丁一、俞雅乖：《气候变化下灾后重建的低碳农业发展研究——基于"低碳广元"的视角》，《农村经济》2012年第10期。

② 丁一、俞雅乖：《气候变化下灾后重建的低碳农业发展研究——基于"低碳广元"的视角》，《农村经济》2012年第10期。

强公务用车日常管理，执行额定标准，降低公务用车能源消耗；通过低碳政务项目，切实降低政府运行的碳排放，并引导企业与公众参与低碳消费与低碳生活。

2. 低碳城市规划

在城市规划过程中广元实施"绿楔嵌入式"区域公共交通导向的空间，构建总体分散、局部集中的空间格局。该格局以高速公路为轴，在高速公路沿线规划城镇发展带，形成增长极；根据广元市的地形地貌与碳汇碳源的空间分布，布局城市用地，减少通勤量，提高设施和能源的利用效率，打造宜居低碳的生态城市。目前，广元市已经形成"526"的生态格局：5 条河谷生态保护带，即南河、嘉陵江、白龙江、清江河和东河河谷生态保护带；2 条天然植被绿化带，即广元东侧绿化带和广元西南绿化带；6 个碳汇区，即青川、旺苍北、旺苍南、苍溪北、朝天西和剑阁碳汇区。

3. 低碳建筑

广元将低碳建筑作为"低碳广元"的重点工作，全面普及节能技术，强制推行节能、节材、节水、节地标准，推进绿色建筑发展。一方面，对原有建筑进行改造。截至 2012 年底，广元市主城区既有建筑完成节能改造 19%。在公共设施、宾馆、商店、居民住宅中推广节能设备、家用电器、照明产品，开展"绿色住宅""绿色酒店"活动，全市实施了 500 万只节能灯具惠民行动。另一方面，对新建建筑从建设规划、项目审批、建筑材料使用等环节严把低碳关。目前，广元全市新建建筑已经全部实现节能 50% 的标准；安装 LED 灯具 41700 盏；在节能设计备案的 2412 个项目中，竣工工程全部采用保温隔热技术和新型灯具。

4. 低碳交通

广元市围绕城市规划，完善公共交通、推广新能源汽车、倡导低碳出行，通过低碳设施投入提高低碳交通能力，实现低碳交通。2011 年，广元新增公交线路 6 条，全部采用双燃料车；新增油改气出租车 274 辆；发展压缩天然气运输车 1859 辆；投资 570 万元修建自行车骑游绿道 4 公里；建设城区公共自行车点 33 个，投放自行车 1000 辆，保障市民低碳出行。

5. 森林城市建设

广元市十分重视生态建设和环境保护，早在 1985 年建市之初就确立了生态立市的长远发展战略，并在 2005 年提出建设"生态广元"、构筑嘉陵江上游生态屏障的奋斗目标。目前，全市城乡生态环境得到明显改善，森林覆盖率由创建初期的48%提高到53.6%，建成区绿化覆盖率达到41.2%，建成区绿地率达到40%，人均公园绿地面积达到10.4平方米。

6. 低碳文化建设

在"低碳广元"建设过程中，广元市非常重视低碳文化建设工作，通过法规建设、低碳研究、低碳宣传等措施，积极利用文化的导向作用与整合功能，推动广元低碳发展[①]。

三　"三化联动"的低碳广元模式对欠发达地区城市的启示

作为欠发达地区和灾后重建的广元市，在发展低碳经济方面有其代表性和特殊性：一方面，广元经济发展水平较低，灾后恢复重建任务艰巨，正处于工业化和城市化初期加速向中期迈进的发展阶段，需要消耗大量的能源资源；另一方面，广元是嘉陵江上游的绿色生态屏障，担负着长江流域生态环境保护的重任。广元善于运用自身资源优势，坚持走低碳重建之路，给中国其他后发地区和应对气候变化的城市发展带来了启示[②]。

（一）低碳经济可以实现经济与生态的共生发展

"三区（连片贫困地区、革命老区、地震重灾区）合一"的广元，推进低碳重建，发展低碳经济，把切入点和落脚点放在发展上，既致力于加快经济社会发展、消除贫困，又根据自身能力积极采取有效措施，为应对气候变化作出贡献。经过三年多的努力实践，广元低碳发展取得了较好的成效。2011年，广元市地区生产总值突破400亿元，达到403.54亿元，比2007年接近翻一番。全市经济增长15.6%，增幅比全国平均水平高6.4个百分点，比全省高0.6个百分点，增速居全省第4位。规模以上工业实现增加值138.7亿元，同比增长30.4%，比全省高出8.1个百分点，增速居全省第一。广元市环境空气质量优良总天数为365天，优良天数比例达到了100%，全年市城区空气质量为优的天数达222天，占全年的60.8%。两组数据说明一个事实：广元在工业化、城市化快速发展的同时，环境质量不仅

---

① 丁一、俞雅乖：《气候变化下灾后重建的低碳农业发展研究——基于"低碳广元"的视角》，《农村经济》2012年第10期。

② 《低碳经济不是发达地区的"专利"——关于四川省广元市发展低碳经济的调查》，网易新闻，http://news.163.com/10/0428/07/65BEGIPA000146BD.html，最后访问日期：2014年12月1日。

没有恶化，反而呈现出稳定向好的态势，同时拥有了"金山"和"青山"，实现了经济效益与生态效益的双赢[1]。

（二）欠发达地区城市也可以发展低碳经济

欠发达地区工业化、城镇化起步晚，经济模式和工业体系尚未完全定型，产业向低碳经济调整和转型具有成本低、阻力小、动作快的后发优势；发展低碳经济，大力培育新能源、新材料、新技术等经济增长点，大力推进新型工业化、新型城镇化，可以避免走上片面追求经济增长甚至先污染后治理的弯路，实现经济社会跨越式发展。广元市发展低碳经济的实践证明，低碳经济不是发达地区（城市）的"专利"，欠发达地区（城市）完全有条件、有能力发展低碳经济，建设低碳城市[2]。

（三）发展低碳经济要因地制宜

低碳经济在中国刚刚起步，尚无成功模式可以借鉴。各地须结合自身实际，根据自然状况、资源禀赋、地理区位、产业结构、财力水平、市民素质等情况，充分发挥比较优势，制定切实可行的发展目标、政策措施和实现路径，因地制宜地发展低碳经济。欠发达地区发展低碳经济，应发挥后发优势，高起点、前瞻性地建构低碳经济模式。广元市充分发挥比较优势，立足广元实际，按照科学发展观的要求，在全省率先提出低碳重建，选择低碳发展路径，形成了一种有中国特色的低碳经济发展的广元模式，对中国其他城市具有典型意义，"低碳广元"发展模式值得同类地区和城市借鉴[3]。

第八节 "森林城市"——建设循环经济
生态城市的贵阳探索

一 贵阳建设森林城市的基础

贵阳市位于中国西南云贵高原东部，因"处境内贵山之南"而得名。

---

[1] 国务院发展研究中心宏观部课题组：《低碳经济不是发达地区的"专利"》，《人民日报》2010年4月28日。

[2] 丁一、俞雅乖：《气候变化下灾后重建的低碳农业发展研究——基于"低碳广元"的视角》，《农村经济》2012年第10期。

[3] 国务院发展研究中心宏观部课题组：《低碳经济不是发达地区的"专利"》，《人民日报》2010年4月28日。

贵阳是一座"山中有城，城中有山，森林围城，城在林中，林在城中，绿带环绕"的具有高原特色的现代化都市，也是中国首个国家级森林城市、循环经济试点城市。2007 年 8 月，贵阳被中国气象学会授予"中国避暑之都"的称号；2009 年 6 月，贵阳被环保部纳入全国生态文明建设试点城市。

（1）地理条件。贵阳的喀斯特地貌分布广泛，喀斯特地貌约占全市国土面积的 85%，贵州高原是世界上三大连片的喀斯特发育地区之一，是世界上面积最大而且最集中连片的喀斯特地区，也是世界上喀斯特发育最典型、最复杂、景观类型最多的一个片区。贵阳市所处的特殊的自然地理环境，决定了贵阳生态建设的紧迫性、重要性、艰巨性和持久性，决定了贵阳的生态环境建设不仅关系到贵阳的可持续发展，同时也关系到长江中下游地区的生态安全[①]。

（2）气候条件。贵阳是低纬度高海拔的高原地区，市中心位于东经 106 度 27 分，北纬 26 度 44 分附近，海拔高度为 1100 米左右，处于费德尔环流圈，常年受西风带控制，属于亚热带湿润温和型气候，兼有高原性和季风性气候特点；贵阳市年平均气温为 15.3℃，年极端最高温度为 35.1℃，年极端最低温度为 -7.3℃，年平均相对湿度为 77%，年平均总降水量为 1129.5 毫米，年平均日照时数为 1148.3 小时；夏无酷暑，冬无严寒，空气不干燥，四季无风沙，正所谓"上有天堂，下有苏杭，气候宜人数贵阳"。

此外，由于贵阳市的重工业基本上远离市区，城市污染较轻，全年出现轻度污染天数较少，空气质量良好，无灰霾天气发生，空气宜人舒适；贵阳市拥有植被完整的环城林带，素有"林城"之称，环城林带更提供了富足的负氧离子，在景区空气的负氧离子含量高，平均每立方厘米达 2700 个以上，超过正常值达几倍，位居全国各大著名景区前列，可谓"天然氧吧"[②]。

二　贵阳森林经济发展现状

（一）森林资源总体概况

贵阳始终以"森林之城""国家园林城市"著称。全市国土面积为 8034

---

① 贵阳市人民政府：《建设森林城市，促进可持续发展》，《贵阳日报》2004 年 11 月 19 日。
② 《贵阳市情》，贵阳市政府网，http://www.gygov.gov.cn/col/col13141/index.html，最后访问日期：2014 年 12 月 1 日。

平方公里，其中，林业用地面积约为 3241 平方公里，占全市国土面积的 40%。高达 44.2% 的森林覆盖率，长 70 公里、宽 1—7 公里、总面积达 9066.7 公顷的第一环城林带，长 304 公里、宽 5—13 公里、总面积达 8.8 万公顷的第二环城林带，无时无刻不让人们感受到避暑之都绿色的魅力、清爽的气息，这也是贵阳能够建设森林城市的基础保障。森林首先为适当的人居环境提供了切实可行的基础，保障了贵阳城市空气的持久清新，同时也指明了贵阳森林城市的建设重点：在继续植树造林保护环境的同时，更加需要注意的是怎样对森林实现划分管理，怎样对现有的森林资源进行合理的利用，使得人与森林实现良性的循环。

（二）森林经济发展状况

贵阳的森林资源优势十分突出，拥有最大量生物的城市森林区，是城市极为丰富的自然资源基地，也是城市生态系统的重要组成部分，它广泛参与生态系统中的物质和能量的高效利用，参与城市社会和自然的协调发展，具有"自然生态总调度室"等多个方面的作用，在维持城市生态平衡等方面，有着特殊的不可替代的功能①。贵阳运用其得天独厚的自然条件，建设森林城市，建起了生态保护园林，并带动森林经济中旅游业的全面发展。

第一，森林公园与贵阳森林野生动物园。贵阳森林公园位于贵阳市区图云关，距离贵阳市区仅 2.5 公里。山势绵亘，土地肥沃，延绵数十公里，总面积达 3900 亩，其中森林覆盖面积占 90%，分梓、樟、柚、栎、檀、松、杉、白杨、油茶等十几个林区，资源非常丰富，有国家一级重点保护的珙桐以及松、杉、樟、柚、栎、檀、杏等珍贵树上千种，还培植有山茶、桂花、杜鹃等有名的稀少花木。贵阳森林野生动物园是 2004 年 10 月通过贵阳市泛珠江三角洲招商引资建成的项目，该园位于修文县扎佐林场内，距离贵阳约为 35 公里，占地面积约为 5000 亩，总投资约为 1.6 亿元。野生动物园内饲养 5000 多头（只）共计 200 多种野生动物，并依托园区内缓坡、山坳、宽谷、石林等多种喀斯特地貌，按照园区自然生态环境地貌和不同动物生态习性要求，因地制宜、合理布局，以丰富多彩的自然环境，全面展示动物的野性、兽性和灵性，从而构成了生机盎然、野趣横生的奇妙生态空间。

---

① 贵阳市人民政府：《建设森林城市，促进可持续发展》，《贵阳日报》2004 年 11 月 19 日。

第二，森林经济下旅游业的持续增长。森林公园的建设已经逐渐成为贵阳经济增长的重要动力之一。据统计，贵阳近年来由于旅游与森林主题的收入达到 57 亿元之多，真正实现了"绿色 GDP"。《贵阳市国民经济和社会发展统计公报》统计数据显示，2013 年全市旅游总收入为 728.66 亿元，其中旅游外汇收入达 5229.79 万美元；接待国内游客达 6009.08 万人次，接待外国（海外）游客达 13.42 万人次。随着森林经济下旅游业的持续增长，贵阳的生态环境优势正在转变为经济优势。

三　贵阳"循环经济生态城市"建设的主要举措

（一）科学决策，把森林引入城市建设

贵阳市具有山中有城、城中有山的城市特色，非常适宜建设森林城市。贵阳市的森林城市建设，最早可以追溯到 20 世纪 50 年代。自 1954 年起，贵阳就开始建设环城林带；1959 年，进一步将市区 8 公里范围内的公园和森林连成一片，形成绿化带；1979 年，作出 10 年内建成环城林带的决定，将环城林带建设作为城市建设的重要内容之一，加强领导，制定规划，加大投入，加速环城 10 公里范围内的林带建设，把环城林带建成城市的环境保护林带和风景林带。到 1990 年，建成一条将林场、风景区、公园、城区山头绿地融为一体的环城林带，树种多样、乔灌结合、林中有景、景中有林，是全国省会城市中独有的森林景观。作为贵阳市的标志性景观和绿色生态屏障，环城林带在改善贵阳生态环境、发展生态旅游、促进经济社会发展等方面发挥了巨大作用。

进入 21 世纪，"让森林走进城市、让城市融入森林"已成为提升贵阳城市形象和竞争力、推动区域经济持续健康发展的新理念；贵阳市按照城市森林建设的基本思路，坚持以人为本、人与自然和谐相处的原则，突出生态建设、生态安全、生态文明的城市建设理念，确立了"环境立市"和"建设生态经济市"的发展战略，将贵阳定位为"林城"，提出了创建"全国绿化模范城市""国家园林城市"，争创"全国人居环境奖"和"联合国人居环境奖"的奋斗目标。

贵阳市坚持科学规划、部门推动、政府实施、全民参与的原则，以建设布局合理、功能完善、效益显著的城市森林生态系统为重点，在抓好天然林

保护、退耕还林等林业重点建设工程的同时，着重抓好环城林带的保护和第二环城林带建设，搞好老城区和金阳新区的绿化美化，实施"南明河三年变清"工程及沿河景观改造，大力开展机场路、花溪大道、贵遵路等高等级公路绿色通道建设，使城市环境得到显著改善，城市形象进一步提升。

（二）　工程带动，建设绿色生态圈①

贵阳在建设森林城市的过程中，以实施工程建设为载体，在城市的中心区、近郊和远郊协调配置"绿色生态圈"。

第一，实施第二环城林带建设工程。围绕《贵阳市城市总体规划（修编）》确定的城区范围，第二环城林带以通道绿化、流域治理、城镇周边环境建设为重点，按照 3 年打基础、5 年见成效的总体目标，新造林 30 万亩，新建以竹子、桂花、香樟、樱花、玉兰、梅花等树种为特色的 6 个公园，形成一条长 304 公里、宽 3—5 公里、总面积 132 万亩的第二环城林带。通过建设第二环城林带，加大郊区和农村的绿化力度，引森林进城市，让园林下乡村，形成集城区和郊区绿化于一体，经济建设与环境建设同步，人与自然和谐的城乡绿色生态圈，把第二环城林带建成布局合理、功能齐全、景观多样的城市林业生态经济系统。目前，第二环城林带按照政府引导、市场运作、公开招标的造林新机制，已完成公益林造林 23 万亩，其中，招标造林 11 万亩，与退耕还林、天保工程捆绑造林 11 万亩，义务植树 1 万亩，工程建设取得阶段性成果。

第二，实施生态林建设工程。2001 年以来，贵阳结合国家退耕还林工程、天然林资源保护工程建设，治理水土流失，改善生态环境，推动农村经济结构调整，促进地方经济发展和农民增收，已完成退耕还林 49 万亩，天保工程造林 18 万亩。同时，抓住国家林业局把贵州省作为省级联系点的机遇，引进韩国援助资金在修文县进行石质荒漠化造林示范项目，引进日本援助资金在花溪区实施中日合作造林项目，加快了贵阳生态建设步伐，提高了林业建设的管理水平。

第三，实施全民义务植树工程。贵阳实行了全民义务植树登记卡制度和检查验收制度，由市绿委统一印制《全民义务植树登记卡》发给各单位，

---

① 贵阳市人民政府：《建设森林城市，促进可持续发展》，《贵阳日报》2004 年 11 月 19 日。

义务植树完成后按权属关系办理移交手续，做到全民义务植树制度化。一是对郊区单位实行就近承包荒山进行义务植树，并负责包栽、包活、包管护。二是由绿委办按规定统一收取"以资代劳费"，安排专业队伍代其上山植树或进行街道绿化。三是建立全民义务植树基地，将磊花路、贵黄路和贵阳新机场外围荒山等列为市级全民义务植树基地，组织省市党政机关和部队上山义务植树，建立"青年林""八一林""政协林""党员林"等义务植树基地9702亩。

第四，实施南明河沿岸绿化建设工程和中心区绿地扩建工程。从2002年开始，为实现母亲河——南明河水变清、岸变绿、景变美的目标，在南明河流域上游区域实施水土保持综合治理近80平方公里，植树造林8.25万亩，使南明河上游的水土流失和源头污染得到了有效遏制。城市中心区沿河两岸实施了大规模的景观绿化建设，绿化面积近45万平方米，使南明河沿岸形成了都市绿色景观长廊。1999年以来，贵阳市加大老城区改造力度，释放城市空间，确保城市绿地每年递增30万平方米以上。在市区24条主（次）干道调整补植大规格行道树，使中心区人均绿地面积由不足3平方米增加到了5.15平方米。

第五，实施公园建设工程。贵阳在1960年就建立了国内最早、面积最大的城市森林公园图云关森林公园。近年来，共投入资金1.6亿元，新建了长坡岭国家森林公园、鹿冲关森林公园，将河滨公园由封闭式公园改造为开放式公园，改建黔灵公园七星塘景区，在图云关森林公园、黔灵公园实施林相改造工程。同时，对各公园的基础设施和环境绿化进行了改建，使公园布局更加合理，设施得到进一步完善。目前，全市有城市公园7个、森林公园4个、药用植物园1个。

（三）创新机制，加快造林绿化步伐

贵阳在第二环城林带建设过程中，改变过去单纯依靠财政拨款和行政命令的方式，以提高造林质量，尽快形成以景观为核心，创新机制，探索出一条政府引导、规划先行、市场运作、公开招标的营造林新模式。首先，采取招商引资的办法引进省内外客商在贵阳建立第二环城林带种苗基地500亩，为第二环城林带的顺利实施储备了充足的合格苗木。其次，在建设过程中，采取面向社会公开招投标的方式，吸引全国各地有实力的造林施工企业参与

第二环城林带的建设。按照合同规定，施工企业当年完成造林任务，并管护两年以后才进行竣工验收。最后，为达到合同要求，施工企业在整地、造林、管护等各个环节严把质量关，并普遍使用生根粉、保水剂、土壤消毒杀菌等林业新技术，提高营造林的科技含量。第二环城林带建设的机制创新，不仅缓解了当年财政资金拨付的压力，而且大大提高了造林的成活率和保存率，真正做到了造一片林、留一片绿①。

（四）完善法制，切实提供法律保障

在环境保护工作方面，贵阳市目前已基本形成较为完备的地方性环境管理法规体系。相关环境保护法规和条例的相继出台，为贵阳实现森林城市建设提供了法律保障，各种形式的法律文件也各有特色和重点。目前，贵阳正在更加积极地实现形成一个完整的法律保障体系，使得所有建设项目都有法可依，同时也为居民的生活提供保障。《中华人民共和国自然保护区条例》从根本上强调了森林工作的重点和重心、着力点和基石，成为贵阳制定法律法规的依据之一。《贵阳市大气污染防治办法》的施行全面实践了"天更蓝、水更清"的环境工作号召，大气循环作为水循环的重要环节，在整个过程中保证了空气资源和水资源的健康循环，减少了固体废弃物对于森林资源和土壤的不利影响，从而形成了一个森林保护空气，大气保障森林的良性循环。《贵阳市水污染防治规定》详细规制了贵阳各个污水管道的建设工作和排放安排；对于排污的终点企业进一步作出详细的规定和超标的惩罚措施，为正常的工业农业生产保证了水质的健康，为森林经济中水循环提供了有利的法规保障。《贵阳限期治理管理办法》对于森林工作的保护和污染的治理提出了极高的时间要求，为增强政府机关的工作效率和工作成效提供了有力保障。这一办法的出台，将城市治理纳入政府工作的流程，成为工作中刻不容缓的重要议题。

四　贵阳建设循环经济生态城市的经验

（一）市委、市政府确定主要工作目标，带头完成环境项目建设

（1）制定措施，全力攻坚。针对创建国家环境保护模范城市工作的难

---

① 贵阳市人民政府：《建设森林城市，促进可持续发展》，《贵阳日报》2004年11月19日。

点，贵阳市分别对水源、地质污染、森林建设、重点工业企业稳定达标和危险废物依法安全处置5项主要指标攻坚。在这一过程中，用规定来带领实际成效，反复对比实践中既定项目要求的区别，分析可行方案，排除错误方案，分析讨论优秀方案，使得措施最终得以顺利实施。

（2）明察暗访，加强督察。采取明察与暗访相结合、定期与不定期检查相结合等方式，重点检查危废中心建设，有力地推动了全市创模工作的开展。监督始终是权力正确运行的保障，也是监督政府工作最为有效的方式，政绩公开与媒体舆论监督也同样被引用到环境保护和建设过程中。

（3）整合媒体资源，加大创模宣传。通过召开有媒体编辑、记者共同参加的创模宣传选题会等形式，积极整合媒体资源，切实做好创模宣传工作，为广大市民知晓创模、参与创模、支持创模创造了良好的氛围。

（4）重拳出击，综合整治。集中式饮用水水源水质达标是创模的一票否决指标。贵阳市按照集中式饮用水水源存在问题的整改要求，认真组织实施对全市14个县城及以上集中式饮用水水源地的优化和调整，完善了管道集中式排水系统，积极推进一级、二级保护区内所有排污口取缔工作，完成超低排放项目，完成两湖环境保护三期、四期治理工程9个项目。

（二）结合生态文明城市要求，严格执行环境影响评价制度

（1）严把项目审批关，从源头上控制污染。以生态理念引领经济发展，严格控制高耗能、高污染、低效益的投资项目。对符合产业政策的全市重大工程项目、重点项目开通环保审批绿色通道，加快环评审批进度，促进项目推进。

（2）认真落实环保目标责任书工作任务。完成城市环境综合整治定量考核工作，组织对各区（市、县）环保目标责任书进行考核，继续开展主要污染物减排工作，严格控制各类污染的排放，完成主要污染物减排任务。

（3）建立"十二五"减排工作体系。编制《贵阳市"十二五"主要污染物总量控制规划》，从加大减排投入、推进产业结构调整、强化环境执法监管、严格控制新污染源、强化政策引导、建立有效的激励机制8个方面，对化学需氧量、二氧化硫、氨氮、氮氧化物的总量控制作出安排部署。

编制《贵阳市主要污染物减量化实施方案》，主要针对污水管网建设和污水处理设施项目、保护饮用水源项目、生活垃圾处理项目等8类减量化项目,将实施项目391个,项目总投资为300多亿元。

编制《贵阳市农村环境综合整治规划(2010—2015)》《贵阳市生态文明建设试点城市规划大纲》等文件,争取到中央、省、市农村环境综合整治和生态创建奖励经费580余万元,在花溪区党武乡党武村摆贡寨、修文县大石乡大石村等6个地方开展农村环境生态修复、环境综合整治、农村人工湿地污水处理工程等环境综合整治项目,有效改善农村生态环境。

(三)加大环境执法力度,严厉查处环境违法行为

加大监督检查的力度和频次,对重点污染源、群众关注的热点难点环境问题实行日查夜检,2009年全年现场检查企业2918家次,对全市245家重点工业企业进行了全面执法检查,对56家重金属企业污染隐患进行排查,对288家省市级重点建设项目进行"三同时"监管,对全市123家洗浴业、医院等单位的148台锅炉(使用燃气、电)进行现场检查,对违法行为下达整改通知281件,建议行政处罚上报案件13件。办理省级挂牌督办2件,对8家违反"三同时"管理的企业下达限期整改通知,对5家违法企业实施行政处罚。

为进一步规范企业排污行为,有效控制全市污染物排放状况,全市各级环保部门继续加大排污许可证发放和管理工作力度,严格按照污染排放总量控制要求,对企业申报的污染物种类、浓度、数量进行逐项审核,对实现达标排放、符合总量控制要求的企业,发放排污许可证。对排污不达标的企业,颁发临时排污许可证,限期三个月内完成整改、换证工作。

(四)围绕"森林城市"建设中心,全面完成目标任务

贵阳始终坚持以生态环境建设为中心,以统筹城乡绿化工作为重点,以创建"国家森林城市"为契机,努力抓好落实,推动森林城市建设区域园林绿化事业上新台阶。拓展绿化空间,大力实施立体绿化工程。为缓解城市绿化建设用地紧张的矛盾,贵阳以屋顶绿化、墙体及其他构筑物的垂直绿化、绿墙建设为主要内容,采取"政府引导、社会参与、示范带动、讲求实效"的思路,广泛开展城市空间绿化建设工作,以实现"向存量要增量、向空间要绿量"的目标。对于城市中心城区,通过种植四季杨、银杏、栾树等高大乔木,提高道路上树木的密度。在城区主次干道主要节点、游园、街区打造一批景观,提升城市文化品位,以优美的自然生态环境,营造城市景观形象。

第九节　"花园城市"——中国特区新兴
城市的深圳实践

中国南部海滨城市深圳市位于北回归线之南，东经 113°46′至 114°37′，北纬 22°27′至 22°52′，全市土地总面积为 1991.64 平方公里。深圳又称"鹏城"，既是中国对外交往的重要国际门户，更是中国改革开放和现代化建设的精彩缩影。深圳地处广东省南部，东临大亚湾和大鹏湾，西濒珠江口和伶仃洋，南边深圳河与香港相连，北部与东莞、惠州两个城市接壤。辽阔海域连接南海及太平洋，多处可建深水港，水产资源丰富。深圳属亚热带海洋性气候，温润宜人，降水丰富；常年平均气温为 22.4℃，无霜期为 355 天，平均年降雨量为 1933.3 毫米，日照时长为 2120.5 小时。深圳全境地势东南高、西北低，土地形态大部分为低山。

深圳是中国改革开放以来所建立的第一个经济特区，经过 30 多年的建设和发展，深圳从一个仅有 3 万多人口、两三条小街的边陲小镇，发展成为一座拥有上千万人口，经济繁荣、社会和谐、功能完备、环境优美的现代化都市，创造了世界工业化、城市化、现代化史上的奇迹，被世人誉为"深圳速度"。2013 年，全市常住人口为 1062.89 万人，建成区面积为 871.19 平方公里，建成区绿化覆盖率为 45.1%。全年实现本地生产总值 14500.23 亿元，比上年增长 10.5%。其中，第一产业增加值为 5.25 亿元，下降 19.8%；第二产业增加值为 6296.84 亿元，增长 9.0%；第三产业增加值为 8198.14 亿元，增长 11.7%。第一产业增加值占全市生产总值的比重不到 0.1%，第二和第三产业增加值占全市生产总值的比重分别为 43.4% 和 56.6%。人均生产总值为 136947 元，增长 9.6%，按 2013 年平均汇率折算为 22112 美元①。深圳的经济总量位居全国大中型城市第 4 位，在 2013 年中国城市综合经济竞争力排名中排第 2 位。深圳城市规划、建设把与香港的资源、功能互补摆在极其重要的位置，在口岸、交通、大型跨境基础设施、城市功能、环保等方面妥善安排，同时在资源分配、地域分工、市政基础设施

---

① 《深圳市 2013 年国民经济和社会发展统计公报》。

建设等方面推动深港的协调和衔接。一个外向型程度和国际化层次明显提升，初具规模的国际化城市已经呈现。

深圳是一座生态园林城市，全市有近1/2的土地划入"基本生态控制线"范围，而且禁止任何建设项目的开展。2000年，深圳市荣获"国际花园城市"称号，这是中国城市首次获此殊荣，也是深圳市生态环境建设和园林绿化的一次国际认证。

一 深圳城市建设发展历程

深圳是中国第一个经济特区，也是一个新兴城市。由于社会经济高速发展，人口急剧膨胀，而面积狭小，土地资源短缺，社会经济发展与城市生态环境保护的矛盾日益突出，加之城市建设以外延方式快速扩张，过分追求速度和短期效益，可开发土地已十分短缺。因此，城市功能升级和城市生态环境保护的需求十分迫切[1]。深圳的城市问题伴随着大规模的城市建设早在20世纪90年代末期就已经产生，到目前为止，深圳市的城市建设、城市生态环境保护和城市可持续发展经历了以下三个主要阶段[2]。

第一阶段：以市场为导向，以企业为主体，自发进行城市建设。20世纪90年代中后期，特区内大量企业外迁，许多工业区和厂房出现空置现象，而大量人口聚集，城市化加速发展，对服务业产生了极大的需求。一些企业敏锐地觉察到城市发展的新变化，纷纷自发投资，对特区内的旧工业区和厂房进行改造，发展商业、餐饮等服务业，推动了深圳的城市更新和升级。这一时期的成功案例是万科对华强北的改造和后来的车公庙地区、八卦岭地区的改造。

第二阶段：由政府介入，组织推动，以城中村改造为重点进行城市建设。21世纪初，城中村的问题日益突出，低标准的无序建设，大量"三无"人员的聚集带来了安全隐患、社会治安等多个方面的问题。政府开始意识到对城中村进行更新改造的紧迫性，市区两级政府将城中村的改造作为重要工作加以推进。这一时期的典型案例是市、区政府合作对罗湖区渔农村的

① 深圳市委政策研究室课题组：《深圳城市更新的若干重要问题》，《特区实践与理论》2008年第7期。
② 深圳市委政策研究室课题组：《深圳城市更新的若干重要问题》，《特区实践与理论》2008年第7期。

改造。

第三阶段：政府主导，全面推动，以城市生态环境保护和城市可持续发展为重点进行城市建设。近年来，深圳面对多方面的城市发展需求，对全面的城市建设给予了高度重视，市区分别建立了相应机构，政府多个部门按照各自职责开始全面参与城市生态环境保护和城市可持续发展的城市建设工作[①]。典型案例有：深圳福田红树林自然保护区，始建于 1984 年，1988 年定为国家级自然保护区。目前该自然保护区面积为 367.64 公顷，有 70 公顷天然红树林，22 种红树植物，189 种鸟类，其中有 23 种国家保护的珍稀濒危鸟类。保护区目前已有观鸟亭（约 2 公顷）和小沙河口生态公园（约 19 公顷）可供生态环保教育使用。拟建的"生态展览馆""红树林观赏园""鸟类乐园""观鸟屋""绿色长廊"等项目建设完成后，可为生态环境教育提供更好的条件。红树林自然保护区已被命名为深圳市环境教育基地。

二　"花园城市"——深圳城市生态环境建设的实践[②]

中国现代化、城市化建设的快速发展致使许多城市生态环境问题日益突出，因此近年来中国开展了大规模的城市生态环境建设。深圳市与中国其他城市相比较，具有雄厚的经济实力、优越的地理条件和较高的环保意识等优势。

（一）深圳生态市建设的优势和挑战

在大力发展深圳地方经济的同时，深圳市在生态环境建设方面也取得了较好的成绩：1992 年荣获联合国"世界人居奖"；1994 年获得"国家园林城市"称号；1997 年荣获"国家环境保护模范城市"称号；2000 年获得"国际花园城市"称号；2002 年，先后获得"中国人居环境奖"和联合国环境规划署授予的"全球环境 500 佳"称号。2002 年，深圳市与其他国际组织共同主办"第五届国际生态城市大会"，大会通过了旨在促进全球生态城市建设的《深圳宣言》。2003 年正式提出要建设高品位的生态城市即"花园城市"。然而，20 多年的超常规高速发展也使深圳积累了大量城市生态和

---

①　深圳市委政策研究室课题组：《深圳城市更新的若干重要问题》，《特区实践与理论》2008 年第 7 期。

②　李巍、张震、张莹莹：《深圳生态市建设规划框架研究》，《环境科学与技术》2005 年第 12 期。

环境问题，这些问题已经威胁到深圳的生态安全并已成为实现城市可持续发展的主要障碍。相关研究显示，深圳实际人口（固定人口和流动人口）已经达到 1000 万人，剩余土地仅够开发 10 年左右，四大水库都受到不同程度的污染，特别是对照国家生态市建设指标体系衡量标准，深圳地表水水质、自然保护区面积、噪声污染水平、城市生命分类系统等指标均达不到要求，并且在未来几年内要达到生态市建设的目标要求难度很大。深圳在快速发展的过程中如何控制迅速增长的人口总量？长期困扰深圳的水环境污染如何治理并进行生态恢复？在有限的土地资源上如何实现可持续发展？这些必将是深圳生态市建设规划应着力解决的问题。

（二）生态深圳城市建设目标

深圳市争取利用约 20 年的时间，将城市建设成为空间布局合理，基础设施完善，自然生态系统服务功能强大，生态经济发达，生态环境优美，生态人居和谐，生态文化繁荣，具备发达的现代产业体系、高度国际化开放格局、浓郁鹏城特色的高水平生态城市。

根据国内外其他城市的生态市建设规划经验并结合深圳市的城市建设基础和特点，深圳生态市建设规划应该突出生态深圳建设进程的三个发展阶段，瞄准生态深圳建设的三个体系层次，围绕生态深圳建设的三个支撑方面，编织生态深圳建设的三重安全网络，并重点关注生态深圳建设的三项核心任务。

"三个阶段"是指深圳建设生态市的初级、中级、高级三个阶段，最终目标是将深圳市建设成为一座高水平的精品生态市。这种阶段划分的主要依据是，深圳市目前生态环境基础在国内相对较好并且经济实力较强，城市开放度也较高，因此较之其他城市可以通过相对较短时间的集中恢复和建设实现生态市的一些基本特征和功能，即成为初级生态市；在此基础上，通过进一步完善和提高，可以达到生态市的主体硬件要求，即达到生态市建设的中级阶段；进而再通过加强生态市的软环境建设，并结合中华民族的传统生态理念和文化特色，就可以把深圳市逐步带入生态市建设的高级阶段，从而全面达到深圳国际化、高水平、精品生态市建设规划的要求。

"三个层次"是指构建一个完整的生态市建设体系的三个主要层次，即生态社区、生态城镇和生态市。其中，生态社区是位于该体系最下面的一个层次，是当今国外生态市建设体系中最重要的一个层次，也是最富于创新性和活力的一个层次；在生态社区基础上，可以构建体系的中间层次——生态城镇，这是体系中最具特色的一个层次并承担了一部分特定的生态市功能；系统综合上述两个层次并进行优化组合和功能搭配，就形成了体系的最上面一层——生态市，这一层次是建立在坚实的基础之上的，并具备生态市所要求的各种系统结构、功能、服务和特色，系统性、综合性、开放性、复杂性是这个层次的最大特点，同时这个层次发展成熟的一个标志就是具备自我调节和自我完善的功能，因此是生态市建设规划的终极层次。

"三个方面"主要是针对城市可持续发展的三个基本方面，即社会、经济、自然，再结合深圳生态市建设所要突出的高品位城市生态内涵，所形成的以城市生态可持续发展为核心的生态市建设规划的三个支撑面。这三个支撑面系统反映了生态市建设过程中城市经济发展、社会进步和环境保护与城市生态建设之间的关系，既相互制约又相互促进。只有充分认识并解决好它们之间的关系，才能构建起经济高效、社会和谐、生态优良的经济—社会—自然城市复合生态系统，为建设生态深圳提供坚实的支撑。

"三重网络"是指架构深圳市立体生态安全网络所需的"水网""路网"和"绿网"。其中"水网"主要是指保障城市水生态安全和完善城市水生态功能的城市水系；"路网"是指满足城市生态交通建设目标的城市道路及其配套安全设施（如交通污染的监控和治理措施）网络；"绿网"则是指包括各项城市绿化、生态带、城市公园、自然保护地等的城市（绿色）景观安全格局。通过合理规划和搭建这三重网络并将生态安全目标贯穿于"三网"建设，就可以为生态深圳构建起一个立体的生态安全网络，从而确保深圳市的生态安全。

"三项建设"是指深圳生态市建设规划必须完成的三大基本任务，即"城市可持续发展能力建设""城市生态功能恢复建设"和"城市生态安全建设"。其中，城市可持续发展能力包括城市生态经济、生态环境、生态文化等多个能够促进深圳市可持续发展的因素，这些因素的改善和提高可以综合提升深圳市的可持续发展能力；城市生态功能恢复建设是生态市建设的一项根本性任务，通过恢复城市生态系统功能不仅可以为建设生态市夯实基础，而且可以为城市生产和生活提供完善的生态系统功能和服务，生态市的一个基本标志就是城市生态系统健康并能够正常发挥其功能；城市生态安全是指城市作为一个开放的复合生态系统抵抗外界干扰和风险的能力，这种能力是深圳建设国际化生态市所应必备的。它强调的是城市生态系统的健康水平和活力，是通过城市生态风险意识、城市生态系统安全格局和城市生态危机应急能力来表征的。

三 "花园城市"的建设成效[①]

深圳市开展"花园城市"建设以来，坚持以科学发展观统领经济社会发展全局，加快推进发展方式转变和经济结构调整，努力提高城市建设发展的质量和效益，实现了国民经济又好又快发展，各项社会事业取得新发展，在圆满完成"十一五"时期经济社会发展各项指标的同时，深圳市开展的"花园城市"建设也取得了显著成绩。

2010年深圳本地生产总值为9510.91亿元（见图6-19）。其中，第一产业增加值为6.00亿元，比上年（下同）下降14.3%；第二产业增加值为4523.36亿元，增长14.1%；第三产业增加值为4981.55亿元，增长9.9%。三次产业结构为0.1∶47.5∶52.4。

在现代产业中，现代服务业增加值为3362.86亿元，增长10.0%。在第三产业中，批发和零售业增长15.4%，住宿和餐饮业增长9.3%，房地产业下降5.4%。民营经济增加值为2510.56亿元，增长11.8%。

深圳市在城市建设和环境保护方面，2010年全年基本建设投资中用于城市基础设施的投资为741.74亿元，增长5.9%；全年全市用电量为663.54亿千瓦时，增长13.3%；其中城乡居民生活用电为82.69亿千瓦时。全市自来水日供应能力为692.00万立方米，全年供水总量为15.65亿立方米，增长4.2%；其中居民家庭用水量为5.02亿立方米，增长3.0%；全市自来水普及率达100%。

2010年全市年末公共汽车营运线路为758条，比上年末增加180条；公共交通运营线路总长度为16987.00公里，增加4049.30公里；年末实有公共汽车运营车辆为26796辆，增长5.8%；其中，公共汽车12456辆，增长

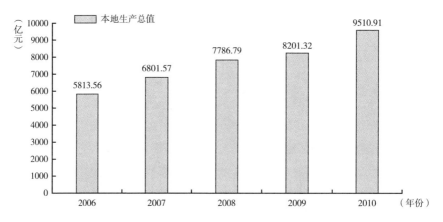

图 6 - 19　2006—2010 年深圳本地生产总值

4.4%；出租小汽车 14340 辆，增长 6.9%；全年公共汽车客运总量达 22.81
亿人次，增长 6.8%；轨道交通线路长度达 63.50 公里，增长 154.0%，轨
道交通客运总量为 1.63 亿人次，增长 17.7%。

2010 年全市建成区面积为 830.01 平方公里，建成区绿化覆盖率为
45.0%，全市生活垃圾无害化处理率为 94.6%，主要饮用水源水库水质达
标率为 100%，城市生活污水处理率（二级处理）为 88.8%，全年达到 I 级
和 II 级空气质量天数为 356 天。

四　深圳 "花园城市" 建设的展望①

2011 年是 "十二五" 开局之年，深圳市围绕科学发展主题和加快转变
经济发展方式主线，努力促转型，稳增长，提质量，惠民生，完成了全年经
济发展主要目标，各项社会事业取得新发展，城市生态环境状况良好，实现
了 "十二五" 时期的良好开局。

全年深圳市生产总值为 11502.06 亿元。其中，第一产业增加值为 5.70
亿元，第二产业增加值为 5343.33 亿元，第三产业增加值为 6153.03 亿元。
第一产业增加值占全市生产总值的比重不到 0.1%；第二和第三产业增加值
占市生产总值的比重分别为 46.5% 和 53.5%。人均生产总值为 110387

---

① 《2011 年深圳市国民经济和社会发展统计公报》。

元，增长 7.3%，按 2011 年平均汇率折算为 17084 美元。

在城市建设和环境保护方面，2011 年全年城市基础设施的投资达719.02 亿元，全年全市用电量为 696.02 亿千瓦时，其中城乡居民生活用电量为 89.42 亿千瓦时。全市自来水日供应能力为 692.00 万立方米，全年供水总量为 16.15 亿立方米，其中居民家庭用水量为 5.22 亿立方米。全市自来水普及率达 100%。

2011 年全市年末公共汽车营运线路为 825 条，比上年末增加 67 条。公共交通营运线路总长度为 17596.00 公里，增加 609.30 公里。年末实有公共汽车营运车辆为 29608 辆，增长 10.5%。其中，公共汽车为 14873 辆，增长19.4%；出租小汽车为 14735 辆，增长 2.8%。全年公共汽车客运总量达23.64 亿人次，增长 3.6%。轨道交通线路长度达 177.00 公里，增长178.7%，轨道交通客运总量达 3.45 亿人次，增长 111.8%。

2011 年全市建成区绿化覆盖率为 45.1%。全市生活垃圾无害化处理率为 95.0%。主要饮用水源水库水质达标率为 100%。城市生活污水处理率（二级处理）为 94.0%。全年达到 I 级和 II 级空气质量天数为 362 天。

2011 年，深圳市环境质量总体保持良好水平。环境空气质量符合国家二级标准；主要饮用水源水质良好，符合饮用水源水质要求；主要河流部分时段氨氮、总磷等指标超标，其他指标达到国家地表水 V 类标准；城市声环境处于轻度污染水平；辐射环境处于安全状态。全市生活垃圾无害化处理率为 95.0%。主要饮用水源水库水质达标率为 100%。城市生活污水处理率（二级处理）为 94.0%。全年达到 I 级和 II 级空气质量天数为 362 天。完成人居环境保护与建设"十二五"规划、深圳市污染减排"十二五"规划、深圳市水环境综合整治"十二五"规划编制；颁布实施《深圳市环境质量提升行动计划》；完成"十一五"和 2011 年度污染减排各项任务；顺利通过国家环境保护模范城市复核评估。

2011 年深圳市建成区绿地率为 39.15%，人均绿地面积为 16.5 平方米，建成区绿化覆盖面积中乔、灌木所占比率为 81.2%。推进国家生态园林城市创建工作，以市政公园为基础，加大综合性城市公园的建设力度，积极向外发展森林（郊野）公园，将背景山林、近郊山体建成森林（郊野）公园，深圳市新建公园 106 个、提升改造 220 个，各类公园总量达到 789 个，初步形成了"森林（郊野）公园—综合性公园—社区公园"三级公园体系。城市绿道网建设完成 335 公里省立绿道建设，建成城市绿道 303 公里、社区绿道 506 公里，深圳市绿道总长度达到 1144 公里，建设里程与密度在珠三角九市中名列前茅；努力提升绿道网的服务价值，建成驿站 38 个，其中 31 个采用废旧集装箱组装，充分体现低碳环保理念；打造特区管理线梅林坳等 8 个重点展示段，全部重点展示段总长达到了 40 公里，占省立绿道总长的 11.9%，提升了城市宜居水平。

自从 2000 年 12 月深圳一举夺得百万人口以上联合国认可的国际"花园城市"第一名以来，深圳特区建立以来的经济发展和城市建设，坚持"生态环境是有限的，必须依法予以保护。发展经济与保护生态是相辅共生的。只要不急功近利，坚持可持续发展战略，就能做到双赢"的发展理念，科学制定城市规划，在规划中充分考虑生态环境保护。近年来，深圳市针对环境的薄弱环节，重点安排了河流综合整治、城市污水处理、大气环境改善、环境噪声处理等 38 项环境质量建设工程，2012 年总投资约为 100 亿元，其中部分重点工程已经提前完成。深圳着眼于长远发展，以生态环境保护为前提，科学制定城市规划，建设服从规划，规划服从环保，这样做就产生了城市经济高速发展与生态环境优化的综合效益。目前，全市环境空气质量、主要饮用水源水质、地面水环境质量、城区噪声、交通干道噪声均达到国家环保模范城市标准[①]。

深圳市以新加坡的园林绿化和香港的运作效率为目标模式，以公园为点，以道路绿化带为线，以组团绿化隔离带为片，以公共绿地、住宅绿化、生产绿化、防护绿化、风景带地为面，构建绿化网络，形成了四季花香、五彩缤纷的园林、花园城市特色。如今，深圳的森林覆盖率达 47.5%，市区内绿化覆盖率为 45%，人均拥有公共绿地 13.89 平方米，为全国城市之最[②]。

综上，当前中国城市经济社会发展与资源环境承载能力不匹配，东部一些城市密集地区资源环境约束加剧，中西部资源环境承载能力较强地区的城

---

① 《写进深圳市委"十二五"建议稿》，新浪网，http：//city. sina. com. cn/focus/t/2010 - 11/25 - 110110942. html，最后访问日期：2014 年 12 月 1 日。

② 《深圳优化生态环境促进经济发展》，《人民日报》2000 年 12 月 10 日。

市化潜力有待挖掘。城市的发展重在质量，必须要考虑城市本身的结构和资源环境的容量，没有很好的城市内部结构和各个环境相互协调的作用，就很难实现可持续发展。因此，发展低碳经济、建设"三型"城市必须落实到具体行动上。从宏观上来讲，政府在城市建设方面起到强有力的主导与推动作用，需要政府主导，包括制度层面的创新，完善市场竞争机制，出台鼓励技术创新、节能减排以及发展低碳经济的政策，积极开展国际合作，引领和助推低碳经济发展；在中观层面，要进行城市产业结构调整，大力发展低碳、环保等战略性新兴产业；从微观角度出发，也需要企业和市民参与，转变传统的高碳、浪费的消费观念，倡导低碳生活方式和生产方式，促进低碳经济发展的"全民行动"。要以党的十八大精神和科学发展观为指导，以统筹人口、资源、环境、发展为根本手段，以低碳经济、循环经济、绿色经济为发展模式，以建设资源节约、环境友好、气候安全"三型"城市为目标，是中国城市建设生态文明、实现可持续发展的战略选择和实现路径。要按照人口资源环境相均衡、经济社会生态效益相统一的原则，构建科学合理的城镇化推进格局、经济发展格局、生态安全格局，保障国家和区域生态安全，实现城市建设和经济社会可持续发展。

第 七 章

建设"三型"城市生产方式

建设"三型"城市生产方式是城市生态环境可持续发展和城市生态文明建设的重点，也是城市可持续发展和生态文明建设能否最终得以实现的关键。城市要实现可持续发展和生态文明建设，就生产方式而言，就是要求生产不给后人留下遗憾，而且还应增加更多的绿色投资，力争给后人留下更多的生态资产。在"2012 新兴经济体智库经济政策对话会"上，与会专家普遍认为，在后经济危机时期，新兴经济体必须转变生产方式。

大力推进生态文明建设就是要节约集约利用资源，推动资源利用方式实现根本转变，加强全过程节约管理，大幅降低能源、水、土地的消耗强度，提高利用效率和效益；发展循环经济，促进生产、流通、消费过程的减量化、再利用、资源化。

第一节　城市生产方式转变：从不可持续到可持续

一　生产方式的内涵

（一）生产方式的概念界定

"人类当前的生存方式的转变是可持续发展的根本问题，人类的生存危机存在于人类的生存方式之中。""生存方式可以用三个侧面来概括，即社会的生产方式，人群的生活方式和组织方式。"[1]　由此可见，生产方式是人

---

[1]　叶文虎、邓文碧：《可持续发展的根本是塑建新的生存方式》，《中国人口·资源与环境》2001年第4期。

类生存方式的重要组成部分。关于什么是生产方式，不同学者从不同视角进行了研究。

马克思所说的生产方式主要包括下面四个方面的含义：①生产的技术条件，即生产资料的规模、效能与生产工艺水平；②生产的组织条件，即劳动者之间的分工、协作关系；③社会的生产形式，即社会生产的运行方式；④生产的社会形式，即劳动者与生产资料的结合方式①。这是从政治经济学的视角进行的研究，马克思明确地把生产方式界定为生产力与生产关系的统一。管理视角的生产方式，可理解为生产系统的结构形式和运行机制。生产系统的结构形式取决于构成生产系统主体框架的结构化要素，包括生产技术、生产设施、生产能力等。生产系统的运作机制取决于在生产系统中支持和控制系统运行的非结构化要素，包括人员组织、生产计划、库存管理和质量管理等②。管理视角下的生产方式，其含义与政治经济学视角下生产方式中的生产技术条件和组织条件基本相同。其中，生产系统的结构化要素相当于生产技术条件，生产系统的非结构化要素相当于生产组织条件。孟捷指出，马克思主义经济学的研究对象是生产方式，但这并不意味着排除对资源配置方式的研究，反而还可以把对资源配置方式的研究包含在对生产方式的研究之中。事实上，马克思正是以研究资本主义生产方式为名研究了资本主义的资源配置方式③。资源配置方式与生产方式在某种意义上说可以等同，如它们在微观层面都是指直接生产者和生产资料结合以生产产品和服务的方式，在宏观层面都是指经济资源以何种方式分布于生产不同产品和服务的社会分工的各个部门。

因此，生产方式是人们在生产过程中形成的人与自然界之间和人与人之间的相互关系的体系，是人们获取社会生活所必需的物质资料的方式④。从微观层面来看，它指为什么生产、生产什么、如何生产，具体来说包括生产目标、生产对象、生产主体、生产要素及其组织；生产目标回答的是为什么

---

① 夏传勇、张曙光：《论可持续生产》，《中国发展》2010 年第 6 期。

② 夏传勇、张曙光：《论可持续生产》，《中国发展》2010 年第 6 期。

③ 孟捷：《经济人假设与马克思主义经济学》，《中国社会科学》2007 年第 1 期。

④ 阎亚军：《中国教育学知识生产方式的反思与重建——从研究者的角度看》，《贵州师范大学学报》（社会科学版）2008 年第 12 期。

生产的问题，生产对象解决的是生产什么的问题，生产主体、生产要素及其组织解决的是如何生产的问题。从宏观层面来看，它主要是指生产资源的配置方式、生产的空间布局和产业结构。这六者结合起来一并诠释了生产方式的真正内涵，但其中最重要的是生产要素及其组织和宏观的生产资源配置方式。

（二）生产方式的功能

整个社会是一个以自然环境为依托，以经济发展为命脉，以社会体制为经络的"社会—经济—自然复合生态系统"。在这个系统中，生产方式扮演着十分重要的角色，具有经济、社会和生态功能。

生产方式的经济功能是指通过生产可以提供工农产品和各种各样的服务，同时生产方式还可以促进就业与创收，良好的生产方式可以充分发挥节俭功能、优化配置功能、循环功能，延长产业链，增加产品附加值，能够吸纳更多的从业人员，同时通过低碳经济化运作，大幅度增加企业收入。此外，生产方式还具有吸引投资的功能，通过引入现代生产要素和产业化经营理念，将对跨国投资起到积极的吸引作用。跨国公司已经在全球积极开展低碳投资。联合国贸易组织估计，2009年，仅仅流入三个主要低碳行业——循环经济领域、可再生能源领域以及与环保技术相关的产品制造领域的低碳FDI就达到了900亿美元。跨国低碳投资已经形成了相当大的规模，随着世界经济向低碳经济转变，其潜力将不可限量。当然，生产方式的经济功能发挥得好与坏，取决于生产要素和生产组织安排的好坏，生产方式安排得好其经济功能就发挥得好，安排得不好其经济功能发挥得就差。因此，不同的生产方式的经济效率有所不同，这就表明生产方式具有经济功能。

生产方式的社会功能表现为人们在一定生产方式约束下进行生产活动而对社会造成的影响。这种影响表现在：①对人口生产的影响，主要包括对人类生活质量、健康水平、智力发展的影响等；②对社会文明的影响，主要包括对社会就业、社会公平、社会稳定、社区发展的影响等。生产方式在传承人类文明、增进社会福利、满足人们对精神生活的需求方面发挥着十分重要的作用①。以人类生产方式发展进程中的工业遗产为例。工业遗产是工业文

---

① 夏传勇、张曙光：《论可持续生产》，《中国发展》2010年第6期。

明最集中的体现，它无形地记录着人类社会的伟大变革与进步，更延续了一座座城市的历史。面对这些被视为"废弃物"的工业遗产，我们同样能强烈感受到厚重的历史、人文、经济、科技的多重珍贵价值[①]。城市生产体系本身就具有休闲旅游的功能，尤其是生态农业。近年来，随着城镇化水平的不断提高和人们生活质量的逐步改善，城市近郊农业和农村的观光休闲功能日益彰显。低碳产业园区本身也具有旅游观光功能，上海世博园就是一个典型的低碳观光园区。

生产方式的生态功能对生态环境的影响，主要包括对资源、环境、气候的影响。不同的生产方式，其资源消耗和废弃物的排放量不同，因而对生态环境的影响不同。生产方式安排得好，其资源消耗量和废弃物的排放量就少，对生态环境的影响就小；安排得不好，其资源消耗量和废弃物的排放量就会超过自然环境的承载能力，从而导致自然生态环境受到破坏。

二 传统的城市生产方式："三高一低"、不可循环的非持续生产

（一）传统的城市生产方式的基本特征

从历史演变角度来看，生产方式可以被划分为农业文明时代的传统的农业生产方式、工业文明时代的近现代工业化生产方式以及生态文明时代的现代生态化生产方式三种。我们把传统的农业生产方式及近代工业化生产方式统称为传统的生产方式。其基本特征就是"三高一低"、不可循环。所谓"三高一低"即"高投入、高消耗、高污染、低效益"。这种不可持续的生产方式虽然在古代和近代就已经存在，但是就其对社会的影响来说，由于古代和近代生产的规模相对很小，因而对社会造成的不良影响有限，现代生产由于规模庞大，不可持续的生产方式会造成严重的不良后果。

资源能源是所有生产的物质基础，在规模庞大的现代生产过程中，在某些领域还存在浪费资源能源的现象，尤其是存在浪费不可再生资源的生产方式。中国的资源能源消耗和污染排放量虽然从纵向比较，已经取得了显著的成效，但从横向比，则远远低于世界平均水平，与世界先进水平的差距就更大了。中国工业部门每年多用约 2.3 亿吨标准煤；矿产资源总回收率仅为

---

① 周勇刚：《工业遗产与文化传承》，《中华工商时报》2012 年 5 月 31 日。

30%，比世界先进水平低 20 个百分点。2003 年高收入国家每千克石油当量产出的 GDP 为 5.2 美元，其中欧盟国家为 6.4 美元，分别比中国的水平高 15.6 个百分点和 42.2 个百分点。中国的污染排放比发达国家要严重。2002 年高收入国家单位 GDP 排放的二氧化碳为 0.5 千克，其中欧盟国家为 0.3 千克，分别比中国的水平低 16.7 个百分点和 50 个百分点①。

由此可见，传统的生产方式是以生产需求扩张和高投入、高消耗、高污染支撑的生产模式，其生产观念是最大限度地开发利用自然资源，最大限度地创造社会财富，最大限度地获取利润。这种生产观念导致生产体系畸形和经济结构失衡，生产体系缺乏竞争力和市场开拓能力；由于这一过程对社会资金和资源的大量消耗和浪费，导致资源短缺、生态环境恶化的双重危机②。

传统的生产方式是一种粗放型的生产方式。这种生产方式单纯依靠生产要素的大量投入和扩张，即通过增加生产设备，扩大厂房面积，加大劳动投入等来实现经济的增长。这是一种"线型"生产模式，从资源利用到原材料投入，再到加工生产，最后到产品输出和废物排放，最终到资金回收，进行新一轮的生产。在这样的生产方式下，自然界既是人类的资源储备库又是垃圾的丢弃场，人类在无止境地向大自然索取，同时侵害着自然界原有的生态平衡。这种生产方式没有涉及资源的回收及重新利用，是一种不可循环的生产方式。

（二）传统的城市生产方式带来的资源环境问题

1. 城市水环境问题

水是城市生存和发展不可替代的物质基础，良好的水环境是现代城市文明的重要标志③。城市的可持续发展必须有良好的水环境作为基础。近 30 年来，由于中国城市化高速发展及人口众多，致使中国城市水环境问题一直十分严峻，呈现新旧污染交替、复合污染严重的特征，在污染空间上也表现为由城市向周边、由内陆向近海扩展的趋势，城市水资源与水环境面临巨大

---

① 王梦奎等：《中国：加快结构调整和增长方式转变》，《管理世界》2007 年第 7 期。

② 钟善锦等：《发展循环经济，实现广西环境与经济的协调发展》，《环境科学动态》2005 年第 5 期。

③ 张伟波：《水环境与城市文明》，《中国水利》2004 年第 9 期。

压力和挑战，已成为制约中国城市发展的重要瓶颈之一①。

（1）水质恶化。传统的城市生产方式让城市水质恶化。随着城市生产的发展，污水排放量呈现几何倍数的增长，向水中排放的污染物远远超过城市水体的自净能力，城市水环境质量明显下降。现在全国90%以上的城市水体污染严重，50%的重点城镇集中饮水水源已不符合取水标准②，城市湖泊水质急剧下降。深圳市内8条河流水质均为劣Ⅴ类水，杭州的西湖、南京的玄武湖和莫愁湖、昆明的滇池、武汉的东湖都已严重富营养化。不仅如此，城市地下水水质也在急速下降，在全国118个主要城市中，64%的城市地下水受到严重污染，33%的城市地下水受到轻度污染③。

（2）城市缺水。中国城市普遍存在缺水现象。在中国600多个城市中，有400多个城市缺水，约占城市总量的2/3，其中缺水严重的城市有110个，城市年缺水总量达60亿立方米，到2030年中国将被列入严重缺水的国家。根据世界银行的数据，中国人均水资源占有量只有2200立方米，这个数字仅相当于世界人均水资源占有量的1/4。专家预测，当中国人口增至16亿时，人均水资源将下降到1750立方米，接近国际公认的水资源紧张标准。

中国北方尤其缺水。黄河、淮河、海河、辽河流域所代表的北方地区人均水资源量只是全国平均水平的1/3，河川流量仅为长江、珠江流域所代表的南方地区的1/6左右。在素有"水塔"之称的青海省，约有2000处河流和湖泊干涸。天津、河北、山西、内蒙古、甘肃、青海、宁夏和新疆8个省份的水资源量，不足以维持全境有植被的生态系统，总面积超过442万平方公里，占国土总面积的46%。一些水资源较为丰富的省份也开始面临缺水问题④。

城市化进程的加快，导致地面的不透水区域不断增加。在下暴雨时，地面径流量增多，汇流时间缩短，部分河道排水不畅，漫水、积水区域增多，

① 《中国城市水环境问题引发海内外学者关注》，新华网，http://news.xinhuanet.com/politics/2011–09/18/c_122050578.htm，最后访问日期：2014年12月1日。
② 冉星彦：《浅论城市水环境的治理》，《北京水利》2001年第4期。
③ 张学勤、曹光杰：《城市水环境质量问题与改善措施》，《城市问题》2005年第4期。
④ 杨志远：《天津列北方缺水城市之首》，《天津日报》2004年8月18日，第3版。

加上城市排水设施一般为排污管道，容易造成城市的洪涝灾害。2012 年北京"7·21"水灾就是一个典型的例子。

（3）"重水轻泥"造成二次污染。污水与污泥是一对长期处于厚此薄彼关系中的"双生子"。随着城市化进程的加快，各类污水处理装置纷纷上马，城市污水处理率极大地提高，然而伴随着污水处理而产生的大量含有重金属、病原菌和有机污染物的污泥被随意倾倒或简单填埋，渗透到地下水源，造成新的水质环境"二次污染"。据统计，每处理 1 万吨污水会产生 5 吨污泥。这些污泥中富含病原微生物、有机污染物和重金属，会对环境造成二次污染。只靠填埋、制肥和绿化园林等方式处理污泥，难以消化污水处理过程中产生的大量污泥。

（4）中水回用率低。中水是指城市各种排水经处理后，达到规定的水质标准，可在生活、市政、环境等范围内杂用的非饮用水[①]。当前，在全球气候变化的影响以及社会经济发展的压力下，世界上很多城市面临水荒威胁，城市污水经处理后的再利用成为一种必然选择。中水回用既是经济问题，又是资源问题。据有关资料显示，每天每使用 1 万立方米的中水，就相当于建设了 1 座 400 万立方米的水库[②]。中水是城市尤其是缺水型城市的重要水资源，因此在城市生产中必须注重水资源的循环利用。

2. 城市土地利用问题

土地是城市发展的首要基础，是城市生产的空间载体。可持续发展的城市必须以土地的可持续利用为前提。传统的城市由于其产业结构以占地型工业为支撑，这些传统行业与高新技术产业相比，最大的缺点在于其扩大生产规模在很大程度上要以扩大占地面积为支撑，在土地集约利用方面存在一定难度。城市为了促进工业的发展，转变工业发展方式，往往都设立了各类开发区，作为现代工业的集聚地。城市开发区建设虽然取得了喜人的成就，但在引进项目时无原则，一些不符合开发区性质定位的低科技含量项目或会造成污染的项目也予以引进，只强调引进企业数量，不关心"质量"，出现了

---

① 蔡宇仕：《建筑给排水设计节水措施的探讨》，《山西建筑》2005 年第 6 期。

② 肖杨、乔丹：《西安中水利用：莫要叫好不叫座》，《陕西日报》2014 年 1 月 9 日，第 4 版。

不少问题，如土地闲置、生态环境质量下降、用地结构不合理、忽视人居环境建设等[①]。据原国家土地管理局对部分城市用地情况的调查，城市土地4%—5%处于闲置状态，40%左右被低效利用。若按低效利用相当于1/4闲置土地推算，空闲地将占城市用地的15%[②]。城市用地功能分区不明显，相当多高能耗、低效益、重污染的工业用地和副业用地占据了城市中心区，造成"优地劣用"的现象，使城市土地价值被压低。传统的城市分区功能难以协调，造成城市运行过程中外部负效应高，交通道路拥堵，人口分布集中，形成"白天繁华，晚上空城"现象，还会割裂城市空间，使城市空间被道路割裂，人与人之间被汽车、高楼大厦割裂。土地利用变化中的碳排放量仅位于化石燃料燃烧之后，是导致全球大气二氧化碳含量增加、气候变化的重要原因，特别是在城市土地利用与城市的建造过程中，产生了大量的温室气体，如城市硬化地面导致碳排放量增加。在城市扩张过程中难免用水泥、花岗岩、柏油等不透水的材质铺设地面，这将使碳循环系统被破坏，从而导致碳排放量飙升。

城市生产方式与城市土地集约节约利用是一脉相承的有机整体，建设可持续发展城市要求对城市土地进行集约节约利用，而对城市土地进行集约节约利用又反作用于可持续城市的建设，在优化土地生态价值、社会价值的同时充分挖掘土地的经济价值，有利于可持续发展目标的实现。

专栏7-1　上海增加绿地

在"绿地"的建造方式上除了增加城市的绿化带外，上海世博会也为我们带来了一些新思路，比如在建筑物墙上和顶上栽种小灌木，为主体建筑"降温"。这些绿色植被既是环境温湿度的"自动调节器"，又是控制碳氧平衡的"氧气机"；既是吸收有毒气体的"解毒器"，又是减灭有害微生物的"灭菌器"；既是滞尘滤尘的"吸尘器"，又是产生氧离子的"发生器"，同时植物具有降噪功能，是天然的"消声器"。如此与建筑物融合的绿色植

① 王梅、曲福田：《昆山开发区企业土地集约利用评价指标构建与应用研究》，《中国土地科学》2004年第12期。

② 李贻学等：《我国城市土地可持续利用对策研究》，《山东农业大学学报》（自然科学版）2003年第9期。

物，不仅不会占用城市土地，可以实现城市土地的节约利用，还可以增加碳汇，提升城市环境质量，促进城市可持续发展。

三　现代的城市生产方式："三低一高"、可循环的可持续生产方式

（一）建设现代的城市生产方式是转变经济发展方式的必然要求

在传统的经济增长模式下，人们普遍认为产品利润越高，企业满负荷生产即为社会进步。这种单一的、片面的增长方式带来的直接后果就是大规模投资、大规模生产和对不可再生资源的大规模开采和利用，它牺牲了教育公平、社会保障、社会福利及生态环境。随着时间的推移，资源短缺、环境污染、气候变暖、贫富悬殊、社会不稳定等不和谐的现象开始逐渐显现。显然，这种经济增长方式是一种不可持续的增长方式，从长远来看不利于人类文明的进步和生存条件的改善，需要引起检讨和反思。改革开放以来，中国的经济建设取得了巨大成就，社会发展状况也有了很大改观，贫困人口大幅度减少，城乡居民生活水平得到有效改善，社会公平得到有效保障和体现。这是我们引以为自豪的[①]。以往中国经济增长主要是依靠增加物质资本和劳动投入，传统的以消耗能源和污染环境为代价的增长方式必须转变，要求注重经济社会综合协调发展的内涵，更全面、更直接地体现科学发展观的理念，体现发展的耦合性、关联性、价值性和人文性的统一[②]。为此，我们认为，转变经济发展方式本质上就是要走全面协调可持续发展的道路，加快经济结构战略性调整，积极建设资源节约型、环境友好型社会，在合理充分利用自然资源、保护生态环境的基础上，促进经济的发展。

转变经济发展方式，要坚持走新型工业化道路，以信息化带动工业化，以工业化促进信息化，工业化和信息化并举。新型工业化道路就是要走科技含量高、经济效益好、资源消耗低、环境污染少、人力资源优势得到充分发挥的道路。

转变经济发展方式，要推动产业结构升级。要通过调整增长要素的投入

---

① 胡秋春：《把转变发展方式作为经济工作的重点》，《学习月刊》2010 年第 3 期。

② 张雄：《经济发展方式与经济增长方式是一回事吗》，《解放日报》2007 年 7 月 30 日，第 2 版。

比例，降低一般的资金、资源、人力的投入，更多地依靠科技进步的因素实现增长。

中国的经济发展是以传统工业化道路为主要驱动力的，其核心是资源驱动和投资驱动，经济发展的内在动力来自资源的开发和资金的投入，发展模式的特征是以资源与能源的消耗为基础和代价①，消耗了大量的资源，很多以资源为主的城市或者地区已经进入资源枯竭期。中国正在由传统工业化道路向新型工业化道路转变，传统工业化道路的缺陷在于没有考虑资源的可持续性和生态的可承受性，因此，新型工业化道路的基点与核心就是，必须考虑资源的可持续性与环境的可承受性。资源节约、环境友好与气候安全的特定含义即开创新型工业化道路，实现经济发展由资源投资向技术创新驱动的模式转换②。

（二）现代的城市生产方式的内涵

现代城市生产方式是可持续的生产方式，是资源节约、环境友好，气候安全的生产方式。其实，这种生产方式体现了发展观的转变，不再追求以经济的无限增长和物质的无限增加为终极目标，而是重新树立科学发展观，以承认资源环境供给的有限性为前提。在城市生产过程中，不但要把资源环境视为资本并内在化，去考虑资源环境的承载力和容纳力，把生产活动限定在资源环境承载力范围内，而且要考虑资源环境的这种能力的可持续性，以及生产活动对资源环境的影响③。建立可持续的城市生产方式，应从产业结构调整和优化升级着手，实现经济发展方式的彻底转变，全面建立可持续的城市生产方式。

（1）在城市生产的各个环节，都要强调和强化资源节约、环境友好和气候安全；包括生产之前、生产之中和生产之后的环节，这是一个完整的体系。过去更多注重的是生产过程本身，忽略了产前和产后。

（2）在城市生产的各个领域，都要强调和强化资源节约、环境友好和气候安全。这里所说的城市生产的各个领域，不仅包括工业系统，还包括农

① 张健：《资源节约与环境友好：经济社会环境的协调发展及世界眼光》，《理论月刊》2006 年第3 期。
② 张健：《资源节约与环境友好：经济社会环境的协调发展及世界眼光》，《理论月刊》2006 年第 3 期。
③ 李惠茹、陈志国、叶慧君：《构建循环型国民经济运行体系》，《宏观经济管理》2007 年第 7 期。

业系统、服务业系统以及相关系统，要准确把握工业与服务业、农业之间的共生关系。

（3）建设可持续城市的生产方式，必须从城乡统筹的角度入手，考虑城镇化进程，考虑工业化与城镇化、农业产业化之间的依存关系，努力实现三次产业的协调发展和"三化"的良性互动[①]。

（4）建设可持续城市的生产方式的基本要求是节约资源、保护环境和减少碳排放，但节约资源是第一位的。可持续生产方式是资源节约和环境友好、气候安全生产方式的有机统一，资源节约生产方式是通过提高资源利用效率来降低资源投入强度，减少进入生产系统的物质流和能量流，实现经济增长的减量化。环境友好生产方式是通过发展循环经济等方式将生产活动保持在生态环境的容量限度之内。气候安全生产方式是以二氧化碳为代表的温室气体实现较低或更低的排放。这种低排放，既是对气候变暖的一种应对，也是对生态环境系统被污染的一种遏制，更有利于实现中国提出的"到2020 年单位国内生产总值二氧化碳排放比 2005 年下降 40% —45% 的目标"。可持续生产方式概念中的"节约"特别突出两个方面的含义：一是指在谋求经济发展的同时尽量减少对资源的消耗和浪费，厉行节约；二是指在生产过程中用尽可能少的资源创造尽可能多的财富，提高资源的利用率。因此，在建设可持续城市生产方式的过程中，节约资源是首要的基本要求，是第一位的。只有节约资源，才能更好地保护环境，因为生产过程中有资源投入就必然有废弃物产生，要减少废弃物排放量就要从源头上减少资源投入量，这才是保护环境的根本。

（5）从技术基础上看，建设可持续城市的生产方式是以能源的高效、清洁、可再生，或以生产的高效能、"吃干榨尽"、清洁生产、节能减排为特征的产业形态。在当前形势下，技术改造是企业技术进步的重要内容，要积极开发利用绿色低碳技术，广泛采用新技术、新工艺和新装备；加快淘汰落后产能，继续打好节能减排的攻坚战，围绕节能减排开展技术创新；要加快绿色管理，注重以绿色资源重组企业体系。

（6）建设可持续城市的生产方式的最重要主体是企业。政府、企业、

---

① 王正伟：《转变经济发展方式，推进新型工业化》，《今日中国论坛》2007 年第 10 期。

非政府组织等主体都是建设可持续城市的生产方式的重要力量，但政府政策、低碳技术的推广应用、产业结构的调整等最终都得依靠企业来落实。

（7）建设可持续城市的生产方式以"三化"（即新型工业化、农业现代化、新型城镇化）作为基本途径，坚持"三型"引领、"三化"带动。

建设可持续城市的生产方式，意味着生产方式从"低端"转向"高端"、从"单一"转向"全面"、从"粗放"转向"集约"。实现这三个转变，是转方式、调结构的题中应有之义，是建设"两型"社会的关键所在。

（三）现代的城市生产方式的基本特征

从物质流动和表现形式上看，传统生产方式是一种按照"资源—产品—废弃物"的顺序演进的物质单向流动，实际上是一种"高投入、高消耗、高污染、低效益"的粗放型经济增长方式。传统生产方式对待环境的态度是先污染后治理，是一种被动的治理方式。而现代的城市生产方式正好与此相对，是一种通过运用循环技术、按"资源—产品—废弃物—再生资源"的顺序演进的物质双向流动，实际上是一种"低投入、低消耗、低污染、高效益"的集约型经济增长方式，实现经济效益、生态效益与社会效益的最大化，对待环境问题采取源头预防的主动治理方式。

第二节　核心内容：推进城市产业结构的战略性调整

一　城市产业结构战略性调整的必要性

城市生产方式主要通过城市产业来体现，经济结构的核心内容也是产业结构。城市生产方式的不可持续性是由城市产业结构的不合理性造成的。中国城市过去的产业结构支撑了城市经济的快速发展，但是其所积累和形成的矛盾也成为影响城市可持续发展的重要因素。近年来，国家相继制定了有关产业结构调整的一系列文件，提出要标本兼治，把保增长、扩内需、调结构更好地结合起来，把推进发展方式转变和产业结构调整作为应对国内外环境变化、实现可持续发展的根本出路。

（一）城市产业结构调整是产业结构演变规律的必然要求

产业结构的演变遵循先以第一产业，后以第二产业，进而以第三产业为主导的由低向高演变的规律。目前,处于工业化中期阶段的城市大部分是工业城市,城市经济以工业为主导,三次产业发展不协调,尤其以资源型城市最为典型。工业是资源型城市的主体,其增加值占据国内生产总值的60%以上,服务业的发展则相当滞后。城市产业结构不协调,不符合城市产业结构演变的基本规律,将必然阻碍城市的可持续发展。只有通过城市产业结构的战略性调整,才能使其经济增长得到进一步实现,才能符合产业结构的一般演进规律。

(二) 城市产业结构调整是科学发展观和生态文明建设的必然要求

党的十八大把科学发展观作为党的指导思想,并把生态文明建设作为五位一体的重要内容之一,要求大力推进产业结构优化升级和转变经济发展方式,改善生态环境,促进经济社会全面协调可持续发展。城市产业结构的战略性调整是城市进行产业结构优化的重要手段之一,是减少环境污染和保护生态环境的根本方式。这就要求摒弃传统的高消耗的经济增长方式,实现城市经济发展的低投入、高产出,低消耗、少排放,能循环、可持续。这种发展模式反映到产业结构上,就是一种有别于粗放型发展方式所形成的产业结构。只有进行城市产业结构的战略性调整,才能实现科学发展、低碳发展、循环发展,才能实现全面建成小康社会的目标。

二 城市产业结构战略性调整的目标:"三型"产业结构

转变城市生产方式和经济发展方式,体现在产业结构调整的目标上,就是建立"三型"产业结构。所谓的"三型"产业,就是符合新兴工业化要求的科技含量高、经济效益好、人力资源优势得到充分发挥的资源节约、环境友好、气候安全型产业。"三型"产业结构,就是节约能源资源、保护生态环境、应对气候变暖的产业结构,是根据一国或区域的地理环境、资源禀赋、经济发展阶段、科学技术水平、人口规模等特点,在产业引导体制机制的作用下,形成的高效率、协调的产业内、产业间比例关系和关联方式①。

首先,"三型"产业结构是一种经济效益更好的产业结构。在城市产业结构转型中,并不是以牺牲经济效益为代价来换取资源节约、环境友好和气候安全,而是通过技术创新,运用先进的管理方法和理念对资源进行整合和

---

① 张建民:《"两型"产业结构初探》,《湖南商学院学报》2010年第2期。

优化,使各种生产要素都得到充分利用,从而使资源利用效率更高,经济效益更好。

其次,"三型"产业结构是一种生态化的产业结构。"三型"产业结构的各个构成要素与资源、环境、气候都保持友好的关系,在宏观上要协调产业之间的结构和功能,促进各种物质的合理利用和循环运转;在微观上通过清洁生产、环境设计等手段,提高资源的利用效率,尽可能降低物耗、能耗和污染排放①,实现由污染型生产方式向清洁型生产方式转变,由单向型生产模式向循环型生产模式转变。从能源角度来看,要实现"化石能源"依赖型的生产方式向"可再生能源"依赖型的生产方式转变。

再次,"三型"产业结构是一种与社会和谐的产业结构。在这种产业结构中,人力资源优势得到充分发挥,经济效益不断提高,公众物质生活丰富多彩,采取有利于环境保护和资源能源节约的生产方式和技术手段,企业社会责任得到了强化与落实,正确处理好了人与人、人与社会的关系,是一种与社会和谐的产业结构。

最后,"三型"产业结构也是一种第一、第二、第三产业协调发展的产业结构。传统的城市产业结构是工业型产业结构,"三型"产业结构是工业中心地位不断下降,第一、第二、第三产业协调发展的产业结构。这种产业结构信息化水平较高,通过增进商品、劳务所包含的智力、信息来减少工业和个人的物质消耗量,它以人们生产数量较少然而含信息较多的商品为其特征。只有建立"三型"产业结构,才能使城市工业产品由长、大、重、厚、粗变为短、小、轻、薄、精,从而实现城市生态与经济的良性循环,促进城市经济的可持续发展②。

三　城市产业结构战略性调整的重点

在城市产业结构调整过程中,要注重产业结构的协调发展,由过去的以第二产业为主变为第一、第二、第三产业协调发展。增强自主创新能力,大力发展以新能源、新材料、节能环保等为代表的新兴战略性产业和高新技术

---

① 金国平、朱坦、唐弢、林妍:《生态城市建设中的产业生态化研究》,《环境保护》2008年第4期。

② 梁爽:《城市可持续发展与产业结构调整》,硕士学位论文,河北大学,2004。

产业，使之成为新的增长点和推动经济发展的主导力量；用高新技术和先进适用技术改造有前景的传统产业，提高产业集约化程度，形成一批新的经济增长点和新技术产业群；广泛应用信息技术，大力推进信息化与工业化融合；大力发展现代服务业，提高服务业比重和水平①。

（一）走新型工业化道路，优化城市工业结构

胡锦涛同志指出，工业是实体经济的主体，也是转变经济发展方式、调整优化产业结构的主战场。工业是推动国民经济增长的重要动力，是增进人民福祉的重要基础，也是国家综合实力和竞争力的核心体现。中国正处在工业化中期，工业的主导作用和支柱地位在较长时期内不会改变，加快工业转型升级，促进工业由大变强，依然是中国现代化进程中艰巨的历史任务②。

国际金融危机爆发后，世界经济增长模式面临新的调整。以资源消耗和需求拉动为支撑的经济增长模式受到巨大的冲击。从生产和投入的角度来看，以减少温室气体排放为核心的经济发展模式及低碳经济理念将被越来越多的国家所接受，工业生产的技术和组织方式将围绕节能减排、绿色环保的原则进行创新和优化③。在工业经济领域实现发展方式转变，就是要走出一条有中国特色的新型工业化道路，改变工业增长过分依靠出口拉动的发展模式，走以内需拉动为主的发展道路。

1. 优化城市工业结构的目标："三型"工业结构

从探索有中国特色新型工业化道路的根本目标出发，立足中国的基本国情和城市工业结构的现状，通过调整促进工业结构实现由传统工业向"三型"工业结构转型。工业生产中的资源节约、环境友好、气候安全是指为获得单位产出仅使用较少的资源，且对环境的负外部性较低、对气候变化影响更小的生产方式。与此相应，"三型"工业结构则是指在工业的行业结构、产品结构中，资源节约、环境友好、气候安全型的行业或产品占较大比

---

① 张建民：《"两型"产业结构初探》，《湖南商学院学报》2010 年第 2 期。

② 苗圩：《坚定不移走中国特色新型工业化道路，努力实现从工业大国向工业强国转变》，《中国经济和信息化》2012 年第 6 期。

③ 中国社会科学院工业经济研究所课题组：《"十二五"时期工业结构调整和优化升级研究》，《中国工业经济》2010 年第 1 期。

重，以及在工业生产方式和生产过程中，表现出资源节约、环境友好、气候安全的特征。

2. 优化行业结构

新型工业化要求建立现代城市产业体系。城市在转型升级的过程中，要改造提升制造业，培育发展战略性新兴产业，大力发展生产性服务业和节能环保产业。

制造业是城市竞争的重点领域。改造和提升制造业是加快转变发展方式、发展现代产业体系的重要内容。据经济研究和咨询公司报告，2010年中国制造业产值在全球制造业总产值中的比例为19.8%，略高于美国的19.4%，成为世界制造业第一大国①。但是，中国制造业还处于不可持续的状态。中国制造业要成功实现改造和提升，必须坚持以企业为主、政策为辅、市场为导向的指导思想，实现制造业由投资推动向创新驱动的方向转变，推进战略性新兴产业协同发展，加大自主品牌建设。同时，应该从打造制造业生态系统、构建制造业改造提升的协同推进体系、健全制造业改造提升的倒逼机制和激励机制，以及提高产品质量、创新能力以及人才队伍建设作为改造提升制造业的保障体系。在制造业转型升级的过程中要推动产业深度融合。一是促进传统制造业内部重组融合，通过企业兼并、重组等，优化原有产业结构和组织形式，提高整体竞争力和生产效率。二是促进传统制造业与高新技术产业融合，通过高新技术嫁接改造等多种方式，拓展新的产品和市场，使传统制造业提高产品附加值，推出新产品，实现装备现代化，获得新的生命力。美国纽约、匹兹堡等部分城市，第二次世界大战后尤其是20世纪50—60年代，制造业急剧衰落，大量工厂倒闭，失业率增加，遗弃的工厂设备锈迹斑斑，被人们形象地称为"锈带"。为振兴经济，这些城市相继提出了"锈带复兴计划"，并运用高新技术实现制造业的结构调整，把信息化与工业化结合起来，以提升高新技术的扩散力和渗透力，实现高科技产业化，使城市在新的结构中实现了经济的持续增长。三是促进传统制造业与网络产业融合，借助计算机、通信和媒体的"三网融合"，加速电子商务发展，使传统制造业实现经营方式多样化，信息流无障碍流通，价格信号传

①　胡迟：《着力推进制造业改造提升》，《经济日报》2012年3月27日。

递及时准确，标准化更易实行，生产经营效率大大提高。四是促进传统制造业与文化产业融合，通过形成、提升和提炼企业文化、产品文化，实现传统制造业与文化产业的对接。通过对传统制造业所拥有的传统工艺和历史文化底蕴的合理保留和运作，使之转化为文化产业的基础元素。要加强对城市工业遗产的保护力度。

专栏 7-2　英国的工业遗产

英国的铁桥峡谷位于英格兰的什罗普郡，以铁桥和鼓风炉最为著名，是采矿区、铸造厂、工厂、车间和仓库的汇集区，还密布着由巷道、轨道、坡路、运河和铁路编织成的古老运输网络，同时又与一幢幢老建筑共存。铁桥峡谷主要是通过对原有的工业遗产进行保护，恢复遭受破坏的生态环境和建造主题博物馆的形式来发展旅游业。今天，其自然环境已经得到全面恢复，青山绿水掩映着古老的工业遗址。1986年11月，该地被联合国教科文组织正式列入世界自然与文化遗产名录，从而成为世界上第一个因工业而闻名的世界遗产，并形成了一个占地面积达10平方公里，由7个工业纪念地和博物馆、285个保护性工业建筑整合为一体的旅游区。

资料来源：李俊江：《国外老工业基地改造给我们的启示》，《新长征》2004年第7期。

专栏 7-3　纽约的产业结构转型

纽约是美国的经济中心，也是世界金融、贸易、文化和信息中心，还是全球最大的海港和国际政治中心之一。纽约城市地位的形成过程，特别是从以生产为主的制造业中心演变为以商品和资本交易为主的金融贸易中心，并相伴形成信息和文化中心的历程，很值得借鉴。

第二次世界大战前纽约一度是美国制造业中心，制造业增长势头一直持续到第二次世界大战结束后初期。从20世纪40年代末开始，衰退之势逐渐显现，至70年代衰退最为剧烈。1969—1977年，制造业工作岗位减少达到30万的庞大数字。同时，服务业在纽约的集中度是惊人的。70—80年代，作为国际商务中心、金融中心、公司总部中心的纽约，集聚了面向全球市场最先进、最完备的生产服务业，保持了它在快速发展的全球经济中的中枢地位，并由于生产服务业的推进，使经济再度扩张与繁荣。纽约传统产业的淡出和现代服务业的兴起得益于纽约特有的城市资源，也正是这些独特的竞争优势，加快了纽约的产业结构调整：①高素质的人才资源。②发达的生产服务业。③完善的综合交通运输网络设施。④优越的文化、生活环境。⑤与产业调整发展相适应的政策。

资料来源：朱斌：《美国部分城市产业结构调整与城市转型经验借鉴》，《中国高新区》2007年第8期。

专栏 7-4 匹兹堡的产业结构转型

19世纪，匹兹堡从一个军事驻地和商业中心转变为一个重要的工业城市。到1850年，钢铁工业已成为匹兹堡的首要工业，并且从这一时期到20世纪上半叶，匹兹堡一直在美国钢铁工业中处于垄断地位，被称为"钢都"。匹兹堡从工业化时期迅速崛起的领导城市，到沦为第二次世界大战后萎靡不振的老工业城市，到通过阿勒根尼社区发展会议提出的复兴计划，其目标是致力于匹兹堡的"全面社会改良"，消除烟雾污染，改善环境，全面实施城市更新，颁布烟雾控制法令。

控制烟雾之后，匹兹堡市政府实行了一系列更新改造计划，建设办公楼群、豪华公寓、运动场馆、会议中心等，清除破旧住房，改善工业园地设施，从而使匹兹堡面貌焕然一新。在此基础上，为避免过去单一产业所带来的脆弱性，匹兹堡提出了以多样化为基础的现代化经济发展目标，大力发展高新技术、教育医疗和各项文化产业，打造城市新形象，使城市吸引力和竞争力大大增强。匹兹堡发展多样化经济，实行"经济复兴"的要点是：第一，进一步培育已存在的服务业，充分发挥非营利部门在经济振兴中的作用。第二，打造以高新技术为基础、规模小而更富竞争力的制造业。第三，传承工业遗产，大力发展文化旅游产业。匹兹堡在处理历史文脉中的一个特色和亮点来自工业遗产概念，即工业化时期的工厂、仓库、码头、员工住宅等作为一份珍贵的历史遗产得以保护和修复，成为展示城市独特历史的文化场所。同时，匹兹堡积极开发工业旅游业，如钢铁大王的酒店是钢铁大楼，玻璃巨头的餐厅就是玻璃大厦……优美的工业园区、先进的生产工艺，每一处都散发着悠久的魅力，让置身于其中的游客感觉新奇有趣。

资料来源：朱斌：《美国部分城市产业结构调整与城市转型经验借鉴》，《中国高新区》2007年第8期。

我们必须根据"十二五"规划纲要和《国务院关于加快培育和发展战略性新兴产业的决定》的部署和要求，加快培育和发展节能环保、新一代信息技术、生物技术、高端装备制造、新能源、新材料、新能源汽车等战略性新兴产业。

环保产业是指那些保护自然资源、能源和生态环境，以减少环境负担为目标而从事的设施设备生产、技术和服务的产业部门，包括污染处理设备、检测仪器等硬件设施以及废物管理、环境修复工程等。环保产业减少了环境的负外部性，降低了资源消耗，通过提高资源效率和物质能量的循环使用增加了生产的内部经济性[①]。环保产业与信息技术产业、生物技术产业一起被公认为21世纪国际上最有潜力的新兴产业，在发达国家以高于国内生产总值1—2倍的速度增长，成为国民经济支柱产业。环保产业因其巨大的经济、社会和生态效益日益成为国民经济新的增长点。美国在1998年环保产业产值已经达到1887亿美元，超过了化学、造纸和航空等传统工业，美国环保产业在环境服务业、环保设备等多数领域具有较强的竞争力，在固体废弃物管理、有害废弃物管理、环境工程、补救措施、分析领域、信息系统等方面遥遥领先于世界平均水平。目前在世界上6000多亿美元的环保市场中，日本就占据了一半[②]。随着中国经济的发展、人民生活水平的提高、环保呼声的高涨、生态意识的提高以及环境税与修改后更加严格的《环境保护法》的出台，环保产业有巨大的发展潜力，也日益成为城市经济的新增长点。以山东为例，山东烟台开发区的通用汽车、鸿富泰电子在生产中产生的不合格产品和废旧包装物，由鑫广绿环再生资源股份有限公司进行加工再生，"变废为宝"，鑫广绿环再生资源股份有限公司也因此被称为汽车和电子信息产业的"废物加工中转站"。

发展环保产业应强化政府责任。政府既要加强宏观政策的引导，如财政、税收、用地、公共服务等方面扶持环保产业，又要加强环保产业市场的监管，进一步规范环保产业市场秩序。要综合运用经济、法律和必要的行政手段，加强对环保产业的调控，努力构建统一开放、竞争有序的环保产业市

---

① 王贵明：《基于资源承载力的产业结构生态化调整》，《产经评论》2010年第1期。
② 阎兆万：《产业与环境：基于可持续发展的产业环保化研究》，经济科学出版社2007年版，第93页。

场。同时还要通过示范引领，如建设城市环保示范产业园区、示范企业、示范项目，以点带面，逐步推进。要加强环境科技创新，这样有利于从根本上为环保产业发展提供源头支撑。同时，要提高公众的环保意识，这是环保产业发展的基础。

专栏 7−5 苏州国家环保高新技术产业园

7 年来，苏州国家环保高新技术产业园相继建立了生态修复中试平台和饮用水有机毒物中试平台，开辟了两个以循环经济与环保教育为题材的展示厅，建设了面积为 28 万平方米的孵化器和产业区，累计引进了 120 多家环保企业，对长三角及全国环保事业产生了巨大影响。苏州国家环保高新技术产业园最大的特色就是建成一个集环保企业聚集、环保信息交流、环保知识培训、环保产品展示、环保科技服务于一体的专业园区。

资料来源：《发展节能环保产业　国外有"高招"》，《证券日报》2011 年 11 月 18 日。

生产性服务业是城市的重要经济形态。加快生产性服务业发展步伐，对培育经济新增长点，促进产业升级，推动自主创新以及节能减排，均具有重要意义。生产性服务业 1966 年由美国经济学家格林菲尔德提出。他认为，生产性服务是指市场化的可用于商品和服务的进一步生产，而不是最终消费的服务。1975 年，美国学者布朗宁和辛格曼进一步提出生产性服务业的概念，认为生产性服务业是金融、保险、法律工商服务等具有知识密集性和为客户提供专门性服务的行业。生产性服务业是从制造业中分化出的为制造业提供中间产品与服务的行业，其服务对象是制造业，而不是像一般服务业的服务对象是普通消费者[①]。它主要包括金融业、保险业、房地产业和商务服务业、信息服务业等行业和部门。生产性服务业与制造业相互促进。

要着力推动依托电子信息技术的生产性服务业的发展，如科技咨询、工业设计、现代物流、软件服务、信息发布、创意产业等。这些电子信息技术的发展催生出的新兴生产性服务业，延伸了工业品的产业链条，使工业生产从以制造业为主向前向和后向的生产性服务业延伸，能够以产业深化的方式

---

① 刘社建：《上海生产性服务业将快速发展》，《文汇报》2012 年 3 月 26 日，第 3 版。

推动工业结构升级。

要建立低碳生态工业示范园区。低碳生态工业园区是城市工业园区改造的主要方向，也是城市新建工业园区的主要形态。美国等发达国家从20世纪90年代开始规划建设生态工业园区。丹麦的卡伦堡生态工业园是生态工业园区的典范。中国也开始了生态低碳工业园区的建设，典型的就是广西贵港国家生态工业（制糖）园区。

专栏7-6　卡伦堡生态工业园模式

丹麦卡伦堡工业生态园开始于20世纪60年代初，作为世界上最早的工业共生系统，它对生态工业园的建设进行了最早探索，已经成为范例广为传播，并为21世纪的生态工业园的发展模式奠定了基础。

该生态工业园的原型是位于丹麦卡伦堡的生态工业区。它位于哥本哈根市以西100公里处，全市人口仅19000人。20多年来，已沿着距哥本哈根西边120.7公里处海岸地区发展成为一个小型产业共生网络。

该工业园以发电厂、炼油厂、制药厂和石膏制板厂四个厂为核心企业，把一家企业的废弃物或副产品作为另一家企业的投入或原料，通过企业之间的工业共生和代谢生态群落关系，建立"纸浆—造纸""肥料—水泥"和"炼钢—肥料—水泥"等工业联合体。这样，不仅降低了治理污染的费用，而且企业也获得了可观的经济效益。整个卡伦堡的产业共生模式包括发电厂燃烧着炼油厂排放出来的废气；炼油厂将其冷却水分享给其他公司，如此可减少整体用水量达25%；水泥和填补道路的生产者利用当地清洁发电厂所排出的废物（石膏）。从发电厂产生的额外蒸汽被作为养鱼场、邻近公司和镇内许多家庭加热之能源使用。制药厂所产生富含养分的软泥，被当地农场用来作为肥料。

资料来源：齐振宏：《循环经济与生态园区建设》，《中国人口·资源与环境》2003年第10期。

（二）发展都市农业

都市农业是城市生产体系的重要组成部分。在很多人看来，城市与农业似乎无太大的关联，但现有的研究已经表明，都市农业能极大地促进城市可持续发展和食物安全。它是指在都市化地区，利用田园景观、自然生态及环境资源，结合农林牧渔业生产、农业经营活动、农村文化及农家生活，为人们休闲旅游、体验农业、了解农村提供场所。换言之，都市农业是将农业的生产、生活、生态等"三生"功能结合于一体的产业[①]。从区域来看，都市农业包括城市核心区、城市郊区和乡村三个部分。尤其是随着城市化的发展，出现了城市群，这是城市化的高级阶段，对于城市群而言，城市与城市连绵区的农业也属于都市农业的范围。都市农业是城市生产体系的重要组成部分。这是因为：第一，都市农业为城市的工业生产提供原材料，同时都市农业也是城市部分工业产品的销售市场，是城市经济系统的重要组成部分。第二，都市农业可以吸纳城市废弃物，吸收工业生产排放的二氧化碳，可以净化城市环境。第三，都市农业为都市居民提供旅游休闲空间，传承农业文化，可以促进城乡居民之间的相互沟通和城乡融合，进而促进城市可持续发展[②]。

都市农业能够满足城市对环境的需求。随着城市的扩张和城市病的集中爆发，人们对高质量的城市生活模式有了更高的渴求。城市被"水泥丛林"包围，远离自然，让人们开始怀念田园风光，渴望返璞归真，回归大自然。显然，要满足这一要求，仅仅依靠城市的公园绿地是远远不够的，只有通过发展都市农业，使城市成为田园城市，才能够满足城市对环境的需求。因为从可持续发展来看，"稻田是人工湿地，菜园是人工绿地，养殖场是动物园"[③]。

都市农业体现了城乡一体。历史上城乡界限分明，认为工业在城市，农业在农村。随着城市化进程的加快，城乡界限越来越模糊，都市农业也成为大城市的重要组成部分。

发展都市农业需要加强政府的支持力度。在城市群不断涌现的今天，需要高起点规划城市群都市农业的发展，把都市农业规划与城市可持续发展规划结合起来，形成形式多样、功能互补、各具特色的都市农业发展体系，建立健全都市农业发展的相关法律法规。需要工业对农业，城市对农村在资金、技术、人才、市场等方面进行"反哺"，需要培养高素质的现代农民。

---

①　蔡健鹰：《浅析都市农业》，《四川农业科技》2005 年第 8 期。

②　郭焕成：《海峡两岸观光休闲农业与乡村旅游发展》，中国矿业大学出版社 2004 年版，第 45 页。

③　乔金亮：《都市农业：一产起步，接二连三》，《经济日报》2012 年 5 月 10 日，第 4 版。

（三）发展生态服务业

城市可持续发展必须十分重视第三产业的发展，因为第三产业往往反映了一个城市经济与社会的活力，也反映了整个城市生态系统的运行状况，因此也常常成为衡量城市发展水平的一个重要标志。从现代城市发展的趋势看，城市职能具有第三产业化的倾向，第三产业的就业比例在一些城市已超过 80%，甚至还有可能更高[1]。发展服务业特别是发展高技术服务业，使现代服务业成为国民经济的主导产业，将是有效缓解能源资源短缺的瓶颈制约、提高资源利用效率、推进经济结构调整、加快转变经济增长方式、适应国际新形势、实现综合国力整体跃升的有效途径[2]。

生态服务业具有资源能源消耗少、环境污染低的特征，可以缓解产业对资源环境的负面作用。

四　城市产业结构调整应注意的问题

第一，在城市产业结构调整中要注重产业之间的融合互动。

传统的城市产业结构导致了中国城市第一产业基础不稳、第二产业比重过大、第三产业发展不足、产业之间协调性弱的问题。因此，要注重产业之间的融合互动。要强化第二、第三产业对第一产业的支持。通过强化农业科技创新和农产品加工，完善对农服务和农产品的流通与营销，提高农业生产装备水平。

第二，在城市产业结构调整中要注重"两化融合，三化联动"。

要推进信息化与工业化深度融合。进一步发挥市场优势和后发优势，将信息化的时代特征与工业化的历史进程紧密结合起来。实施"宽带中国"战略，加快构建新一代国家信息网络基础设施，提高基础支撑能力。进一步加强信息技术对传统产业的改造提升，推动传统生产方式向柔性制造、智能制造、服务型制造等新型生产方式转变[3]。

在转变城市生产方式的过程中要大力推动新型工业化、新型城镇化、农业现代化"三化联动"。城市生产方式的转型是一个动态的过程，实施"三

---

①　蔡孝麟：《城市经济学》，南开大学出版社 1998 年版，第 27 页。

②　王仰东等：《低碳经济与高技术服务业的可持续发展》，《科技导报》2011 年第 5 期。

③　苏波：《转变发展方式 走新型工业化道路》，《求是》2012 年第 8 期。

化联动"是城市转变发展方式，实现加快发展、科学发展、又好又快发展的重要途径。

第三，以城市布局的优化带动产业结构的调整和生产方式的转变。

城市产业布局对城市生态环境也具有十分重要的影响。一是在国家层面的宏观布局方面，要按照国家区域发展总体战略和全国主体功能区规划的要求，充分发挥区域比较优势，加快调整和优化重大生产力布局，推动产业有序转移，促进产业集聚发展，促进区域产业协调发展。二是在城市自身的微观布局方面，要抛弃中心城区盲目向外延伸的"摊大饼"式的城市发展形态，合理规划城市的工业园区、商业区、居住生活区、都市农业园区等，通过旧城改造和新城建设优化城市的空间布局。对城市第二产业，要相对集中，尽量配套，形成产业集群效应，这样可以减少人流、物流成本，减少交通拥堵及碳排放量；对城市市区内的老企业进行搬迁改造或转产改造，建立新企业。大城市和特大城市中第三产业要避免过分集中，要形成城市第三产业的"多中心"和"多级中心"体系。第三产业集中区的选址应考虑与自然环境最大限度地接近，有条件的城市要在海滨、湖滨、江滨临水而建。同时要限制机动车进入第三产业集中区，强调步行和自行车交通系统的地位和重要性，同时要有方便的公共交通与城市其他地区相联系[1]。有条件的城市要建立城市自然保护区，这是城市竞争力的体现和城市生态文明的重要标志。

第三节　实现形式：推广城市循环经济

一　循环经济的内涵

循环经济是指按生态学原理和系统工程方法进行的，具有高效的资源代谢过程，完整的系统耦合结构及整体、协同、循环、自生功能的网络型、进化型复合生态经济。它是以物质、能量梯次和闭路循环使用为特征的，其要旨就是"3R"原则，即减量化（Reduce）、再使用（Reuse）和再循环（Recycle）三个原则[2]。循环经济是"资源—产品—再生资源"的闭路式的

---

① 梁爽：《城市可持续发展与产业结构调整》，硕士学位论文，河北大学，2003，第21页。
② 冯维波：《关于建立城市循环经济体系的思考》，《生态经济》2005年第9期。

反馈流程经济模式，是在物质不断循环的基础上发展经济，在生产和生活过程中运用链的技术，建立起不同层次的循环连接，实现良性循环，达到经济、社会、环境相统一。

城市循环经济以生态学原理和循环经济理念为指导，以推动城市可持续发展为目标，通过统筹规划、整体协调，优化经济结构，把经济社会活动组织成若干个"资源—产品—再生资源"的反馈流程，通过对物质、能源的高效利用和污染物的低排放，最终实现城市的可持续发展①。

（一）城市循环经济的三大功能

城市循环经济具有生产者、消费者和分解者的功能。这里的生产者既指能满足人类需要的各种产品的生产者，也指各类废弃物和污染物的生产者。消费者是指各类中间产品和最终产品的消费者。人们在消费各种产品的过程中也会产生各种废弃物。所谓分解者是指城市的循环经济生产体系具有自净能力，能够对各类污染物和废弃物进行减量化和无害化的处理，从而实现经济和生态的平衡。

（二）城市循环经济的四大系统

城市循环经济的四大系统包括社会系统、技术支撑系统、绿色产业系统、基础设施系统。社会系统是指为了实现城市循环经济的各种非物质领域的保障，主要包括人的价值观念、国家的法律政策等。技术支撑系统主要涉及清洁生产技术，生态整合与协同技术，生产食物链（网）技术，建筑结构、形态、功能的生态整合技术，建筑用地生产与服务功能的空间生态恢复与补偿技术，废弃物的就地经济处理、循环再生技术，可再生资源、能源的开源与节流技术，健康建材的研制、开发与推广技术，绿化的入户、上楼以及屋顶景观和水泥景观的改造技术，室内外生命空间的活化、美化、自然化技术等②。绿色产业系统要求对城市现有的产业体系进行绿化，使其向生态化转型，形成可持续的生产模式，其重要标志就是生态工业、生态农业和环保产业。城市基础设施是城市系统有效运行的基本保障，是城市循环经济的重要组成部分。城市基础设施一般包括五个子系统——能源动力系统、给排

---

① 王鲁明、王军、周震峰：《循环经济示范区建设体系的理论思考》，《中国人口·资源与环境》2005年第6期。

② 冯维波：《关于建立城市循环经济体系的思考》，《生态经济》2005年第9期。

水系统、交通运输系统、邮电通信系统和城市防灾系统。

(三)　城市循环经济的三大主体

城市循环经济的发展必须依靠政府、企业、社会公众这三大主体。过去一些城市在发展循环经济的过程中主要依靠政府主导，缺乏公众参与，可建立针对政府、企业和社会（包括非营利组织）三类主体，包括规制性政策、市场性政策和参与性政策在内的综合性政策体系。这是发展城市循环经济的重要保证。

(四)　城市循环经济的三个层次

1. 企业层次的循环经济

企业层次的循环经济实践主要是清洁生产。通过采用新技术开展无废工艺，生产全过程污染控制等工艺改革，推行清洁生产，减少污染物和废气的排放量。

清洁生产是在生产过程中通过不断改进技术与设备，提升管理理念，使用清洁能源和绿色原料，从源头削减污染，提高资源利用率，减少或避免生产服务和产品使用过程中污染的生产和排放，以减轻或者消除对人类健康和环境的危害。在清洁生产的定义中，不但含有技术上的可行性，还包括经济上的可盈利性，体现经济效益、环境效益、社会效益的统一[①]。

地球所面临最严重的问题之一，就是不适当的消费和生产模式导致城市生态环境恶化、贫困加剧和各国发展失衡。占世界人口 1/4 的发达国家消费的资源占世界的 4/5 以上，这种浪费型的生产和消费模式至今不能得到有效的改变，发展中国家由于贫穷落后，加速了生产性的自然资源和生态环境的破坏。若想实现可持续的发展，必须提高生产的效率，同时改变消费方式，以最高限度地利用资源和最低限度地生产废物。这将要求重新确定发展模式，提高效能，开发更清洁的技术工艺，改善污染治理技术，推行清洁生产[②]。

2. 区域层面的循环经济

区域层面的循环经济实践主要是发展循环工业园区。按照循环经济和生

---

① 杨士弘：《论城市生态环境可持续发展》，《华南师范大学学报》1997 年第 1 期。
② 董守业、王占君：《论城市生态环境可持续发展的途径》，《通化师范学院学报》2009 年第 4 期。

态工业的理念，将园区中各个产业部门组建成代谢生态链关系，通过减量化、再利用、再循环原则，最终实现工业园区的污染零排放①。

3. 社会层面的循环经济

社会层面的循环经济实践主要体现在人们的社会活动中，包括生产和生活活动，目前主要体现在对城市生活垃圾回收清运的应用。目前，城市生活垃圾回收清运、废旧物品回收、再生循环利用已经形成了一整套联系紧密的系统，织成了垃圾和废弃物回收网络。

二 循环经济与城市可持续发展的关系

城市可持续发展是经济、社会和资源环境的协调发展，其实质是城市中人与人的协调和人与自然的协调。循环经济作用的对象主要是人与自然的关系，解决的是城市经济系统和生态系统之间的矛盾，通过改变生产和消费过程中的物质流动方式和效率，进一步改变城市的经济发展模式，减少资源能源消耗和污染排放，解决环境污染和资源短缺问题②。循环经济对社会系统中的人、教育、就业、公平等人与人之间的关系发挥的作用并不那么直接和明显。

由此可见，发展循环经济是城市可持续发展的重要内容，但城市可持续发展不只是包括循环经济，在现实生活中要避免将两者等同起来。资源环境及气候问题是制约城市可持续发展的突出问题，造成这一状况的根本原因是传统的经济发展模式，所以发展循环经济是城市可持续发展的重要组成部分。有了循环经济体系，城市就能以资源节约、环境友好、气候安全的方式运行，实现可持续发展。

三 发展循环经济的路径选择

（一） 创建循环型企业

企业是发展循环经济的主体，也是建立可持续城市生产方式的主体，是

---

① 任冬玲、杜林永：《陕西省资源枯竭型城市土地利用与转型问题研究》，《现代商贸工业》2011年第6期。

② 任勇：《循环经济在城市可持续发展中的定位、模式与方法探讨》，《国外城市规划》2005年第12期。

资源消耗的重要场所。要利用循环经济理念构建企业，运用高科技环保技术加强企业的清洁生产和资源综合利用，创建循环型企业。在企业内通过推行清洁生产，减少生产和服务过程中资源、能源的使用量，实现废弃物排放的最小化。清洁生产概念是1989年由联合国环境规划署提出的，它是指将整体预防的环境战略应用于生产过程、产品和服务中，增加生态效率。清洁生产包括清洁的能源、清洁的生产过程、清洁的产品和服务[1]。

要建立循环经济示范企业。对于在设计、生产、销售、回收利用环节，做到运用循环经济理念的企业，要予以大力扶持，并建立示范企业。要创建节约型企业，推动钢铁等资源能源消耗量较大的行业实施循环经济改造，通过先行示范形成一批循环经济示范企业。

（二）创建循环型产业园区

循环型产业园区是依据循环经济理念和工业生态学原理而设计建立的新型工业组织形态。它的发展并非立足于单一的工业企业或产业，而是建立在多个企业或产业相互关联、互动发展的基础之上。通过产品食物链、剩余物质链和能量食物链的生态整合，不同企业或产业把不同阶段产生的废物在不同阶段的生产过程当中加以利用，每个生产过程所产生的废物或副产品都变成下一生产过程的"营养物"，从而使污染在生产过程中就被消除掉，实现闭路循环和园区污染的"零排放"[2]。在循环型工业园区中，各个企业不是孤立的，而是通过物质流、能量流和信息流互相关联，促进资源利用一体化，增强园区内企业抗击风险的能力。例如，发电厂生产的煤电灰可以用于水泥生产，产生的蒸汽可以供应给居民区或者生物工程公司，生物工程公司产生的污泥可以供应给农业区。

专栏7-7 广西贵港国家生态工业园区

广西贵港国家生态工业园区，是由蔗田、制糖、酒精、造纸等企业与环境综合处置配套系统组成的工业循环经济示范区，通过副产品、能源和废弃物的相互交换，形成了比较完整的闭合循环工业生态系统，达到园区资源的最佳配

---

① 钟玮：《城市循环经济发展路径研究》，《价值工程》2011年第8期。
② 冯维波：《关于建立城市循环经济体系的思考》，《生态经济》2005年第9期。

置和利用。其中，废糖蜜、蔗渣、蔗髓、滤泥、酒精废液等得到了 100% 的循环利用，环境污染下降到了最低水平，取得了很好的循环经济效益。

资料来源：冯维波：《关于建立城市循环经济体系的思考》，《生态经济》2005 年第 9 期。

（三）创建循环型社会

构建循环型社会，最重要的就是构建循环型的城市体系。循环型城市包括产业循环体系、基础设施体系和生态保障体系。

产业循环体系包括循环型工业、农业和第三产业。要通过清洁生产的方式发展生态工业园和特色工业园。要按照自然生态系统的模式，构筑生态工业链，建立物质交换关系，使系统中的物质和能源都得到充分的利用，形成企业、产业、特色工业园和生态工业园之间的共生组合，实现整个城市生产系统的循环化和生态化转向[①]。

基础设施体系包括水、能源、固体废物，城市的基础设施改造和建设要符合循环经济的理念。以水资源基础设施为例，在改造和新建过程中要合理安排好城市雨水、中水、污水、肥源管网与污水、肥源处理厂的位置、线路、规模、标准和能力，预埋管网；道路也可不用水泥铺设，而用废旧轮胎等橡胶制品制成的颗粒，提高道路的渗水性，涵养地下水源，避免直接排放。可将城市厨房、洗浴间的下水管道和厕所下水管道分设，分别通过城市污水和肥源排放输送管网，输送到污水处理厂和肥源处理厂，由此实现城市污水由集中综合处理向集中分类处理转变[②]。可建立自来水→生活用水→生产、生活污水→中水→城市绿化、美化、卫生用水→污水→中水的水循环系统。

生态保障体系包括绿色建筑、人居环境和生态保护。循环型城市建立在"资源—产品—再生资源"的循环经济形态下，而不是单向的线性发展形态。例如，可建立城市绿地的青草→动物饲用→动物排泄物→城市花木肥料的生态循环系统。

（四）完善城市循环经济发展的体制机制

如前所述，城市循环经济的发展需要政府主导，更需要公众参与。

---

①　牛桂敏：《城市循环经济发展模式》，《城市环境与城市生态》2006 年第 2 期。
②　仙松涛：《关于城市肥源利用问题的思考》，《生产力研究》2003 年第 6 期。

（1）政府在规划时，必须遵循天人合一的系统观、道法自然的生命观、巧夺天工的经济观、以人为本的人文观，实现从物理空间需求向生活质量需求转变，从末端治理模式向清洁生产模式转变，从城市绿化需求向生态服务功能转变，从面向形象的城市美化向面向过程的居民身心健康和城市可持续发展转变①。

（2）加强与循环经济有关的法律法规政策的制定，加强清洁生产促进法的执行，同时加强宣传力度，强化舆论监督，让循环经济的理念深入人心。

（3）建立有效的环境产权制度，完善环境税收。它能使资源利用者的行为更加符合循环经济发展的规律，在减少浪费和污染的同时尽可能合理有效地利用环境资源，从而使得外部性成本内部化。

（4）完善公众参与机制。公众是推动环境保护的强大的第三方力量，来自媒体、社区居民、非政府环保组织等的压力是城市循环经济发展的巨大推动力。在发展城市循环经济的过程中，必须要进一步完善公众参与机制。

城市循环经济体系的建立必须循序渐进，不可能一蹴而就。可采取先行先试、逐步推广的办法，先建设一些示范工程，然后再逐步推广到整个城市。

第四节　要素保障：发展绿色能源

一　能源对城市可持续发展的影响

（一）能源是城市发展的重要物质基础

城市是工业的集中地，也是人口的聚居地，在居民日常的生产生活及工业生产中需要消耗大量的能源，城市能源消耗已经超过全球能源消耗的70%。能源对城市生产生活的方方面面影响巨大，能源既可以推动生产要素生产率的提高，还可以推动城市经济的快速发展，从而成为城市经济发展的命脉。世界城市的发展历程表明，能源是一个城市实现可持续发展的重要物质基础，城市的发展离不开能源，城市发展的历史是对能源依赖性逐渐增大

---

① 王如松：《系统化、自然化、经济化、人性化——城市人居环境规划方法的生态转型》，《城市环境与城市生态》2001年第3期。

的历史。随着城市的发展和城镇化速度的加快，城市的能源消耗日益加剧。以北京为例，北京 1997 年时人均住房面积是 10 平方米，而到了 2011 年时已达到 21 平方米。人均住房面积的增加，意味着建筑所需要消耗的能量也要增加，比如用电、制冷、供暖等。此外，能源对城市选址、城市规模、人口的迁移及城市化进程、城市建筑和城市形象都有十分重要的影响。

（二） 能源是城市污染的重要原因

中国的能源结构以煤炭、石油、天然气等化石能源为主，对城市的环境质量和可持续发展的不利影响日益严重[①]。中国城市能源利用存在能源供应面临城市化和机动化两大高峰；经济的快速增长消耗了大量的资源能源，主要污染物排放总量仍然较大，高耗能、高排放行业增长较快，钢铁、有色、电力、石化、建材、化工等产业结构重型化的格局依然没有得到根本性改变[②]，中国对煤、石油等能源依赖过高，能源结构"清洁度"过低，能源使用方式过于粗放等问题，对城市空气质量带来了不良影响。在中国，煤炭是主要的一次能源，是国民经济的重要支柱。然而，煤炭在开发、利用、运输等过程中产生的污染，会对环境造成严重影响。中国家庭炉灶、民用取暖、火力发电、工业锅炉等都是直接燃烧使用煤炭，占煤炭使用量的 85%。煤炭高耗低效的燃烧排放，造成中国以煤烟型为主的大气污染，二氧化硫和二氧化碳排放量分别居世界第一位和第二位；采煤矿井水排放污染江河水系、破坏土壤结构、危及生态环境安全。城市能源是制约中国城市发展的瓶颈，各个城市的发展都因为能源紧张而受到约束；城市建筑能源浪费严重且效率低下；高耗能制造业造成能源紧张；城市落后的能源结构，使城市生态环境受到极大的负面影响[③]。

二　绿色能源在城市可持续发展中的作用

（一） 绿色能源是城市可持续发展的根本保障

随着经济的发展和城镇化进程的加快，能源需求日益强劲，绿色能

---

① 陈柳钦：《城市可持续发展需要绿色能源支撑》，《改革与开放》2012 年第 5 期。
② 陈柳钦：《城市可持续发展需要绿色能源支撑》，《改革与开放》2012 年第 5 期。
③ 沈清基：《中国城市能源可持续发展研究：一种城市规划的视角》，《城市规划学刊》2005 年第 6 期。

源在绿色城市建设中扮演着重要的角色。发展绿色能源是城市可持续发展的根本保障。绿色让城市更美好,它代表生命、健康、活力,承载人类的历史,也承载着人类的未来。城市发展离不开能源的绿色利用,发展绿色能源是大势所趋。绿色能源也称清洁能源,是环境保护和良好生态系统的象征和代名词。它可分为狭义和广义两种概念。狭义的绿色能源是指可再生能源,如水能、生物能、太阳能、风能、地热能和海洋能。这些能源消耗之后可以恢复和补充,很少产生污染。广义的绿色能源则包括在能源的生产及其消费过程中,选用对生态环境低污染或无污染的能源,如天然气、清洁煤和核能等。温家宝总理曾指出"三个重要":可再生资源是重要的战略替代能源;对增加能源供应,改善能源结构,保护环境有重要作用;开发利用可再生能源是建设资源节约型、环境友好型社会和可持续发展的重要战略措施。国务院指出,在发展替代能源的过程中要按照以新能源代替传统能源,以优势能源代替稀缺能源,以可再生资源代替化学能源的方向逐步提高可替代能源在可再生资源中的比重,为提高清洁能源利用率提供保障[1]。

绿色能源可以提高城市生态环境的质量,满足城市的能源需求,保证城市能源安全,形成多元型能源消费模式[2],可以推动社会技术进步,提高城市居民的生活水平,减少城市对外部能源的需求,增强城市自力更生的能力。

(二) 城市可持续发展的核心是能源的绿色化

传统的煤炭、石油、天然气等不可再生能源是含碳能源,风能、太阳能、生物质能等可再生能源则是无碳能源或低碳能源。实现城市的可持续发展,其核心是实现能源的绿色化,减少含碳能源的比例,增加无碳能源或低碳能源的比例,形成多元化的能源结构,从而减少二氧化碳排放并减缓温室效应。可持续发展城市的能源目标是要实现"3D",即减少需求、使用低碳能源、分散产能(Demand reduction, Decarburization, Decentralization)。绿色能源革命包括五个部分:一是智能电网,二是绿色信息革命,三是绿色交

---

① 陈柳钦:《城市可持续发展需要绿色能源支撑》,《改革与开放》2012 年第 5 期。

② 多元型能源消费模式指不偏重某一种能源类型,所消费的任一能源的比例均不超过 50%,两项不超过 70%。美国、加拿大、比利时、法国和日本等属于多元型,英国和意大利属于二元型。

通和运输，四是绿色节能建筑，五是可再生能源。绿色能源是绿色城市最佳的发展方向[1]。

三　绿色能源发展的路径选择

（一）制定城市能源发展规划

《可再生能源法》第八条规定："人民政府管理能源工作的部门根据本行政区域可再生能源开发利用中长期目标，会同本级人民政府有关部门编制本行政区域可再生能源开发利用规划，报本级人民政府批准后实施。"这表明，城市可再生能源规划已经成为国家规定的规划类型之一，城市能源规划是城市规划的重要组成部分。在城市的可再生能源规划中，要确立长期和近期目标，在环境和资源、公共财政和投资、社会和经济、政府部门政策和公众参与等方面达到可持续性[2]。各城市要根据《能源发展"十二五"规划》的要求，加快能源生产和利用方式变革，强化节能优先战略，全面提高能源开发转化和利用效率，合理控制能源消费总量，构建安全、稳定、经济、清洁的现代能源产业体系。

（二）充分利用城市可再生能源的载体

可再生能源的再生需要借助于城市的建筑、道路、广场等载体。以城市建筑为例，建筑是用能大户，约占全社会总能耗的1/3，因此建筑节能具有重要意义。建筑节能是指在建筑中提高能源利用效率，用有限的资源和最小的能源消费代价取得最大的经济和社会效应[3]。例如，可以利用太阳能屋顶产生电力，太阳能建筑是城市建筑未来发展的一个重要方向。此外，庭院灯、路灯、栅栏、生态厕所、生态墙（体）、太阳能住宅、太阳能办公楼、太阳能人工湖、太阳能游泳池、太阳能取暖制冷门窗等都是充分利用城市载体生产可再生能源的典型代表[4]。

（三）充分利用城市垃圾

随着城市的发展，中国城市垃圾的增长速度超过了世界平均水平。城市

---

①　陈柳钦：《可持续城市发展需要绿色能源的大力支撑》，《低碳世界》2012年第4期。

②　沈清基：《可再生能源与城市可持续发展》，《城市规划》2006年第7期。

③　范亚明、李兴友、付祥钊：《建筑节能途径和实施措施综述》，《重庆建筑大学学报》2004年第10期。

④　沈清基：《可再生能源与城市可持续发展》，《城市规划》2006年第7期。

垃圾既是废弃物又是"宝贝",利用得好就是资源,弃而不用就是祸害。城市垃圾是城市的重要资源,可以用来制造液体、固体和气体燃料,城市垃圾还可用来发电和供热。据有关资料,每回收 1 吨旧玻璃可再生 2 万个 500 克装的酒瓶,利用 1 吨破碎玻璃回炉,可以节煤 1 吨,节约用电 400 度;回收 1 吨废钢铁可炼好钢 0.9 吨,比用矿石冶炼节约成本 47%[①]。可见,城市垃圾的回收利用,对于增加社会财产、缓解中国资源能源短缺、促进国民经济可持续发展具有重要的现实意义。

专栏 7-8　攀钢"变废为宝"

攀枝花钢铁厂建厂 30 多年来,在钒钛磁铁矿的冶炼过程中,积累了 6000 万吨的炉渣,4 亿多吨的铁矿废石,上亿吨的选钛尾矿,再加上 4000 多万吨的煤矸石,形成了总量达 8.4 亿吨的工业废弃物。这些一座座"人造大山"一直让人们发愁和心痛。在循环经济理论的指导下,攀枝花环业公司与市交通局合作开发研究,从高炉渣综合利用、煤矸石发电等破题,成功研发出了商品混凝土、彩砖、复合微粉、高钛型石油压裂支撑剂等 10 大系列 30 多种产品,其中,复合微粉、高钛型石油压裂支撑剂等 5 项新产品拥有自主知识产权。高钛型石油压裂支撑剂还填补了世界空白,远销俄罗斯、哈萨克斯坦等国家。利用高炉渣提炼五氧化二钒,生产的钒铁、铜铁、钛铁也远销俄罗斯与荷兰。可见,通过资源回收利用,堆积如山的工业垃圾就会变成金山银山。

资料来源:何波:《绵阳市城市垃圾资源化利用研究》,《西南科技大学学报》(哲学社会科学版)2009 年第 2 期。

(四)　优化城市产业结构

在产业结构方面,随着经济发展水平的不断提高和市场需求结构的迅速变化,产业结构矛盾突出,第一、第二、第三产业比例不协调,服务业比重偏低,农业基础薄弱等状况尚没有改变。因此,遵循科学发展观和转变经济

[①]　何波:《实现城市垃圾资源化,推进生态文明建设》,《西南民族大学学报》(人文社会科学版)2009 年第 4 期。

增长方式的需求，大力推动产业结构的调整优化升级过程和发展效益较高、耗能较低的第三产业来带动城市经济增长，是中国目前在节能方面的首要战略任务。

（五）将发展可再生能源与建设"三型"城市相结合

要将城市发展模式与节约能源联系起来。在土地使用上，混合型的土地使用及紧凑型的社区规划有利于减少能源消耗。多中心的城市发展模式会导致交通耗能的减少。此外，要大力发展城市低耗能的公交系统和慢行交通体系。大力发展低碳建筑，尽量考虑就地取材，以减少运输过程中的能源消耗；优先使用可再生原材料；扩大可再生能源在建筑设计中的使用范围。城市布局要充分考虑能源因素，建筑应充分利用太阳能，应将居住区和工作区紧密结合，以减少交通能耗。

第五节　可持续发展生产方式的建立——以资源型城市为例

一　资源型城市可持续发展是城市可持续发展的重要组成部分

（一）资源型城市的概念

关于资源型城市的概念，目前众说纷纭。一般认为，资源型城市是指伴随着资源的开发而兴起或繁荣的城市，它具有强烈的资源指向性。这里的资源主要是指矿产、森林等自然资源。资源型城市按照资源的种类可以分为煤矿类、石油类、冶金类、森工类等类型。资源型城市的概念主要包括两层含义：一是资源型城市是城市的一种，具有一般城市的共性。它也是非农人口的聚居地和一定层级地域的经济、政治、社会文化中心，它对周边地区具有辐射效应。二是资源型城市相对于普通城市而言，资源对其意义十分重要。据统计，中国共有资源型城市118个，其中煤炭城市63个，有色金属城市12个，黑色冶金城市8个，石油城市9个，约占全国城市数量的18%，总人口为1.54亿人。

资源型城市具有如下特征：一是产业比较单一，一个城市往往仅仅依靠一个产业。二是城市布局缺乏整体规划，分散性较强。资源型城市是依靠资源开发而突然出现的城市，它的出现和周围的居民、环境没有太大的联系，这种城市的可持续性会随着资源的枯竭而受到影响。三是一个企业决定一个城市。一般是先有企业后有城市，企业在城市发展中举足轻重，如大庆、白银、个旧、攀枝花等都是如此。

资源型城市在可持续发展问题上因自身类型不同而不同，但从战略的角度来看都面临着城市结构的转型、优化、升级问题。

（二）资源型城市可持续发展问题需重点研究

资源型城市的经济在中国国民经济中占有较大份额，其经济发展对全国经济发展的作用巨大。资源型城市发挥了对生产要素的聚集和扩散作用，带动了区域经济发展，为中国的工业化、城市化、现代化建设作出了重要贡献。

资源型城市可持续发展问题是一个世界性难题。在全球面临不可持续发展的背景下，重点研究资源型城市的可持续发展问题十分必要，这既是资源型城市自身可持续发展的必要条件，也是中国政府全面规划资源型城市可持续发展的前提，更是资源型城市政府及其主要负责人在全面筹划资源型城市稳定、发展、改革、开放等工作方面的重要思想准备和理论武装[①]。

二　资源型城市可持续生产方式建立的必要性分析

首先，建立资源型城市可持续生产方式有利于提升资源型城市的竞争力。城市竞争力是一个城市在其边界范围内能够比其他城市创造更多的收入和就业机会的能力，是城市综合发展能力的体现。竞争力强的城市配置资源的能力强，利用资源的能力也强。目前，中国资源型城市的经济增长是一种粗放型的增长，更多的是依靠资源的大规模投入来支撑，因而必须通过产业结构的调整转变发展方式，提高生产效益，从而提升城市的竞争力。

其次，建立资源型城市可持续生产方式是可持续发展和生态文明的必然要求。传统的生产方式造成资源型城市普遍存在环境污染和生态破坏的现象。国务院《关于促进资源型城市可持续发展的若干意见》明确指出，要

---

① 杨振超：《淮南资源型城市可持续发展战略转型研究》，博士学位论文，中南大学，2010，第4页。

大力推进产业结构优化升级，转变经济发展方式，改善生态环境，促进资源型城市经济社会全面协调可持续发展。优化产业结构，转变生产方式，是减少环境污染、保护生态环境的根本方式。党的十八大提出建设生态文明，促进绿色发展、低碳发展、循环发展，这也要求资源型城市建立可持续的生产方式。

最后，建立资源型城市可持续生产方式是实现经济发展、社会稳定的重要途径。中国的资源型城市很多处于资源枯竭的边缘，在发展过程中积累了一些矛盾和冲突。比如，就业结构不合理，大量工人集中在第二产业，一旦资源衰竭就会造成大量工人失业，这对城市的稳定造成很大的威胁。同时，由于资源型城市历史较短，在很长一段时期内都是以经济建设为中心，而忽略了社会文化等方面的建设，使得资源型城市发展相对滞后，特别是一些自然条件恶劣的资源型城市发展明显滞后。

三　资源型城市可持续生产方式建立的路径

（一）调整产业结构，培育接续替代产业

产业结构的调整是资源型城市可持续发展的重要途径。接续替代产业的培育是城市产业结构调整的切入点。要充分发挥企业的主体作用，同时充分发挥市场在资源配置中的主导作用，大力培育和发展接续替代产业。对资源开采处于增产稳产期的城市，要制订合理的开采计划，运用新技术、新工艺，提高资源采收率，发展上下游产业，拉长产业链条，提高资源利用效率，把资源优势转化为经济优势，同时积极培育新兴产业①。

产业结构调整主要有三种模式：一是"退二进三"，退出传统的第二产业，进入以现代服务业为主的第三产业，如河南的平顶山、焦作，甘肃的白银，注重发展高新技术产业和生态旅游产业。二是"退二进一"，如阜新市发展农业。三是保持传统的资源性产业，但延长产业链，继续做大做强。例如，石油、煤炭的产业链都比较长，大庆市大力发展了一系列以石油资源为基础的替代性产业。

在调整产业结构的过程中要注意：资源型城市的产业发展应由单纯注重

---

① 国发〔2007〕38号文。

资源要素向注重多元要素转变。实践证明，只有实现产业结构的多元化和三次产业的协调发展，才能避免"矿竭城衰"的局面。产业转型必须与解决就业问题相结合。资源的衰竭伴随着大量工人的下岗，因此在产业转型过程中既要有可以带动地方发展的龙头企业，也必须发展诸多能够充分吸纳就业的劳动密集型产业。

（二）建立健全资源型城市可持续发展长效机制

在开采资源的过程中，要遵循市场规律，采取法律、经济和必要的行政措施，引导和规范各类市场主体合理开发资源，承担资源补偿、生态环境保护与修复等方面的责任和义务。要按照"谁开发、谁保护，谁受益、谁补偿，谁污染、谁治理，谁破坏、谁修复"的原则，明确企业是资源补偿、生态环境保护与修复的责任主体。要统筹规划，加快产业结构调整和优化升级，大力发展接续替代产业，积极转移剩余生产能力。要完善社会保障体系，加强各种职业培训，促进下岗失业人员实现再就业。要加快资源价格改革步伐，逐步形成能够反映资源稀缺程度、市场供求关系、环境治理与生态修复成本的资源性产品价格形成机制①。

（三）完善资源型城市基础设施

中西部地区是资源型城市的主要分布地区，这些地区的基础设施相对落后，交通条件非常不便，竞争力不强，经济地理位置方面的比较劣势往往使非核心地区的城市被边缘化，这让资源型城市形成了恶性循环。现代城市的可持续发展离不开完备的城市基础设施，一个城市的可持续发展能力在一定程度上可以说是由城市的基础设施的水平决定的。

专栏 7 - 9　德国鲁尔的转型

鲁尔区是以煤炭和钢铁为产业基础的重化工业基地，产业体系十分健全和完整。但是，进入 20 世纪 50 年代后，由于廉价石油的竞争，世界对煤炭的需求量有所减少，使得这个百年不衰的工业区经历了 10 年之久的经济危机，鲁尔区的煤炭开采量逐年下降。与此同时，鲁尔的钢铁生产也开始向欧洲以外的子公司转移，钢铁产量也开始降低。随着煤矿和钢铁厂逐个关闭，

---

① 国发〔2007〕38 号文。

失业成为鲁尔工业区严重的社会问题。经过数十年的资源型城市战略转型的推动和建设，德国鲁尔工业区经历了因为资源开采而导致经济繁荣，再因为资源枯竭而导致经济衰退，又因为实施资源型城市转型战略而成功的历史变迁过程。产业结构从以煤炭和钢铁工业为中心的资源型生产基地，向以电子计算机和信息产业技术为龙头、多种行业协调发展的新型经济区迈进；城市转型与国土整治同步进行，科学地对环境进行整体改造，在企业原址上建设城市居民住宅小区、娱乐中心、栽树种草等。由于采取了这些措施，目前的鲁尔区的城市面貌是：耕地、草地、森林和人工水面错落有致，焕然一新。

资料来源：杨振超：《淮南资源型城市可持续发展战略转型研究》，博士学位论文，中南大学，2010，第15页。

专栏 7 – 10　阜新的转型

阜新市于2000年开始启动城市经济转型，确立了"自力更生、龙头牵动、科技支撑、民营为主、市场运作"的基本方针，艰难地探索阜新作为资源型城市的转型道路。在产业转型方面实施"产业转换 + 产业延伸"的复合模式，建立"三大基地"，培育"六个特色产业"。在体制改革方面，积极引导民营企业、外资企业参与国有企业改革和转制重组，大力推进国有企业与区外大企业、大集团挂靠联合。在项目注入方面，把增加新项目、增加新企业，作为城市经济转型的落脚点。在实施再就业工程方面，坚持就业优先战略，新上项目优先考虑扩大就业渠道，增加就业岗位。以"4050"人员（40岁、50岁以上年龄人员）、"零就业家庭"人员的就业作为重点，通过培育农业产业化龙头企业、发展民营经济、扩大劳务输出、发展服务业，拓宽10条就业渠道，创造就业岗位，缓解全市就业压力。建立健全劳动力市场体系，加强社会保障和救助体系建设。在推动城市全面发展方面，采取了如下措施：一是积极贯彻国家退耕还林政策，实施一系列造林工程；二是加强城市环境建设，加强基础设施建设；三是加强群众生活环境建设，治理采煤沉陷区、新建住宅小区；四是加强矿区环境建设，实施矿区绿化、矿区复垦治理工程。

资料来源：杨振超：《淮南资源型城市可持续发展战略转型研究》，博士学位论文，中南大学，2010，第20页。

第 八 章

建设"三型"城市生活方式与消费模式

第一节 城市生活方式和消费模式转变的重要性

城市作为人类最主要的聚居地和经济活动中心，其可持续发展直接关系到人类的可持续发展。目前，中国城市生活方式所引发的环境质量不断下降和恶化，正在成为直接威胁城市可持续发展的问题[①]。

一 生活垃圾威胁着城市可持续发展

（一）城市居民讲排场的生活习惯造成城市垃圾的增长

城市生活是许多人们向往和追求的目标之一，但是随着城市人口不断增长，有的城市小区居民对生活垃圾随意处置，特别是城乡接合部乱堆乱放的不良习惯给城市环境造成了重大的威胁。在城市生活中我们不难发现，许多不良习惯造成的垃圾给城市环境带来了众多的影响。乱扔垃圾、随地丢物、随地泼水、随地吐痰等现象在许多中小城市早已司空见惯[②]。改革开放以来，城乡居民生活水平明显提高，讲排场、爱面子的奢侈消费也进入了城市居民的生活。奢侈消费不仅每年大约造成 2000 亿元的浪费，同时还带来高达上万吨的餐饮垃圾。这些餐饮垃圾需要成千上万的清洁工和垃圾车来清理、运输与处置，中国城市原本垃圾处理能力就严重不足，如今更是雪上加霜。可见，

[①] 吴铀生：《建立"资源节约、环境友好、气候安全"城市生活方式的探索》，《四川师范大学学报》（社会科学版）2013 年第 4 期。

[②] 吴铀生：《建立"资源节约、环境友好、气候安全"城市生活方式的探索》，《四川师范大学学报》（社会科学版）2013 年第 4 期。

餐桌上过度消费的模式加重了城市垃圾处理的负担。此外，随着人们物质生活水平的提高，一些厂家为了迎合奢侈消费的心理，不断提高商品包装的档次，这也推动了城市垃圾的增长。例如，食品、保健品、烟酒、茶叶、化妆品等商品的过度包装就不同程度地增加了垃圾的产量。过度包装废物的快速增长，使中国城市家庭生活垃圾的 10% 以上为商品废弃包装物所产生的垃圾。可见，商品包装废弃物也是导致城市生活垃圾增长的重要原因之一。这不仅造成了巨大的社会资源浪费，也给城市可持续发展带来了巨大的威胁。

城市生活垃圾的快速增长已成为阻碍城市可持续发展的重点问题。2009年国内每年城市垃圾产生量在 1.8 亿吨左右，而且每年还以 8%—9% 的速度增长，其中人均生活垃圾产量以 0.85 公斤的速度增长。据有的学者预测，中国城市生活垃圾产生量，今后将以平均每年 4.8% 的速度持续增长，2030 年城市垃圾产生量将为 4.09 亿吨，2050 年将为 5.28 亿吨。随着城市垃圾不断增加，其堆存量也直线上升。据 2006 年调查表明，全国城市生活垃圾累计堆存量已达 70 亿吨，全国垃圾堆存侵占土地面积高达 5 亿多平方米，约折合 5 万多公顷，而中国的耕地面积仅有 1.3 亿公顷，这就相当于全国每 670 公顷耕地就有 0.25 公顷用来堆放垃圾。全国 600 多座城市，除县城外，已有 2/3 的大中城市陷入垃圾的包围之中，且有 1/4 的城市已没有合适场所堆放垃圾①。统计数据显示，全国城市垃圾历年堆放总量高达 70 亿吨，而且产生量以每年约 8.98% 速度递增，截至 2010 年中国 97% 的城市垃圾无法处理，只能堆放或填埋。

（二）城市生活垃圾严重制约着城市的可持续发展

城市垃圾不断地增长，造成城市用地面积不断地缩小，制约着城市的可持续发展。城市的可持续发展需要大量土地储备作为支撑。中国是一个多山的国家，山地面积有 600 多万平方公里，约占国土面积的 65%，而平原面积有 300 多万平方公里，约占国土面积的 35%。随着城市化的发展，中国城市建设用地面积正在减少，土地储备能力正在下降，因此合理使用土地是直接关系到中国城市能否维系可持续发展的基础性问题。根据我们对成都市垃圾现状的调查，成都是一个有 900 多万人口的城市，人多垃圾自然就多，处理垃圾的压力也就随之增大。1999 年成都市区生活垃圾日产量为 2377

---

① 夏燕：《每天都在困扰我们的城市垃圾》，《观察与思考》2009 年第 14 期。

吨，2004 年成都市区生活垃圾日产量上升为 3300 吨，到 2010 年，成都市日产生活垃圾就超过了 5000 吨。其中，中心城区由于人口密度大，日产生活垃圾达 3000 余吨，而这个数字还在以每年 15% 的速度增长。成都市对生活垃圾的处置方式主要是填埋，即送到成都郊区的垃圾填埋场进行填埋处置。一方面是生活垃圾的增长，另一方面却是多数填埋场面临库容告急的窘地。例如，成都市卫生填埋处置场一期工程现已超过设计使用年限，而二期填埋处置场工程原设计使用年限为 17 年。由于垃圾产生量激增，加之二期建设了污泥应急处理设施等占地 230 亩，所以二期工程实际使用年限仅为 1 年左右。四川省许多城市都相继出现了垃圾围城的问题。由此可见，生活垃圾不仅是城市的一大危害，同时已成为阻碍城市可持续发展的重要原因之一。

城市垃圾不断增长，造成垃圾处理能力严重不足，阻碍了城市其他方面资金的使用，其结果影响着城市的可持续发展。城市作为经济、政治发展的中心，其所处地理位置特殊，还是人类作用于环境最重要、最集中的区域之一。它既是人口聚集地，又是物流集散地，更是区域发展支撑地，同时也是人类社会中环境污染最严重的区域之一。城市垃圾的处置，目前占用了城市建设的大量资金。从成都市的垃圾清运费用来看，目前成都市全年城区的日常运行费（不含设备费）就高达 4800 多万元，并且这个数据还在日益增长。城市公共建设涉及方方面面，诸如城市道路、城市绿化、城市供排水、城市生命线安全建设等，如果大量资金用于处理城市生活垃圾，就必然会影响城市排污、城市大气治理、城市安防建设、城市绿化等方面资金的筹措，这便在很大程度上制约了城市其他公共建设，影响城市的可持续发展。

人们流向城市是为了让生活更美好，但城市垃圾不断增加，严重影响着城市人的身心健康。

专栏 8 - 1

城市生活垃圾造成污水横溢、臭气冲天，使许多城市居民被迫在夏日里紧闭门窗，影响空气流通，这些都直接地影响了人们的心身健康。从间接危害来看，垃圾渗滤液与潮湿地是成蚊产卵、幼虫孳生与成蚊的栖息地，也是老鼠、苍蝇、蟑螂等的食物供应地，这些害虫是多种传染病的媒介，使细菌、病毒大肆传播，时刻威胁着人们的健康。同时，垃圾污染水源、土壤，然后再使鱼类、水果、蔬菜受到污染，人吃了以后会引起多种疾病。目前由于家庭使用的化学产品十分广泛，垃圾中的不可降解物和有毒有害物质越来越多。例如，塑料制品、废弃的油漆、家装后剩余的颜料、黏合剂、手机和电动车的废电池，以及家用清洁剂或杀虫类化学药品等，这些东西堆放在地上或填埋起来，会完好地躺在那里数十年甚至上百年而不被降解。更严重的是，据有关部门考证，生活垃圾中仅有机挥发性气体就多达 100 多种，其中包含许多致癌物质，使人们的健康受到严重的危害。例如，一节一号电池烂在地里，能使一平方米的土壤永久失去利用价值；一粒纽扣电池可使 600 吨水受到污染，相当于一个人一生的饮水量。

资料来源：吴铀生：《建立"资源节约、环境友好、气候安全"城市生活方式的探索》，《四川师范大学学报》（社会科学版）2013 年第 4 期。

生态文明理念和科学发展观都强调可持续发展问题的中心是以人为本，人们应享有与自然相和谐，过健康、富有生活的权利，以及维系代际生存发展的权利，因此需要坚决贯彻"可持续发展是既满足当代需要，又不对后代满足需求能力构成危害的发展"[1] 的理念。可见，城市垃圾的不断增长不但不能让城市生活更美好，相反会给人类造成永久的威胁，破坏城市的可持续发展。

二　水资源浪费制约着城市可持续发展

（一）城市居民的不良用水方式和习惯给城市水环境带来危机

水是人类赖以生存的最基本的物质基础。水既是人体的重要组成部分，又是人体新陈代谢的介质，人体的水含量占体重的 2/3，维持人类正常的生理代谢，每天每人至少需要 2—3 升水[2]。然而，城市缺水现象却日益严重。中国城市 20 世纪 70 年代开始出现水资源短缺的现象，随后逐年扩大。在全国 660 多个城市中，有 400 多个城市供水不足，有 110 个左右的城市严重缺水。据统计，全国日缺水量高达 1600 万立方米，年缺水量约为 60 亿立方

---

① 联合国世界环境与发展委员会：《我们共同的未来——从一个地球到一个世界》，世界知识出版社 1989 年版，第 2 页。

② 王志军：《加强水资源利用与保护　为构建和谐社会做贡献》，《内蒙古水利》2006 年第 4 期。

米。据对中国 30 个省份的水资源分析，接近联合国公布的 2000 立方米警戒线的有 18 个省份，其中 10 个省份人均水资源占有量低于 1000 立方米[①]。

一方面是城市用水紧张，另一方面却是不珍惜水资源的浪费现象大量存在。城市生活用水的数量虽远远低于农业用水和工业用水量，但生活用水中人们对水资源毫不吝惜和肆无忌惮的浪费却与前两者相差不大[②]。据统计，北京市仅 1 年的洗车耗水量，就相当于 1 个多昆明湖或 6 个北海的蓄水量。城市生活中的一些陋习加剧了城市用水的紧张状况。如今，随着城市居民收入水平的提高，一部分人节约水资源的观念已经淡漠，认为多用一点水，只不过是多交点水费而已。由于这种观念的存在，我们在城市生活中不难发现有许多浪费水资源的行为[③]。

根据我们进行的城市社会调查，城市生活中不同程度地存在以下现象：①洗手、洗脸、刷牙时，没有关好水龙头，让水一直流；②洗澡涂肥皂时没有关水龙头；③水箱或水龙头漏水时，没有及时维修；④睡觉之前或出门之前，忘记关好水龙头；⑤开门接客人、接电话、改变电视机频道时没有关上水龙头；⑥烟头和碎细废物等经常用抽水马桶来冲洗；⑦停水期间，未能关好水龙头；⑧直接用水龙头洗脸；⑨废水没有充分利用，等等。从表 8 - 1 所列数据中也可看出浪费水资源现象很严重。

表 8 - 1　城市居民家中对水资源使用情况统计

单位：人

年龄段	经常未能关闭好水龙头	不能确定关闭好水龙头	偶尔忘记关好水龙头	确定关闭好了水龙头
20—30 岁	28	27	71	34
31—40 岁	7	7	8	3
41—50 岁	5	3	7	5
51—60 岁	2	4	13	5
60 岁以上	12	18	29	12
合　计	54	59	128	59

---

① 郭孟卓、黄永基：《缺水不得不接受的挑战》，《瞭望新闻周刊》2000 年第 21 期。
② 房晨月：《我国水资源开发利用现状与对策》，《黑龙江科技信息》2007 年第 7 期。
③ 吴铀生：《建立"资源节约、环境友好、气候安全"城市生活方式的探索》，《四川师范大学学报》（社会科学版）2013 年第 4 期。

　　这些城市生活中的不良习惯加重了水资源的供给负担。据有关资料显示，一个没有关紧的水龙头一个月能流掉 1—6 吨的水，一个抽水马桶漏水一个月能流掉 3—20 吨的水。虽然中国城市面积仅占全国土地面积的很小一部分，城市人口却消耗了生活用水总量的 70% 左右，城市生活中用水浪费的现象十分惊人①。

　　人们在城市生活中不仅浪费着正在用的水，还在无形中破坏着那些尚未用的水资源。例如，有的家庭直接将剩菜、剩饭倒入抽水马桶或下水道，有宠物的家庭将宠物脱落的毛冲倒于下水道，有的家庭将化学染剂和过期药片倒入抽水马桶，等等。目前，全国一些中小城市约有 1/3 的工业废水和 1/2 的生活污水未经处理就排入河湖，使得全国 90% 的城市水环境恶化，加剧了可利用水资源的不足②。除了浪费水和污染水外，由于一些城市缺乏对水资源规律的认识，在开发中也缺乏统一规划和科学管理，造成局部地区地下水超量开采，水源枯竭，并给城市可持续发展带来了潜在的危机。

（二）城市水环境危机严重影响着城市的可持续发展

　　城市生活离不开水资源，城市的可持续发展也同样离不开水资源。中国城市缺水的现实已经严重地威胁到城市的可持续发展。城市化的进程使城市人口快速增长，城市的用水也日显紧张。2001 年末，中国大陆城镇人口为 4.8 亿人；2005 年底，中国城镇人口已达 5.62 亿人；2011 年，中国大陆城镇人口上涨为 6.9 亿人，10 年间人口增长超过 43%。按城镇人均每天生活最低用水量 200 升计算，一天就要消耗 1.38 亿吨水，一年则要消耗 503.7 亿吨水。在中国 32 个百万人口以上的特大城市中，有 30 个长期受缺水困扰③。城市生活需要用水，城市生产也需要用水，城市生态环境建设同样需要用水，水是城市生活、生产以及城市生态环境建设之源，城市生活中的不良用水方式造成城市水资源大量浪费，长此以往将阻碍中国城市化的发展进程。

　　中国水资源仅为世界平均水平的 1/5，并且在七大江河水系中劣五类水占 41%，城市河段 90% 遭污染，全国尚有 3 亿多农村人口喝不上符合卫生

---

　　① 吴铀生：《建立"资源节约、环境友好、气候安全"城市生活方式的探索》，《四川师范大学学报》（社会科学版）2013 年第 4 期。

　　② 邓莉、梅洪常：《对用产权制度变革来解决污染权配置问题的探讨》，《工业技术经济》2006 年第 3 期。

　　③ 吴铀生：《建立"资源节约、环境友好、气候安全"城市生活方式的探索》，《四川师范大学学报》（社会科学版）2013 年第 4 期。

标准的水。更为严重的是，由于地表水短缺，中国现有400多个城市以地下水为饮用水源，北方城市中65%的生活用水主要依靠地下水。城市水资源的短缺不仅使中国平均每年都会损失2000多亿元的工业产值，而且还对城市可持续发展带来了潜在的危机。城市由于缺水而加重了对地下水的抽取，中国局部地区地下水大量超采，导致城市出现地面沉降、地面塌陷、地裂缝的现象。据不完全统计，全国已形成地下水区域性降落漏斗56个，漏斗面积达87000平方公里，有的漏斗中心水位埋深已达60—80米。在中国辽宁、山东、河北等沿海一些城市与地区，地下水含水层受海水入侵面积在1500平方公里以上；天津、上海、常州、西安等70多个城市出现地面沉降、地面塌陷、地裂缝①。目前，全国多个城市发生了不同程度的地面沉降，沉降面积已达6.4万平方公里，沉降中心最大沉降量超过2米。根据对上海40多年沉降历史的研究，地面沉降造成的经济损失已达1000亿元，也就意味着地面平均每沉降1毫米，损失就高达1000万元。江苏省经济最发达的苏锡常地区位于长江三角洲腹地，也是地面沉降最严重的地区之一，该地区沉降面积已达5700平方公里，约占苏锡常平原面积的一半，沉降中心最大沉降量达2.8米②。大量采集地下水，其结果是地面的沉降、地裂，这阻碍了城市建设，影响城市经济增长。地裂将严重危害城市交通、住宅、市政建设和居民生活安全，城市地面下沉正在成为21世纪城市发展中的地质灾害之一。

更为可怕的是城市地下水受到了严重的污染。中国环境科学研究院对中国118个大中城市地下水的监测资料进行过分析，发现中国许多城市的地下水已普遍受到污染，其中重污染的城市占64%，轻污染的城市占33%③。中国的地下水污染到底有多严重？《全国地下水污染防治规划（2011—2020年）》中对中国地下水环境质量状况的描述如下："2009年，经对北京、辽宁、吉林、上海、江苏、海南、宁夏和广东等8个省（区、市）641眼井的水质分析，Ⅰ类至Ⅱ类水质占总数的2.3%，Ⅲ类水质占23.9%，Ⅳ类至Ⅴ类水质占73.8%，主要污染指标是总硬度、氨氮、亚硝酸盐氮、硝酸盐氮、

---

① 郭孟卓、黄永基：《缺水不得不接受的挑战》，《瞭望新闻周刊》2000年第21期。
② 何雨欣、张晓松：《地面沉降，城市不能承受之"重"》，《中国矿业报》2007年2月17日。
③ 吴铀生：《建立"资源节约、环境友好、气候安全"城市生活方式的探索》。

铁和锰等。全国近 20% 的城市集中式地下水水源水质劣于 III 类。部分城市饮用水水源水质超标因子除常规化学指标外，甚至出现了致癌、致畸、致突变污染指标。"[1] 也有专家指出，全国有 90% 的地下水都遭受了不同程度的污染，其中 60% 污染严重。由于地下水占中国水资源总量的 1/3，全国有近 70% 的人口饮用地下水，地下水污染已经成为影响城市民众健康的危险来源之一，也成为城市可持续发展的最大威胁之一。

三 奢靡消费影响着人类自身的可持续发展

（一） 城市生活中的奢靡消费引发的问题

改革开放以来，中国经济增长格局发生了巨大的变化，社会由生产主导型转化为消费主导型[2]，城市居民消费需求的扩张和消费结构的转变已经成为推动经济持续快速增长的主导动因，消费对生产发展、经济增长所起的作用越来越大。人们的消费观念最终决定社会生产的投资数量、产品开发以及自然资源配置与使用情况。如果人们坚持理性消费，就能使社会需求与资源配置达到一种科学、协调、平衡的状态，相反，人们跨越理性消费就可能造成生态的失衡。

在整个地球生态系统中，各种生物之间相互依存，共同维系生态系统的结构和功能。如果为了人类的生存和繁衍大量猎杀野生动物、破坏野生植物，人类赖以生存的地球的生态系统稳定性就要遭到破坏，这最终也会影响人类自身的生存环境。生物多样性是自然生态系统的有机组成部分，生物多样性能净化空气、水源以及肥沃土壤，为人类生存环境提供良好的生态系统。同时，生物多样性为人类生存与发展提供了丰富的食物、药物等大量的生活必需品与生产原料，因此保护生物多样性，就是在维护自然界的生态平衡，为人类的生存创造良好的环境条件[3]。科学实验证明，生态系统中物种越丰富，其创造力就越大；如果这种平衡被打破，便预示着很多物种即将面临灭亡，最终导致人类逐步走向灭亡。

---

① 岳强等：《地下水环境影响评价导则执行过程中遇到的问题及建议》，《环境科学与管理》2012 年第 10 期。

② 陈耀、高莉娟：《传统道德转化或融合的思考》，《求实》2003 年第 12 期。

③ 李海涛、黄渝：《浅析生物多样性的理论与实践》，《安徽农业科学》2007 年第 32 期。

在现实生活中一部分人追求享乐主义、奢靡生活。享乐主义、奢靡生活的一个重要表现就是迷恋于餐桌上的野生动物，奢靡消费的蝴蝶效应正在不断蔓延。

专栏 8－2

2007 年 8 月，广西边防总队查获从境外走私入境的鳄鱼 298 只、巨蜥 117 只；2009 年 4 月，广州野生动物保护部门查获了一批走私货物，都是锦鸡、沙獴、豹猫等珍稀动物，广州华盛饭店穿山甲的标价为每公斤 1000 元；江西省不少猕猴都死在了盗猎者的枪口之下，资溪农贸市场明码实价，标注着野鸡肉 28 元 1 斤，野兔、野山羊、麂子肉 40 元 1 斤，活花面狸 100 元 1 斤；2013 年 6 月，满洲里海关查获从俄罗斯走私入境的熊掌 213 只，这是迄今为止全国最大的走私熊掌案件；2013 年 7 月，广西查处野生动植物行政案件 386 起，查获野生动物 17300 多只（头），收缴貂皮 1395 张、干海马 102 公斤、象牙和犀牛角等濒危物种制品 2242 件，收缴国家重点保护名贵树种 31 株……

城市生活方式中的奢靡消费倾向，使偷猎者对野生动物的杀掠几乎到了疯狂的地步。这不仅加重了对自然生态环境的破坏，同时还把生态环境恶化的风险留给了人类社会。

（二）奢靡消费对城市生活构成了严重的威胁

目前世界上野生动物物种正在以每小时 1 种的速度消失。在世界已知的 4650 种哺乳动物中，每 4 种就有一个被列为"高危"物种，将在近期灭绝；鸟类濒临灭绝数量已达 182 种；高达 20% 的两栖类、爬行类动物和 30% 的鱼类也面临同样的厄运。有关专家告诫：野生动物加速灭绝，与之关联的自然生态平衡失调、土壤侵蚀加剧、疾病暴发流行等就将无情地报复人类自身。

专栏 8－3

2003 年一场突如其来的"非典"灾难打乱了城市生活。"非典"突起广东，后延伸至北京、上海等全国 20 多个省份，乃至向全球进一步扩展，酿成一场全球性的恐慌。尽管目前对"非典"病毒的来源还有争论,但是伴随人类活动范围的不断扩张,所导致的原始自然环境日益缩减,生物物种减少,人类势必侵犯许多病毒的藏身领地,迫使它们显露出来,从而侵袭人类。

"非典"给城市居民的生产、生活带来了巨大影响:发热病人被隔离、人们被告知留在家中、校园被封闭、大街上空旷的公交车和出租车、冷清的宾馆饭店、关闭的娱乐场所、游客稀少的景点、生活用品和消毒用品价格直线上升、街上很多人都戴了口罩……

"非典"给人类带来了巨大灾难。统计显示:中国内地累计患"非典"病例为5327例,死亡349人;中国香港为1755例,死亡300人;中国台湾为665例,死亡180人;加拿大有251例,死亡41人;新加坡有238例,死亡33人;越南有63例,死亡5人。

人类为了生存,需要摄入动植物蛋白才能延续生命,这是客观存在的事实,我们没有选择的自由。但是,人们在吃什么、怎样吃的问题上,却有许多选择的空间。在人类进化过程中,经过长期的实践,人们摸索出一套可行地、科学地种植作物和养殖家禽、家畜的方法,为人们摄取蛋白质提供了很好的途径。因此,我们应该选择食用那些已经被人们证实了的、对人类健康安全的动植物,像大豆、鸡、鸭、猪、牛、羊等。而那些未经检疫的野生动植物,其内体带有特定的病原和病毒。如果大量食用野生动植物,就不仅会破坏生物的多样性,还可能会给人类健康带来许多不利的因素。有人认为,"非典"病毒就是通过果子狸和其他野生动物传播的。长期以来,国人以中国有优秀的饮食文化而感到自豪,但"非典"危机告诫我们,奢靡消费,特别是以野生动植物为目标的、所谓"健康"的野味菜肴消费,不但不会给国人带来福音,反而会给人类带来灾难。或许"非典"危机就是野生动植物对人们食尽天下野味,在餐桌文化上一味追求新、奇、怪的一种惩罚。可见,对不健康的消费结构,如果不加以及时控制和引导,最终会给全社会带来巨大的危害。

专栏 8 - 4

奢侈浪费是损耗社会财富的一种表现。社会发展经济的目的是增加物质财富,不断满足人民日益增长的物质文化生活需要。物质财富的增加来之不易，是全体劳动者勤奋努力的结果，因此对财富要珍惜，要进行合理的分配和使用。如果财富不能得到有效合理的使用，人们得到财富后又挥霍浪费掉，就丧失了创造财富的本来意义。"舌尖上的浪费"不断蔓延到党员干部的工作、生活各个领域和环节。奢侈浪费挥霍了有限的社会财富，透支了资源，造成了贫富差距，极有可能激化社会矛盾，影响社会稳定，阻碍我们全面建成小康社会的进程。由此，习近平总书记在中纪委二次全会上号召全党，坚持勤俭办一切事业，坚决反对讲排场比阔气，坚决抵制享乐主义和奢靡之风。

资料来源：洪向华：《要以踏石留印、抓铁有痕的劲头刹住奢侈浪费之风》，《光明日报》2013 年 1 月 28 日。

综上所述，中国城市目前面临着城市垃圾污染、水源污染以及生物多样性被破坏等问题。党的十八大报告提出："面对资源约束趋紧、环境污染严重、生态系统退化的严峻形势，必须树立尊重自然、顺应自然、保护自然的生态文明理念，把生态文明建设放在突出地位，融入经济建设、政治建设、文化建设、社会建设各方面和全过程，努力建设美丽中国，实现中华民族永续发展。"①

第二节　"三型"城市生活方式和消费模式的目标选择

建设社会主义生态文明，不仅关系到中国的可持续发展问题，也是关系到人民福祉、关乎民族未来的长远大计。人类的一切生产活动都是为了让自己的生活更美好，这是社会发展的动力与人类奋斗的目标。当前，城市可持续发展所面临的资源短缺、环境恶化、气候"变脸"等问题都是人类前期生产活动与生活方式不遵守自然法则的结果。人们的生产活动最终取决于人们的生活需求，因此，只有树立起生态文明和可持续发展的理念，更加自觉地珍爱自然，更加积极地保护生态，转变奢靡、浪费以及不理性的生活方式

---

① 胡锦涛：《坚定不移沿着中国特色社会主义道路前进　为全面建成小康社会而奋斗——在中国共产党第十八次全国代表大会上的报告》，第 39 页。

和消费方式，才能摆脱当前的困境，走向社会主义生态文明的新时代，迈向
更加美好的明天。

一　建设生态、低碳、绿色城市是城市生活方式和消费模式的目标选择

生态文明建设与社会建设是相互支撑的。社会建设的核心是保障民生。
生态环境质量是保障民生质量和生活质量最基本的因素。党的十八大指出：
"着力推进绿色发展、循环发展、低碳发展，形成节约资源和保护环境的空
间格局、产业结构、生产方式、生活方式，从源头上扭转生态环境恶化趋
势，为人民创造良好生产生活环境，为全球生态安全作出贡献。"[①] 因此，
大力推进生态文明，把握好城市生活方式和消费模式的发展目标，才能
"为实现中华民族伟大复兴而努力奋斗，使中华民族更加坚强有力地自立于
世界民族之林，为人类作出新的更大的贡献"[②]。

（一）　生态城市的建设

生态城市概念是在 20 世纪 70 年代被提出的，它是一种理想的可持续发
展的模式。生态城市的建设至少需要满足以下标准：①城市结构合理、功能
协调，并能高效利用自然资源与能源，实现循环利用，清洁生产[③]；②城市
实现可持续的消费发展模式，注重城市环境质量和人们生活质量的提高；③
传统文化遗产受到保护和传承，居民的身心健康，并有自觉的生态意识和环
境道德观念。

随着中国城市化的发展，有一半多的人口进入了城市，城市人口快速增
长，使得消费大幅度提高。为了满足城市人口消费需求增长的需要，社会生
产部门加大了马力，大约 75% 的资源消耗、环境污染和二氧化碳排放来自
城市[④]。可见，城市的发展建设与资源、环境、温室气体排放的关系是非常

---

① 胡锦涛：《坚定不移沿着中国特色社会主义道路前进　为全面建成小康社会而奋斗——在中国共
产党第十八次全国代表大会上的报告》，第 39 页。

② 习近平：《人民对美好生活的向往，就是我们的奋斗目标》，《人民日报》2012 年 11 月 16 日。

③ 鲁敏、李英杰：《生态城市理论框架及特征标准》，《山东省青年管理干部学院学报》2005 年第
1 期。

④ 王仁贵、孙㠯：《专访原国家环保总局副局长王玉庆：步入低碳宜居城市时代》，《瞭望》2010
年第 39 期。

密切的。因此,转变生产方式和生活方式必须从城市的建设开始。由于建设生态城市需要在生态系统承载能力范围内去调整生产方式和消费方式,使人与环境和谐共荣,在保护人类生存资源的条件下发挥创造力和生产力,使城市居民身心健康,自然生态系统得到充分保护,所以生态城市的建设是一种可持续发展的目标模式。

创建生态城市是从社会生态、经济生态、自然生态三个原则来考虑的。从社会生态的原则来看,要以人为本,满足人的各种物质和精神方面的需求,创造自由、平等、公正、稳定的社会环境①。从经济生态原则来看,要求人们在生产和生活活动中保护和合理利用一切自然资源和能源,促进资源的再生和利用,实现资源的高效利用,采用可持续的生产、消费、交通、居住区发展模式②。从自然生态原则来看,人们的生产和生活需要给自然生态以优先考虑,使人类活动一方面保持在自然环境所允许的承载能力内,另一方面减少对自然环境的消极影响③,维系生态环境平衡与恢复。不难看出,生态城市建设以可持续发展思想为指导,以合理配置资源,公平地满足现代人及后代人在发展和环境方面的需要为前提,不因眼前的利益而采用"掠夺"的方式促进城市暂时"繁荣",保证城市社会经济健康、持续、协调发展④。

我们正是通过建设生态城市这一目标,来克服过去人们对资源、环境的掠夺方式,并将其作为奋斗目标和发展模式,最终使人们的生产、生活活动在人—社会—自然协调有序与可持续发展的条件下进行。

(二) 低碳城市的建设

低碳城市是指城市在经济高速发展的前提下,保持能源消耗和二氧化碳排放处于较低的水平⑤。城市作为一个高效率的系统,要实现可持续发展就必须实现能源、资源的消耗低和高效利用。低碳城市建设包括以下几个方面:其一,开发低碳能源是建设低碳城市的基本保证;其二,清洁生产是建

---

① 程会强:《生态城市建设的内涵与建议》,《环境保护》2008 年第 20 期。
② 程会强:《生态城市建设的内涵与建议》,《环境保护》2008 年第 20 期。
③ 王宏哲:《生态型城市评价指标体系构建的探讨》,《中国环境管理》2003 年第 6 期。
④ 陆明、郭嵘、齐刚:《生态城市与城市生态规划初探》,《哈尔滨工业大学学报》2003 年第 4 期。
⑤ 潘红波:《利用风能等新能源创造低碳城市》,《2013 中国环境科学学会学术年会论文集》第 2 卷,云南昆明,2013 年。

设低碳城市的关键环节；其三，循环利用是建设低碳城市的有效方法；其四，持续发展是建设低碳城市的根本方向①。可见，低碳城市的建设也是生态城市的重要特点之一。

气候问题已成为国际共识，建设低碳城市和节能减排对于中国有着更为重要的意义。当前中国不仅遭受着资源供应和环境容量的制约，而且还面临全球气候变化的挑战。我们在城市发展中所面临的环境问题、污染物排放问题、生态保护问题还没有完全解决，这便要求我们在可持续发展过程中，解决城市环境问题，降低污染物排放，保护生态环境，清洁大气和保障健康水资源。同时，我们要考虑世界潮流，减缓二氧化碳排放的增长。

建设低碳城市，需要充分利用可再生能源，实现资源的循环利用，降低能源消耗。但是，我们在过度消费、盲目消费的过程中，却消耗了大量能源和资源，也产生了大量的废弃物，造成了严重的环境污染。城市生产与人们的生活方式和消费模式紧密相连，密不可分，强烈的消费需求引发了生产过程中的超量采集和过度开发，最终将导致资源枯竭，使城市走向衰落，甚至消亡。所以，走中国特色社会主义城市发展道路，就必须实现合理开发，有序利用，最大限度地实现资源的循环利用。可见，建设低碳城市是解决资源匮乏和环境污染的重要环节，也是应对气候变暖的重要措施之一，更是推行生态文明的主要支撑点。

低碳城市建设不仅是为了应对全球变暖，更重要的是让城市居民懂得珍惜资源、节约资源、实现资源的循环再利用。例如，通过垃圾分类不仅能大幅度减少垃圾对城市环境的污染，同时还能使 25%—30% 的资源得以回收和再利用，以实现城市生活垃圾的减量化、无害化和资源化。不仅如此，在城市居民日常生活中的方方面面都有珍惜资源、节约资源、保护好生物多样性的事可做。毋庸置疑，生活方式和消费模式对资源节约、环境保护和二氧化碳减排都存在巨大的作用。

随着经济发展方式的转变和城市环境问题的逐步解决，保护全球气候这一长期任务也会越来越急迫。因此，把建设低碳城市作为发展目标，无论是

---

① 潘红波：《利用风能等新能源创造低碳城市》，《2013 中国环境科学学会学术年会论文集》第 2 卷，云南昆明，2013 年。

从生产增长方式的转变角度，还是从生活方式与消费模式的转变角度来说，都是解决城市温室气体高排放的一个很好的路径。低碳城市的建设能极大地推动城市可持续发展，建设低碳城市的目标选择是应对全球气候变化危机的重要发展模式和重要特征，它会在应对全球生态危机过程中发挥越来越重要的作用。

（三）绿色城市的建设

英国首相丘吉尔曾说过："我们塑造城市，城市也塑造我们。"绿色的生活方式是未来城市生活的模式。绿色城市是一个具有良好环境、公共资源供给充沛、适宜居住、能满足人们基本生存需求和发展需求的城市。绿色城市具备以下条件：其一，充满绿色空间、生机勃勃的开放城市，适宜创业的健康城市；其二，以人为本、舒适恬静、适宜居住和生活的家园城市；其三，具有特色和风貌的文化城市；其四，环境、经济和社会可持续发展的动态城市[1]。城市的人居环境问题，不仅对提高城市质量来说是很关键、影响很深远的问题，而且对整个人类的生存与发展来讲甚至至关重要，没有较好的人居环境，人们的幸福生活就无法实现。

从中国来看，要想使城市保持可持续发展，一方面要解决城市人居环境问题，降低污染物排放，保护生态环境、清洁大气和保障健康水资源。另一方面还要考虑世界潮流，减缓二氧化碳排放增长。所以，在建设低碳城市的时候也必须注重绿色城市的发展。

随着城市化以及再城市化的推进，绿色空间往往成为城市建设与发展的牺牲品。绿色空间对于改善城市功能、维护公众健康具有重要意义[2]。为了提高城市生活质量，必须加强对公共产品中的公园、游乐场、休憩园以及自然风貌保护区等的保护。同时，绿色城市赋予了城市更重要的功能，不仅可以减少碳排量，进行垃圾无害化、资源化处理，还可以降低城市温室效应。城市人居环境建设是社会主义生态文明建设的一个重要方面，城市人居环境建设的好坏将直接关系中国生态文明建设和可持续发展的实现。正确处理好人与环境、人与社会、人与自然、人与动植物的关系，有利于实现人的素质

---

① 毕光庆：《新时期绿色城市的发展趋势研究》，《天津城市建设学院学报》2005 年第 4 期。

② 黄贤金：《国内外绿色城市建设及启示》，《群众》2012 年第 7 期。

优化、生活质量优化和环境质量优化①，最终达到中国生态文明建设和城市可持续发展的目的，从而促进可持续发展战略的顺利实施。因此，关注城市人居环境的发展趋势，建设更好的人居环境，让人们居住、生活得更美好，才能够真正体现可持续发展的目的和要求②。

在城市建设中要融入绿色建设的理念，增强对气候变化的适应性并严格城市生态环境监管力度，确保城市生态空间不减少，不断提升城市绿色发展能力，深化绿色发展，全面提升城市活力。"绿色城市"涵盖了实现"绿色经济"、提高"绿色竞争力"、倡导"绿色文化"、构筑"绿色环境"等方面的内容③。要通过创建绿色生产方式、维护生态安全、构建宜居城市、加大绿色消费等来改善城市生态环境。总之，绿色、环保、优美的城市才能让人们的生活更加美好。可见，在城市建设中还原城市环境本来面貌，让城市生态回归平衡，构建生产清洁化、消费友好化、环境优美化、资源高效化的绿色现代化世界城市，不仅是可持续发展的目标，也是转变城市生活方式和消费模式时应选择的目标。

二　可持续发展理念下城市生活方式和消费模式的目标选择④

（一）绿色消费目标的选择

绿色是生命、活力以及健康的代表，是充满希望与生机的色彩。国际上对"绿色"的理解通常包括生命、节能、环保三个方面。绿色消费是从满足自然生态环境的理念出发，以有益于人类持续健康发展和保护自然生态环境为基本内涵，是对符合人的健康和环境保护标准的各种消费行为和消费方式的统称。绿色消费至少包括两个方面的含义：一是消费无污染的、有利于人们健康的产品，二是消费行为有利于节约能源、保护生态环境。因此，消费者在选择商品时需要未被污染的产品或有助于人们健康的消费，才是绿色消费；消费者在追求生活舒适的同时，要放弃对社会发展不利的消费观念，

---

① 黄贤金：《国内外绿色城市建设及启示》，《群众》2012 年第 7 期。
② 苏春生、党开春：《城市人居环境的可持续发展与建筑节能》，《中国建材》2006 年第 1 期。
③ 黄贤金：《国内外绿色城市建设及启示》，《群众》2012 年第 7 期。
④ 吴铀生：《城市低碳生活方式的变革与展望》，《西南民族大学学报》（人文社会科学版）2012 年第 5 期。

注重人与自然和谐，节约资源和保护环境，才能实现可持续消费。这就是说，我们在社会消费中，不但要满足当代人的消费需求和健康安全，还要顾及子孙后代的消费需求和健康安全。

全球资源、环境、气候出现的危机对全球性的消费提出了挑战。如今人类的消费需求不断扩大，造成人类对资源的索取超过了地球环境资源的承受力，掠夺性的生产严重地威胁到人类后续的发展。世界呼唤绿色的选择和科学理性的消费。消费者的绿色选择需要消费者利用自身的购买权利，抵制高耗能、高污染、高消耗企业的产品，以此推动企业节能减排，完成绿色生产的转变。同时，中国严峻的环境资源形势呼唤本土的绿色消费。消费者对绿色产品的选择，能给企业发出一个市场正向发展的警告性信号，促使企业不得不考虑"三高"产品将对其自身品牌和市场份额带来的不利影响①，而最终放弃"三高"产品的生产，将市场压力转换成企业转变生产发展方式的动力。

消费需求必须以环境承载能力为基础，以遵循自然规律为准则，以绿色消费市场为前提。倡导环境文化和生态文明，努力构建经济、社会、环境协调发展的社会体系是绿色消费的起点②。绿色消费是一种可持续的生活和消费方式，是环境友好的消费方式，是与环境相协调的、低资源消耗和低能源消耗的消费方式，是注重消费质量的消费体系。20 世纪 90 年代以来在世界范围内掀起了"绿色消费"的浪潮。如今消费者对衣、食、住、行的绿色需求不断扩大，绿色产品正风靡全球。倡导绿色消费，培育绿色消费模式是中国建设资源节约型、环境友好型、气候安全型社会的必然选择。绿色消费的生活方式，不仅能增强广大市民的环境意识和环境道德观念，提高家庭节能减排的自觉性和积极性，还能促进企业转变生产增长方式，为城市可持续发展增添一分力量。

（二）低碳生活目标的选择

低碳消费方式是人类社会应对气候变暖的根本要求，也是人们实现生态文明，保护环境，使人类消费行为与消费结构更加科学化的必然

---

①　吴铀生：《建立"资源节约、环境友好、气候安全"城市生活方式的探索》，《四川师范大学学报》（社会科学版）2013 年第 4 期。

②　吴铀生：《建立"资源节约、环境友好、气候安全"城市生活方式的探索》，《四川师范大学学报》（社会科学版）2013 年第 4 期。

选择。

　　低碳消费模式着力于解决人类生存环境危机，其实质是以"低碳"为导向的一种共生型消费模式，是使人类社会在环境系统工程的单元中能够和谐共生、共同发展、实现代际公平与代内公平的消费方式。中国目前实行的以电代煤、以气代炭的消费模式，就能减少对煤炭的开采量，降低碳素燃料排放的二氧化硫和二氧化碳，这不仅维护了当代人大气环境的安全，还为后人保留了可贵的资源，维系了代际公平。

　　在目前的情况下，低碳生活模式应包括以下几个方面的内容：其一，低排消费，即人们在生活过程中尽可能把排放的温室气体量降到最低限度；其二，经济消费，即人们在生活过程中注重对资源和能源的节约，使其消耗量达到最小最经济的状态；其三，安全消费，即人们在生活过程中所消费的结果对社会的生存环境影响最小，对他人健康危害最小；其四，可持续消费，即人们在生活的消费过程中能维持资源、生产与生活的长期稳定发展。

　　低碳生活消费模式指出了每个消费者怎样进行消费，以及怎样利用身边的消费资料来满足自身生存、发展和享受需要的问题。低碳生活是在后工业社会生产力发展水平和生产关系状况下，人们消费资料供给、利用方式和消费理念的一种转变，也是当代消费者以对社会和后代负责任的态度，在消费过程中积极实现低能耗、低污染和低排放的一种文明导向①。低碳生活基于文明、科学、健康的生态化消费方式，在人们均衡物质消费、精神消费和生态消费的过程中，使人类消费行为与消费结构进一步实现理性化、科学化、合理化的趋向②。应对全球气候变化提倡低碳生活，需要更多民众改变目前的高碳生活方式，自觉跟进低碳经济的发展步伐，只有这样中国才有向低碳经济转换的现实基础和未来的希望。因此，大力倡导与培育全民族的环境道德意识，使人们将低碳生活转化为自觉的行动，充分发挥每个城市家庭与公民在践行低碳文明生活方面的作用，通过行之有效的方式对低碳生产、低碳消费模式予以宣传与倡导，形成和强化这种消费模式的浓厚舆论氛围，促使

---

① 吴铀生：《城市低碳生活方式的变革与展望》，《西南民族大学学报》（人文社会科学版）2012年第5期。

② 饶丹珍：《低碳生活：内涵及人类日常行为方式》，《郧阳师范高等专科学校学报》2010年第6期。

其形成全民意识，用来规范和指导全民的行动，才能为应对全球气候变化作出应有的贡献。

三 让城市生活更美好的目标选择

(一) 城市可持续发展的终极目标

人类创造了城市，而城市的可持续发展的终极目标是为了让城市生活更美好。

人类从原始社会的狩猎、农耕到奴隶社会掠夺城池、屠杀买卖奴隶，从封建社会的地租剥削、农民起义到资本主义社会的劳资矛盾、无产阶级革命，再到社会主义社会推翻压迫、解决生产力与生产关系的矛盾，包括当今所要解决的资源、环境和气候变化等问题，都是为了让生活更加美好。可以说，人类迄今为止所进行的一切奋斗都是为了让生活更加美好。因此，让生活更加美好是人类的奋斗目标，也是社会发展的终极目标。

美国心理学家马斯洛曾经把人的需求分成五个递进的层次，即生理、安全、社交、自尊以及自我实现。当人们完成了前一个需求之后，便追寻下一个需求。马斯洛对消费需求的描述，也表明人们的活动是一种对生活美满的追求。联合国人居组织在 1996 年发布的《伊斯坦布尔宣言》中也强调："我们的城市必须成为人类能够过上有尊严的、健康、安全、幸福和充满希望的美满的地方。"① 可见，让生活更美好在历史的长河中从来没有停止过，这种方式只是存在是文明的让生活更美好还是不文明的让生活更美好之分，是持续的还是不持续的、是长期的还是短期的、是全局的还是局部的、是共同拥有的还是独自享受的之分。

可持续发展是每一个国家、每一个组织、每一个人的共同责任。2012年 6 月联合国可持续发展大会通过的文件《我们憧憬的未来》表达了全人类对可持续发展的期盼。坚持可持续发展是我们每一个中国人作为地球社区成员应自觉担当的一种责任和义务。中国社会主义生产的目的是满足整个社会日益增长的物质和文化需要，它体现的是社会的共同富裕和社会全面和谐。马克思、恩格斯在《共产党宣言》中指出，在共产主义社会里"每个

---

① 谢冰、徐孝明、邵春利：《上海城市现代化进程中的生态和谐》，《上海城市规划》2007 年第 1 期。

人的自由发展是一切人的自由发展的条件"①。把马克思主义关于未来社会以每个人的自由而全面发展为基本原则的社会形式的价值追求转化为社会发展应有的目标和基本原则，是对马克思主义思想的继承和发展。习近平同志在十八届中共中央政治局常委同中外记者见面时指出："人们对美好生活的向往，就是我们的奋斗目标。"可见，让生活更美好是我们一切工作的出发点和归宿点②。

（二）让城市生活更美好的目标选择③

让生活更美好是人们向往与奋斗的目标。是长期、共同的持续生活更美好，还是短期、个别的、不可持续的生活更美好，是我们每个人都需要考虑的问题，也是在社会发展过程中必须解决的问题。当今社会生产力的不断进步和物质产品的不断丰富，一方面为社会发展和人的享受提供了前所未有的条件，另一方面也对人们生活方式以及世界观、人生观、价值观形成了巨大考验。在资源短缺、环境恶化的今天，过度追求物质享受就等于侵占和破坏代际、代内他人应拥有的资源和环境，这显然不符合社会主义生产的目的。目前有些人认为，商品消费属于个人的私事，与他人无关，这种片面强调个人消费自由而否认个人责任的行为是不可取的。夏季里由于电能紧张，部分人家中电能用量过大，造成线路超负荷运行，导致停电或失火，从而祸及他人的生活；两个城市相隔距离较近，其中一个城市过度获取地下水，就会造成另一个城市缺水；当代人为了"卫生、健康"的生活而大量使用一次性木筷，森林大面积被砍伐，留给下代人的就只能是光秃秃的山冈和七横八竖的鸿沟；一些人为了享受野味菜肴不惜大肆猎杀野生动物。上述"追求生活更美好"的行为是短期的、个别的，也是不可持续的。

在高碳消费的今天，人们穿着华丽的衣着却吃着有毒的食品，开着宝马轿车却喝着污水，住着小洋房却呼吸着浑浊的空气，这能称为生活更美好吗？事实上，如何调节人们的功利观，形成全社会共同价值观，让城市生活拥有更舒适的居住条件、更优美的环境，让天蓝一点、地绿一点、拥堵缓解

---

① 《马克思恩格斯文集》第 2 卷，人民出版社 2009 年版，第 53 页。
② 吴铀生：《建立"资源节约、环境友好、气候安全"城市生活方式的探索》，《四川师范大学学报》（社会科学版）2013 年第 4 期。
③ 吴铀生：《建立"资源节约、环境友好、气候安全"城市生活方式的探索》，《四川师范大学学报》（社会科学版）2013 年第 4 期。

一点、水干净一点、食品安全一点,让我们工作得更好、生活得更好,实现每个人自由而全面的发展,使社会的幸福指数不断得以提升,才是马克思"人的自由而全面发展"的具体体现。在新的形势下,选择以人为本、和谐社会、共同富裕的生活方式,充分体现了马克思主义人的自由而全面发展的思想,让生活更美好在社会发展中居于核心地位,是未来人们生存状况的写照,也是社会发展的终极目标。

(三) 提高、创新的生活方式和消费模式[①]

坚持以人为本、以民为先,实现好、维护好、发展好最广大人民群众的根本利益是城市发展的出发点和落脚点。如果说改革开放第一阶段解决人们的温饱问题,是提高人们的物质生活水平,那么,改革开放第二阶段全面实现小康的重要特征,就是提高人们的生活品质,让全体人民生活得更美好。如今人们追求舒适、安心、便捷、高品质、高品位的生活方式,同时又在倡导节能环保、低碳的生活方式,这是不是一种矛盾?我们的回答是否定的。提倡艰苦朴素并不是反对人们提高生活水平;节能环保的生活方式,不是让人们当用不用,也不是提倡禁欲主义,而是反对脱离资源供给和个人收入水平的奢侈浪费。不断提高与满足人们物质与精神生活需要是社会主义生产的目的,因此,提高人们的生活水平是讲素质、讲品位、讲精神,而不是讲豪华、比奢侈、比排场,更不是铺张浪费。生活品质的提高是一种健康、成熟的生活心态和理念,也是推进科学发展的目标导向。生活品质的提高不仅包括物质生活品质的提高,还包括文化生活、政治生活、社会生活以及环境生活品质的提高。

人们在创造生活中享受生活,在享受生活中激发创造力。享受生活、创造生活有利于提高人的生活情趣,形成健康、环保的生活方式,创新的生活方式已经开始进入城市生活。为了变废为宝,时下人们开展了废旧物品环保创意的活动,有的家庭将废旧物品做成花卉盆景,有的家庭利用废纸板做成快速叠衣机,有的家庭用废弃的纸张做成美丽的花瓶,有的家庭用废弃的易拉罐做成笔筒、花篮、拉力器、火箭、风铃、烟灰缸、玩具电话等。保护环境目前已成为广大市民的共识,但这还不够。在生活中如何既能保护好环

----

① 吴铀生:《建立"资源节约、环境友好、气候安全"城市生活方式的探索》,《四川师范大学学报》(社会科学版) 2013 年第 4 期。

境，又提高我们的生活质量呢？凉台绿化就是这样一种创新。在凉台上种花种菜、绿化环境是一种创新的生活方式，这不仅有利于增加城市绿量，而且还能美化家庭乃至城市景观，构造城市空间的多层次绿化格局，实现绿化景观资源社会共享。人们充分把室外的自然条件引入室内，一池清水，几尾闲鱼，春花秋月，鸟语花香，为人们开创了独特的生活方式，为思想富饶的人们提供了美好生活选择，只要人们坚持关注环保，热爱生活，就能让创新真正成为城市生活的一部分。

提高、创新的生活方式和消费模式体现了以人为本、以民为先的观念，同时又从人们生活需求的角度来审视城市发展，使城市发展与市民生活品质的提高、创新紧密地联系在一起。在这个意义上可以讲，提高生活品质、创新生活方式，既是每位城市民众的愿望与需求，也是城市可持续发展的根本出发点和根本目标。

第三节　"三型"城市生活方式和消费模式
目标的实现路径

胡锦涛同志在党的十八大报告中指出："加强生态文明宣传教育，增强全民节约意识、环保意识、生态意识，形成合理消费的社会风尚，营造爱护生态环境的良好风气。"① 所以，加强生态文明宣传教育，增强全民节约意识、环保意识、生态意识，形成合理消费的社会风尚，营造爱护生态环境的良好风气，是实现城市生活方式和消费模式转变的前提条件之一。

一　城市生活垃圾实现分类、减量、无害和资源化处理

为把城市建设得更加美好，中国许多地方都积极行动起来，采用不同的方式来节能减排，优化城市环境（有的采取强制性措施，有的利用传统文化，有的采用先进理念、先进技术来减少城市环境污染），同时大力推进生活垃圾的减量化、再利用、资源化，从源头上扭转生活垃圾对城市环境的污

---

① 胡锦涛：《坚定不移沿着中国特色社会主义道路前进　为全面建成小康社会而奋斗——在中国共产党第十八次全国代表大会上的报告》，第41页。

染，达成让人们生活更美好的目标。

（一）城市居民对垃圾的认识[①]

近年来，随着世界能源危机、环境污染的加剧，生态城市建设在中国得到迅速发展，生活垃圾的减量化、资源化和无害化的要求开始成为衡量生态城市的重要标准。于是，生活垃圾减量化成为亟须探索和解决的问题。

由于中国推行垃圾分装处理的工作起步较晚，许多市民都不了解垃圾的分类，更谈不上对垃圾进行分类处理了。2010—2011 年课题组采用调查表、随机访谈等方式对成都以及郊区的城市居民进行了垃圾分类的调查。

专栏 8 - 5　对成都以及郊区城市居民垃圾分类的调查（2010—2011 年）

（1）针对"你是否了解垃圾的分类处理"的选项，选择"比较了解"和"十分了解"的只有 147 人，占比为 40.2%；选择"基本了解"的最多，为 174 人，占比为 47.5%；有 12.3% 表示不清楚。从年龄结构上看，选择"基本了解"和"比较了解"的以 20—30 岁的人最多，人数为 96 人，占有效问卷的 26.3%；50—60 岁的人最少，占比仅为 3.3%。

（2）针对"你认为下列可回收垃圾有哪些"的选项，收回的有效问卷略少于其他题目的数量，为 354 份，占比仍达到了 93.7%，处于有效度较高的范畴。在可回收垃圾中，人们对废纸的认知度高度一致，选择的人数占比达到了 94.9%。其次，人们对废玻璃、废金属、废塑料的认知度尚可，占比分别达到了 72%、66.9%、59.3%。但是，勾选"菜叶""瓜果皮核""厨余"等不可回收垃圾选项的分别有 90、72、60 人，勾选"废电池""废荧光灯管"有害垃圾的分别有 84、63 人。这说明，有不少人对垃圾如何分类还是了解得不够。从年龄结构上看，20—30 岁的人对有害垃圾尚缺乏足够的认识，该年龄段中只有 30 人勾选了"废电池"，有 24 人勾选了"废荧光灯管"。

资料来源：程玲俐、吴铀生：《加强城市公共管理　改善城市人居环境——成都市生活垃圾的调查报告及政策建议》，《西南民族大学学报》（人文社会科学版）2012 年第 8 期。

[①]　吴铀生：《建立"资源节约、环境友好、气候安全"城市生活方式的探索》，《四川师范大学学报》（社会科学版）2013 年第 4 期。

同时，许多城市小区垃圾设施简陋，市民的不良生活方式加大了城市垃圾对环境的威胁。有的城市小区居民对生活垃圾随意处置，特别是城乡接合部乱堆乱放的不良习惯给城市环境造成了重大威胁。长期以来，人们只注重各自家庭的小环境而忽视了公共的大环境，如果能将市民们的小环境意识延伸到社会公共环境上来，城市垃圾的资源化必将得到市民的广泛关注和大力支持①。我们对成都市民的调查发现，虽然许多公众填写了"比较了解""十分了解"和"基本了解"，但对"可回收垃圾""不可回收垃圾"与"无害垃圾""有害垃圾"还存在认识不清的状况；对"垃圾作为再生资源"也有部分公众不知道科学的处理方式；对"处理垃圾最科学的方式"许多公众还不了解垃圾分装的资源化处理。这些都表明，城市居民对垃圾的认识需要进一步加强②。

（二）城市垃圾的分类处理——以成都为例③

生态城市在中国城市化进程中具有里程碑式的意义，是中国未来城市发展的风向标。城市垃圾分类处理与管理工作作为现代城市的重要组成部分，与人们的日常生活密不可分。管好城市的生活垃圾，才能为公众营造健康、舒适的人居环境，同时也是推动垃圾减量化、资源化、无害化的有效方式。促进垃圾回收利用应是生态城市建设过程中不可或缺的重要工作。

实践证明，生态文明建设水平高，作为基本民生需求的环境权益就维护得好；公众参与生态文明建设与管理的程度高，生态文明建设水平就高。成都市以创建生态市为载体，以改善城乡环境质量为目标，大力推进城乡环境综合整治。

1. 城市小区实施垃圾分类的试点活动

2010年，成都先后在万科金色家园、万科金域蓝湾社区实行垃圾分类。目前，试点小区的垃圾分类率已达到70%，居民知晓度达到90%。

---

① 王好转：《三门峡市城市生活垃圾处理现状与对策》，《三门峡职业技术学院学报》2006年第4期。

② 程玲俐、吴铀生：《加强城市公共管理　改善城市人居环境——成都市生活垃圾的调查报告及政策建议》，《西南民族大学学报》（人文社会科学版）2012年第8期。

③ 程玲俐、吴铀生：《加强城市公共管理　改善城市人居环境——成都市生活垃圾的调查报告及政策建议》，《西南民族大学学报》（人文社会科学版）2012年第8期。

专栏 8 - 6　成都试点小区垃圾分类的做法

成都万科金色家园和万科金域蓝湾对于垃圾分类的处理方法是：①进户宣传、讲解垃圾分类的相关知识。②措施到位，为了让居民清楚明白垃圾的种类，在小区住户必经之路设置了关于垃圾分类的展柜，摆放了具体的实物来说明垃圾的种类。展柜对垃圾进行五分类（即可回收垃圾、厨余垃圾、塑料垃圾、其他垃圾和有害垃圾），收集容器上分别张贴有相应的标识，用于回收不同类别垃圾。③采用激励机制，奖励垃圾分类。给予垃圾详细分类的住户定量的积分，积分可用于兑换礼品，公正公开地登记到积分榜，促进居民提高生态文明素质。④鼓励住户对可回收垃圾进行出售，让居民在垃圾分类中获取收益，这样不仅调动了住户的积极性，同时减少了重复劳动，大大提升了垃圾的利用率。

2011 年，青羊区开始首次大规模推广社区垃圾分类试点，涵盖市中心到三环路的 4 个小区：城中心高档小区"78 号官邸"、一环路上的省新闻出版局宿舍、金沙辖区的"天韵金沙"小区、文家场的"英国小镇玫瑰园"农民集中区。2011 年 5 月，成都市推出了 18 个小区院落试点垃圾分类，其活动遍布每个主城区。

2. 商业街道推行垃圾分类的试点活动

在成都最繁华的春熙路，垃圾分类试点已开始走进商场等公共场所。和小区不一样，商场的垃圾主要为市民逛街产生的纸屑、塑料瓶等。新开业的群光广场，在各层楼摆放了共 200 多个分类垃圾桶，回收站则设置在地下停车场。除了群光广场外，春熙路商圈还有太平洋百货、时代百盛和伊势丹百货等也同时推广了垃圾分类。春熙路街道办选择在商场进行试点，是考虑到春熙路作为成都的名片，人流量巨大，可以带动更多人参与进来。如果有的市民丢错了垃圾，也不用担心，工作人员会进行二次分拣。目前，春熙路商圈每天分类回收的垃圾已经有上千斤。

3. 以"农户"为单位试行的农村垃圾分类工作

从 2006 年开始，成都已经基本形成农村生活垃圾集中收运处置体系。

专栏 8 - 7　成都农村垃圾分类的做法

从 2011 年 4 月中旬开始，成都市双流县三星镇南新村 38 户农户正式试点生活垃圾分类处理。试点农户将家中的垃圾按有机垃圾和非有机垃圾分类装好，每天早上，保洁人员定时分类收集，将有机垃圾运送到有机肥堆积池发酵，将可回收垃圾运送到再生资源市场，将不可回收垃圾运送到指定的垃圾桶定点投放，由环卫所运送到垃圾处置场进行无害化处理。目前，成都全域正式启动了垃圾前端分类处置试点，探索全民参与农村垃圾前端分类收集工作的新路径，即在 14 个郊区县（市）的平原地区，主要组织开展"户分类"试点运行，在农户家中进行分类试点；在丘陵山区，则将泥土尘灰、厨余垃圾、植物枝叶等可降解垃圾，采用生物堆积的方式集中处置；对金属、塑料、玻璃、废纸等可回收垃圾，则作为再生资源回收利用；对建筑垃圾等就近填埋；对不可回收和不可降解的垃圾，送到垃圾中转站进行集中处置。成都市城管局相关负责人表示，2011 年农村生活垃圾收集覆盖率达 98% 以上，收运率达 90% 以上，集中处置率达 100%。

资料来源：刘佳：《成都农村垃圾试点"户分类"》，《四川日报》2011 年 5 月 16 日。

（三）对城市垃圾分类处理的建议

垃圾分装处理是城市可持续发展的重要环节之一，也是社会精神文明和生态文明发展程度的重要标志。因此，为实现城市生活垃圾处理的目标与任务，特提出以下政策建议：第一，要实现垃圾分装化，应加强宣传教育，增强城市公民对垃圾分装处理的认识，从源头上做到垃圾的资源化、减量化和无害化处理，这也是推行城市垃圾分装处理的关键。第二，要实现垃圾无害化处理，还应扩大宣传面，各级政府可深入居民小区，在宣传栏上通过招贴画等形式，让更多的城市居民熟知垃圾的危害和垃圾分类的益处，形成"垃圾分类和垃圾减量从我做起、从小做起，人人有责、人人参与"的观念。第三，进一步完善城市环境卫生建设的相关政策与法规，对遗散垃圾、乱倾泻垃圾的行为要坚决予以严肃处置。同时调动各个部门通力协作和市民广泛参与监督，公布举报电话，对违反城市环保法的行为进行严厉打击[1]。第四，加

---

[1] 程玲俐、吴铀生：《加强城市公共管理 改善城市人居环境——成都市生活垃圾的调查报告及政策建议》，《西南民族大学学报》（人文社会科学版）2012 年第 8 期。

大对城市人居环境生态卫生建设的投入。优化人居环境是城市发展的永恒主题，环境整治、绿化、亮化等一系列工作都需要投资才能完成。目前，中国还有许多城市卫生公共设施较少，并且有的年久失修，出现渗、漏等情况，运渣车沿路洒落垃圾的现象时有发生。因此，加大城市环卫建设投入是促使城市生态环境转好的重要途径。我们相信，只要坚持以科学发展观为指导，按照全面建设小康社会和构建社会主义和谐社会的总体要求，把城市垃圾分类工作作为维护群众利益的重要工作和城市管理的重要内容，作为政府公共服务的一项重要职责[①]，切实加强全过程控制和管理，突出重点工作环节，综合运用法律、行政、经济和技术等手段，就能不断提高城市人居环境生态卫生的水平[②]。

二　通过城市文化建设转变人们的消费观念

（一）城市文化的魅力

自从人类创建城市以来，无论城市如何变化与更新，都无法脱离自身一脉相承的历史和文化。人类文化在穿越时空的过程中不断丰富、积淀、创新，构成了城市文明的基础[③]。有什么样的文化就会形成什么样的城市。经济致用，文化致远，只有文化的滋养才能使城市绽放出光芒。无数事实表明，现代城市的文明是人与自然、人与社会、人与人之间和谐发展的结果。同时，社会发展的历史也证实，任何一国的文化都只有在与时俱进的发展中不断积累、总结、创新，才能传承与发扬光大，才能显示出强大的生命力和发展力。物质财富固然能使一个城市变得富有，但只有文化才能让城市发展长远持久。改革开放之后，部分城市把 GDP 的增长作为衡量城市发展的唯一指标，而忽视了城市环境资源建设，人与自然和谐文化断了链，产生了城市"异化"现象。因此，转变观念，营造和谐的文化氛围，是城市走可持续发展道路的基础与保障。

---

① 吴铀生：《建立"资源节约、环境友好、气候安全"城市生活方式的探索》，《四川师范大学学报》（社会科学版）2013 年第 4 期。

② 国务院：《关于进一步加强城市生活垃圾处理工作意见的通知》，《西宁政报》2011 年 5 月 15 日。

③ 吴铀生、程玲俐：《羌族医药文化传承面临的困境及走出困境的思考》，《西华大学学报》（哲学社会科学版）2013 年第 6 期。

中国城市居民消费能力持续增长，部分人"舌尖上"的消费不仅是对社会财富的浪费，而且还对生态平衡进行着破坏，这不利于中国发展节约型产业、建设友好型经济、维护气候安全型社会目标的实现。这些信号向我们发出了强烈警示：转变不良消费理念、培育生态文化的理念已迫在眉睫、势在必行。建立资源节约型、环境友好型、气候安全型社会和国民经济体系，既是中国人口、资源、环境与社会经济持续发展的唯一选择，也是缓解资源危机①、改善环境恶化、缓解气候变暖的基本对策。转变不良消费理念，追求绿色、适度、健康的理性消费观，是解决不良消费刺激的经济增长与节约资源、保护环境、缓和大气变化之间矛盾的根本途径，是使人类发展方式走向可持续的根本出路。

党的十六届六中全会决议提出"建设和谐文化"，强调"社会主义核心价值体系是建设和谐文化的根本"；党的十七大提出"建设生态文明"；党的十八大又提出，生态文化是生态建设的灵魂。这些都充分体现了弘扬传统文化、建设生态文明的重要性。生态文明建设涉及生产方式、生活方式和价值观念等的转变，其文化内涵是：人类必须从征服自然，向人与自然和谐相处转变；从过度消耗资源破坏环境的增长模式，向可持续发展模式转变；必须从重物轻人，向以人的全面发展为核心的发展理念转变。这为推进城市人与自然和谐相处，建设和谐文化，实现经济、社会、自然环境的可持续发展提供了方向。

在当今时代，文化与经济日益交融，文化对经济增长和转变经济发展方式的贡献越来越大，文化的后劲和软实力是未来经济社会可持续发展的决定性力量。因此，充分发挥文化教化功能，提高城市人民群众的综合素质是城市文化体系建设的抓手之一。目前许多城市都加强以社会公德、职业道德、家庭美德、个人品德为主的思想道德建设，倡导并践行社会主义精神文明和生态文明的文化建设。精神文明建设，增强了民众的凝聚力，使人民群众同心同德，生态文明指明了人们尊重自然，遵守自然道法前进的方向②。

---

① 李兵等：《全民动员，建设节约型社会》，《人民论坛》2004 年第 7 期。

② 吴铀生：《建立"资源节约、环境友好、气候安全"城市生活方式的探索》，《四川师范大学学报》（社会科学版）2013 年第 4 期。

专栏 8 – 8

　　四川广元市结合自身特点，创新思路，注重特色，精心组织，不少社区开展了对市民日常生活的衣、食、住、行、用等方面的低碳生活宣传。例如，实行住房节能装修，科学合理地使用家用电器，大力推广使用太阳能热水器、太阳能炊具，改善城乡居民用能结构的科学知识文化普及和指导活动，提倡市民减少过度包装和一次性用品的使用，生活用水的多次利用等，以低碳生活方式与消费模式来支持城市环保发展。同时，通过媒体宣传，广泛发动，人人参与，多形式、多载体地打造低碳城市的特色文化，让许多市民在精神文明和生态文明的文化熏陶中使个人文明素质得以提升。

　　文化是生态的灵魂，生态是文化的载体，建设生态文明是贯彻落实科学发展观的必然要求。近年来，不少城市通过培育壮大重点文化产业、扶持优化重点文化企业、规划兴建重点文化园区等途径盘活了民间传统的文化资源，使之成为中国经济发展的一个新增长极。例如，湖北省随州市确立了"推进文化资源与生态优势整合、文化生态旅游与经济发展融合，发展文化生态经济，建设生态经济文化"的理念，举全市之力擦亮两张名片，建设生态文化旅游强市，以文化旅游业的大突破推动经济社会的大发展。实践证明，抓住了生态文化这个引爆点，就抓住了城市发展的增长点。文化产业的发展在丰富城市居民精神生活、优化资源利用的同时，也在潜移默化中塑造了良好的城市生态环境[①]。

（二）建立绿色城市的文化

　　无论是在哪一个季节中，绿色都是大自然中最充满活力的一种颜色，它代表着生机和力量，绿色城市的文化表示人类期望城市环境无公害、健康与环保。绿色城市文化，至少包含三个层次的内容，即绿色环境、绿色经济和绿色文化[②]。绿色环境是以水土洁净、空气清新、环境优美为特征的生产生活环境。绿色经济是反映企业与自然的关系，即企业生产是否尊重环境，是

---

　　①　吴铀生：《建立"资源节约、环境友好、气候安全"城市生活方式的探索》。
　　②　陈小玲：《略论企业绿色文化建设》，《经济与社会发展》2007 年第 9 期。

否合理利用资源，是否达到无公害生产，绿色经济是企业的发展之本。绿色文化以崇尚自然、保护环境、促进人类健康发展为基本特征，强调人与自然协调发展、和谐共进。

绿色城市文化尊崇绿色含义，主要强调以人为本，人类是自然的产物，自然是人类赖以生存的环境。马克思主义关于人的自由全面发展的学说也是建立在人与人、人与社会、人与自然和谐发展的基础之上的，这三种关系的展开就是人的实践、生活创造和文化积淀[①]。绿色城市文化建设还反映人的绿色需求。以绿色文化为导向的城市发展，必然重视城市人口对绿色的需求，这就是城市居民要求生活在绿色的环境中，每天都有绿色的心情，并以自己生活在绿色城市而感到自豪。

专栏 8 - 9

以"绿色教育"为主要内容的"绿色城市文化"建设，目前正在全国许多城市蓬勃开展。例如，绿色校园文化、绿色企业文化、绿色饭店文化、绿色通道文化、绿色建筑文化、绿色小区文化等如雨后春笋般展开。在绿色城市文化活动中，有的城市把绿色城市化系统工程与保护水资源的生态结合在一起，使城市饮水达到高效、安全；有的城市则以自然和谐为切入口，借助传统文化中"天人合一"的思想，大力推进城市人与自然的和谐、和平、祥和的绿色发展；有的城市普及绿色思想、选择绿色科技、发展绿色产品、鼓励绿色消费、倡导绿色包装、建筑绿色住宅、创作绿色文学等；有的城市开展"绿色城市化从我做起"活动，使城市居民积极踊跃参与植树节、爱鸟周、地球日、世界环境日等纪念性活动；有的城市坚持绿色城市文化从校园抓起，把绿色文化与少先队、共青团活动结合在一起，定期开展"以我举手之劳，争我美丽山河"绿色实践活动，让学生在"走进社区、亲近生活"的过程中利用绿色文化教育他人，也教育自己[②]；有的城市以创建"绿色文化城市"为总抓手，推进城市五大"绿色工程"，即"绿色网吧""绿色娱乐""绿色出版""绿色荧屏""绿色文物"活动，切实保障人民群众

---

① 陈小玲：《略论企业绿色文化建设》，《经济与社会发展》2007 年第 9 期。
② 苏俭敏：《校园绿色文化建设的实践与思考》，《小学教学参考》2008 年第 30 期。

的基本文化的健康发展；有的城市开展绿色小区文化活动，精心策划一些群众喜闻乐见的绿色文化活动，并定期开展评优评先和社区交流、互动，以增强城市居民参与绿色文化活动的积极性；有的城市强化政府的公共文化服务职能，以完善绿色公共服务体系为重点，加快绿色公共文化设施网络建设，增强公共文化产品和服务供给能力，积极开展文化惠民活动，为城市群众开展绿色文化活动提供条件……

这里需要指出的是，绿色生产文化是绿色城市文化的战略重点，绿色生活消费是绿色城市文化与城市生态文明的重要标志。绿色城市文化的发展还需要更多的企业加入绿色生产的行列中来，只有当企业把自然资源和生态环境可持续发展作为自身发展的基本点和立足点，从供产销环节上把住"消费安全"的关口，绿色生产与消费才能最终实现。

（三）建立低碳城市的文化

低碳城市的文化是为了应对全球气候变化，保障地球与资源安全，促进经济向高效低耗和低碳排放的模式转型而产生的一种城市文化。低碳城市文化主张满足代际利益均衡，要求现代人在生产和生活方面杜绝一切牺牲地球环境资源和浪费自然资源的行为与习惯。主要包括以下几个方面的内容：第一，人类应当坚持可持续的科学发展观；第二，人类所从事的活动必须坚守"代际公平"的原则；第三，由上述两者决定的生产方式应从高能耗、高碳、低效向高效、低碳、低能耗转变；第四，人们的生活方式和消费模式应从奢侈、腐化的高碳消费向节俭和适度消费转变。这样才有利于城市的可持续发展，有利于实现"代际公平"，有利于地球环境与资源的安全，有利于人类社会的共同发展。

2009年"低碳"进入10大网络热搜词之列，高居榜首，一时间人们有一种"举国环保，全民低碳"之感。2010年刮起的"低碳风"，使"节能减排"不再是简单的文字游戏，而成为人们茶余饭后交流、讨论、学习的话题。低碳以前只是政府才关心的事，现在则像春风般吹进千家万户，吹进每个普通老百姓的心里。低碳作为一种文化元素，已经渗透到城市生活的每个角落。低碳社会、低碳城市、低碳经济、低碳生产、低碳社区、低碳家庭、低碳旅游、低碳消费、低碳生活等流行语充满了今天的城市社会。低碳城市也已成为中国各地共同追求的名片，各地城市对建立低碳经济示范区或低碳城市表现出极高的热情，上海、贵阳、杭州、保定等地提出了建设低碳城市的构想①。很多都市都以建设发展低碳城市的理念进行规划和建设，重视低碳技术的研究和开发，按照技术可行、经济合理的原则开展低碳经济试点，逐步建立起节约能源和提高能效、循环生产的机制，整合市场现有的低碳技术，加以迅速推广和应用。

"今天你吃饭了吗？""现在你在哪里发财？""最近你身体状况怎样？"的问候语已经被"今天你低碳了吗？"所代替了；"省电节水，节约资源就是低碳""垃圾是被放错了地方的资源"等理念几乎已经家喻户晓。中国传统的"红白婚丧"习俗，如今也在低碳文化的影响下逐步改变。2009年5月12日，胡锦涛同志在出席纪念四川汶川特大地震一周年活动上，用一束鲜花表达了对"5·12"地震罹难者的哀思和悼念，为文明祭祀树立了榜样。近年来一些城市在清明节到来之际出现了"文明祭祀低碳行动，携手共创文明城"的条幅，同时开展了"文明祭祀低碳行动"。把低碳文化思想用于传统祭祀，倡导低碳、健康、文明、环保、平安，反映了现代文明的祭祀思想，"低碳文明祭祀之风"正在吹入城市百姓的心中。低碳文化代表着更健康、更自然、更安全，同时也是一种低成本、低代价的生活文化，从节电、节油、节气、垃圾回收到绿色出行，都反映了低碳文化不仅在人们心中扎下了根，同时还使城市公民自觉承担起了低碳生活、节能减排的义务。

中国群众已基本确立了环保意识，树立了资源节约、环境友好、气候安全型的消费观，正培育着绿色生产和消费的方式②。其具体表现为：全社会基本树立了尊重自然、善待生命、节约资源的道德风尚；生态文化、生态理念不断融入地方文化节日和传统节日，生态文化的内涵得到扩展；全社会开展了一系列绿色创建活动，营造环境友好文化氛围；大力提倡节约消费、适度消费、绿色消费等文化，使生态文明消费观念深入人心。

---

① 寒冬：《城镇化要警惕农村被边缘化——2012全国两会热议住房保障与城乡建设侧记》，《中华建设》2012年第4期。

② 吴铷生：《城市低碳生活方式的变革与展望》，《西南民族大学学报》（人文社会科学版）2012年第5期。

三　完善城市人居环境建设，让城市生活更美好

（一）城市人居环境建设的目标

城市人居环境建设的目标，在党的十七大报告中就有明确表述："必须在经济发展的基础上，更加注重社会建设，着力保障和改善民生，推进社会体制改革，扩大公共服务，完善社会管理，促进社会公平正义，努力使全体人民学有所教、劳有所得、病有所医、老有所养、住有所居，推动建设和谐社会。"① 党的十八大提出："在改善民生和创新管理中加强社会建设""大力推进生态文明建设"②，充分反映了坚持民生为重、民生为先，不断加大城市建设力度，着力改善城镇生态环境恶化的状况，为广大市民提供了一个亲近自然、贴近自然的宜居、休闲、舒适的工作和居家环境③。根据党的十七大、十八大报告的精神，建设城市人居"更舒适的居住条件、更优美的环境"目标主要包括以下五点内容。

第一，城市人居环境的建设要提供足够的住房来满足城市人民的居住需求，实现住者有其屋，这不仅有助于贯彻以人为本的城市发展理念，也是社会主义生产目的的具体体现。第二，城市人居环境的建设要确保城市居民的人身安全和健康。城市产生的历史告诉我们，人类最初就是为了不受野兽和敌人的侵犯，保障自身的安全而建立城市，城市是人类繁衍的保护伞。今天虽然野兽的侵犯和敌对战争减少了，但城市原有的基本功能却并没有改变，保护人类的生存和健康发展仍然是城市人居环境建设的目标之一。第三，城市人居环境的建设要注重人与城市环境、住区环境的和谐发展。人与城市环境、住区环境的和谐发展，反映了人类文明与自然环境演进的相互作用，这种和谐不但是人们不断适应环境，与环境共同促进、协调发展的过程，更是在保护人们自身的生存和发展条件。如果有一天这种和谐被破坏，人们也将丧失生存和发展

① 胡锦涛：《高举中国特色社会主义伟大旗帜　为夺取全面建设小康社会新胜利而奋斗——在中国共产党第十七次全国代表大会上的报告》，第37页。

② 胡锦涛：《坚定不移沿着中国特色社会主义道路前进　为全面建成小康社会而奋斗——在中国共产党第十八次全国代表大会上的报告》，第34、39页。

③ 吴铀生：《城市低碳生活方式的变革与展望》，《西南民族大学学报》（人文社会科学版）2012年第5期。

的基础。第四，城市人居环境要保障住区的生态环境建设与管理。由于在城市环境中，经济社会系统起决定性的作用，使得原有的自然生态系统组成和结构发生了巨大的变化，因此，人居环境的生态建设就显得更为重要。人居环境可利用环境生态学原理，通过重塑山、水、草、木来提高人居环境绿地系统的生态调节和涵养能力。由于城市人居环境中的自然生态系统是不独立和不完全的生态系统，要维持其生态系统就需要依靠管理手段，除了保护土、水、草、木之外，还应对人居环境污染进行治理，严格控制各类污染（大气环境污染、水污染、废弃物污染、噪声污染、光污染和热污染等），维护人居环境的健康发展。第五，城市人居环境建设要实现住区基础设施齐全和住区资源的可持续开发与利用。人们的居住环境需要相应的配套基础设施，这能让人们生活更加便捷、舒适和幸福，因此基础设施齐全是人居环境不断追求的目标之一。人居环境基础设施建设包括公共服务设施，公共通道设施（道路、水电、通信、供热、给排水管道等），社会服务设施（学校、医院、社区服务管理、商业金融设施等）和娱乐设施（文化娱乐、体育锻炼等）。

人类的经济社会发展已经进入了一个尊重自然、珍惜环境的新时代，这就要求我们站在城市发展的角度和长远的角度来考虑，合理使用土地资源，因地制宜、因势利导，在进行科学细致分析的基础上，采用低碳的概念来打造环境，保证传统居住文化继续得以传承，通过政策引导，实现"人—社会—自然"可持续发展的目标。

（二）建设绿色人居、文化人居、低碳人居[①]

21 世纪城市人居环境的发展趋势为"生态人居、绿色人居、文化人居、低碳人居"。

生态人居是一个综合概念，充分体现了人居环境的生态化，它不仅要求人们聚集区的生态要与社会发展协调，而且还要求为人的全面发展打造居住环境。生态人居包含生态环境、社会环境、居住环境。在这个综合的人居环境中，人的生存状态、生活状态都达到最佳。生态人居概念的提出，突破了现有一般使用的生态理念与无区别使用的宜居概念，形成了对宜居环境研究

---

① 吴铀生：《建立"资源节约、环境友好、气候安全"城市生活方式的探索》，《四川师范大学学报》（社会科学版）2013 年第 4 期。

的突破，以生态系统的科学要求，提升了宜居的内涵。它强调人们必须确立保障人与自然和谐相处的文化价值观、生活方式和社会管理机制，才能从根本上克服生态危机。合理、节约、高效、和谐是构建生态人居系统的基本原则。

绿色人居是一个和谐发展的概念，是指在居住建筑的整个生命周期内，最大限度地满足人们的居住需求，并有效利用现有居住资源，极大地减少环境污染对人居环境的影响，为人们提供更加便捷、舒适的生活和工作环境。绿色人居的特点是尽可能使全社会福利最大化、发展成本最小化。绿色人居全面贯彻以人为本的理念，使健康、舒适、人性化成为人居的价值核心。以人为本的人居环境，不是以富人为本，也不是以一部分人为本，而是要能够充分保障人的基本人格，让更多的人享受居住的权利，实现人与人的和谐。同时，资源的最高效利用是绿色人居的又一特色，通过开发居住"矿产"变废为宝，来最大限度地降低人居对环境的影响，通过绿色资源的营造，控制污染，为更多的人提供安全、健康、舒适的居住环境。

"文化人居"是一个广泛的概念，关注于"以文化城"这一基本理念，从物质形态到精神内涵均得到彰显。文化人居也是人们追求的一种理想图景，它将城市居民的心理感受置于首位，营造出一种令人生活愉悦、休闲、向上的人居环境氛围，创造出高质量的、充满人情味的生活空间。人居环境不仅要满足物质的需要还应满足人们精神方面的需要，培育出和睦的邻里关系、亲切的人间情感社会氛围和适宜的住区景观等，使人们的精神需求得到升华。文化是群体共享的一套价值、信仰、习俗的象征体系，它反映理想和生活方式，引导行为规范，也影响城市的生态系统。文化的多样性、多层次性决定了文化人居的多维度性。文化人居的建设不仅要关注居民的理性生活与消费的特征，还要关注居民物质空间冷漠等负面影响。文化人居是历史情感、文化认同、共同记忆、公民参与、人文的细致、哲学的深思、文明世界人与人、人与社会之间不可或缺的协调因素，以及人们对未来的共同梦想和愿景。文化人居使文化、传统得到有效保护，可以让人们更好地居住和生活。

低碳人居是一个降低碳排放的概念，是指在人居环境建设过程中一方面要大幅度降低资源耗费，另一方面要努力提高化石能源的利用效率（包括建筑能效、材料能效和设施能效等），减少碳排放，保护城市环境，使人居向着高效、经济、可持续的方向发展。面对资源和需求之间的矛盾，低碳人居的建设注重对不可再生的资源进行有效、持续利用，最大限度地节约有限资源，这样不仅可以避免城市生态遭受破坏，还能为城市的后续发展提供必要的空间。低碳人居的关键在于经济性，而经济性首先就体现在节约资源（土地、能源、水资源）。人居环境物质空间容纳了各种建设活动和生活，进行着各种物质与能量交换，低碳人居节能减排对气候与环境的影响意义重大。人类依赖自然环境而生存，不能任意掠夺自然资源和破坏环境，相反应该节约资源、"调和"环境。为了美好的居家生活，人们可以适度地创造环境，通过增加人居环境绿地、植树造林、保护湿地等，吸收生活过程中所排放的二氧化碳，改善局部生态系统，达到资源节约、环境友好、气候安全的居家目的。低碳人居是当今世界各国城市人居建设发展的方向。

（三）　城市人居环境生态安全建设[①]

　　城市是人类文明的主要成果，在人类即将迈向生态文明的今天，城市人居环境生态是否安全将关乎人们的福祉[②]。人居环境生态系统的脆弱性也凸显出来，因此，建立统一的城市灾难救防中心，加强城市灾难的预警和防御，是在气候变化条件下降低和减少灾难损失的有效措施之一。

　　中国许多城市都是沿江河而建的。经统计，自新中国成立以来，范围较大的暴雨山洪等城市地质灾害发生频率较高，而不同程度的局部性暴雨、山洪等灾害几乎年年都会发生，近几年气候变化更是增加了城市地质灾害的发生频率。同时，中国的许多城市都是新中国成立初期在原有城市基础上建造的，改革开放之后城市化速度的加快使得原有基础设施日渐陈旧、老化严重。水、电、气、热、排水、道路、通信等设施已经成为城市生活不可或缺的组成部分，但中国许多城市的生命线系统却显得非常复杂而脆弱。尽管近年来城市基础设施不断完善，但由于城市人口不断增加，城市生命线系统一直处于满负荷运转状态，其承载能力日益面临挑战，呈现总量不足、承载力弱的特点。

　　城市人居环境密集往往是灾难发生的主要原因之一，建设应急避难设施、提高城市生命线的救援能力就显得更加重要。在城市中建设应急避难设施，树立导向标识，公布灾难救援电话，是确保城市居民安全、降低灾难损

---

　　① 吴铀生：《建立"资源节约、环境友好、气候安全"城市生活方式的探索》，《四川师范大学学报》（社会科学版）2013 年第 4 期。

　　② 蔡建斯：《城市建筑对生态安全的影响及其防治对策》，《中国科技信息》2005 年第 22 期。

失、提高救援能力的有力保障。要提高城市生命线的救援能力,一是应根据不同灾难性质建设分散与集中的群众应急避难设施及其导向标识,以人居环境的道路、绿地、水系、地上地下空间为载体,构建城市安全救援体系;二是应建立安全与生态隔离体系,统一制定防护隔离带和安全卫生间距隔离地带,防止病原污染的扩散;三是统筹安排应急避难所必需的交通、供水、供电、排污等设施,以确保在大灾来临后城市仍能畅通运行、供应有序、临危不乱,为在最短的时间内及时实施救援提供可靠的信息与平台等。

频发的极端天气引发的灾难,不仅考验着政府部门的组织能力、应急管理水平,也考验着城市居民的防灾避险意识和能力。因此,增强城市民众的灾难意识和自救互救能力,是城市居民在应对气候灾难时从消极被动转为积极主动的有效途径。要增强城市居民防范灾难的意识和能力,一是在城市中要进行生态安全文化建设,充分发挥传媒机构在公众安全预防文化教育中的作用,通过增设"防灾安全文化教育"等专题节目,帮助城市公民了解气候灾难的形成与预防,让人们应对灾难的意识、知识、技能、态度、道德等有较大程度的提高;二是气候灾害易发、多发区应组织群众广泛参与防灾避灾演练,掌握有关灾难的防灾科学知识和技能,提高公众应对灾难的防灾行为能力和自救互救能力,在灾难发生时能做到淡定处置、临危不乱;三是进行城市灾难安全教育,特别是对城市弱势群体中的学生和老人实施安全教育至关重要。在中国缺乏灾难安全教育的形势下,最好的灾难预防和救援工作,就是加强公共安全教育,尤其是在中小学建立公共安全教育体系。各城市的急救中心可定期在中小学和老年大学课程内增加有关灾难预防的课程,让在校学生和老年人掌握一些防御灾难和自救互救的知识。城市人居环境生态安全及减灾、防灾的文化教育是建设"三型"城市的重要任务之一。

(四) 城市人居环境生态绿化建设

有关资料显示,1公顷森林每天可有效补给氧气735公斤,吸收二氧化碳1005公斤;1公顷草坪可吸收二氧化硫21.7公斤;1公顷树木可滞尘10.9吨,蓄水30万升;1棵大树一昼夜调温效果相当于10台空调器工作20小时……城市人居环境的生态绿化建设不仅能美化人居环境,使人们感到小区变绿了、变美了,同时还能为城市的节能减排作出应有的贡献。在城市建筑日益增加的今天,城市中的大绿地日益稀缺,建设用地与绿化用地之间的矛盾日趋尖锐，因而开发建筑物顶面用于绿化建设，增加城市绿化面积，降低城市建筑能耗，缓解城市"热岛效应"已势在必行[1]。

这里特别要提到小区屋顶绿化，这种做法对缓解"热岛效应"、净化空气、降低二氧化碳排放等作用巨大。

专栏 8 – 10

屋顶绿化作为一种特殊的园林形式，有诸多不同于地面绿化的特殊性和复杂性。它以建筑物顶面平台为依托，综合建筑、园林等专业学科，将建筑物的空间潜能与绿色植物的生态效益充分结合，是当代城市人居环境园林发展的新方向。从广义来看，屋顶绿化可以理解为在各类古今建筑物、构筑物等的屋顶、露台、天台、阳台上，先进行防水隔根、蓄排水等专业处理，之后造园、种植花草树木，进而达到绿化美化屋顶平面的效果。但是，屋顶绿化的目的并不是单纯地美化楼顶景观，更重要的是发挥植物的生态效益，改善人居环境，净化空气质量，从真正意义上达到节能、低碳生活的目的[2]。

屋顶绿化的生态效益可归纳为以下几点：第一，美化环境，净化空气，改善人居环境。裸露的建筑物顶面不仅影响人居环境的形象，还会增加建筑物的热反射，增加热岛效应。而将屋顶裸露平面进行绿化后，不仅可以改善城市空中景观，增加立体性绿化，减小城市噪声，还能吸附空气中大量的尘埃，减少大气灰霾，吸收二氧化碳，释放新鲜氧气。有人预测过，如果将一个城市的屋顶面积全部利用起来进行绿化，城市上空的二氧化碳将减少50%左右，这将大大改善大气质量及人居环境。第二，节能降耗，缓解城市能源危机。许多城市改革开放以来大规模地进行城市建设，道路、高架桥、高层建筑等发展迅猛，这些建筑夏季就会变成城市的"加热器"，加剧了城市的"热岛效应"。建筑物顶面夏季最高温度可达50℃以上。但是，如果将屋顶进行简易绿化后可使顶面温度降低20℃—30℃，室内温度降低2℃—3℃，按空调调高1℃可以节约10%左右的用电量计算，屋顶绿化可起到降低用电量

---

① 杨颖：《关于屋顶绿化在城市环境建设中的作用及发展的思考——以海淀区屋顶绿化现状为例》，《2010 北京园林绿化新起点》，2010 年。

② 杨颖：《关于屋顶绿化在城市环境建设中的作用及发展的思考——以海淀区屋顶绿化现状为例》，《2010 北京园林绿化新起点》，2010 年。

20%—30%的作用，大大缓解城市夏季电力紧张的情况。另外，屋顶绿化的生态隔热保温特性还可保护屋顶建筑材料免受高低温、光辐射等自然因素的损坏，延长屋顶建材的使用寿命，实现资源节约。第三，屋顶绿化能增强雨水利用，缓解城市排水压力。屋顶绿化可截流64%的雨水，有利于城市水资源的良性循环，在储蓄、利用天然降水的同时，减少雨水直排对地面的冲积，减缓城市排水压力。另外，屋顶绿化的种植基质、植物，还具有收集、过滤雨水的功能，经科学收集、处理过的雨水可以作为居民小区浇花、洗车之用，为节约水资源作出贡献。第四，利用屋顶、露台、天台、凉台不仅可种植花草，还可种养蔬菜等作物，创造经济效益。由于屋顶光照通风条件好，空气湿度相对较小，昼夜温差大，病虫害少，在屋顶开发生态农业特别是种植蔬菜、药材等，单产是地面的一倍，可以创造丰厚的经济价值[1]。

四　树立科学发展观、绿色生活观、健康消费观

（一）贯彻科学发展观

人类创造了城市，在城市演进和成长的过程中，人是城市系统中最具活力和最富有创新能力的要素，人的生活与城市发展密切而互动[2]。在人类历史长河中，人们从未停止对理想城市生活的追求，而人们寻找更美好的城市生活是实现这一愿望的前提。

党的十六届三中全会提出"坚持以人为本，树立全面、协调、可持续的发展观，促进经济社会和人的全面发展"[3]，就是人们实现城市生活更美好的前提保障。科学发展观的本质和核心是坚持以人为本。以人为本，就是要把人民的利益放在第一位，不断满足人们多方面的需求和促进人的全面发展，即在经济发展的基础上，不断提高人民群众物质文化生活水平和健康水平，这是中国城市建设和发展的出发点和落脚点。"以人为本"的思想，体现了马克思主义

---

① 杨颖：《关于屋顶绿化在城市环境建设中的作用及发展的思考——以海淀区屋顶绿化现状为例》，《2010北京园林绿化新起点》，2010年。

② 申荃、戴镳：《世博效应如何化为现实成果》，《金融经济》2010年第3期。

③ 《温家宝：坚持以人为本是科学发展观的本质和核心》，中国共产党新闻网，http://www.china.com.cn/chinese/2004/Feb/507198.htm，最后访问日期：2014年12月1日。

有关人类发展的基本观点。未来的新社会是"以每个人的全面而自由的发展为基本原则的社会形式"①。这表明，尊重和保障全体公民的权利是社会发展的基础，只有当公民的政治、经济、文化等方面的权利得到保障，人们的思想道德素质、科学文化素质和健康素质才能得以不断提高，社会才能为公民创造出平等、自由、发展的环境②。"中国梦"归根到底是人民的梦，必须紧紧依靠人民来实现，必须不断为人民造福。让人们充分发挥各自的聪明才智，生产力才能持续不断地向前发展，社会才能更加繁荣。可见，坚持以人为本，一切为了人民，一切依靠人民，是中国社会主义事业发展的力量源泉。

在中国城市人口不断增长的今天，既要考虑城市发展中环境资源、气候变化带来的影响，又要考虑城市群众物质生活与精神生活水平不断提高的现状，其出路就是在保障以人为本的前提下，树立全面、协调、可持续的发展观，促进经济社会和人的全面发展③。从本质上讲，城市发展应以人的全面发展为基本目标，以生活水平、环境品质、人们的幸福为前提。因此，以往城市单纯追求 GDP 指标，"见物不见人"的发展观已不再符合历史潮流，城市的发展需要各种要素的协调发展，实现时间、空间、政治、经济、文化等的全面发展，其核心就是满足人民群众的根本利益。这便要求各级政府进一步解放思想、转变观念、关注民生，转变经济发展方式，加快城市基础设施建设，完善城市功能，提高城市综合承载力，增强城市文化建设，改善和优化生活环境，才能最终让城市生活更美好。

（二）提倡绿色生活观

城市环境是人们生存和发展的基础。什么样的城市能让人们的生活更美好，已经成为城市人口普遍关心的问题。昔日中国许多城市政府更多地关心物质利益，尤其是只关心 GDP 的增长，结果造成城市的大气污染、水污染、垃圾污染、噪声污染、能源紧张、土地资源和水资源短缺、地面沉降、交通拥挤、住宅缺乏以及城市的特色被破坏等，这些都严重阻碍了城市的社会、

---

① 《温家宝：坚持以人为本是科学发展观的本质和核心》，中国共产党新闻网，http：//www. china. com.cn/chinese/2004/Feb/507198. htm，最后访问日期：2014 年 12 月 1 日。

② 孙显元：《"以人为本"的逻辑分析》，《理论建设》2005 年第 2 期。

③ 《温家宝：坚持以人为本是科学发展观的本质和核心》，中国共产党新闻网，http：//www. china. com.cn/chinese/2004/Feb/507198. htm，最后访问日期：2014 年 12 月 1 日。

经济和环境功能的正常发挥，甚至给人们的身心健康带来很大的危害。实践证明，只有可持续发展的生产力才是先进生产力，只有可持续发展的环境才是良好的环境，只有可持续发展的城市生活观才能让城市生活更美好。中国30多年来的经济增长堪称世界的奇迹，同时中国的国情、国际潮流以及社会责任都在呼唤走绿色 GDP 的发展道路①。

绿色 GDP 作为扣除经济活动中投入的环境成本的国内生产总值，反映了社会可持续发展的目标。要建设一个以人为本的社会，就必须实现经济增长、社会发展和环境保护三者关系的平衡协调。虽然中国目前实施绿色 GDP 还有一定的距离，但绿色 GDP 的实践已经开始启动。2005 年初，国家环保总局和国家统计局在 10 个省市启动了以环境核算和污染经济损失调查为内容的绿色GDP 试点工作。这 10 个试点省市分别是：北京市、天津市、河北省、辽宁省、浙江省、安徽省、广东省、海南省、重庆市和四川省②。绿色 GDP 从概念走向应用，试点地区在全国先行一步，其经验和存在的困难无疑对其他地方有重要的借鉴意义。有的城市已经把创新发展方式、打造绿色 GDP、促进可持续发展，作为城市绩效考核的内容。在绿色 GDP 的引领下，有的城市确立了绿色 GDP 工作指导思想，突出生态文明理念，以生态承载力为基础，形成产业生态化、城市生态化、社会生态化的环保模式，努力构建节约能源资源和保护生态环境的产业结构、增长方式、消费模式，强势推进自然宜居的生态安全体系，建设可持续发展的效益之城和最适宜人居的生态之城。

在大力提倡绿色 GDP 的同时，近年来随着城市人口环保意识的提高，一场绿色时尚生活方式风潮在中国掀起，追求产品安全、绿色服务、环境优雅的绿色生活观念渐入人心，绿色已成为安全、时尚的象征，绿色也成为人们消费的主流。城市绿色生活观不仅对生态环境质量提出了要求，而且还要求发展绿色产品，提供绿色服务。绿色产品，绿色服务出自纯净、良好的生态环境，这提醒人们要保护环境和防止污染，通过改善人与环境的关系，创造自然界新的和谐，才能让城市生活更美好③。

---

① 吴铀生：《城市低碳生活方式的变革与展望》，《西南民族大学学报》（人文社会科学版）2012 年第 5 期。
② 北京市国际城市发展研究院：《强调经济增长质量 广州确定十大标尺》，《领导决策信息》2005 年第 14 期。
③ 吴铀生：《城市低碳生活方式的变革与展望》，《西南民族大学学报》（人文社会科学版）2012 年第 5 期。

（三）树立健康消费观

健康消费观是一种全新价值体系的思维方式，它倡导人们对生活中的消费作出理性判断。健康消费观主张人们将自身消费建立在适合人类社会健康、有序发展的基础上，保持消费心理与社会发展处于相互协调的和谐状态。健康消费观是人们对心理的自身调节，这不仅是人们对自身人体负责的消费行为，也是对社会负责的消费行为①。只有健康消费观才能使人们心理和身体保持健康的状态，才能使全社会保持一种完整的、负责的健康消费。

健康消费观要求人们的生活方式必须和社会相适应，与环境相和谐。有钱并不代表有价值、有品位，奢侈生活并不代表时尚、新潮；健康消费观还要求人们摆正自己在社会生活中的位置，树立健康的人生观与世界观，通过"我为人人"达到"人人为我"，只有在不损害社会与他人利益的前提下，才能实现让自己过上美好生活的目的，这是健康消费观的基础。可见，健康消费观是通过调整人们的消费观念和生活方式来维系社会和平共处，共同发展的思想理念，它向人们提供了一种新型的、科学的、积极向上的生活价值理念。

健康消费不是孤立的、仅限于消费者本人的消费行为，它与资源、环境、社会都有着密切的关系。健康消费是现代生活的大趋势，是人类经济、社会发展的共同主题。要实现健康消费，需要政府支持、社会参与、企业履责，更需要每个消费者转变消费观念，把健康消费观转化为自觉行动②。虽然全国人民的梦想不尽相同，但共同的夙愿是国泰民安、经济发展、政治清明、文化繁荣、社会和谐、生态良好、公平正义。只要全国各族人民牢记历史的使命，心往一处想，劲往一处使，全体中国人的智慧和力量将是巨大磅礴与不可战胜的。正如习近平同志强调的那样："人民是历史的创造者，群众是真正的英雄。人民群众是我们力量的源泉，每个人的力量是有限的，但只要我们万众一心，众志成城，就没有克服不了的困难……责任重于泰山，事业任重道远。"③ 中国城市人口已经达到全国人口的50%以上，并且在中国消费中占据主导地位，城市人口在健康消费思想的指导下，选择、购买、

---

① 吴铀生：《城市低碳生活方式的变革与展望》，《西南民族大学学报》（人文社会科学版）2012年第5期。

② 吴铀生：《城市低碳生活方式的变革与展望》，《西南民族大学学报》（人文社会科学版）2012年第5期。

③ 习近平：《人民对美好生活的向往，就是我们的奋斗目标》，《人民日报》2012年11月16日。

使用有益于自身健康的消费品，并通过科学、文明的消费方式来完成消费过程，实现健康消费，提高城市的健康水平，提升城市人口的生活质量，这对于贯彻落实科学发展观，建设资源节约型、环境友好型、气候安全型社会都具有重要意义①。

近年来，中国许多城市有越来越多的人开始把"健康"因素纳入自己的消费过程。人们在购买家居、日用品、食品等方面，更注重购买健康、环保、时尚的商品。城市消费需求的转变使许多企业也开始把健康、绿色、环保等理念带进生产过程，并开始生产出健康商品。健康楼盘、健康装修、健康空调、健康冰箱、健康食品等纷纷登场。有的企业还通过现场讲解等方式宣传健康产品，为消费者和企业了解健康生活提供了一个直观、立体的沟通渠道。随着城市人群环保意识、健康意识的增强，健康消费将成为生活的主流与迫切需求。不难想象，更多的厂商会加入生产与销售健康商品的行列。随着全国各族人民不断增强对资源节约、环境友好、气候安全的认识，继续弘扬团结一心、自强不息的精神，朝气蓬勃地致力于实现"中国梦"，城市生活就将会越来越美好。

---

① 吴铀生：《城市低碳生活方式的变革与展望》，《西南民族大学学报》（人文社会科学版）2012年第5期。

第 九 章
建设"三型"城市政策体系

政策是实现战略目标的制度安排，政策工具是实现政策目标和政策措施之间的桥梁和纽带。立足基本国情，结合经济发展阶段的具体特征，通过多元化政策工具的优化组合形成政策体系，是实现"三型"城市战略目标的法律依据和制度保障。

当今世界，气候变化已经成为威胁人类生存和发展的首要问题，受到各国政府的强烈关注。1997 年 12 月，在《联合国气候变化框架公约》缔约方第三次会议上通过了《京都议定书》，该议定书旨在限制发达国家温室气体排放量以抑制全球变暖[①]；2006 年 11 月，世界银行前高级副总裁斯特恩博士发表的《气候变化的经济学》，成为欧盟开展应对气候变化行动的重要依据；2007 年 11 月，"美国进步中心"为美国新一届政府提出的《渐进增长，促使美国向低碳经济转型》报告，已成为美国在应对气候变化方面一系列重大决策的重要依据；2007 年中国共产党十七大报告也提出"要建设生态文明，基本形成节约能源资源和保护生态环境的产业结构、增长方式、消费模式"，为中国建设"三型"城市提供了政策依据。中国共产党十八大报告把生态文明建设放在突出位置，使其成为中国特色社会主义事业总体布局"五位一体"的重要组成部分，报告要求把生态文明建设落实到目标、评价、机制等具体方面，这极大地丰富了"三型"城市政策体系的内容。

可以认为，建设"三型"城市，引导和保障中国城市可持续发展及生

---

① 杨红强、张晓辛：《〈京都议定书〉机制下碳贸易与环保制约的协调》，《国际贸易问题》2005年第 10 期。

态文明建设已上升为一种政府行为，成为一项重要的公共事务，政府必须在其中发挥先导性的作用，既要进行全面的规划设计，又要制定相应的法律法规。只有从"三型"城市建设的制度安排这一层面入手，才能做到事半功倍，从源头上和执行效力上确保"三型"城市建设目标的实现。

本章试图从多元化政策工具选择和组合入手，借鉴国际上成功案例的相关政策措施，分析中国建设"三型"城市政策体系的核心内容和区域差异，在政策的制定、实施、监督等过程中引入参与式管理的新理念，并提出相应的政策建议。

第一节　多元化政策工具选择和组合

一　理论基础

（一）有机疏散理论

为了缓解由城市过分集中所产生的种种弊端，如交通拥堵、热岛效应、生活垃圾围城等，芬兰建筑师 E. 沙里宁（E. Saarinen）提出了关于城市发展及其布局结构的理论，即有机疏散理论。1942 年，沙里宁在其所著的《城市，它的生长、衰退和将来》一书中对有机疏散理论作出了系统的阐述[①]。

沙里宁认为，城市陷于瘫痪的原因不是现代交通工具的大量使用，而是城市空间布局不够完善，使得在城市工作的人每天在工作地点和生活地点之间疲于往返，从而造成城市交通拥堵。城市健康发展需要科学、长远的城市规划，才能优化城市结构，提升城市品质。这种科学、长远的城市规划体现出有机疏散的城市发展方式，使得城市环境兼具城市和农村的优点，既符合人类聚居的天性，便于人们过共同的社会生活，感受城市发展的繁荣，又不脱离自然，具有生命的活力，带给人们清新的田园感受。

沙里宁认为，有机疏散有两个基本原则：一是将个人日常的生活和工作的区域，作集中的布置；二是不经常的偶然活动的场所，不必拘泥于一定的

---

① 赵敏：《生态城市思想源流》，《长沙大学学报》2003 年第 3 期。

位置，作分散的布置。他建议，日常活动尽可能集中在一定的范围内，使活动需要的交通量减少到最低限度，并且不必都使用机械化交通工具。往返于偶然活动的场所，虽然路程较长也没有关系，因为在日常活动外缘的绿地中设有通畅的交通干道，可以使用较高的车速往返[①]。日常出行提倡以步行、自行车为主的绿色出行、低碳出行，并大力发展地铁、高铁、城际铁路等现代化的公共交通。

（二）城市生命周期理论

城市生命周期理论由美国学者路易丝·萨杰维拉（Luis Suazervilla）提出。该理论认为，城市犹如生物有机体，有出生、发育、发展、衰落等过程。城市发展具有不同的阶段，城市要素在城市各个发展阶段中具有不同的表现，可作为城市发生、发展、演化的标志，这些发展阶段被称为城市生命周期[②]。如将该理论应用于空间上，就可以用城市工业发展和经济增长的阶段性来解释城市空间扩展的阶段性。例如，当城市发展到一定阶段，就会受到城市承载力的制约，而城市为寻求发展，就必须开发土地、水等资源，规划建设新区，提高承载力[③]。

（三）绿色城市理论

绿色城市理论最早由现代建筑运动大师法国人勒·柯布西耶（Le Corbusier）提出。他认为，要从规划着眼，以技术为手段，改善城市的有限空间。他在1930年的"光明城"规划里设计了一个有高层建筑的绿色城市：房屋底层透空，屋顶设花园，地下通地铁，距地面5米高的空间布置汽车运输干道和停车场网。居住建筑相对于"阳光热轴线"的位置处理相当得当，形成宽敞、开阔的空间。他对自然美很有感情，竭力反对城市居民同自然环境割裂开的现象[④]。他主张"城市应该修建成垂直的花园城市"，每公顷土地的居住密度高达3000人，并希望在房屋之间能看到树木、天空和

---

① 赵敏：《生态城市思想源流》，《长沙大学学报》2003年第3期。

② 林姚宇、陈国生：《FRP论结合生态的城市设计：概念、价值、方法和成果》，《东南大学学报》（自然科学版）2005年第12期。

③ 王祥荣：《城市生态学》，复旦大学出版社2011年版，第19页。

④ 李敏：《从田园城市到大地园林化——人类聚居环境绿色空间规划思想的发展》，《建筑学报》1995年第6期。

太阳。

1972 年斯德哥尔摩联合国人类环境会议以来，绿色城市的理念得到欧美等西方发达国家和地区的认可及大力推广。绿色城市的发展不局限于城市绿地的建设，而是将城市绿地的景观建设、生态建设和自然保护结合起来，具有多种功能和效益。

绿色城市的实践已经在全球范围内有了很多成功案例，国际上越来越多的城市开始注重城市规划建设与自然环境的有机融合，特别是利用林地与河川来形成城市绿化的基础①。例如，俄罗斯莫斯科市利用绿带、水系和路网组成生态城市建设的骨架，澳大利亚墨尔本市利用水系组成绿地生态系统，德国科恩市利用森林和水边地形构成环状绿地系统，美国的芝加哥至明利波里之间出现了环绕"绿心"农业地区的环形城市等。

（四） 低碳城市理论

低碳城市是基于低碳经济的提出而产生的一个概念，低碳城市的核心是在城市的各个领域推广低碳经济。低碳城市理论认为，在以"低排放、高能效、高效率"为特征的低碳城市中，通过产业结构的调整和发展模式的转变，低碳经济不会减缓经济增长，反而会促进经济的新一轮高增长，并增加就业机会②，改善生活水平，促进城市可持续发展。低碳城市理论的基本内容是：企业以低碳经济为发展模式及方向，市民以低碳生活为理念和行为特征，政府公务管理层以低碳社会为建设目标和蓝图，使城市在经济高速发展的前提下，保持低水平的能源消耗和二氧化碳排放③。

（五） 政府管制理论

政府管制理论也被称为管制经济学，是一个新兴的经济学分支学科，最早是由美国著名的经济学家斯蒂格勒于 1971 年提出的。政府管制是指政府为维护和实现特定的公共利益所进行的管理和制约，是政府干预市场的活动的总称。在经济学中，政府管制被分为经济管制和社会管制两类。政府管制理论包括公共利益理论、集团利益理论、公共选择理论、激励理论。

---

① 杨军：《太原市城市绿地系统规划》，《太原科技》2003 年第 6 期。
② 《气候组织 5 年内将在中国发展至少 15 个"低碳城市"》，《资源节约与环保》2009 年第 2 期。
③ 周国梅、唐志鹏、李丽平：《资源型城市如何实现低碳转型?》，《环境经济》2009 年第 10 期。

二　多元化政策工具

政策工具是政府用来影响政策变量的经济与社会变量，是形成政策体系的基本元素。例如，"利率"是政策工具，"提高利率"是具体政策措施。在通货膨胀的情况下，"提高利率"是抑制经济过热的适度从紧的货币政策之一，与其他政策一起形成了抑制通货膨胀的宏观经济调控政策体系。其逻辑关系是政策工具→政策措施→政策体系。

政策工具是多元的，不同政策工具的组合会产生不同的政策效应。例如，货币政策中利率、贴现率、准备金率、公开市场业务等都是政策工具，这些政策工具的不同组合会使得货币政策的调控力度、调控范围发生变化，产生不同的政策效应。

从总体来看，多元政策工具分为四类①。

第一类工具——"利用市场"（Using markets），包括补贴削减，针对排污、投入和产出的环境税费，使用者收费（税或费），执行债券，押金—退款制度，有指标的补贴，退还的排污费和信贷津贴。

第二类工具——"创建市场"（Creating market），由界定权利的机制组成。其中最重要的机制与发展中的及转型的经济有着特殊的联系：创建土地和其他自然资源的私有产权。在地方这个层面上的一个相关机制是公共产权资源管理。环境与资源管理中的特殊产权是排污许可证与开采许可证。在国际框架内，这样的机制通常被称为"国际补偿机制"。

第三类工具——"环境规制"（Environmental regulations），包括标准、禁令、（不可交易的）许可证或配额以及与一种活动（如分区规划）的时空扩展有关的规制。执照和责任规则也属于这一类工具，它们把环境规制与更广泛的立法和政策执行联系起来。这类工具，如责任债券、执行债券及更一般的执行保险金和赔偿金等，都是工具库的组成部分。

第四类工具——"公众参与"（Engaging the public），包括环境或自然资源管理中的一些机制，如信息公开、社区参与等。对话与合作者存在于环

---

① 〔瑞典〕托马斯·思德纳：《环境与自然资源管理的政策工具》，张蔚文、黄祖辉译，上海人民出版社 2005 年版，第 34 页。

境保护机构之中，公众与污染者可能会达成自愿协议。

具体来讲，环境经济学中常用的政策工具如下。

（一）环境的直接规制

环境的直接规制包括两种实质性工具，即国家供给公共产品、技术直接规制。

道路、港口、机场、铁路和电信等基础设施的供应对环境质量有相当大的影响，因此，在建设"三型"城市的过程中，需要政府在修建基础设施的时候遵循"资源节约、环境友好、气候安全"的原则。除此之外，国家还应提供其他有利于"三型"城市建设的公共产品，例如，清理公共街道，兴建和维护城市绿化带以及公园、城市污水处理和废弃物管理等。

技术直接规制是指规定企业、家庭、机构和其他经济主体的经济行为需要具备一定的技术或者达到一定条件。例如，规定企业节能减排的目标，在交通工具上强制安装催化式排气净化器，在城市近郊农村实施保护性耕作（免耕）、规定农药和化肥的使用标准和使用量等。

（二）排污权交易

排污权交易（Pollution rights trading）是指在一定区域内，在污染物排放总量不超过允许排放量的前提下，内部各污染源之间通过货币交换的方式相互调剂排污量，从而达到减少排污量、保护环境的目的。其主要思想就是建立合法的污染物排放权利即排污权（这种权利通常以排污许可证的形式表现），并允许这种权利像商品那样被买入和卖出，以此来进行污染物的排放控制[1]。

排污权交易作为以市场为基础的经济制度安排，它对企业的经济激励在于排污权的卖出方由于超量减排而使排污权剩余，之后通过出售剩余排污权的方式获得经济回报，这实质上是市场对企业环保行为的补偿。买方由于新增排污权不得不付出代价，其支出的费用实质上是其污染环境的代价。排污权交易制度的意义在于它可使企业为自身的利益提高治污的积极性，使污染总量控制目标真正得以实现。这样，治污就从政府的强制行为变为企业自觉的市场行为，其交易也从政府与企业行政交易变成市场的经济交易。可以说，排污权交易制度不失为实行总量控制的有效手段[2]。

---

[1] 王京歌：《排污权交易制度的若干思考——论建立有中国特色的排污权交易制度》，《辽宁行政学院学报》2010年第11期。

[2] 王晓冬：《排污权交易制度的国际比较与借鉴》，《税务与经济》2009年第3期。

排污权交易的主要做法是：①首先由政府部门确定一定区域的环境质量目标，并据此评估该区域的环境容量。②推算出污染物的最大允许排放量，并将最大允许排放量分割成若干规定的排放量，即若干排污权。③政府可以选择不同的方式分配这些权利，并通过建立排污权交易市场的方式使这种权利能合法地买卖。④在排污权市场上，排污者从其利益出发，自主决定其污染治理程度，从而买入或卖出排污权①。

（三）税费

经济学家常把环境税费看作对环境与自然资源政策最有用的一种工具。例如，对有效实施节能减排的企业给予一定的税收优惠或补贴，对破坏城市生态环境的行为实施罚款等。

中国可以从开征生态补偿税和规范排污收费制度两个方面入手，建立起自己的生态税费体系，更好地为环境保护服务。第一步主要是改革现行税制，提高"绿色化"程度；第二步是根据"受益者付费"的原则，以"生态补偿税"取代原有的城市建设维护税，对生态环境的使用受益者采取普遍征收的形式，为生态建设筹集专项资金。同时根据"污染者付费"的原则，对环境的污染者采取排污收费形式②。

（四）国家政策和规划

环境规划和政策制定的架构，连同行政管理组织及制度（比如政府部门和环境保护局），其本身就可以被看作一种"工具"。政策对构建"三型"城市的重要性不言而喻，而规划是战略实施的载体，规划是否科学直接影响战略实施的成效甚至战略是否能够实现。构建"三型"城市，首先应当制定出科学合理的规划，并确保规划有效实施。

第二节　中国相关政策评述和国际政策借鉴

面对中国城市建设和资源开发中出现的生态环境问题，政府采取了许多旨在促进污染预防和治理、生态建设、加快节能减排的对策。这些政策在实

---

① 王京歌：《排污权交易制度的若干思考——论建立有中国特色的排污权交易制度》。
② 刑丽：《论我国生态税费框架的构建》，《税务研究》2005 年第 6 期。

施过程中取得了很好的成效，但是随着城市化进程的加快，城市的环境压力、节能减排的压力在不同程度上显现出来，这些政策的不足之处也愈加明显。

一 中国"三型"城市相关政策的评述

（一）相关政策在立法中的不足

第一，立法供给不足。在一些重要的环境保护领域、资源开发领域，缺乏专门的法律、法规。环境立法体系中存在污染防治立法与资源保护立法相互隔离的情况，体系的综合性和互补性不足①。例如，1986 年通过的《中华人民共和国矿产资源法》尽管明确规定对废弃矿区进行复垦和恢复，但在2001 年财政部和国土资源部联合发布的《矿产资源补偿费使用管理办法》中却没有将矿区复垦和矿区人们生产生活补偿列入矿产资源费的使用项目②。

第二，立法原理不完善。受计划经济体制观念的影响，中国立法原理仍然是政府主导型。在原理指导、原则确立、制度设计、体系构建和法律实施等方面，习惯于发挥政府的作用，采用行政强制机制，但行政强制的力度和成效有限，缺乏合理利用市场机制的经验③。

第三，现有污染防治的法律法规基本上都是围绕大中城市和大中企业展开的，缺乏对小城镇和小企业的关注，没有认真研究和制定适应小城镇建设、乡村和乡镇企业环境管理的法律制度。

第四，环境法律原则和制度、节能减排规章制度等的设置基本上以"末端控制"为主，以对建设项目和生产环节的控制以及污染的处理、处置的"排放控制"为基本要求④，重在"控制"而非"防治"。前者是事后的被动行为，后者是事前的主动行为。目前企业正是缺少防治环境污染的主动性。

---

① 姜爱林、陈海秋、张志辉：《城市环境中存在的问题及其治理》，《长春市委党校学报》2008 年第 8 期。

② 王华丽、蒲春玲：《塔里木盆地土地资源利用补偿机制的缺陷与对策》，《新疆社科论坛》2008 年第 8 期。

③ 唐龙香、闵金：《可持续发展战略下中国环境立法新思路》，《兰州学刊》2005 年第 6 期。

④ 唐龙香、闵金：《可持续发展战略下中国环境立法新思路》，《兰州学刊》2005 年第 6 期。

第五，环境法律原则和制度建立在"点源控制"的基础之上，虽然近年来针对企业提出了"达标排放"的要求，但是这一概念重在强调和突出企业作为污染源，产生污染以后的个体责任，忽略了企业承担保护环境任务的企业家责任。

（二）相关政策在制定与实施中的不足

第一，城市有关资源节约、环境友好、气候安全方面的政策在制定与实施中属于政府主导型。与政府行为贯穿于环境保护的各个领域及环节相比较而言，企业则是这些政策的被动接受者，公众参与环境保护的方式、渠道则更少①。

第二，中国环境政策是在环境问题出现后为了应对而产生的，不是基于环境保护优先产生的。这是中国国情和现阶段发展要求所决定的。中国是发展中国家而非发达国家，经济发展是中国民族复兴、国家繁荣、国防稳固的坚实基础和基本保障，发展是第一要义，兼顾资源环境协调发展，但绝非环境优先型。

第三，城市有关资源节约、环境友好、气候安全方面的政策实施效果不好，部分原因在于这些政策大多具有政府强制性，带有激励性质的经济政策很少。世界发展的趋势是强制性政策为辅，引导性、激励性的经济政策为主，中国还应加强激励性的经济政策的比重。

二　建设"三型"城市的国际政策借鉴

面对严峻的生态退化与环境污染现实，世界上越来越多的国家从以下几个方面采取了积极的态度和综合性的对策。

（一）资源节约型城市的政策借鉴——资源型城市转型

从国外的探索与实践看，资源型城市经济转型是一个世界性难题。世界各国既有成功的经验，也不乏失败的教训。成功的案例如美国休斯敦地区通过产业链延伸和引进科技项目等途径，从单一石油资源型城市发展成集资本、技术、智力于一体的综合性大都市；法国洛林完成以提高国际竞争力为内容的高起点转型。

---

① 张嫚：《调整环境政策，发展环保产业》，《中国环保产业》2002 年第 2 期。

专栏 9 – 1 美国休斯敦

休斯敦是美国巨大的石油中心，是典型的资源型城市。20 世纪 60 年代以后，休斯敦的石油开采业出现整体下滑，资源枯竭的态势已经出现，有关部门果断出台了一系列政策措施，促进城市发展方式转型。其主要政策措施如下：

一是给予相应的鼓励政策和经费支持，按产业链的延伸和拓展，加速石油科研开发，带动为其服务的机械、水泥、电力、钢铁等多种产业的发展。

二是在休斯敦布点宇航中心，带动周边 1300 多家高新技术企业的发展。

休斯敦通过对单一资源型城市原有主导资源开发产业进行产业纵向发展和技术创新及产业改造，扩展原有产业链，增加产品的加工深度，从而带动区域产业的转型和区域的可持续发展。休斯敦的城市性质发生了根本变化，从起初的石油城市变成以石油为主、包括多种产业集群组成的综合性基地，变成集资本、知识、技术密集和高新技术于一身的现代化大都市。

资料来源：韩凤芹、李成威、梁良从：《资源型城市转型的国际经验及借鉴》，《经济研究参考》2009 年第 71 期。

专栏 9 – 2 法国洛林

法国洛林过去是以煤炭、钢铁等传统产业为主的老工业基地。20 世纪 60 年代末 70 年代初，当面临传统产业衰退的问题时，洛林开始下大气力实施经济转型战略，制定了以提高国际竞争力为内容的高起点转型目标。其主要政策措施如下：

一是彻底关闭煤矿、铁矿、炼钢厂等生产成本高、资源消耗大、环境污染重的企业。比如煤炭，虽有资源，但因矿井较深，开采煤炭的成本大大高于世界市场煤炭价格，于是采取了逐步放弃的政策，至 2005 年煤矿已全部关闭。再如铁矿，尽管铁矿资源丰富，但由于钢铁工业成本高，钢的销售价远高于进口价格，所以干脆将采矿、炼铁、炼钢企业全部关闭。

二是根据国际市场的需要，重点选择发展核电、计算机、激光、电子、生物制药、环保机械和汽车制造等高新技术产业。

三是用高新技术改造传统产业，大力提高其技术含量，提高产品附加值。

四是制定优惠政策，吸引外资，使经济转型和结构调整与国际接轨。

五是把煤炭产业转型同国土整治结合起来，并列入整个地区规划。为此，洛林专门成立国土整治部门，负责处理和解决衰老矿区遗留的土地污染、闲置场地重新有效利用的问题。自 1979 年起，洛林设立援助受影响工业的专项基金。企业关闭后，进行重新改造包装，或建设居民住宅、娱乐中心，或植树种草、美化环境。

六是创建企业创业园，扶持失业人员创办小企业，在初期和成长期为之提供各种服务。在洛林地区，转型后创办的 10 人以下的小企业星罗棋布，占全部企业的 90% 以上。洛林把培训职工作为安排失业者重新就业的重要途径，培训后可供选择的职业岗位达 100 多种。与此同时，洛林市政府还对安置煤矿富余人员的企业实行税收和信贷优惠，对聘用下岗矿工的公司每吸纳 1 人资助 3 万法郎。

经过 30 多年的努力，洛林逐渐转变成了以高新技术产业、复合技术产业为主的，环境优美的新兴工业区。

资料来源：陈毓川、张以诚：《转型有规律　模式各不同——谈谈发达国家矿业城市的经济转型》，《求是》2007 年第 2 期。

（二）环境友好型城市的政策借鉴——水环境优化利用与生活垃圾处理

环境友好型城市对城市形象有很高的要求，首先需要风景优美、生态平衡、整洁卫生，能够优化利用城市水环境和切实有效地处理城市生活垃圾，这些对于打造优质的城市环境非常重要。很多国家在这个方面作出了示范性的探索，为我们构建"三型"城市政策体系提供了借鉴。

专栏 9-3　城市水环境优化利用

1990 年美国提出并实施了庞大的水域景观生态恢复计划，加强城市水域休闲旅游利用，在 2010 年之前恢复受损河流 64 万平方公里，湖泊 67 万平方公里，湿地 400 万平方公里。比如，芝加哥通过建设水位提升设施和闸门，将原本流入密歇根湖的芝加哥河的流向倒转，使其转而向南流入伊利诺河，城市的污水不再注入密歇根湖，蔚蓝色的密歇根湖成了城市与水域和谐的世界样板。芝加哥在保护湖水洁净的基础上，开发沿湖休闲旅游，沿湖打造儿童博物馆、三维立体剧院、露天舞台、庭园等休闲游憩复合体。

资料来源：全华等：《城市水域问题与休闲旅游利用国际经验》，《地域研究与开发》2011年第12期。

专栏 9 - 4　城市生活垃圾处理

（1）明确生产者责任延伸。日本发现产品的废弃包装物占了家庭垃圾的60%，于是在1995年颁布了《容器和包装回收法令》，规定"生产者责任延伸"① 产品范围主要是纸、塑料和玻璃（当时日本的钢铁、铝的回收率已经很高），随后又将报废车辆、家居设备和电脑纳入其中。通过实施该法令，提高了废品回收率，还为回收活动提供了相对稳定的资金来源。欧盟为了减少电子废弃物的危害，通过颁布《废弃电子电气产品管理指令》《禁止在电子电气产品中使用有害物质的规定》等法令，明确生产者的延伸管理责任。

（2）征收生态税。爱尔兰和澳大利亚的研究发现，塑料袋重量占街头垃圾重量的5%—7%。为了减少塑料袋的使用量，2002年，爱尔兰开始对塑料袋征收生态税②，每个征收0.15英镑的税。2007年时，增加到0.22英镑。2009年，塑料袋税收费达到2340万英镑，管理成本在39.7万英镑左右，占2009年收入的17%。爱尔兰政府把大部分收入投入垃圾管理和回收体系建设。与塑料袋生态税实施最初相比，爱尔兰塑料袋使用量减少超过90%。比利时不仅对塑料袋征收生态税，还对饮料瓶、胶水、墨水和一次性饭盒征收生态税。

（3）分类收集和从量收费。1990年，美国旧金山市确立了到2000年要达到50%的分类回收率目标，否则面临一天罚款1万美元的风险。政府要求所有旧金山的居民把他们的垃圾分成三种：可回收物、餐厨垃圾和不可回收垃圾。市政府与"生态循环"（Recology）公司签订合同，由"生态循环"公司负责垃圾的收集、分类和处置。"生态循环"公司免费向居民和企

---

① 目前，国际上对生产者责任延伸没有统一的定义。生产者责任延伸主要是指生产者和销售者要对废弃产品的回收、循环利用和最终处置承担一定的责任。

② 生态税是指为了减少某种产品的使用而对生产者或消费者进行征税。生态税主要在丹麦、爱尔兰、比利时等国家实施。

业提供三个垃圾分类回收箱。居民和企业直接将垃圾收集服务费缴纳给"生态循环"公司。正常居民收费为 27.55 美元/月，积极回收者收费为 21.21 美元/月，低收入者可以享受 25% 的折扣优惠。企业按照垃圾重量缴费。市政府还为"生态循环"公司达到回收目标进行奖励，提高了公司的积极性。2009 年，旧金山开始实施违反垃圾分类规则处罚政策，最高可以对居民罚款 100 美元/次，企业为 1000 美元/次。目前，旧金山的垃圾回收率达到了 77%，而美国的平均回收率为 29%，旧金山成为美国回收率最高的城市。

巴西为了提高垃圾分类收集率和解决垃圾拾荒者无序工作问题，要求居民把垃圾分为干垃圾和湿垃圾两类，干垃圾运送至垃圾拾荒者合作社，由人工分拣。目前，巴西有 610 个垃圾拾荒者合作社，各地政府免费为合作社提供工作场地，以及免税、免电费等辅助措施。垃圾拾荒者合作社既提高了垃圾的回收率，也为拾荒者提供了健康安全的工作环境。

1995 年，韩国首尔开始实行垃圾排放从量收费[①]制，取得了显著成效，生活垃圾量从 1995 年的 15000 多吨/天降到 2009 年的 11000 多吨/天。

（4）限制垃圾填埋。垃圾填埋容易对环境产生危害，尤其是垃圾中含有的有机物和有毒物质。为保护环境和提高垃圾资源化率，许多国家都限制或禁止一些种类的材料进入填埋场。欧盟《废物填埋技术指令》禁止液态垃圾、可燃垃圾、有毒垃圾、医疗垃圾、废旧轮胎等材料进入填埋场。

（5）优先供热。提高焚烧厂焚烧效率的国际最佳做法之一是优先供热，供热效率是供电效率的 2 倍。2011 年 3 月，英国为了鼓励优先供热和提高可再生热能应用比例，出台了世界上首个可再生热能激励计划，对可再生热能生产者给予税收优惠，计划到 2020 年，实现 12% 的可再生热能目标，这一目标是 2009 年的 7 倍。

资料来源：徐金龙、朱跃钊、陈红喜、汪霄：《城市生活垃圾管理的国际经验、中国问题及优化策略》，《生态经济》2012 年第 5 期。

---

① 从量收费是指根据垃圾的种类、重量对其进行收费。从量收费在欧洲、美国、巴西、日本、韩国等国家和地区得到普遍实施。

（三）气候安全型城市的政策借鉴——低碳城市建设

从世界范围来看，对气候安全型城市的探索才刚刚起步。低碳是气候安全的一个重要内容，低碳城市的建设目前已经在世界范围内推广并且取得了一定的经验。

专栏 9-5　通过示范推动低碳城市的发展：以德国弗莱堡为例

1986年，弗莱堡政府计划放弃核能，将太阳能作为城市的主要能源，并成立了德国第一个环境保护办公室。1992年，弗莱堡因其在环境科学方面的杰出成就，被评为"德国环境之都"。早在环境问题还没有进入全球视野之前，弗莱堡政府就已经将保护环境当作政府的一项重要工作。其气候政策有三大支柱：节约能源、提高能效及运用可再生能源取代化石燃料。政府在制定和实施环境政策时，注重通过重点项目，甚至建设示范区的方式，不断探索新的发展领域，稳步推进计划的实施。

在发展示范区方面，弗莱堡的弗班区被誉为德国可持续发展小区的标杆。该区是距弗莱堡市中心3公里的一个南部小区，面积约为60万平方米，原为法军军事基地，后经过政府改造，成为低碳节能的可持续发展小区。弗班区以住房合作社制度闻名。弗班区所居住的2000户共5000位居民都是社区的拥有者和设计者。他们自行组成小组，向政府申请购买建筑用地，并严格遵循政府提出的高效节能理念设计和建造房屋，这样的房屋至少可以节能30%。社区还拥有自己的热电厂（以80%的木屑及20%的天然气为能源），良好的隔热及有效的供暖减少了约60%的碳排放。

资料来源：郭万达、刘艺娉：《政府在低碳城市发展中的作用——国际经验及对中国的启示》，《开放导报》2009年12月8日。

专栏 9-6　通过可持续行动计划推动低碳城市的发展：以瑞典维克舒尔为例

瑞典小城维克舒尔是欧洲人均排碳量最低的城市。2007年，该城市被欧盟委员会授予"欧洲可持续能源奖"。早在1969年，维克舒尔政府就全票通过了实施有关环境政策的决定。20世纪80年代，生物能源进入城市供热系统。2005年，可再生能源在供热系统中占88%。目前，维克舒尔的环境政策主要由该市所成立的瑞典首家气候委员会负责。其气候政策框架主要包括 3 个领域的内容：日常生活、自然环境、"维克舒尔零化石燃料计划"。

"维克舒尔零化石燃料计划"是该市于 1996 年颁布的一项世界领先的项目。该计划号召在供热、能源、交通商业和家庭中停止使用化石燃料，降低碳排放，使能源消费对气候变化不造成任何影响。该计划的目标是在 2010 年使碳排放比 1993 年减少 50%，到 2025 年减少 70%，并有望在 2015 年成为世界上首个零化石燃料的城市。为此政府开展了一系列行动：①在政治领域达成全国共识，影响公众意见的形成；②逐步取消电力直接供热；③在采购或租赁环节采用环保型机动车；④环保型机动车可免费停放于市区停车场；⑤刺激对能源经济的需求；⑥向市民提供能源建议；⑦交通设计及道路指挥体系要有利于步行、自行车及公共交通系统的使用。

"维克舒尔零化石燃料计划"包含一系列设计缜密的行动计划，在以下几个领域设有完整的时间表：①生物燃料支持区域供热/制冷系统；②能源效率；③机动车；④交通拥堵及公共交通；⑤生物燃料；⑥自行车。

资料来源：郭万达、刘艺娉：《政府在低碳城市发展中的作用——国际经验及对中国的启示》，《开放导报》2009 年 12 月 8 日。

第三节　建设"三型"城市政策体系的核心内容

一　"三型"城市科学合理规划与设计

（一）总体规划设计策略

"三型"城市总体规划的编制，必须立足当地的自然、经济、社会状况，合理配置资源，根据环境承载力确定城市容量、人口密度，根据城市发展定位合理规划建筑风格、层高、密度，强化城市绿化带和廊道、湿地的打造，引导和调控城市的发展方向，努力创造人与自然和谐的人居环境。

1. 把"三型"城市所在区域作为一个整体来规划

"三型"城市的总体规划必须强调城乡的空间融合，强调城市与所在区域的共存共荣，也就是城市与城郊地区的融合发展。随着城市的发展和扩张，城市空间必然会逐步覆盖城郊地区，无论从城乡一体化的角度还是从城市整体发展的角度，都需要把城郊地区纳入"三型"城市总体规划来统一考量。

2. 综合分析、合理确定城市容量，保证建城区与补给区的动态平衡

城市的发展严格受到自然界"环境容量""生态承载能力"的制约。如果城市的运行和发展突破这些制约，便会产生连锁反应，导致整个城市生态系统被破坏。生态城市的总体规划，必须对城市生态系统的承载力、建设用地容量、供给容量、工业容量以及水、大气、土壤等基本自然要素的环境容量进行系统分析和可行性研究。城市容量合理，才能保证城市的开发建设与环境相协调，保证城市与其补给区的长期供给能力和长期承受能力相平衡。简言之，必须时刻牢记：只有平衡协调的区域才有平衡协调的城市[①]。

3. 强调城市总体规划和社会经济发展规划的有机结合

"三型"城市的总体规划，需要多学科、多工种协作配合，跨学科交叉研究。特别是要与城市社会经济发展规划有机结合起来，通过规划手段系统探索"三型"城市社会、经济可持续发展的对策，在规划中综合考虑，统筹兼顾社会效益、经济效益和生态效益。

4. 保障公众广泛参与

居民是城市经济、社会、文化、生态等领域的行为主体，只有实现公众广泛参与，充分采纳公众的建议，才能使城市的规划设计具有生命力。在规划的制定、实施过程中，都要给公众不同程度的参与机会，真正做到"人民城市人民建，人民城市人民管"。

（二）具体实施政策

1. 牢固树立"规划先行"的战略理念

城市规划是建设和管理城市的依据，是城市发展的方向和目标。建设"三型"城市，首先要有一个中长期的、科学的、高水平的、具有一定超前性的总体规划。"三型"城市的规划与设计，要充分利用城市各种景观，合理配置海景、山景、河景、田园风光，展示优美独特的自然生态景观，并且融合当地独特的民俗文化、农家文化。在编制总体规划时，需要充分

---

① 黄光宇、陈勇：《生态城市概念及其规划设计方法研究》，《城市规划》1997年第11期。

借鉴国际经验，结合当地实际情况，不断创新，在规划上突出城市的"个性化"特点。广泛听取专家的意见，聘请国内外知名专家帮助编制规划，担任城市规划顾问，特别是那些重要的规划、城市设计、大型项目以及对景观有重要影响的项目，必须反复论证。大量听取广大人民群众的意见，让市民参与规划的编制，监督规划的实施，最大限度地发挥人民群众的积极作用。

2. 设计"点、线、面"有机结合的城市绿地系统

一个完整的城市绿地系统，必须把自然山水有机融合进来。"三型"城市绿地系统，要充分利用城市的地形特征，把自然山系、水系、植被纳入城市构成，与城市建筑有机结合，组织好城市绿地系统。这就要求"三型"城市努力创造"点"（绿化小品、庭院绿化）、"线"（道路绿化）、"面"（公园、风景旅游区、园林群）有机结合的城市绿地景观，形成城乡一体的大绿化格局。"三型"城市绿地景观的规划设计要有自身特色。园林绿化建设布局应源于自然而高于自然，以自然式布局为主，突出植物景观，体现"通透、明快、艳丽、大方"的风格[①]。在空间布局上，要结合城市建筑风格，充分利用山体、水面，严格控制建成区和外部自然景观的交汇、过渡地带，保持城市与自然的良好融合，把完整的自然景观有机融入城市。

3. 做好防灾规划

"三型"城市建设要求具有较高的防灾水准。要把防灾规划与景观设计有机结合起来，把旅游价值和实用价值有机统一起来，平战结合，平灾结合，逐步建立起完善的城市总体防灾系统。城市建设应该体现集中和分散的空间格局，留出绿地、广场和疏散通道并充分利用地下空间避难。

二　"三型"城市资源开发与生态环境保护

生态环境是自然环境的一部分，是人类赖以生存和发展的基础。"三型"城市的建设，作为激励人们迈向全球化、信息化和生态时代的目标，要求城市既不能为发展而牺牲生态环境，又不能因单纯保护环境而放弃发

---

① 覃旭：《三亚：打造南国花园城市》，《中国建设信息》2003 年第 7 期。

展。"三型"城市的建设首先要完成生态环境的保护与建设，要依托经济社会的可持续发展，把生态环境保护建设与经济社会发展作为一体化的目标，从本质上实现经济效益、社会效益和生态效益的内在统一。

（一）根据不同资源类型实行开发保护

1. 土地资源

一是加强开发建设用地的生态环境管理，严禁在公路、铁道、河道沿线等易导致景观破坏的区域取土、挖沙、采石；二是加强公路、桥梁、铁路、港口、航道、输电、输油（气）、供水（水库和河流引水）等重大工程建设的生态环境保护①。

2. 水资源

开发利用水资源必须从全流域出发，通盘考虑上、中、下游的生态利益和发展权益，统筹安排左右两岸的区域合作，开源与节流并重，治水与治污结合，丰枯季综合平衡，努力实现水资源的科学高效利用。

一是加强对天然水体、农村水网和渔业水域的保护。特别要切实保护好水源涵养区的生态环境，对周边水源涵养林实行绝对保护。要完善城市水环境，增加水面，增加城市生态景观。

二是加强水库建设。切实做好大水库的建设和一批中、小型水库的兴建、修建工作。水库建设必须进行全面规划和科学论证，统筹兼顾引出和引入流域以及水库的用水需求，必须切实保护好水库周边的生态环境。

三是节约用水和防治水污染。大力推行计划用水，厉行节约用水，建立缺水地区高耗水项目管理制度；加快城镇污水处理厂等环保基础设施的建设，提高城镇尤其是县乡的污水处理率，严格实施污染物排放总量控制制度，重点保护好饮用水源和主要水域功能区。

3. 矿产资源

矿产资源的勘查、开采要贯彻统一规划、综合勘查、合理开采和综合利用的方针。特别是在开发新矿区时，必须落实相应的生态环境保护措施，尽量避免和减少对耕地、草原、林地、水源的污染与破坏。

一是加强矿产资源开发区生态破坏的治理。凡矿产开发造成的生态破

---

① 王合生：《长江流域生态环境建设与保护研究》，《国土资源科技管理》2000 年第 4 期。

坏，必须限期进行生态重建或复垦；产生的废气、废水，必须按国家污染控制要求加强治理，达标排放；废弃的表土、尾矿、废渣，必须按水土保持和污染防治的要求进行处置①；已退役和关闭的矿山、坑口、砖场（窑），必须及时治理，搞好生态恢复和综合利用②。

二是进一步加强矿业秩序整顿，防治污染和生态破坏。要重点整顿热点矿山秩序，严格查处无证采矿、滥采乱挖等污染和破坏生态环境的违法行为。

4. 生物资源

生物资源的开发必须坚持开发利用与保护并重的原则，确保野生生物的种群与数量，保护生物多样性③。

一是创造性地积极参与"国家生物多样性保护行动计划"。从城市的实际情况出发，明确自身特定的保护目标、任务、重点和优先保护的领域、项目，积极开展生物多样性系统调查与研究，建立生物多样性信息和监测网络④，保护、研究、挽救、利用城市的生物多样性。

二是生物资源的开发必须确保生物安全。加快生物多样性基因库建设；加强生物技术开发利用的环境管理，建立与之相应的风险评价制度；对引进外来物种必须进行生态环境影响评价，防止外来物种入侵。

5. 农业资源

"三型"城市的农业形态基本上属于城郊农业、都市现代农业，承担着为主城区提供安全无污染的农副产品、生态环保等功能，因此要以发展生态农业、低碳农业、循环农业等为主。

一是在城市发展的过程中保护和合理利用农业资源。坚持实行最严格的耕地保护制度，谨守国家耕地红线，在确保水资源、耕地、草地、森林等永续发展的基础上，充分发挥和综合利用农业资源优势和生态优势，全面规划、合理组织农业生产。特别是要把林业作为特殊产业来抓，因地制宜地发展果木林和经济林。

---

① 王合生：《长江流域生态环境建设与保护研究》，《国土资源科技管理》2000 年第 4 期。
② 单丹、韩笑：《吉林省珲春市生态环境保护规划研究》，《中国资源综合利用》2014 年第 2 期。
③ 张自学：《内蒙古生态环境保护方略》，《内蒙古环境保护》2000 年第 3 期。
④ 《海南生态省建设规划纲要》，《海南日报》2005 年 7 月 18 日。

二是加强农业开发项目的环境管理。对荒山开垦、滩涂围垦、农业区域开发、商品基地建设等都要实行环境影响评价制度，控制各类农业建设对生态环境产生的不利影响[①]。

三是防治农业污染。大力推广低残留、高效、低毒农药和生物防治，减少农用化学品对环境的污染；大力发展节水农业，提高水的有效利用率；加强秸秆综合利用，促进废弃物的循环使用；推广使用可降解农膜，减少农业"白色污染"；积极开发沼气、太阳能、风能等清洁能源。

四是打造安全、无污染的无公害、绿色农产品品牌。建设有机农产品生产基地、发展现代农业园区，延长产业链，提高附加值，生产高端优质的特色农产品。

（二）大力推进生态示范区建设

"三型"城市的建设适宜由点及面地推进，先选择试点进行示范，再将其经验推广，建设"三型"城市生态示范区是首要选择。"三型"城市要依据生态城市建设的总体目标，以保护和改善生态环境，实现资源的合理开发和持续利用为重点，在生态状况良好的地区，有组织、有计划、有步骤地开展生态示范区建设。要着力建成一大批多类型、各具特色的生态示范区，为"三型"城市的建设总结经验、探索规律、优化模式、展示方向。

"三型"城市生态示范区根据不同的区域特征、基础条件和发展重点，可以选择不同的建设任务。比如，在城区建设生态示范工厂、生态旅游示范区、生态示范小区等；在城市近郊地区建设生态示范村、生态农业示范区、农工贸一体化示范区、农村环境综合整治示范区等；在资源型城市建设生态破坏恢复治理示范区、土地退化综合整治示范区等。

推进生态示范区建设，需要做到加强领导、加强管理和宣传。首先，要加强领导。把生态示范区的建设纳入国民经济与社会发展规划，组建以党政主要负责人为首的生态示范区建设领导小组以及吸收大量专家、学者的技术指导委员会，统一组织、协调"三型"城市生态示范区的建设。其次，要

---

① 《海南省生态功能区划》，百度文库，http://wenku.baidu.com/view/3f5bcb222f60ddccda38a009.html，最后访问日期：2014年12月1日。

加强管理。对各种类型的生态示范区要实施统一规划、分类管理、定期检查，特别是环境资源主管部门要制定有关规章制度，编制技术规范，组织检查验收，认真负责起生态示范区建设的日常管理工作。最后，要加强宣传。调动党员干部和群众建设生态示范区的积极性；动员全社会力量，努力形成全民办生态示范区的局面；特别是要利用好政策引导和市场机制，多渠道筹集示范区建设资金。

（三）具体实施政策

1. 加强对生态环境保护与建设工作的领导

各级政府和各部门、各行业，要把生态环境的保护与建设列入日常工作范畴，并设置可行性指标，把生态环境保护与建设列入工作业绩考核的重要内容。要成立生态环境保护、建设综合决策机制和技术指导委员会，对重大经济技术政策、重点资源开发、经济社会发展计划和生态建设工程、区域开发等进行环境影响评估、追踪评估，及时总结经验教训，提高决策管理的水平。

2. 努力把生态环境保护与建设纳入法制轨道

首先，重视法制建设，加强生态环境保护执法力度。严格执行国家和各省份现有环境保护和资源管理的法律、法规，严厉打击破坏生态环境的犯罪行为，真正做到有法必依，执法必严，违法必究①。其次，各地要根据具体情况，建立健全地方性生态环境保护法规，形成环保法律法规体系。立足实际，制定一些与国家法律、行政法规相配套的，更加严格、更加具体、更加具有可操作性的地方法规和政府规章，尤其要加强环保滞后领域的立法，比如生态环境保护监督管理条例、资源有偿使用和生态环境补偿办法、重点资源开发和环境修复法规等。最后，要加强监督管理体制创新。建立经常性检查制度，推行执法情况复查复核制、奖惩制、部门执法责任制、定期汇报制；建立健全新闻媒体、社会组织和广大群众对生态环境保护的监督机制；全面推行生态环境保护否决制度。

3. 建立适应市场经济体制的生态环境保护与建设投入机制

第一，加大生态环境保护与建设的投资力度，拓宽融资渠道。坚持国

---

① 王合生：《长江流域生态环境建设与保护研究》，《国土资源科技管理》2000 年第 4 期。

家、地方、集体、企业、个人共同参与，多形式、多渠道筹集生态环境保护和建设资金①。第二，建立以保护和改善生态环境为导向的经济政策。运用产业政策和优先项目的优惠政策，引导社会生产要素向有利于生态环境保护和建设的方向流动；探索自然资源与生态环境补偿机制，实现资源有偿使用，对主要自然资源、重要自然资源征收资源开发补偿税费；运用消费政策引导社会消费倾向，用经济办法减少环境污染类商品的消费数量。

4. 通过宣传教育提高全社会的环保意识

一方面，充分发挥新闻媒体和各种宣传工具的积极作用，更加广泛深入地开展多层次、全方位、形式多样的环保宣传活动。在宣传活动中注重群众的参与性，充分调动群众参与环境保护的积极性和能动性，挖掘群众在消费、生活、出行等各个方面的环保意识。加强新闻舆论监督，表扬先进典型，揭露违法行为；不断完善信访、举报和听证制度②；建立公众参与机制、监督机制。另一方面，将环境保护的相关知识融入教育过程，使环保教育制度化、规范化、常态化。加强对各级党政干部和企业管理人员的生态环境保护培训，不断提高其生态环境保护的综合决策能力；加强中小学生生态环境教育，不断完善生态环境保护的专业教育。

三　"三型"城市气候安全与防灾减灾

（一）推行城市减缓气候变化方案

城市是经济社会发展的中心，也是碳排放最为集中的区域，该区域有其特殊的气候特征，如"热岛效应"。城市气候安全的应对措施目前主要集中在四个方面：城市发展模式、城市建筑环境、城市基础设施、城市交通。

1. 城市发展模式

随着城市生产力不断发展，经济快速增长，城市将不可避免地出现污染

---

① 尹文亮、纪凯婷：《六安市生物多样性保护规划探讨》，《安徽农学通报》（上半月刊）2012 年第 3 期。

② 《国务院关于印发全国生态环境保护纲要的通知》，《中华人民共和国国务院公报》2001 年 1 月 30 日。

日益严重、环境负荷逐渐增大等生态环境问题。这是由城市化与生态环境消耗关系的一般规律决定的，我们不可能改变。但是，不同的城市发展模式，实施的发展理念、环境政策和技术水平等不同，产生的生态环境效应也不同。粗放型的城市发展模式在经济发展中加大了生态环境消耗的强度和数量，并且重开发轻保护、重建设轻管护，生态环境日益恶化；集约型的城市发展模式在经济发展中降低了生态环境消耗的强度和数量，城市发展对生态环境的负面效应被弱化而正面效应得到加强，城市经济、社会和生态环境综合效益实现最大化。由此可见，如果选择集约型的城市发展模式，在城市化过程中转变经济增长方式和资源利用方式，实现经济与环境和谐发展，那么即使城市经济社会快速发展，城市的生态环境也不会恶化，环境污染也能得到及时有效的治理。

2. 城市建筑环境

城市建筑行业的能耗占城市最终能源消耗的 1/3，占电能消耗的比重更大，因此城市建筑环境的设计和利用是减缓气候变化的重要方面。发达国家的技术水平领先而且成熟，在城市建筑环境方面往往采用能效技术替代能源技术，基本能够达到建筑节能的目的。发展中国家起步较晚，技术相对落后，目前主要采用在建筑中安装节能设备、使用节能材料等方法降低能耗。

3. 城市基础设施

城市基础设施，特别是能源（电力和燃气）网络以及供水和卫生系统，对形成当前和未来温室气体排放的发展轨迹至关重要。能源供应的类型，供水、环境卫生和废弃物处理中的碳浓度，以及垃圾填埋点的甲烷释放水平，均是地方温室气体排放的重要元素。目前，城市减缓气候变化的基础设施项目主要集中在新能源开发、废物转化能源等方面，专门用于降低供水、环境卫生和废弃物处理中的碳浓度的项目很少。要实现城市基础设施的资源节约、环境友好、气候安全目标，可以从两个方面入手：一是通过新技术和工程设计，改造现有基础设施系统并建立新的网络；二是选择一些社区，实施降低供水量、环境卫生和废弃物处理碳排放的试点。

4. 城市交通

随着城市的发展，汽车数量呈爆炸式增长，很多家庭不止拥有一辆汽车，而汽车尾气排放正是城市空气污染的主要来源之一，这导致城市空气质量常常陷入重度污染的境地。目前，全世界大多数国家都意识到汽车带来的交通拥堵、大气污染问题，在交通方面积极采取应对措施减缓气候变化，其中最常见的措施就是发展公共交通（包括城际快铁、轨道交通、快速公交等）、采用清洁能源技术、鼓励使用非机动车、鼓励绿色出行（包括步行、使用自行车）。

（二）建立城市综合防灾减灾系统

城市除了面临车祸、火灾等常规灾害以外，还会面临地震、城市内涝、有毒物质等突发性灾害。因此，建立城市综合防灾减灾系统，提高城市应对突发性灾害的应急能力，是建设"三型"城市的重要内容之一，也是"三型"城市区别于"两型"城市的特点所在。

1. 建立健全处理突发性灾害的机制体制，促进管理模式向综合性转变

建立一个由部委统管的国家综合减灾体制，地方建立由市长领衔的应急减灾综合机构，统领城市综合减灾的各项工作。建立健全统一指挥、综合协调、分类管理、分级负责、属地管理的灾害应急管理体制，形成组织协调有力、决策科学有效、能集中领导与动员社会各方力量共同参与、协调有序、运转高效的防灾决策指挥体系，最大限度地避免政府职能交叉、政出多门、多头管理的现象，提高防灾减灾行政效率，降低重复建设所带来的成本。这样一种综合减灾管理模式，不仅在灾害发生时比临时组建的指挥部或领导小组效率更高、条理更清晰，更有力、有序、有效，在日常的防灾减灾系统建设中也更具有前瞻性[①]。

2. 加强城市灾害应急避难场所建设

建设应急避难场所是最为常用的应对和预防城市灾害的做法，从城市安全的角度来说，其作用不可取代，目前已经受到各个国家的高度重视。中国政府在《"十一五"期间国家公共突发事件应急体系建设规划》中明确提出，省会城市和百万人口以上的城市应按照有关规划和有关标准，加快应急避难场所建设。应急避难场所可以选择在公园、广场等开阔的地方修建，也可以把以前修建的防空洞扩建加固后作为应急避难场所，还要注意在应急避

---

① 郭军赞：《城市防灾减灾体系建设初探》，《城市》2009年第10期。

难场所附近修建适合快速疏散的通道。

3. 以社区为单元开展防灾减灾演练

在大灾来临之际，国家虽然能够充分调动全国上下的资源支援灾区，但是灾区的自救也异常重要，如果基层的设防水平完善，就会在防灾工作中占据主动，有效降低灾害损毁率[①]。社区是城市发展的空间单元，是实施利民方案的最佳载体。2001 年国际减灾日的行动口号是"发展以社区为核心的减灾战略"，就是动员所有居民参与社区防灾减灾建设，组织社区居民演练，提高居民的防灾减灾能力。

第四节　建设"三型"城市政策体系的区域差异

一　主体功能区建设"三型"城市的政策重点

在主体功能区建设"三型"城市的政策重点涵盖优化开发区、重点开发区、限制开发区和禁止开发区四个方面（见表 9 - 1）。

表 9 - 1　主体功能区建设"三型"城市的政策重点

项目	优化开发区	重点开发区	限制开发区	禁止开发区
特征	1. 经济基础良好	1. 承接优化开发区产业转移带来的生态消耗	1. 关系全国或较大范围内的生态安全	1. 国家法定的自然保护区
	2. 具有生态文明建设理念	2. 承接限制开发区与禁止开发区人口转移带来的生态消耗	2. 目前生态系统有所退化，需要在国土空间开发中限制进行大规模、高强度的工业化城镇化开发	2. 建立与禁止开发区功能相容的产业体系
	3. 生态治理取得新成效	3. 经济开发目标与生态建设目标之间相互协调	—	—

---

① 郭军赞:《城市防灾减灾体系建设初探》,《城市》2009 年第 10 期。

续表

项目	优化开发区	重点开发区	限制开发区	禁止开发区
重点	1. 加强生态环境治理，降低碳排放	1. 树立重点开发区民众新型生态价值观	1. 建立健全生态补偿机制	1. 加强转移支付
	2. 提升自主创新能力，促进生态经济发展	2. 建立适宜的循环型经济运行体系	2. 大力发展生态农业	2. 发展特色产业
	3. 加强生态文化培育，促进人的全面发展	—	3. 大力发展绿色经济	—
	—	—	4. 大力发展特色经济	—

（一）优化开发区

优化开发区是中国发展的先进地区，在"三型"城市建设方面具备良好条件。优化开发区总人口约占全国的 20.6%，土地占 1.1%，自然禀赋条件优越，未来在要素集聚和经济社会发展过程中仍将处于非常重要的地位。

第一，加强生态环境治理，降低碳排放。

优化开发区的国土开发密度高、资源环境承载能力降低，在优化开发区建设"三型"城市，需要切实解决环境与发展之间的矛盾，实现经济和生态"双赢"。一是控制污染源头，清理现有污染项目，禁止任何会产生新污染的生产经营活动。发展清洁生产，促进现有高耗能产业加强废水、废气等污染物的净化和处理，最大限度地发挥污水处理厂、垃圾处理站等环保产业的效用。二是因地制宜地推广、实施节能减排工程，对高污染、高耗能、高排放的企业实施严格监督，勒令其加快技术改造以降低能耗，减少废气、废水排放。建立长效奖惩机制，落实节能减排责任制，定期检查地方、企业的节能减排目标。三是修复生态环境，强化城市绿化带和园林建设，杜绝出现绿地为车位让步、房地产占用绿地、绿地成为卫生死角等现象。

第二，提升自主创新能力，促进生态经济发展。

优化开发区的经济发展水平高于其他主体功能区，要实现经济、生态"双赢"，缓解环保与发展之间的矛盾，发展生态经济是必然选择。优化开发区具备雄厚的科技实力和大批创新型人才，应该充分发挥其创新优势，重点推动绿色科技的创新，大力发展生态经济。鼓励企业提升自主创新能力，倡导具有"3R"核心原则的绿色设计理念，研发高效节能技术、污染处理技术、清洁生产技术、循环利用等高新技术，有效降低对不可再生资源的过度开发，减少有害物质的排放，使得产品能实现分类再生循环和重新利用，促进资源的有效利用①。

第三，加强生态文化培育，促进人的全面发展。

优化开发区既是经济发展水平最高也是人口密度最大的区域，人的行为直接影响经济、生态等各个领域。因此，加强生态文化培育，促进人的全面发展，对于优化开发区建设"三型"城市尤为重要。要加强优化开发区的环境道德的大众化教育，以提升生态文明意识水平，鼓励人们绿色消费、低碳消费、循环消费，挖掘人们的环保积极性和能动性，让人们关心、关注、参与、监督身边的环保项目。

（二）重点开发区

第一，引导重点开发区民众树立新型生态价值观。

重点开发区的经济增长速度很快，特别需要转变利益至上的价值观，形成城市化与生态文明和谐共生的新型生态价值观，并把这种新型的生态价值观融入经济社会发展的各个领域，贯穿到城市化的全过程。要以实现人与自然和谐共生为核心内容，在区域产业化、城市化道路中时刻关注资源环境的承载力，确保社会经济与自然生态共存共荣、人与自然和谐发展、生态环境与资源利用合理协调，从而推动城市走上生产力高度发达、生态良好、人民生活质量提高的可持续发展道路。

第二，建立适宜的循环型经济运行体系。

循环型经济运行体系包含两个组成部分：一是"入口"，二是"出口"。首先，以资源节约与生态保护并进的方式解决重点开发区经济"入口"问题。当前资源开发利用方式粗放，资源综合利用率低。在这样的条件下，实现区域经济与社会的可持续发展必须通过减少能源资源总投入量来实现。例如，减少不可再生能源的使用，尽量使用可再生资源与能源，开发新能源，开发梯级利用、循环利用资源、能源的技术等。其次，以循环再利用方式解决重点开发区经济"出口"问题。对应投入最小化目标的是排出最小化。在区域各个企业之间形成循环生产体系，在各个产业之间形成循环网络与工

---

① 邓玲：《我国生态文明发展战略及其区域实现研究》，研究报告，四川大学，2013年。

业链，减少废弃物，提高资源、能源的利用效率。

（三）限制开发区

限制开发区的发展以维护生态平衡为前提，其生态系统对于维护整个大的生态系统的平衡具有重要意义。限制开发区"三型"城市建设，必须使经济建设与资源环境相协调，实现可持续发展，走生产发展、生活富裕、生态良好的文明发展道路。

第一，建立健全生态补偿机制。

限制开发区关系国家生态安全和农产品供给安全，关系人民群众生活质量的提高和国家的永续发展。加快建立健全生态补偿机制，对这些地区为保障国家生态安全作出的贡献给予合理补偿，是推进主体功能区形成的关键[①]。由于限制经济发展而重点保护生态环境，限制开发区在保护生态建设、维持地方政权基本运转、基本公共服务均等化、扶持和培育特色产业发展等方面处于弱势。因此，要以中央和省级政府为主，通过生态补偿机制、财政转移支付等，加大对限制开发区资金、物资、技术和人才等要素的投入。除此之外，还应该重视对这些区域发展权的补偿。

第二，大力发展生态农业。

生态农业是一种低消耗、低污染、高效益的农业形态，也是限制开发区主要的产业形态。限制开发区应遵循"整体、协调、循环、再生"的原则，积极构建生态农业循环体系，逐步实现农业产业结构合理化、生产技术生态化、生产产品无害化[②]。在限制开发区的农业产业发展中，应尽快实现退耕还林、退耕还牧，因地制宜，合理开发，大力发展生态型畜牧业和林、果、竹、蔬、茶、药材等产业。同时，积极探索中小型生态农业园模式，发展种养结合的生态农业园，不断推动传统农业向生态农业转变。要立足限制开发区的农村实际，以沼气工程为纽带，使农业生产的废弃物资源循环利用和能源建设工程紧密结合，努力实现发展清洁能源、减少废弃物、改善农村生活环境、延长农业生态产业链、促进农村经济发展的"多赢"目的[③]。

---

① 《建立生态补偿机制 促进发展方式转变》，《中国财政》2010 年第 2 期。
② 梅碧球：《加强生态文明建设 促进汉寿林业发展》，《中国林业》2008 年第 9 期。
③ 宋云文：《加强县域生态文明建设的途径》，《领导科学》2008 年第 3 期。

第三，大力发展绿色经济。

绿色经济是以市场为导向，以传统产业经济为基础，以生态环境建设为基本产业链，以经济与环境和谐为目的而发展起来的经济形式，是产业经济为适应人类新的需要而表现出来的一种状态。绿色经济将众多有益于环境的技术转化为生产力，并通过与环境友好的经济行为，充分考虑生态环境容量和自然资源的承载能力，进而实现经济的长期稳定增长。大力发展绿色经济，培育以低排放为特征的新的经济增长点，对于加快限制开发区域形成节约能源资源和保护生态环境的产业结构和增长方式具有重要作用。

第四，大力发展特色经济。

在限制开发区发展特色优势产业，应充分发掘和利用优质的土特产品、独特的风景资源、别致的民俗文化、精美的特色建筑等特色资源，发展文化、旅游等环保型第三产业部门[1]。当地政府应对限制开发区域内生态农业、生态林业、生态旅游、可再生能源开发等特色优势产业的发展给予扶持，探索应用银行信贷、贷款担保、财政贴息、投资补贴、税费减免、技改扶持等一系列优惠政策[2]。

（四）禁止开发区

第一，加强转移支付。

禁止开发区多是生态环境意义重大的区域，除少数处于经济发达行政区内，绝大多数经济发展落后。而且在短期内，随着其主体功能定位的推进，在新兴特色产业尚未建立起来之前，其自有财力会进一步降低。当前转移支付的重点在于必须保证这些区域具有提供基本公共服务能力的财力，同时加强生态投入和建设，完善生态移民配套政策措施[3]。

第二，发展特色产业。

禁止开发区的生态功能定位是从整个国家的生态安全大局出发，在这个

---

① 李富佳、韩增林、王利主：《主体功能区划下过渡期辽宁省限制开发区发展模式》，《地理科学进展》2008 年第 9 期。

② 高国力：《再论我国限制开发和禁止开发区域的利益补偿》，《今日中国论坛》2008 年第 6 期。

③ 宋一淼：《主体功能区管理问题研究》，博士学位论文，西南财经大学，2008 年。

区域里,任何产业的发展都不能损坏区域自身的主体功能①。国家对禁止开发区的发展政策是实行强制保护,控制人为因素对生态的过分干扰,严禁一切不符合国家规定的开发活动。这类区域的发展必须以生态建设为主,积极发展特色农业和旅游业,并实现特色农业的生态化和旅游业的生态化②。

二 不同类型城市建设"三型"城市的政策重点

一般来说,根据城市的不同特点,采用一定的标准和方法,可将城市分为不同类型。城市按照其主要职能的不同,可以分为工业城市、资源型城市、旅游型城市、服务型城市等不同类型③。不同类型城市的"三型"城市建设呈现出不同的特征。

(一)工业城市——发展城市循环经济

工业城市建设"三型"城市需遵循循环经济理念,工业城市建设"三型"城市以经济、社会和环境的协调发展,以及物质、能量、信息的高效利用为特征。生态工业城市的可持续发展,倡导"资源—产品—再生资源"的物质循环利用生产模式,以"减量化、再利用、再循环"为基本原则,走"低开采、低投入、高利用、低排放"的清洁生产道路,避免末端治理范式④。生态工业体系不仅能以较少的劳动投入为社会提供数量大、品种多、技术先进、质量好的工业产品,又能合理利用自然资源,不断提高城市的生态环境质量,为居民提供良好的生活环境,为生态工业城市的可持续发展创造有利条件,进而实现工业经济效益、社会效益和生态效益的同步提高⑤。

(二)资源型城市——实现城市"转型"

其一,建立资源开发补偿机制。按照"谁开发、谁保护,谁受益、谁

---

① 普荣、吴映梅、白海霞:《限制、禁止开发区旅游业发展模式探索——以云南省为例》,《云南地理环境研究》2008 年第 11 期。

② 普荣、胡秀玉:《限制、禁止开发区旅游业发展思路探索——以云南省为例》,《昆明大学学报》2008 年第 12 期。

③ 谢文蕙、邓卫:《城市经济学》,清华大学出版社 2008 年版,第 123 页。

④ 李育冬:《生态工业城市建设的清洁生产与治理》,《新疆大学学报》(哲学人文社会科学版)2005 年第 7 期。

⑤ 李育冬:《生态工业城市建设的清洁生产与治理》,《新疆大学学报》(哲学人文社会科学版)2005 年第 7 期。

补偿，谁污染、谁治理，谁破坏、谁修复"的原则，明确资源补偿、生态环境保护与修复的责任主体为各类开采企业[1]。政府应给予资源枯竭城市适当的资金和政策支持，帮助其解决生态环境、社会保障和基础设施建设等方面的资金不足问题。

其二，培育接续替代产业。对资源型城市，应培育壮大其接续替代产业，发展多元化产业，才能提升其自身发展的能力，才能帮助资源型城市走出困境[2]，有利于"三型"城市的建设。

（三）旅游型城市——打造生态旅游的城市

生态旅游城市，是运用生态学、经济学和旅游学的原理，遵循生态规律与城市发展规律，以生态城市的建设为基础，以发展城市生态旅游为主线，以自然生态的良性循环及人与自然、社会和谐为核心，以实现城市的可持续发展为目标，进行规划、建设和管理的现代化新型城市[3]。对于旅游型城市而言，合理的城市规划尤其重要。应从实际出发，在城市生态经济系统总体平衡的范围内，以生态经济平衡作为优先原则，体现城市的特色。同时，结合城市的风俗习惯、地域文化等，对城市的建筑、公共设施、园林小区等进行综合性的设计与规划，充分体现城市特色，打造城市旅游品牌。

（四）服务型城市——建设现代生态服务型城市

在城市化进程中，应将城市的发展与人的发展、人与自然的和谐共处紧密联系起来，通过合理调整城市的产业结构，实现城市的服务化，推动城市可持续发展。中国的"十二五"规划提出，要大力发展生产性服务业和生活性服务业，拓展服务业领域，发展新业态，培育新热点，推进规模化、品牌化、网络化经营。在中国城市化进程中的转型时期，必须以服务业发展较快的大城市为主要力量，转变城市经济发展方式，将服务业作为城市发展的新动力，逐步建设现代生态服务型城市。

---

① 周匀：《资源型城市可持续发展道路如何走——解读〈关于促进资源型城市可持续发展的若干意见〉》，《中国新技术新产品》2008 年第 2 期。

② 张文忠：《资源型城市接续替代产业发展路径与模式研究》，《中国科学院院刊》2011 年第 2 期。

③ 金伊花：《循环经济背景下的生态旅游城市旅游资源开发保护》，《商场现代化》2007 年第 4 期。

第五节　参与式管理在"三型"城市政策体系中的应用

一　参与式管理的基本理念

参与式管理在"三型"城市建设中有几种定义："在决策过程中人们自愿地民主地介入，包括确立发展目标，制定发展政策、规划和实施发展计划，监测和评估；为发展努力作贡献；分享发展利益。""参与能带来以下好处：实施和执行决策时具有高度的承诺及能力；更大的创新，许多新的想法和主意；创造、激励、责任感。""对于城市发展来说，参与包括人们在决策过程中，在项目实施中，在发展项目的利益分析中，以及在对这些发展项目的评价中的介入。""城市参与是受益人影响发展项目的实施及方向的一种积极主动的过程。这种影响主要是为了改善他们自己的生活条件，如收入、自立能力以及他们在其他方面追求的价值。"

参与式的管理方法，是把所探讨的内容建立在被管理对象的思维方式、思想观念和认识水平之上。其目的并不限于探索问题，它可以使人们主动地参与到对自己已知问题的探讨和讲述过程中去，从而使他们感到自己并不是一无所知的、消极被动的被调查者，而是通晓事理的、积极主动的、有能力证明并改变自身处境的主人翁。这样一来，参与式管理便为"研究"营造了适宜的气氛。在此气氛中，以往那种政府部门与受政府部门管理者之间泾渭分明的界限就被打破了。从原则上讲，参与式管理方法旨在通过把参与者各自不同的知识和阅历创造性地综合起来的办法来建立新的知识结构。这一过程要求政府部门转变自己的角色、态度和行为，成为启发者、引导者和讨教者。经过这一转换角色和相互学习的过程，参与者就可以具备自己研究问题和探索解决问题办法的技能。

参与式管理强调的是一个过程，可持续发展城市建设的参与主体是城市的社会公众，他们参与项目应该是全过程的参与，从城市建设项目的调查、规划设计实施到监测与评估都应有社会公众参与。在此过程中，他们的参与不仅是贡献劳动，同时还包括更广泛的内容，比如在决策及选择过程中的介入、动力与责任、生活知识与创新、对资源的控制与利用等。通过参与项目，不仅可以增强社会公众自我发展和就业致富的能力，而且社会也从中受益。

二 社会公众参与"三型"城市政策体系的层次和类型

参与是一个互动的过程，社会公众在不同的项目和活动中都有不同形式和不同程度的参与，不同形式和程度的参与会导致不同的结果。因参与形式和过程不同，一般分为参与调查与规划、参与式管理、参与式制图、参与式监测与评估等。

（1）参与调查与诊断。社会公众以主人翁的身份，与政府官员、外来者及其他利益相关者一起，在各种场合，采用事件回顾、资源利用图绘制、优劣势分析、贫富分级、问题排序等工具，对"三型"城市建设各个方面的发展情况进行总结，找出存在的主要问题及克服的办法。

（2）参与规划与决策，是参与的主要内容与标志。在规划基础上参与决策是参与的最高层次，社会公众一般通过人大或政协等议事机构民主讨论和表决城市重大事项。

（3）参与实施。社会公众用自己及家庭成员的资金、技术等各种资源，参与发展项目实施的全过程。

（4）参与受益，是参与式概念的目的、出发点和归宿。社会公众参与受益包括生态效益、经济效益和社会效益。收益获取方式可以是事先合同约定，也可以是享受公共物品。但是，不论采取哪一种方式，都必须公平、公正、公开，让社会公众讨论决定。

根据参与的意愿、程度、范围，参与式又分为指令式参与、被动性参与、协商式参与、激励式参与、功能式参与、相互式参与、自主性参与等几种类型（见表9-2）。

三 社会公众参与"三型"城市政策体系的特点

一是广泛性。"参与式"理论强调群众参与，这不是不要政府或科技人员的参与，而是要确定各方在可持续发展城市建设活动中发挥各自应有的作用。社会公众在城市发展中的参与必须具有广泛性，以保证全体社会公众公平地享受各种权益。

表 9 - 2 参与式管理的类型与特点

类型	参与的特点
指令式参与	参与是假性的,社会公众被迫参与,只是名义上的参与,不具备选择性和任何权利
被动性参与	告诉社会公众什么已经发生或者已经决定了,由管理部门或者相关政府部门单方面参与,社会公众按外来者的决定参与,分享信息的只是外来人员
协商式参与	外界机构已作出决定并控制整个过程,社会公众只是回答问题,并不分享决策与收益,外来人员并不认为他们应该考虑社会公众的建议
激励式参与	外来者决定什么、怎样做,同时用奖惩方式鼓励当地人参与。社会公众的参与通过贡献资源,比如劳动力、土地,得到的回报是食品、现金或其他物质刺激。社会公众可以贡献他们所拥有的资源,但他们并没有参与评价或学习的过程,不具备长远性,当项目结束时,物质刺激也随之结束
功能式参与	社会公众被当作实现项目目标的参与手段,特别是在减少成本方面,人们组成群体参与,满足决策项目的既定目标,一旦目标达成即把社会公众放在一边
相互式参与	社会公众与外来者共同作出决定。社会公众与外界机构在参与中互相学习、取长补短,缺点是仍没有把社会公众当作主体
自主性参与	社会公众自己作出决定,独立地开展活动;确定与外界建立他们需要的联系,获取他们所需要的任何资源和技术。社会公众独立自主地实施城市发展项目,强调社会公众自主性参与,使发展最终具有可持续性

二是全过程性。可持续发展城市建设的社会公众参与,包括调查、决策、规划、实施、控制、收获、分配等的全过程,其中某一个环节中断或受到障碍,将直接关系到社会公众的参与程度,有时可能导致社会公众从过程中退出,从而使可持续发展城市发展项目远离设定目标,甚至失败。

四 社会公众参与"三型"城市政策体系的基本原则

第一,建立平等的"合作伙伴"关系。参与式发展的过程是政府部门与社会公众共同努力、共同受益的过程。两者是一种相互平等的合作关系。彼此尊重、彼此信任、相互交流和沟通、相互学习,是建立"合作伙伴"关系的重要前提。参与式发展可以引导人们就自己的思想感受和自己所关心的问题发表意见,能够为开展主动性更强的交流活动奠定基础。在这种新的交流活动中,参与者不会再扮演以往那种沉默寡言、消极被动的承受者的角色,相反,他们与政府部门会成为平等的"合作伙伴"关系,一起为实现目标而努力。

第二，重视过程而非结果。在过去很长的一段时间里，城市发展项目都强调以结果为导向，事实上很多时候这种发展结果并不令人满意。任何城市发展的实践都是一个过程，只重视结果不重视过程，将影响结果的成功性。参与式发展应当在不影响当地人的自我组织和发展能力的前提下，提供一种正确的意识来指导人们的行为。让所有的参与者在参与过程中不只是去重视修建了多少高楼，开办了多少工厂，GDP 增加了多少，更重要的是看到在这个过程中参与者、社会公众学到的知识巩固成果对促进城市可持续发展的作用。

第三，提高参与者的综合能力。一般项目的目标群体都是城市中的普通社会公众，甚至是最贫困的市民，参与式发展的一个主要目的就是让这些人能够充分参与项目的所有活动，并在此过程中增强自信心，提高自己的综合能力。同时，项目管理执行机构的工作人员也可以在此过程中不断向社会公众学习，提高自己的管理和行动能力。城市居民以主动参与者（而不是被动的研究对象）的身份与外来者开展对话并相互交流信息，也是他们树立自信心和自尊心的一个过程。要使城市社会公众看到自己的意见受到了重视而且被列为交谈的话题。帮助那些因经常受到轻视或斥责的人树立起自信心，是参与过程中一个至关重要的环节，它为人们认识自己的知识水平和能力创造了条件。

五　社会公众参与"三型"城市政策体系的总体思路

"三型"城市建设事关全民建设小康社会的进程，必须紧扣党和国家的宏观战略，在党的十八大精神的指引下稳步推进。

结合中国城市社会公众特点，促进社会公众参与"三型"城市建设的关键点是确保社会公众参与的权利和弘扬生态文明。

（一）思路一：确保社会公众参与"三型"城市建设的权利和能力

由于"三型"城市建设与社会公众的生产和生活息息相关，社会公众自身就高度关注可持续发展城市建设的点点滴滴。因此，促进社会公众参与其中，最关键的就是确保他们的信息知情权和参与决策权。

信息知情权是指每一个社会公众都有权从政府部门获得城市建设的相关信息，这些信息不仅应该包括大气、饮用水、噪声、物候、生物多样性等状况如何，还应有相关的政策和项目具体情况以及可能对人们造成的影响。社会公众不管出于何种原因或动机，只要提出申请，都应该能获得这些信息。

政府部门也有责任定期进行信息披露。

参与决策权是指社会公众参与可持续发展城市建设有关决策的权利。政府部门应该鼓励个人或团体参与到政府可持续发展城市建设的决策过程中，并对已经开始实施的政策进行评议，以促进政策的进一步完善。

（二）思路二：开放性、针对性地推进城市生态文明

生态文明的理念就是"尊重自然、顺应自然、保护自然"。党的十八大提出"大力推进生态文明"，并指出了"融入经济建设、政治建设、文化建设、社会建设各方面和全过程"的建设路径。

开放性推进城市生态文明，就是要拓展思路，把生态文明理念融入经济建设、政治建设、文化建设和社会建设的方方面面，使社会公众都能够在日常的生产与生活中获得生态文明的信息，开展生态文明的行动。开放性还体现在城市生态文明建设应该紧扣自然，把城市与乡村有机联系起来，树立大生态文明的理念。

针对性推进城市生态文明，首先就是突出重点，紧扣城市的特点，从产业发展、资源节约两个方面切入；其次，要充分认识到城市社会公众高度分化，针对不同的人群采取不同的策略和方法。

总之，社会公众参与"三型"城市建设，其实质是在城市建设中践行"发展为了人民，发展依靠人民，发展成果由人民共享"的执政理念，并在城市建设和管理过程中体现参与式发展的思想。

第六节　建设"三型"城市的政策建议

一　创新"三型"城市总体规划的编制模式

"三型"城市建设涉及城市经济、社会、文化、生态等多个领域，关系到城市居民的切身利益。从以往的规划编制模式来看，自上而下的编制模式把居民排除在外，居民没有发挥自身的参与权。在编制"三型"城市总体规划时，应改变传统的自上而下的规划编制方法，运用自下而上和上下结合的参与式方法编制规划，动员和组织居民参与"三型"城市建设的全过程。这种编制模式以人为本，以社区为基本单元，充分尊重居民的话语权，最大限度地调动居民的积极性，更加符合当地实际，有助于更好地满足城市居民的发展需求。

二 创建"政府主导、市场推动、公众参与"的城市管理机制

在"三型"城市建设的过程中，要尝试创建"政府主导、市场推动、公众参与"的城市管理机制。在政府引导下，通过相关利益主体公平参与管理环节，参与制度、规则的制定和安排，使受制度影响的各方均能从新的制度安排中受益，从"三型"城市建设中获得经济、社会、生态等综合效益，从而实现多赢或共赢的博弈结局。这种多元管理机制还有益于筹措环保技术研发、清洁能源生产、生态环境建设等所需的资金，形成多方位、多层次、多渠道筹集资金的模式。

三 开展"三型"城市试点工作

目前，中国已分批次确定了生态文明试点城市、低碳试点城市。这些试点城市在资源节约、环境保护、气候安全等不同方面取得了显著成效，其基础设施、技术、资金、人才等条件成熟，是推行"三型"城市试点最好的载体。政府主管部门可以选择这些已有试点城市，结合"三型"城市建设内容，对相关项目进行指导、监督、检查和评估，及时总结经验，凝练特色，发挥示范作用，因地制宜推广，以点带面，推动"三型"城市在不同城市群的快速、健康、可持续发展。

四 编制"三型"城市生态规划

城市生态规划[①]不同于传统的环境规划和经济规划，它是联系城市总体规划和环境规划及社会经济规划的桥梁[②]。城市生态规划主要包括高质量的

[①] 城市生态规划是在生态学原理的指导下，将生态与环境规划的技术方法与城市规划技术方法相结合，对城市生态系统的生态开发、生态建设和管理提出合理的对策，以保证各个建设项目的布局合理，控制环境污染，能动地调控人与自然、人与环境的关系，达到正确处理人与自然、人与环境关系的目的，并将自然与人工生态要素进行有序的组合。

[②] 王祥荣、王平建、樊正球：《城市生态规划的基础理论与实证研究——以厦门马銮湾为例》，《复旦学报》（自然科学版）2004 年第 12 期。

环保系统、高效能的运转系统、高水平的管理系统、完善的绿地生态系统几个方面①。

第一，高质量的环保系统。对城市的大气污染物、废水、废渣以及饮食业、屠宰业、农副产品市场、大众娱乐场所等系统排出的各种废弃物，都要按照各自的特点及时处理和处置。同时，要加强对噪声的管理，各项环境质量指标均应达到国家先进城市的最高标准，使城市生态环境洁净、舒适。第二，高效能的运转系统，包括通畅的道路交通系统，充足的能流、物流和客流运输系统，快速有序的信息传递系统，相应配套的有保障的物资（主副食品、蔬菜、材料、水电、燃料等）供应系统和城郊生态支持圈，完善的专业服务系统和污水废物的排放和处理系统等②。第三，高水平的管理系统，包括人口控制、资源利用、社会服务、医疗保险、劳动就业、治安防火、城市建设、环境整治等都应有高水平的管理，以保证水、土等资源的合理开发利用和适度的人口规模，促进人与自然、人与环境的和谐。第四，完善的绿地生态系统。不仅应有较高的绿地指标，如绿地覆盖率、人均绿地面积和人均公共绿地面积，而且还应布局合理，点线面有机结合，有较高的生物多样性，组成完善的复层绿地系统。联合国生物圈生态与环境保护组织规定，城市绿地覆盖率应达到50%，城市居民每人应有60平方米绿地。目前中国大多数城市离上述要求差距较大，在建设生态城市的过程中，应努力向着高标准的绿化方向发展，以改善城市生态环境质量，丰富及美化城市景观③。

五　建立并完善排污权交易制度

目前国内很多一线城市在积极探索建立排污权交易制度。作为一种市场经济手段，排污权交易可以充分发挥市场配置资源的作用，有利于污染物排放的宏观调控。通过排污权交易，政府机构可以通过发放和购买排污权来实施对污染物总量的控制，影响排污权价格，从而控制环境标准。需要降低污染水平，则进入市场购买排污权并持有排污权，这样污染水平就会降低。如

---

①　王祥荣、吴人坚等：《中国城市生态环境问题报告》，江苏人民出版社2006年版，第87页。

②　董舒：《生态城市建设的途径与措施》，《今日科技》2003年第6期。

③　王祥荣：《城市生态规划的概念、内涵与实证研究》，《规划师》2002年第5期。

果修建了污水处理厂等环保设施，环境容量增大，政府就可以发放更多的排污许可证，以降低企业的成本，有利于经济的增长[①]。

六 构建城市生命线系统

城市生命线系统是公众日常生活中必不可少的支撑体系，是保证城市生活正常运转的重要基础设施，是维系城市功能的基础性工程，重点包括城市交通、城市电力、城市供水、城市排水、城市通信（城市网络）、城市供气、城市卫生等系统。城市生命线系统抵御灾害破坏的能力直接决定着一个城市能否保持其正常功能[②]。

（1）建立先进的信息系统。利用遥感技术、地理信息系统、全球定位系统、实时监测技术、雷达影像以及航空摄影等建立完善的公共信息平台，并将其融入统一的数字城市框架中。利用信息系统对城市生命线系统各个关键环节进行实时监测、有效控制，将危险控制在萌芽状态或限制在最小范围。利用信息系统，按照市、区、部门和社区进行分级管理，建立以社区为基础的城市安全管理模式。采用信息科学的先进技术，有效管理城市生命线系统，保障其安全运行，提高其抗灾能力[③]。

（2）构建城市多灾种综合预警及应急模式。改变分部门、分灾种的单一城市灾害预警和应急管理模式，建立“信息畅通、反应快捷、指挥有力、责任明确”的公共安全重大突发事件应急处理机制。从城市社区抓起，建立以市级为单位的城市灾害管理和救援体系，制定科学应对城市多种重大灾害事件的应急预案。

七 强化城市空间安全布局

城市空间有限，在有限的空间里合理布局生活空间、生产空间、生态空间和安全空间，对于城市未来发展非常重要。

一方面，集约居住与适度分散相结合。城市建设和布局在空间上应当以

① 杜卓、甘永峰、林燕新：《产权市场：探索排污权交易》，《产权导刊》2007 年第 11 期。

② 余翰武、伍国正、柳浒：《城市生命线系统安全保障对策探析》，《中国安全科学学报》2008 年第 5 期。

③ 余翰武、伍国正、柳浒：《城市生命线系统安全保障对策探析》，《中国安全科学学报》2008 年第 5 期。

"集约居住与适度分散相结合"的"疏密布局"方式，形成功能明确、有机联系、高度协调、生态安全的空间系统。集约居住可以使居住空间和产业空间在地域上实现集约利用、紧凑发展，实现居住和产业空间功能互补，空间结构和产业结构同步优化；适度分散居住便于"绿色安全空间"（生态空间和安全走廊）穿插相融，使"绿色安全空间"与居住空间、产业空间在地域上实现开敞布局[①]。

　　另一方面，生活、生产、生态、安全空间均衡发展。城市空间布局必须兼顾生产发展、生活改善、生态恢复、防灾减灾四个目标，形成生活空间、生产空间、生态空间、安全空间结构合理、疏密得当、均衡发展的空间格局。在空间调整优化过程中，应在小城镇范围内和小城镇之间建设生态绿化带，以恢复和加强城区生态系统功能，改善生态环境，并根据地质结构和人口分布等情况预留安全空间，构建城市安全走廊，以便在自然灾害发生时疏散居民、减少伤亡。

---

　　① 李晓燕：《汶川地震灾后村镇重建的空间布局研究》，《经济体制改革》2009 年第 4 期。

第十章 专题研究

第一节 把适应气候变化防灾
减灾的经验制度化

2010 年是新中国成立以来地质灾害最严重的一年，在四川省即发生了 2150 起地质灾害。刚刚完成汶川特大地震灾后重建的城镇和乡村再次遭受持续的强降雨、洪水、泥石流、滑坡等自然灾害的袭击。四川省广大干部群众坚持以人为本的科学发展观，加之汶川地震抗震救灾、灾后重建中所积累起来的思想、组织、物质、技术等方面的基础保障，使四川省取得了抗御地质灾害的显著成绩：全省共成功避险 181 起，避免了 3.9 万人因灾伤亡。

特殊的地质地貌使四川省历史上就是各种地质灾害多发地区。汶川地震造成灾区斜坡岩土体松动、地质环境恶化，诱发和加剧了 2010 年全省特大的地质灾害。而且，据专家估计，大地震后的次生灾害至少会持续 10 年以上，而前 5 年又是高发期。加之全球变暖所引起的各种极端气候的频繁出现等因素的影响，完全可以预见，未来四川省以地质灾害为主要内容的自然灾害将呈现出多发、频发、重发态势。以突发性、隐蔽性、破坏性强为特点的地质灾害严重地破坏了四川省经济社会建设的成果，对人民的生命财产安全造成巨大的威胁，已经成为四川省最突出的环境问题、民生问题。

"一个善于从自然灾害中总结与汲取经验教训的民族，必定是日益坚强和不可战胜的"的指示，以及四川省未来地质灾害高发、频发的态势，要求我们认真总结和梳理四川省防治地质灾害的经验与教训，并加以提升使之制度化，为加强四川省防治地质灾害的能力、加快建设防治地质灾害的综合体系和长效机制提供指导。

根据我们的调查和研究，初步提出以下建议。

（1）建立地质灾害的调查和评估机制。充分利用现代科技、信息化手段，在全省开展地质灾害的全面调查，摸清地质灾害的各种隐患。把地质灾害的影响作为环境影响评价的重要内容，对于灾后重建的城镇、房屋、重大工程等的选址要严格进行地质灾害危险性评估和风险控制。对过去已通过环评的项目要补地质灾害防治的课，对现在正在进行环评和未来将开工建设的项目更要从严把握。根据评估的结果相应调整和提高地质灾害的设防标准。建立与地质灾害风险评估配套的督察、告知等制度。特别要对在建项目和矿山企业的地质灾害的评估进行公示和督导，及时发现问题，限期整改，落实防范措施。

（2）建立"土洋结合、群专结合"的地质灾害监测、预警体系和机制。"土洋结合"是指传统手段与现代科技手段结合，"群专结合"是指群众性和专业性相结合。在地质灾害的重点地区建立省、市、县、乡、村、社六级联动的群测群防体系，并分级落实地质灾害预警预测责任、地质灾害隐患监测责任。落实监测责任人和防灾责任人，落实巡查、排查、报告等制度。建立地质灾害监测员队伍，在地质灾害的隐患区设立专职监测员，在重点地区设置科学仪器监控地质灾害的变化情况。制定信息平台、人员、通信设施、交通车辆、应急服装、标示等防范技术标准的应急预案。为地质灾害高发区的县和乡镇配备汽车等必要的应急基本设备。

（3）建立多层级、多行业、多部门联动的临灾应急机制。分级落实灾情信息预报通报、临灾处置责任。加强国土资源、气象、水利、交通等部门的联动和配合，多渠道及时地向受灾的地区、企业、监测责任人和监测员通报传达，向生产生活区人员通报灾害的变化情况。坚持不懈地开展防治地质灾害的宣传教育和演练活动，要让包括预警信号、撤离路线、避灾场所在内的地质灾害防治的内容家喻户晓、人人皆知。

（4）按照地下整治与地上整治结合、预防和治理结合、经济发展与生态环境保护结合的原则，建立防灾减灾的长效机制。受现有预测预警技术手段的限制，应对地质灾害最有效、最可行的措施是避让。在重点区域要制定避让规划，不要在地震断裂带、地质灾害易发地区、行洪通道上搞建设。在无法避让的地质灾害地区可采取地质灾害移民和加强进行工程治理等方案加以解决。对于布局在生态脆弱、地质灾害频发地带，基础设施建设滞后、老化，早就需要搬迁、整治的城镇，过去由于财力不足等而未得以实施搬迁的，要采取坚决的措施进行搬迁。

（5）多渠道增加整治地质灾害的投入。要像中央一号文件中规定的水利建设投入要刚性增长一样，提出防治地质灾害财政投入的增长比例。除财政资金逐年增加以外，还应该在土地出让金的分配中，把相当一部分出让金用于生态脆弱地带城镇的搬迁和原有城镇基础设施的改造上。

（6）加强防治地质灾害的国际合作，学习借鉴其他国家防灾减灾的管理经验，吸收国际资金、技术、设施，提升全省防灾减灾能力。

（7）地质灾害频发归根结底是生态环境破坏的结果。地质灾害发生的频度、危害的程度都同生态环境破坏的程度有密切的关系。人类对大自然的超限度掠夺，最终是要受到巨大的自然灾害惩罚的。所以，要应对地质灾害，除抓好临灾避险等制度建设外，在根本上还应从改善生态环境着手，正确处理经济发展与环境保护之间的关系，治理、保护好四川省的生态环境是防治地质灾害的最根本的长效机制。要以建设长江上游生态屏障为目标，巩固和提升国家在四川省实施的天然林保护、退耕还林、退牧还草等生态建设成果，加快转变四川省经济发展方式，加快资源有偿使用和生态补偿机制的建设。"十二五"时期将是四川省加快发展，建设西部经济高地和交通枢纽的关键时期，很多重大建设工程项目将要实施，经济发展、资源利用和生态保护的矛盾会更加突出，更需要我们在开发中保护，在保护中开发，实现生产发展、生活富裕、生态良好的内在统一。

（8）加强防灾减灾的法制建设，让防灾减灾工作有法可依。中国防灾减灾方面的法制建设大大滞后于实践的需要，防灾减灾中无法可依、缺乏规范的情况普遍存在。人们对已经出台的为数不多的相关法律法规普遍不熟悉，也存在有法不依的情况。应当加快防灾减灾立法进度，要把四川省在抗击汶川地震、地质灾害过程中经过实践验证的行之有效的政策、制度等上升为法律法规，把减灾防灾工作纳入法制轨道。

第二节 借鉴日本东京"3·11"巨灾的教训，加强中国特色城市防灾减灾"生命线系统"建设

进入 21 世纪，由于极端天气的影响等，频发的各种自然灾害使城市生态安全面临着越来越大的风险。由于工业化、城市化、信息化进程的加快，人口、经济向城市聚集的程度不断提高，城市承担的职能更加复杂、重要和必不可少。城市越大、现代化水平越高，对于交通、通信等基础设施的依赖程度越高，所以，城市尤其是特大城市日益成为国际社会和国家防灾减灾的中心和重点，建立健全防灾减灾"生命线系统"，已成为提高应急救援能力、保障城市安全的有效途径和国际趋势。

所谓城市"生命线系统"，就是把城市当作一个有机体看待，维持这个有机体正常运转的支持体系，是城市建设"安全第一"原则的具体实现。城市"生命线系统"主要由避难场所系统、交通运输系统、原动力系统、信息传播系统、生活供应系统等构成。在灾变情况下，更凸显了城市"生命线系统"在应急救援、保障城市安全方面不可替代的特殊作用。城市"生命线系统"建设水平直接决定着一个城市的安全水平。城市"生命线系统"的概念和实践最初源于德国、日本等发达国家。目前，城市"生命线系统"从理论到实践模式都日臻成熟，并被广泛地应用到城市减灾防灾、保障城市安全的实践之中。

日本"3·11"巨灾考验了东京城市"生命线系统"抗灾减灾能力，暴露出东京在城市"生命线系统"建设水平和系统自身防灾减灾能力方面存在的问题。借鉴日本东京在"3·11"巨灾中的教训，加快建设中国特色城市防灾减灾"生命线系统"，对于提升中国城市防灾减灾能力、加强城市生态安全、推进中国城市健康发展显然具有十分重要的意义。

一 东京应对巨灾的经验和教训

日本历来就是一个多灾的国家，在应对各种自然灾害方面日本从硬件到软件、从技术到设施在世界上都处于领先地位。这也是在"3·11"地震和此后的余震、海啸、核危机等复合型灾难的打击下，在人口密度极高的东京

直接伤亡于灾害的人数不多，在人员转移、避难过程中未造成重大伤亡和混乱的重要原因。但是，在"3·11"巨灾中也暴露出东京防灾减灾方面存在的问题。

（1）巨灾造成东京高速公路封闭，地铁也因缺电而班次减少、运力下降，交通基本瘫痪。城区主要道路车辆行进时速在10公里以下，有时甚至低于3公里。交通受阻导致东京电力公司董事长和总经理未能及时返回岗位，总经理返回总部用了20个小时，贻误了处理核电危机的关键时机，这也是酿成后来核电站悲剧的重要原因。

（2）东京市中心每天白天人口密度很高，上班族大多居住在卫星城，通勤人口多，人员往返、出行主要依靠总长度超过1000公里的轨道交通和地面交通网。地震发生当天，东京市中心城区1144万人中有392万人因交通受阻而无法回家，滞留在城市中心，如何安顿和收容这些人员成为突出问题。

（3）灾害使城市内各类机构不能够履行其日常承担的、关系国家命脉和社会运行的职能。例如，日本三大银行之一的瑞穗银行在灾后出现大范围的系统故障，导致大批自动取款机和营业网点无法支取现金或处理存款，最多时积压了116万笔交易。当时正值核辐射引起恐慌的高峰时候，由于人们不能及时提取现金，反过来又放大了社会恐慌情绪并影响社会稳定。

（4）核危机凸显包括能源在内的城市生命线工程，在灾害中因自身受到损害所产生的次生灾害对城市安全的影响及其防范问题。核能占东京电力供应的1/3以上，是城市能源系统的重要组成部分。核危机是地震的次生灾害，但是相比之下，核危机无论是在范围、程度上，还是在持续的时间上，对东京的影响显然都远远超过地震这个主灾害的影响。

（5）灾后社会情绪的控制和稳定是城市"生命线系统"发挥作用的重要方面。灾后社会恐慌和不稳定，也是城市"生命线系统"损失所造成的次生灾害。例如，核电危机引发了社会的恐慌和混乱以及对食品安全的担忧，甚至在世界范围内引发了抢购碘盐等连锁反应。

二　加快中国特色城市防灾减灾"生命线系统"建设的建议

（1）把城市"生命线系统"建设作为贯彻落实科学发展观、推进城市可持续发展的重要内容和检验指标，纳入国家防灾减灾规划和城市的"十二五"规划之中。要借鉴国际上建设"生命线系统"的理论、经验、模式，结合中国国情，以及在抗击"5·12"汶川地震等灾害过程中积累的成功经验，加快中国"生命线系统"建设的理论研究和技术、方法的探索，走出一条具有中国特色的建设城市"生命线系统"的防灾减灾道路。

（2）整合城市"生命线系统"工程，合理配置平时与灾时"生命线系统"的功能，提高"生命线系统"的安全性及可备用性。建立布局合理、结构完整的避难场所体系，包括在人口密集地区建立人员能就近避难的临时避难场所。要建立空间更大、可容纳的人员更多，且可在周边建筑群倒塌或发生火灾时为避难者留出足够安全距离的广域避难场所以及主要用于供因灾无法回家者暂时使用的收容避难场所。把人防系统纳入避难场所系统，实行人防系统与避难系统资源共用、平战结合、军地共管。加快进行城市中容易引起次生灾害的易燃、易爆、有放射性或有毒的企业、工程设施等的搬迁。对布局在地震断裂带、地质灾害易发地带、行洪通道等生态脆弱地带，工程治理效果很差，早就需要搬迁和整治的"生命线工程"和城镇，要坚决进行搬迁避让。

（3）用新技术、新设备武装"生命线系统"，提升其智能化水平。建立城市"生命线系统"自动处置系统，保证"生命线工程"能够通过对灾害快速评估来决定采用何种应急方案，包括自动关闭、远程遥控关闭燃气和电器等，以避免次生灾害发生。建立统一的城市供水、供气等地下管网安全保障管理信息系统和信息共享机制；建立健全城市"生命线系统"呼唤应急综合救援系统；在城市建设中统筹"地上与地下"，避免"拉链马路"建设模式，防止诱发城市"生命线系统"的事故；结合"共同沟"的建设，使大部分"生命线工程"（尤其是管线）地下化、廊道化。

（4）加强关键的"生命线系统"的防灾减灾能力建设。虽然"生命线系统"由关联性很强的各系统、环节组成，要在系统共同发挥作用的情况下才能实现救灾应急的功能，但是"生命线系统"各系统之间的地位和作用又不是均等的，有处于关键和主导地位的"生命线系统"。其中除交通系统外，信息系统也很关键。日益发达的城市传媒、网络是城市信息系统重要的组成部分，是灾后传送相关信息、指导民众疏散和避难、普及救灾信息、消除恐慌情绪、受灾人员相互交流的重要平台。城市的广播电视、网络部门要制定齐全、周详的防灾预案并经常性地进行演练，以保证设施和装备能够在各种灾害情况下及时作出反应。供电系统建设应以重灾后损失最小，修复最快，备用电源及时到位为目标。出于能源需求迅速增加和发展清洁能源、应对气候变化等多种考虑，中国已处于核电大发展阶段，核电越来越成为城市的主要能源，如在中国的江浙和珠江三角洲地区已建设了11个核电机组，为香港、澳门、深圳、广州等大城市供应电力。鉴于日本核危机的教训和中国核电站布局在人口、经济密集的城市地区的情况，应该在暂停审批核电新项目的同时，对中国核电发展规划、核电站的布局、技术、安全性进行重新审视和评估，做到万无一失，否则造成的危害将是不可弥补的。

（5）加强"生命线系统"的统筹协调和法制建设。在中国，城市"生命线系统"建设无论是在物质方面还是在机构、管理方面都已经有了一定的基础，但总体上存在部门分割、重复建设、多头指挥、功能单一、缺乏统筹、难以形成合力和应急救援水平低下的弊端。深化社会救援机制的改革，统筹城市"生命线系统"，建立高效、节约的应急救援机制，对于加强城市"生命线系统"建设已十分必要和紧迫。中国城市"生命线系统"建设和安全管理的法制建设滞后，无法可依和有法不依的情况并存。要借鉴国际上成功的经验，并把中国在抗击地震、洪灾过程中经过实践验证的行之有效的政策、制度等上升为法律法规，以加快城市防灾减灾"生命线系统"建设和安全管理的立法进度。

（6）多渠道增加城市"生命线系统"建设资金。要形成政府主导、社会参与、市场运作的城市"生命线系统"建设的筹融资格局。要像中央一号文件中规定的水利建设投入要刚性增长一样，提出城市"生命线系统"建设的财政投入的增长比例。除财政资金逐年增加以外，还应该在土地出让金的分配中，把相当一部分出让金用于生态脆弱地带城镇的搬迁和城市"生命线系统"建设。要更多地运用市场机制和手段吸引社会资金进入城市"生命线系统"建设。

（7）加强城市安全文化建设。包括日常的防灾预案、训练和教育，让民众了解临灾时如何利用"生命线系统"自救和互救。要提高城市公众对城市"生命线系统"中"生命"二字的认知度，人人都做保护城市"生命线系统"的模范。

第三节　区域联动治理城市大气环境污染

大气环境污染已经成为影响城市经济社会可持续发展的突出问题。由于城市的大气环境污染是受大气环流和大气化学双重作用的结果，其治理必须要区域联动。以下我们分析大气环境污染态势并提出七条对策建议。

一　态势

2010 年以来，成都市的大气环境呈现出工业化和城市化加速发展阶段的污染特征，空气质量下滑严重：

——在全国 31 个省会城市空气质量排名中，成都市由 2010 年的第 16 名降到 2011 年的第 19 名，2012 年则降为第 28 名。2011 年世界卫生组织公布了城市室外空气污染数据库，在其统计的全球 1082 个城市中，成都市列第 1025 位，其中在中国的 32 个城市中，成都市居倒数第 8 位。

——年度空气质量优良天数下降，2011 年成都市空气质量在二级以上的天数已达 320 天以上，但到 2012 年下降为 280 天。2013 年 1—5 月污染 114 天，达标天数仅占 21.2%，而全国第一批实施空气质量标准的 74 个重点城市同期达标天数占比为 54.8%，成都市低 23.6 个百分点。

——在全国大气污染防治重点区域的 14 个城市中，成都市是唯一的空气严重污染城市。

成都市大气环境污染表现出一些新的特征：

——污染类型从单一的煤烟型转变为包括光化学污染等类型的复合型污染。

——PM 2.5、臭氧等成为首要污染物。以 PM 2.5 为主要成分的雾霾已经成为成都市主要气象灾害和极端天气气候现象，成都市的 PM 2.5 环境容量已经达到极限值。

——由单个城市大气污染转变为连片的区域性大气污染。成都平原城市群之间大气污染相互影响日益明显，相邻城市之间污染传输影响极为突出，外源污染已占较大比重。

——污染源由点源向面源转变，污染因子从一次性污染物向二次性污染物转变。以硫酸盐、硝酸盐和二次有机碳为代表的二次颗粒物对 PM 2.5 的形成的贡献率已超过 40%，且有逐年上升趋势。

二 对策

1. 树立应对城市大气污染的理念和"同呼吸、共奋斗"的行为准则

我们既要重视成都市大气环境污染的严重性，整治大气环境污染的紧迫性，又要正视其复杂性和艰巨性。美国、英国等发达国家，治理城市大气污染至少经历了 30—50 年的奋斗。成都市正处于工业化、城镇化加快发展阶段，加之成都市在大气环境质量方面所处的地理自然条件先天不足，所遇到的问题更加复杂。同时，城市大气污染问题是长期累积形成的，其治理必然是一项复杂的系统工程。再者，影响成都市大气环境质量的主要污染物 PM 2.5 的来源、形成机理等问题尚未有科学定论，因此控制责任难以区分、控制方案无法确定。以上种种因素都决定了成都大气环境污染的防治具有很大的困难性和艰巨性，不可能立竿见影、一蹴而就，应该建立应对大气污染的理念，做好艰苦不懈奋斗的思想准备。要按照"政府统领、企业施治、市场驱动、公众参与"的要求，政府、企业、市民各司其职、各尽其责。政府对城市空气质量负总责，采取包括落实企业治污主体责任，倡导节约、绿色消费方式和生活习惯，动员全民参与环境保护和监督等有效措施，以改善城市空气质量。企业则要恪守节能减排、保护环境的社会责任，努力实现外部成本内部化、社会成本企业化。市民在监督企业、政府履行环境责任的同时，也要转变生活方式和消费模式，从小事做起，从自己做起，积极参与到保护城市大气环境的行动中来。

2. 健全法规标准体系，为治理和保护城市大气环境提供法制环境和法律规范

无论是发达国家还是国内上海等治理大气环境的先进城市，一条共同的经验就是法制建设先行。要紧密结合成都市特殊的自然地理气象条件、大气环境容量、污染状况等实际情况，加紧制定和完善更加严格的地方大气污染物综合排放标准和重点行业排放标准。要制定有利于大气环境质量改善的环保政策，严格环境准入。要执行大气污染物特别排放限值，不再审批高污染项目。严格控制污染物新增排放量，把大气环境污染物排放总量作为环评审

批的前置条件，以总量定项目，新建排放大气污染物的项目实行区域内现役源2倍量替代[1]。要制定配套政策，如调整能源资源价格、税收和信贷政策，形成促使企业肩负起治理污染主体责任的激励和约束机制。要加快出台《城市大气重污染应急预案》《成都市环境空气质量达标规划》等法规，修订《成都市大气污染防治管理规定》。

3. 重视国家新的空气质量标准对成都市经济社会环境的影响，把新的空气质量标准作为成都市节能减排、经济升级的倒逼机制和重要抓手

从2013年开始中国以空气质量标准替代原来的空气污染标准（PQA），成都市是新标准的首批实施城市。相比之下，新标准监测的污染因子增多、浓度限值收紧、标准提高。2013年上半年成都市很多时段若按老标准全部达标，但按新标准则全部为污染天气。另外，成都市还被列入国家空气质量防治重点区域，要求到2015年除二氧化硫等传统污染物大幅减排外，PM2.5浓度年均要下降5%。

国家新的空气质量标准显然会对成都市经济社会发展形成刚性的约束和严峻的挑战。成都市应当化危为机，把压力变成动力，以国家空气质量新标准为倒逼机制，优化成都市经济结构，加快转变发展方式。

成都市技术、产业节能减排已经达到比较高的水平，短期内不可能有大的突破和改变的空间，出路在于通过优化经济结构开拓节能减排空间，腾出环境容量，为改善城市大气环境质量奠定良好基础。应抓紧完成全市能源、工业发展规划及其环境影响评价工作，合理确定产业发展布局、结构和规模，为优化经济结构提供科学的依据。

4. 加强成都平原城市群空气质量的联防联控，把空气质量纳入对各城市的考核目标

大气环流的影响决定了单靠成都市自身的努力无法改变成都市空气污染，必须要区域联防联动，要把空气质量纳入省委、省政府对成都平原城市群各地区的考核目标。可根据《四川省主体功能区划》和成都平原城市群各城市的功能定位和发展方向，把城市群分为平原、丘陵、山区等类型的空气质量管理区，并确定有差别的空气质量目标。考核的具体内容可包括空气

---

[1] 环境保护部、国家发展和改革委员会、财政部：《重点区域大气污染防治"十二五"规划》。

质量好于或等于二级以上的天数、影响城市空气质量的主要污染物排放强度、秸秆焚烧和综合利用等；并把国家对重点区域空气质量改善的目标分解到不同类型的城市、区域，并赋予不同的分值。

5. 重视对 PM 2.5 重要源头——挥发性有机物的防治

空气中挥发性、半挥发性有机物不仅是 PM 2.5 的前体物，而且具有增加大气氧化性，促使 PM 2.5 形成的作用。防治挥发性有机物不仅能强化对 PM2.5 前体物的控制，而且对于推进多污染物协同控制也作用显著。成都市应在"压煤、控车、降尘"等防治城市大气污染措施的基础上，把监控治理挥发性有机物作为防治大气污染的重点。

应按照国家《大气污染防治重点区域规划》要求，开展挥发性有机物摸底调查，建立基础数据库；开展挥发性有机物监测工作，开展重点行业挥发性有机物排放总量控制试点工作。完善挥发性有机物污染防治体系，削减石化行业挥发性有机物排放；推进有机化工等行业挥发性有机物控制；加强表面涂装工艺挥发性有机物排放控制；推进挥发性有机物治理。完成全市加油站、储油库和油罐车油气回收治理；严格新建饮食服务经营场所的环保审批，饮食服务经营场所要安装高效油烟净化设施，并强化运行监管；强化对无油烟净化设施的露天烧烤的环境监管。

6. 实施城市机动车增量控制，适时推出小汽车限购政策

成都市环保局与南开大学合作对成都市污染物源的解析结果表明，机动车排放对大气污染物的直接与间接贡献率都在 20% 左右。清华大学对中国 22 座城市机动车污染物排放情况进行过对比分析，成都市单车排放水平居于后 1/3 的位置，而总排放量却处于前 6 位，也表明机动车高拥有量是成都市大气污染的重要源头。近年来，成都市城市化与机动化快速同步推进。截至 2012 年底，全市机动车保有量已经突破 300 万辆，且每年以近 30 万辆的数量增加。机动车排气污染对城市空气质量造成的影响日益彰显，控制机动车数量显然应是成都市大气环境污染治理的一个重点。

为了防治城市大气污染，国内很多城市都在改革城市机动车和交通管理模式，尤其是把加强交通需求管理作为一个新方向。但是，不同的交通需求管理思路和政策的效果是不同的，北京市和上海市分别对私家车采取不限购和限购的方式，结果到 2009 年北京每百人的私家车保有量达 15.8 辆，而上

海为 4.5 辆。本来上海比北京人口更多,人均可支配收入水平相对更高,但上海因汽车尾气所导致的空气污染程度却更低,而交通可控性更强。因此,北京市最近几年也开始实行私家车限购。鉴于以上情况,成都市应在继续采取限行、淘汰黄标车,提高油品质量、发展新能源汽车等措施之外,考虑控制机动车增量,对私家车采取限购政策;尽快制定相关法规、方案、配套政策,保证限购政策尽快出台和有序推进。

7. 把节能环保产业发展为治理大气环境污染、推动经济升级的支柱产业

节能环保产业为治理大气污染提供设备、技术和服务,发展节能环保产业是成都市治理大气环境污染的内在需要。节能环保产业兼备生态、经济、社会多重效益。发达国家和国内先进地区的节能环保产业都是其支柱产业和外贸支柱产业。尤其是节能环保产业是可以承载和容纳各个领域的高科技成果的技术密集型产业,所以节能环保产业又是推进科技创新的龙头产业。加快其发展可收到优化产业结构、节约资源能源、促进生态文明建设的多重效益。

成都市发展节能环保产业市场潜力巨大,正面临一个上升发展的良好机遇。据预测,到 2020 年,四川省仅化学需氧量、氨氮、二氧化硫、氮氧化物等主要污染物就将增加 1359 万吨,为此省内就将出现 4200 亿元治理污染市场的需求。另外,成都市节能环保产业已经具备了良好的基础,具有巨大的发展潜力。2012 年,成都市已有亿元以上节能环保项目 20 个,已形成了提供工业废气、污水综合利用成套技术与设备、超磁分离水处理、新型高效固废污泥处理成套设备等的生产能力,并已形成了金堂节能环保产业基地、青白江低碳经济示范园区等发展节能环保产业的平台。

建议采取政府优先采购本市生产的节能环保产品,财政补贴推广节能环保产品,推进老百姓对节能环保产品消费升级换代等措施,扩大对节能环保产品的市场消费需求。出台资金、技术、人才、土地、信息等生产要素方面的扶持政策和配套措施。要通过鼓励节能环保的技术创新,增强工程技术能力,拉动节能环保社会投资增长等措施,促进成都市节能环保产业以 15% 以上的年平均速度增长,到 2015 年总产值达到 1000 亿元,利税 200 亿元,成为成都市和四川省一个新的经济增长极和支柱产业。

第四节　发展低碳经济、落实国家温室
气体减排目标

中国始终高度重视气候变化问题，继"十一五"期间提出降低单位GDP 能耗、主要污染物排放指标和提高森林覆盖率等有约束力的国家指标之后，又制定了到 2020 年控制温室气体排放的行动目标，由此形成了中国科学的节能、治污、减碳联动的目标体系和完整的应对气候变化的国家方案[1]。

实现控制温室气体排放行动目标是当前和今后一个时期中国应对气候变化的战略任务，把温室气体减排目标作为约束性指标纳入国民经济和社会发展的中长期规划，要求各地统一思想、明确任务、落实责任、扎实工作，确保中国控制温室气体排放目标的实现。可以预见，国家温室气体减排目标将层层分解到各地方、各行业、各重点领域，相应的统计、监测、考核办法也会陆续出台。

中国确定的 2020 年前单位 GDP 的二氧化碳排放量年均减少 5% 的目标与应对气候变化国家方案中的其他指标比较，具有更强烈的约束性。笔者最近对单位 GDP 温室气体排放量的下降与温室气体排放总量的减少、单位GDP 温室气体排放量减少与单位 GDP 能耗下降之间的关系进行了建模测算，结论是，单位 GDP 温室气体排放的减少无论与总排放量的减少还是与单位GDP 能耗的减少相比，都更加艰巨和困难。因为中国确定的目标是增量的减排，而《京都议定书》对发达国家所确定的是存量的减排，在 GDP 年均增速在 6% 以上的经济高速发展的时段和地区，增量减排比存量减排显然要繁重和艰巨得多。

未来 10 年将是四川省工业化、城镇化加快发展的重要阶段，发展经济、灾后重建、改善民生的任务繁重，对资源和环境、排放空间不可避免地会有很大需求。随着全省人民生活水平提高带来的消费结构的加速升级，生产、

消费、流通领域都还将处于高碳经济状况，发达国家和地区渐次经历过的经济增长、环境污染和气候变暖等三大挑战，将会以压缩型、集中型的状态同时呈现在我们的面前。另外，四川省经济发展水平还比较低，经济结构性矛盾突出，经济发展方式亟待转变，在全国的区域分工和全球经济一体化中尚处于产业链和价值链的低端。以煤炭为主的能源结构（每燃烧1吨煤排放的二氧化碳比每吨石油和天然气分别多30%、70%）和低于全国平均水平的能源利用效率等省情，都加大了四川省在落实国家分解给四川省的减碳指标方面的艰巨性和复杂性。

在落实国家减排行动目标方面，不仅要看到四川省有压力、有挑战、有比较劣势，同时也要看到四川省有动力、有机遇、有潜力。四川省拥有包括多种可再生能源在内的丰富的低碳资源，具有发展低碳经济的产业基础、科技优势。四川省是全国最大的水电能源基地，核能技术的大省，太阳能、风能的规模化开发条件日臻成熟。四川省森林碳汇资源在全国名列前茅。通过建设长江防护林、天然林保护、退耕还林等工程为主要内容的长江上游生态屏障战略的实施，森林面积已占全省总面积的48%。

及早地分析国家温室气体减排行动目标对四川省经济社会发展带来的影响；在制定四川省"十二五"规划前期研究中，充分考虑应对气候变化的国家方案所提出的节能减排、可再生能源、森林碳汇、温室气体减排等方面的指标在四川省实施的可行性；通过对四川省产业结构、能源结构、消费结构等进行分析，研究四川省实现国家应对气候变化方案的难点、重点、潜力；研究四川省重点碳源、碳汇的变化趋势，制定四川省"十二五"碳预算的设想和框架；研究四川省发展低碳产业、循环经济、生态经济、可再生能源的基础、现状和前景；研究四川省消费结构变化、建设低碳文化、低碳生活方式、低碳社会的态势，在此基础上提出四川省落实国家控制温室气体排放行动目标、发展低碳经济的对策，已经非常迫切和重要。

低碳经济就是低碳发展模式，是人类应对气候变化的主要手段和措施。发展低碳经济当然也是四川省实现国家温室气体减排行动目标的现实抓手和关键举措，也是调整经济结构、加快经济发展方式转变的巨大引擎。

一　把加快经济结构调整、转变经济发展方式作为发展低碳经济、落实国家减排目标的战略切入点

气候变化是低碳经济概念得以被提出的直接原因，而不可再生能源的减少和人类不可持续的生产、消费方式，则是根本原因，产业结构、能源结构不合理就是能源消耗高、环境污染严重的一个重要而直接的原因①。英国等国家通过由工业为主导的经济模式向高级服务业为主导的经济模式的战略转型，实现了经济增长与环境污染、温室气体排放增长"双脱钩"的可持续发展。这充分证明了调整经济结构、转变经济增长方式是发展低碳经济、落实国家温室气体减排目标的关键战略措施。

四川省经济结构不合理、发展方式粗放，节能、治污、减碳都面临巨大挑战。即使是省内最发达的成都市，2008 年冶炼、医药、化工等重化工业仍占全市产业的一半以上；成都市还面临着汽车社会压垮城市可持续发展的威胁。2000 年以来，成都市机动车年均增长 13% 以上，2009 年保有量已达200 多万辆，位居全国第三。快速增长的汽车尾气成为成都市主要的"碳源"，不仅严重地影响着成都的大气质量，同时加大了全市的碳强度，加大了完成减排目标的压力。

抓住国家加快经济发展方式转变的有利时机，基于发展低碳经济、落实国家减排目标，近期四川省经济结构调整和发展方式转变应从以下方面重点推进：

（1）加强对工业结构和布局的调整，把工业产业的重心从高污染、高能耗的冶炼、汽车、医药等行业转移到清洁能源上，引导企业清洁生产。

（2）大力发展包括金融、保险、物流、旅游、教育、文化、科研、技术服务等在内的现代服务业。

（3）大力发展公共交通，构建绿色公共交通体系，通过公共交通的发展，遏制机动车的过快增长，从而减少粉尘、二氧化碳的排放。

（4）加快实施节能减排重点工程，使产业结构趋向低碳化、循环化。

（5）加大固体废弃物的利用，支持研发垃圾填埋回收利用、农作物秸

---

① 李丹：《建设低碳城市从哪里破题》，《四川日报》2010 年 2 月 2 日。

秆发电、畜禽粪便的无害化处理、电石渣代替石灰石制水泥等节能环保技术的研发和推广应用。

（6）引导绿色消费。宣传低碳生活，清洁生产方式，倡导绿色出行、绿色生活、绿色消费模式，减少碳排放。

二 "加法"和"减法"并用，推进全省的低碳发展

所谓"加法"和"减法"，简单地讲就是增加碳汇，减少碳源，或者说通过节能减排，发展清洁生产、循环经济，对传统产业、产品、工艺技术进行低碳化改造并发展以低碳为特征的技术、产业、产品，使之成为新的经济增长点。"加法"和"减法"同时推进，实质上就是推进传统产业技术改造，发展战略性的新兴产业，促进节能、治污、减碳的协同发展。

无论是做"加法"还是做"减法"，科技创新都是关键。四川省应加强推动产品、产业低碳发展的科技创新，加快建立以提升能效、节能、可再生能源和温室气体减排等技术为主要内容的技术体系。尤其是要发挥好四川省在新能源、可再生能源设备制造方面的优势。成都时代光源公司自主研发的高频无极荧光灯，与 LED 同属第四代新光源，既比传统光源节能 40%—50%，价格又比 LED 低 1/2—2/3。据测算，若在四川全省的公路隧道、城市道路和企业照明中使用该产品，全年可节电 33 亿度，减少 132 万吨标煤，减排近 200 万吨二氧化碳。仅这个企业和一个新产品就可以完成省政府所提出的每年形成 140 万吨标准煤以上的节能能力的任务，科技创新在全省实现国家减排行动目标中的巨大潜力和作用由此可见一斑。

三 用低碳经济化推进经济低碳化

所谓低碳经济化就是指低碳技术、产业、低碳生活方式本身在技术上可行的同时要实现经济上的可行性。这既包括采用更多的经济手段、激励措施，让生产低碳产品、研发和推广低碳技术的部门、机构及企业有利可图，成为赢利的产业和技术，也包括提升低碳产品、技术、服务的性价比，让消费者使用得起。

目前四川省大部分低碳技术和产品成本高昂，远低于市场追逐的基本回

报率，这已成为低碳产业、技术发展的瓶颈，不仅严重制约着低碳企业自身的发展，也严重制约着低碳技术、设备、服务产品的推广和应用。降低成本，实现经济上的可行性，是发展低碳经济的出路所在。

例如，光伏产业是发展迅速的低碳产业，四川省已形成了光伏产业的上游产品多晶硅的巨大产能，仅乐山市的多晶硅产能、规模就占全国的1/4。受制于主要原料硅晶板成本高昂，光伏发电电价每度电是1美元，是火电价格的15倍，购买一套光伏发电设备，至少要50年节省的电费才能抵偿购买成本。降低成本、解决其经济的可行性，是四川省多晶硅产业在全国众多多晶硅生产厂家和已经过剩的产能中具备市场竞争力，立于不败之地的关键。

又如，随着全省农村规模化畜禽养殖业的快速发展，利用微生物技术对大量的畜禽粪便进行无害化处理，加工生产有机肥，是发展低碳农业的一条好出路，但成都市每年才处理了近千分之一的畜禽粪便。主要原因仍然是有机肥与传统农家肥和化肥比较，价格高于农家肥4—5倍，虽与化肥价格相当，但后者体积小，运费相对较低，使用方便，农民也只愿意接受化肥。

在用低碳经济化推进经济低碳化过程中政府具有不可替代的作用。低碳产品、技术、服务，在很大程度上是生态效益大的公共产品，加之从前期研发到规模化生产再到产品推广应用每个环节投入都很大、风险高。在市场化条件尚不成熟的情况下，必须有相应的经济政策特别是财政政策的支持才能健康发展。政府应通过公共财政的引导和支持，在投资、价格、财税、金融信贷等方面健全相关的配套政策，形成发展低碳经济的激励机制。要设立低碳经济发展的专项基金，对新能源、可再生能源发电给予上网价格补贴，同时提出逐年削减补贴标准，以激励可再生能源发电企业降低成本并淘汰高成本的发电形式。要通过直接补贴购买低碳产品设备的消费者的方式，激发消费者的购买意愿。此外，政府也要采用合同能源管理等市场机制，引导社会资金致力于发展低碳产业和技术。

四　创新发展低碳经济的体制机制

发展低碳经济，需要创新体制和机制，用多管齐下的手段和多元化政策工具，实现温室气体减排目标。

应对气候变化兴起的碳交易为我们提供了一种叫作产权方式的新机制，

即对二氧化碳等温室气体的排放空间进行产权界定，使之成为有价的资产和可交易并形成价格发现机制。这种形式与传统的环保、减排的管理方式比较起来，提供了一种绿色利益驱动的动力机制和运行机制。让环境保护、公共产品提供由过去单纯的从上而下向自下而上的方式转变，公共产品的资金主要由政府提供转变为由政府与社会共同提供。

碳交易表面上是一种金融活动，但紧密地与绿色实体经济联系在一起。通过碳交易，金融资本直接或间接投向企业或项目，推动低碳经济的技术革新和优化转型，从而引领节能减排和带动经济增长方式转变，促进低碳经济健康发展。

碳交易既可以在国与国之间进行，也可在一国内部不同的区域、企业之间进行。在其运行机制方面，既可以在政府的强制约束下，规定各地区或行业的温室气体排放总量的上限，将其按照配额分配给相关的企业或机构，通过市场化交易，让参与者以尽可能低的成本达到规定的排放要求；也可以通过项目合作，买方和卖方提供资金或技术支持，获得温室气体减排额度。

四川省可以以落实国家温室气体减排目标为契机和基础，发展区域内的碳排放权交易。具体做法是，将国家分解给四川省的温室气体减排指标按年度分配给各市州，各市州再分配至县、区，最终分解到重点企业，使省内各市州以至于各家企业每年都有相应的削减任务。通过建立省级碳基金，让不能完成温室气体减排目标的县、区缴纳基金，补贴超额完成减排任务的市州。这种办法既可推动四川省实现温室气体减排的目标，也可以通过这种机制来补贴后进地区难以发展工业的损失，从而带动全省生态补偿机制的建立健全。在此基础上，逐步与国际碳交易市场联动，把四川省水电、森林碳汇、生物质能源、沼气开发、农村畜禽粪便资源化处理等项目包装成清洁发展机制（CDM）项目，换取国际资金和技术，以支持全省的节能环保、低碳经济的发展。

五　争取在四川省建立"气候交易所"

气候交易所即碳排放权交易所，是进行碳交易的平台。建立气候交易所的目的，一是为国内从事清洁发展机制项目开发的企业找到买家，开发出二氧化碳减排期货；二是发现适宜的价格。这不仅有利于所在的国家和地区在国际碳排放权交易中得到更多的份额，以支持其技术改造和环境保护，同时也有利于该国和地区所产生的减排权得到合理的价格收益。更重要的是，建立气候交易所可以为四川省发展低碳经济开阔视野、提供新的动力，为把全省建设成为西部金融中心、西部经济高地提供抓手和支撑。

目前世界上澳大利亚、日本、加拿大等国都在积极建立政策框架，筹建国内的碳排放市场。中国国内北京、上海、天津等城市都相继建起了气候交易所。

四川省应抓住机会，争取建立西部地区第一个气候交易所。具体可从以下几个方面着手。

（1）四川省的气候交易所应定位于辐射西部、服务全国、面向全球。交易的品种既可以是减排配额也可以是清洁机制下经核准的减排权，还可以是省内的二氧化硫排放权、化学需氧量排放权等；既可以是现货也可以是期货；组织形式既可以是独立建立也可以是与世界银行、芝加哥交易所、欧洲交易所合作建立分支机构①。

（2）建立专门的工作机构，组织协调好相关部门、机构的力量，制定工作日程，并加快推进。做好与国家气候变化主管部门和国际上气候交易机构的沟通工作，充分掌握各个方面的信息。同时，要建立一个由金融、环境、经济等方面的专家组成的专家委员会，负责提供技术咨询。

（3）改善环境、加强制度建设。调整相关政策，简化审批程序和手续，引进和建立碳排放权交易的项目和国际中介机构。建立碳排放交易的准则、评估指标、碳信用的计算方法和排放权取得、交易许可、费用收取等方面的规范，为企业参与碳排放权交易提供咨询服务。

（4）加强能力建设和人才培养。通过组织到欧洲气候交易所和北京、上海、天津等地已建立的气候交易所学习考察，加强碳排放权交易的能力建设和人才培养。

---

① 《成都气候交易所面向全球打造零碳城市》，搜狐网，http://green.sohu.com/20100413/n271474242.shtml，最后访问日期：2014 年 12 月 1 日。

第五节　完善"低碳广元"模式，发挥其在区域发展中的示范引导作用

低碳经济是经济发展方式、能源消费方式、人类生活方式的一次巨大变革，已经成为国内外区域经济竞争的制高点。谁能把握低碳经济的先机，谁就将在未来处于战略竞争中的优势地位。发展低碳经济是将生态优势转化为经济优势的最有效形式，是推进生态文明的最佳选择，也是贯彻落实科学发展观，建设资源节约型、环境友好型社会，优化经济结构，转变经济发展方式的必然战略选择。

一　广元具有发展低碳经济的优势和潜力

1. 生态广元建设为低碳经济发展奠定了良好的经济社会基础

围绕建设生态广元的战略目标，广元大力推进生态修复和重建，认真实施退耕还林、天然林保护等生态工程，积极创建"国家森林城市"，全面开展城乡环境综合治理，大力推动小区环保、绿色交通、垃圾利用等，全市森林覆盖率高达 53.60%，市建成区绿化覆盖率达 41.20%，绿地率达 40%，人均公园绿地面积为 10.4 平方米，道路绿化率达 93%，水岸绿化率达 90%。广元的能源结构优质化率高于全国平均水平。通过"气化广元"战略的实施，广元使用的清洁能源占能源消费的 20%。

2. 广元能源资源禀赋得天独厚

广元风能、太阳能丰富；拥有丰富的天然气、水电等清洁能源及可再生能源，其中天然气已探明储量为 2300 亿立方米、10 年可探明储量为 4000 亿立方米以上，远景储量特别巨大；农村户用沼气正以每年 5 万户（每户沼气池规模为 8—10 立方米）的速度推广；广元旅游资源丰富，颇具发展潜力，而旅游业属于低污染行业。可再生能源资源是广元发展低碳经济的物质基础，但目前开发利用的只是资源总量中很小的一部分，大量的可再生能源资源如风能、地热能、太阳能、生物质能等尚未完全开发利用。

3. 广元的低碳经济具有先发优势

广元在灾后重建过程中第一个提出"低碳重建"，在重建过程中牢固树

立低碳发展理念，坚持以能源结构低碳化、产业发展低碳化和生态建设为主线，大力推进经济社会低碳恢复、低碳重建、低碳发展，从倡导低碳发展理念、构建低碳能源体系等九个方面探索实践，围绕"减源增汇"这条主线，着力于能源结构、产业结构和消费结构这三大调整，注重科技创新、管理创新和生态建设，探索出一条后发地区发展低碳经济、转变增长方式的道路，并初步取得了一些成效。

广元因低碳方面的探索荣获 2009 年"低碳中国贡献城市"称号后，在 2010 年又获得"低碳发展突出贡献城市"称号。2011 年，广元市委书记罗强受邀出席德班气候大会，受到了国际社会的肯定。

二　完善低碳广元的方向

1. 低碳产业体系有待完善

广元 2011 年三次产业结构由 2010 年的 23.8∶39.0∶37.2 调整为 20.8∶44.6∶34.6，虽然初步形成了"231"的产业格局，但工业整体发展仍以传统原材料工业为主，且重工业比重达 70%，现代服务业比重不到 40%，且服务业占 GDP 比重呈持续下降趋势。低碳发展呈"点"状，城乡低碳经济发展不平衡，产业之间缺乏充分融合，突出表现在工业和第三产业、农业与服务业联系不紧密，低碳产业链条效应尚未显现，产业结构调整难度大，构建低碳产业体系任重而道远。

2. 强化低碳经济的科技支撑

科技是低碳经济发展的动力。目前广元低碳经济的科技支撑瓶颈突出，部分企业对发展低碳经济科技支撑体系的研究滞后，大多数企业还没有能力开发出大幅度提高资源利用效率、减少污染排放和废弃物综合利用的关键技术。相当多的中小企业缺乏发展低碳经济的技术和人才。

3. 低碳市场化有待跟进

虽然广元在全省率先建立了环境交易所，交易项目总额达 1.75 亿元，但存在价格波动过大、项目执行周期长、交易成本高、申请认证程序复杂等问题，此外交易的内容还未涉及主要污染物排放量的地区间交易。2012 年初，中国在 20 多家减排交易所中选择 7 家开展碳排放权交易试点工作，广元交易所应创造条件积极争取进入国家试点行列。

4. 健全低碳经济政策保障

目前推动广元低碳经济发展的法规和政策体系不够完善,相关产业政策、税收政策、土地政策、信贷政策及市场准入等方面的扶持政策需要进一步制定、完善并落到实处。

5. 形成发展低碳经济的合力

发展低碳经济需要政府、企业、社会公众的合力推动。目前广元在政府推动层面做了大量卓有成效的工作,如在 2009 年就成立了低碳经济发展领导小组(应对气候变化工作领导小组),2011 年在全国率先成立市低碳发展局等。部分企业及少数部门、地区低碳意识不强,只看眼前利益不顾长远打算,很多社会公众的消费方式还是传统的高碳方式①。

三 低碳广元发展的相关对策

1. 积极支持广元申报成为国家低碳试点地区和低碳试点城市

2010 年 8 月,国家发改委已选择了"五省八市"作为国家首批低碳试点地区。建议四川省委、省政府高度重视当前国内外低碳经济发展的总趋势,与国际气候组织、世界自然基金会等国际组织建立战略合作关系,抢抓机遇,争取将四川纳入国家第二批低碳试点地区,在此基础上选择广元等具有低碳发展优势和潜力的城市,作为低碳经济进行先行试点地区,引领和带动全省快速发展、科学发展。

2. 做实做强低碳产业,防止低碳发展的产业空心化

低碳经济的最终目标是经济低碳化发展,而经济发展又为低碳提供了物质基础,实现两者良性互动发展。经济的发展需要产业支撑,没有坚实的低碳产业作为支持,就难以实现低碳发展。广元地处川陕甘三省接合部,处于四川和成渝经济区的边缘,在灾后重建投资完成后,对广元的投资会呈下降的趋势,广元的低碳发展可能会出现产业空心化的趋势。为此,必须进一步强化对口合作机制,利用援建省市和自身的资源做实低碳产业,进一步加快广元国家先进电子产品及配套材料产业化基地、四川省重点支持和发展的能

---

① 李瑞东、张厚美:《重灾之后 低碳重建——访四川省广元市委书记罗强》,《环境保护》2011年。

源基地、国家循环经济产业示范园区建设，大力培育节能环保、新材料等战略新兴产业，以项目为载体，确保项目落地。充分利用广元旅游资源丰富的优势，大力发展以旅游产业为代表的第三产业[①]。

3. 组织低碳技术和低碳示范项目的推广

认真总结广元已有低碳经济实践中的经验，紧跟国内外低碳技术创新的前沿，多渠道积极引进国内外先进适用的低碳技术，加以消化、推广，推动广元低碳技术创新。积极跟踪和关注国家、四川省和其他城市低碳经济发展的新方向、新举措与新政策，充分利用国家陆续出台的相关产业政策，帮助相关企业申请项目资金。统筹财政、银行等多渠道资源，将企业技术改造资金、中小企业发展专项资金、科技型中小企业创新资金、农业产业化资金统筹协调，积极争取中央财政对西部地区用于节能环保、新能源等方面的专项转移支付资金。积极申报公益性建设项目。同时，在总结成功试点项目的基础上扩大试点产业、行业、地区或单位，由点到面，加以推广。

4. 建立健全生态补偿制度和交易平台，推进低碳市场化

要深入研究国际国内减排形势和市场动态，进一步利用好林业碳汇机制。进一步研究广元生态资源在全省和长江上游地区生态系统中的地位与作用；进一步研究和掌握国际排放量测算方法、融资方式、市场机制、项目申报程序等；进一步研究广元温室气体减排的潜力、成本与效率，做到既知市场之需求，又知自身之家底，根据区域的实际情况适时进行国际和地区之间的沟通，以更好地为我所用。

以广元为平台，加快流域生态环保补偿制度建设。作为生态上游地区，广元承担着在上游地区保护生态环境的重任，在国家整体发展过程中作出了巨大牺牲，因此应建立下游地区对广元的生态补偿机制。建议四川省政府尽早建立主要污染物排放量交易平台，让发达地区向欠发达地区购买主要污染物排放量指标，一方面不影响发达地区工业发展，另一方面通过交易让欠发达地区得到更多的资金，用于经济社会发展事业和生态环境保护工程。积极参与碳市场建设，努力探索自愿减排标准，建立企业低碳指标，推动和包装

---

① 罗强、蒋尉：《贫困灾区也可先行低碳发展——广元灾区低碳重建实践》，《环境保护》2010 年第 6 期。

新能源企业上市，参与建设国家环境交易所自愿减排交易平台①。

5. 进一步建立和完善低碳政策激励机制

发展低碳经济需要政策制度创新。广元应研究制定推行低碳财政税收融资等优惠政策，政府可以从提高能源使用效率、促进节能的角度出发，逐步建立起低碳财政税收优惠政策体系；通过融资优惠、税收优惠等机制，来推动低碳经济的发展；制定和实施低碳认证制度，实施低碳采购政策。同时，要加大低碳经济产品宣传推广工作，增加低碳经济产品营销力度，从财政、环境保护、节能降耗等多个方面支持低碳经济产品的推广和运用。对违反低碳相关规定的行为，必须依法予以惩处。在试点的基础上推广合同能源管理机制。鼓励商场、饭店等大型公共建筑采用合同能源管理方式实施节能改造。加快转变政府能源管理机制，以市场带动节约能效。

6. 建立三方合作的低碳经济治理结构

发展低碳经济需要政府、企业、社会公众三方合作。政府要承担统筹低碳经济发展的领导与管理功能；企业应主动承担社会责任，成为低碳产业和低碳产品的开发主体；社会应该成为低碳消费和低碳生活的主体，建立绿色低碳的生活方式，减少高含碳量的购买行动，确定合理的人均二氧化碳峰值指标，引导群众进行碳预算管理。以"政府引导，企业参与，技术集成"的方式创建低碳社区，实现低碳惠民，把广元低碳发展水平提升到一个新的层次。

第六节　以建设长江上游生态屏障为着力点，推进四川全省生态文明建设

鉴于四川省在整个长江流域乃至全国生态安全保障方面的重要战略地位，进入 21 世纪以来，四川省委、省政府一以贯之地把建设长江上游生态屏障作为全省重要的奋斗目标之一。在全面建成小康社会的关键时期，加快推进长江上游生态屏障建设，既可以为四川省与全国同步全面建成小康社会奠定良好的生态基础和提供产业支撑，同时也可为长江中下游地区乃至全国

---

① 范益民：《关于建设"低碳经济示范省"的建议》，价值中国网，http://www.chinavalue.net/finance/blog/2010 - 8 - 12/444755. aspx，最后访问日期：2014 年 12 月 1 日。

的生态安全、生态文明建设作出新的贡献。

四川省率先实施的退耕还林、天然林保护等生态建设工程是长江生态屏障建设的主体，已经产生了巨大的生态效益，全省的森林覆盖率提高了20多个百分点，上升到35.3%，森林生态服务价值达1.6万亿元，居全国首位。从四川省境内输入长江的泥沙减少了46%，有效地遏止了长江变成"第二条黄河"的危险，保卫了三峡库区的安全。

在全面建成小康社会的关键时期，建设长江上游生态屏障的工作出现了一些新的情况、新的问题。其一，四川省生态环境恶化的趋势尚未得到根本遏制。现有水土流失面积达22万平方公里，沙化、石漠化土地有3600万亩。全省江河生态系统退化，水位下降，水资源总量近5年减少了6%。再加上四川省将进入工业化、城镇化加快发展时期，必将伴随着一个资源消耗、环境污染高峰期。据有关部门预测，到2020年，四川排污总量将在2010年的基础上翻一番。其二，《国家主体功能区规划》已将四川省的川西北高原和盆周山区的39个县（市）划为限制或禁止开发区。这些地区自然资源富集，全省90%以上的森林资源和63%的水资源分布在这些地区。这些地区也是被列入国家新的《农村扶贫开发纲要》的集中连片特殊困难地区。由于这些地区被限制或禁止开发，与下游地区相比发展差距还将拉大。这些地区还是天然林保护和退耕还林的重点地区。在短时期内退耕还林等生态建设成果还难以成为这些地区的农民增收、地区增税的支柱产业。其三，一方面目前四川省退耕林地大多尚处于幼林或未成林阶段，尚需增加投入，加强营林管护。另一方面，国家从2007年开始已经停止下达退耕还林的指标，但是据林业部门统计，四川全省还有近1000万亩陡坡耕地需要实施退耕还林。同时，来自国家层面的资金支持递减，对四川省长江上游生态屏障的建设也带来了严峻挑战。

如何推进四川省重点生态功能区按照国家主体功能定位发展？如何统筹长江上游生态屏障建设与地区经济和城乡居民收入倍增目标？这既关系到生态建设成果的巩固，也关系到四川省与全国全面建成小康社会同步的重大问题。针对这些问题，我们提出以下对策。

（1）用"绿水青山"可以转化为"金山银山"的新理念来加快长江上游生态屏障建设。以长江上游生态屏障建设新增的生态生产力为依托，发展生态经济，通过发展森林培育、森林旅游、生物质能源、生物质材料、生物制药等途径，培育区域新的支柱产业并使之成为农民增收的重要来源，把生态优势转化为经济优势。

（2）开发森林碳汇，为长江上游生态屏障建设提供资金保障。资金短缺仍然是建设长江上游生态屏障的主要制约因素。《京都议定书》已将森林间接减排列为应对气候变化的重要措施。包括森林碳汇在内的各种碳汇资源已成为日益稀缺、不断增值的资源。四川省森林植被年储碳量已达到 7700 万吨，占全国森林年固定二氧化碳的 29%，在全国各省份中名列第一。四川省应抓住国家 2015 年将在全国普遍开展碳减排交易工作的机遇，利用四川省森林碳汇项目的成功经验和四川环境交易所等平台，及时建立健全四川省碳排放权交易机制，把四川省丰富的森林碳汇资源的经济价值变现，为长江上游生态屏障建设提供资金、技术等方面的支持。另外，要结合"林改"的推进，加强对退耕林地的集约经营利用，发展林下资源经济、林下种养业经济，提高林地的产出和经济效益；增加投入，更换改造低效林品种，提高森林的质量和碳汇能力。

（3）适时推进重大生态修复项目。要多方筹集资金，对全省 1000 多万亩坡度在 25 度以上的陡坡耕地，尤其是其中的 600 万亩严重沙化、石漠化耕地和湖库周围生态脆弱区耕地优先安排实施退耕还林。自然修复是最有效的生态保护。要抓住四川省农村人口大量外出打工，大量土地撂荒和农村集中居住点调整的时机，对川西北若尔盖草原以及金沙江、岷江上游干热河谷等生态脆弱地区实施退居还林、退路还林、封山育林等生态修复工程。

（4）把节能环保产业发展成为四川省生态文明建设和加快发展的支柱产业。节能环保产业的发展是建设长江上游生态屏障的物质和技术保证。节能环保产业兼备生态、经济、社会多重效益，发达国家和国内先进地区的节能环保产业都是其支柱产业和外贸拳头产品。因为节能环保产业是可以承载和容纳各个领域的高科技成果的技术密集型产业，所以节能环保产业又是推进科技创新的龙头产业，国家支持发展的战略性新兴产业。一方面，基于四川省工业化、城镇化的推进和建设长江上游生态屏障的需要，四川省对节能环保产业有越来越旺盛的市场需求。据预测，到 2020 年，仅化学需氧量、氨氮、二氧化硫、氮氧化物等主要污染物就将增加 1359 万吨，为此四川省将出现 4200 亿元的治理污染市场需求。另一方面，虽然目前四川省的节能环保产业产值在全省 GDP 中占比还不到 3%，仅占全国环保产业产值的 4.37%，但全省节能环保产业已经具备了良好的基础，发展潜力巨大。四川省不仅有在全球领先的"超磁分离水体净化成套技术"，还有全国首家制造出 PM 2.5 监测仪器的企业和生产全国规模最大的垃圾处理设备的企业。东方锅炉、海诺尔等企业的环保产品已经进军东南亚等国际市场，并已形成了金堂、自贡、攀枝花、绵阳等环保产业基地。通过政策导向、金融等方面的扶持措施，四川省节能环保产业完全可以到 2020 年时产值达到 1000 亿元、利税 200 亿元，成为支持四川省与全国同步全面建成小康社会的支柱产业。

（5）城乡统筹推进长江上游生态屏障建设。城乡环境综合治理是统筹城乡发展新的重要内容和历史任务。由于中国城乡长期非均衡发展，导致广大农村地区环境建设尤其是治理难度极大的非点源污染已经严重地制约中国农业、农村的可持续发展，威胁到广大农民的身体健康①。过度施用化肥农药，导致农作物品质下降、减产甚至绝收，影响农民增收，危及食品安全。农村的环境治理和保护不仅关系到农村的发展，也直接关系到城市和全社会的发展。环境保护的外部性和外溢性决定了只有城乡统筹才能实现环境保护和可持续发展②。

当前应当把日益显现的农村规模化养殖场粪便、污水治理，农村秸秆焚烧治理作为城乡环境综合治理的重点工作来加以推进。中长期则要从城乡环境保护规划一体化，建设农村环境保护新的投融资体制，环境保护机构城乡一体化，环境监测城乡全覆盖，构建资源节约、环境友好、生态安全的现代农业生产体系，发展清洁生产，保证食品安全等方面着手，以建设生态村、生态乡镇和生态县为平台，深入推进全省环境治理保护的城乡统筹③。

第七节　哥本哈根气候大会以后全球的减排态势以及对中国应对气候变化战略选择的建议

克里斯蒂安教授是联合国政府间气候变化委员会专家委员会的重要专家

---

① 文传浩、铁燕：《生态文明建设理论需不断深化》，《中国环境报》2012 年 11 月 13 日。
② 杜受祐：《城乡一体化新目标：城乡统筹建设生态文明》，《决策咨询通讯》2009 年第 7 期。
③ 杜受祐：《以"三型"城市为目标　推进成都市生态文明建设》，《成都行政学院学报》2013 年第 6 期。

和第三次评估报告的主要执笔人之一，也是瑞典政府可持续发展委员会的委员、欧盟副主席玛戈特·瓦尔斯特伦任欧盟环境大臣时的特别顾问、瑞典前任首相与环境部长的顾问。在对气候变化的研究上他坚持科学严谨的态度和客观公正的立场，他的观点在世界上有比较广泛的影响和代表性。他对哥本哈根气候大会以后全球的减排态势进行了研究，并对中国应对气候变化的战略选择提出了建议。

一　哥本哈根会议之后的减排趋势

哥本哈根协议是迄今为止全世界在气候问题上的最大成果之一。如果我们的期望值不是那么高的话，这个磋商结果可能就不会那么出乎意料了。

哥本哈根会议达成了让全球温度上升保持在2℃之内的减排共识，对于热带雨林以及对发展中国家的财政支持也达成了一些共识，但还是没有确定约束性的减排义务，取而代之的则是各国纷纷选择并宣布其自愿的非约束性减排目标。一年以后，在由联合国主导的墨西哥坎昆气候会议上，这些非约束性减排目标成为《联合国气候变化框架公约》的正式部分，只是这些目标仍然不是法定减排义务。而且很多人都认为，如果要将全球温度升高有把握地保持在2℃之内，这样的自愿性的目标显得很软弱无力。

哥本哈根会议与坎昆会议的结果意味着《京都议定书》正在渐行渐远。尽管《京都议定书》仍然白纸黑字地写在纸上，尽管在南非的德班开始的新一轮气候谈判提出了一些拯救方案，但这次会议未能确定除欧洲以外的任何地区的约束性减排目标。因为很多国家事前已经宣布不会接受任何的约束性减排目标。既然欧洲是唯一一个接受约束性目标的地区，延长《京都议定书》还有什么意义？

从哥本哈根到坎昆，无论是"北半球"国家还是"南半球"国家都承诺了自己的自愿减排目标，所有国家都同意努力将全球升温稳定在2℃以内。世界在减排的道路上已经比十年前人们认为可能实现的目标走得更远了。当然，解决这个棘手问题还有很长的路要走，还有更多的工作要做。为人类文明提供不排放二氧化碳的能源，每一年都需要逐渐降低排放量，这的确是一次千里远行。但是笔者相信，全球温室气体的总排放到2020年比2005年应该降低21%。

二　美国在减排中的变化及作用

早在 1997 年《京都议定书》还在磋商时，美国参议院就以 95 票比 0 票的结果宣布，除非主要的发展中国家接受了类似的减排义务，否则美国绝不接受约束性减排义务。奥巴马也决定接受《京都议定书》体系之外的非约束性减排目标，这在当时的情况下是最好的选择。

2010 年，美国国会未能通过排放权交易体系提案。对于世界减排而言，此事的意义完全可以与哥本哈根会议相提并论，甚至前者的分量还要高于后者。原因在于，尽管国际协议为全世界的减排铺平了道路，给各国施加前进的压力，但最终还是要通过各个国家的国内政策才能让减排实实在在地发生。

如果美国本国通过了这个提案，它就会更加愿意督促其他国家减少排放。美国排放权交易提案的失败对于全球格局的影响巨大，因为它是世界上最大的经济体，也是人均排放量最高的国家。出于这个方面的原因，在美国还没有作出真正承诺的前提下，很难期待其他国家开始减排行动。

排放权交易体系虽然没有被美国参议院通过，但却在 2009 年美国众议院的投票中通过了，而且美国很多州仍然一如既往地坚持降低自己的排放。实际上美国距离在全国范围内确立有效减排的政策只有一步之遥了。

三　全球减排态势

过去 10 年间，全球排放量的增加以前所未有的速度在攀升，已经达到每年 330 亿吨，比 1992 年签署《联合国气候变化框架公约》时增加了50%。在 2008—2009 年的金融危机后，排放量略有下降，然而 2010 年排放量却猛烈反弹且又上新高。

如果世界要实现 2℃ 的升温控制目标，那么在未来数十年间全球的排放必须大幅降低。到 2050 年，排放水平要比现在降低一大半，排放量达到每年 150 亿吨二氧化碳。假设这个排放空间平均分摊到每个地球人身上，那么到 2050 年我们每个人每年只能够排放 1.5 吨的二氧化碳。此后，人均允许排放量还要进一步减少。对于人均排放 20 吨左右的美国人或者欧洲人来说，这是一个极其巨大的挑战。这对于中国以及世界上大多数国家来说，也是巨大的挑战。因为发达国家的人更富裕，有更高的历史排放与人均排放量，而且科学与技术更发达，所以完全有理由推断出减少排放的主要责任在发达国家。然而，包括中国在内的很多发展中国家提出了一个很重要的问题：发展中国家应该在什么时候开始承担减排的任务？像沙特阿拉伯、新加坡、韩国、南非等很多国家的人均排放都高于很多发达国家。总之，"南"与"北"，穷国与富国，需不需要负担减排责任的边界正变得越来越模糊。世界不再是简单的由少数几个富裕国家和众多的贫穷国家组成，它变得更加多维了。

四　中国减排的世界角色和态势

1. 中国在世界减排中扮演了重要的角色

1990 年以来全球一半以上的二氧化碳排放增量来自中国。中国现在碳排放量占全球排放量的 25%。中国在收入与能源使用量上的快速增加让全世界侧目。2006 年中国就超越了美国，成为世界头号二氧化碳排放国家。到了 2010 年，中国的排放量又上升了 30%。而美国的排放量事实上却下降了一些（部分缘于金融危机）。近年来，在国际气候博弈中，中国已经成为与美国一样的重量级选手。

在过去的几十年间，中国有千百万人摆脱了贫困。从这个角度来讲，中国的迅速转型可喜可贺、令人敬佩。但是，如同任何事物都有正反两面一样，在成就的背后也潜藏着问题，如工业与煤电厂引发的环境污染严重地影响着中国千百万人的生活。

2. 中国对气候变化有明确的态度和责任感

在中国，人们越来越认识到不只是在发达国家而是要在全球减少碳排放的重要性："气候变化是当今全球面临的重大挑战。遏制气候变暖，拯救地球家园，是全人类共同的使命，每个国家和民族，每个企业和个人，都应当责无旁贷地行动起来。"中国也宣布了排放权交易的试点计划，并且将引入更严格的政策来促进能源使用效率。

3. 中国碳强度降低的目标既重要又艰巨

中国自愿承诺"在 2005 年的基础上，到 2020 年每单位 GDP 二氧化碳排放降低 40%—45%"。虽然这迈出了重要一步，我们也要认识到这很可能意味着绝对排放量的增加。如果这 15 年间 GDP 平均增长 7%，同期二氧化碳总排放量将可上升 65%。另外，排放量已经增长了 40%（指 2010 年全国碳排放总量已经达到了 83.32 亿吨，已比 2005 年增长了 40%），如果到 2013 年排放量每年增长 6%—7%，这个目标意味着从 2013 年开始就要冻结二氧化碳的排放（以碳强度降低 40% 和国内生产总值年均增长 7% 计算，则要求全国 2020 年的碳排放总量只能比 2005 年增加 65%，为 97.88 亿吨二氧化碳。但按年均 7% 的速度增长，预计到 2012 年全国的排放量即达 95.25 亿吨，到 2013 年要达到 100 亿吨以上，显然已经突破了 97.88 亿吨的控制值。因此，要实现碳强度在 2005 年基础上下降 40% 的目标就必须把全国碳排放总量控制在 2012 年的水平之上）。这将是极其重要但又是极其艰难的突破。

4. 中国区域间的碳强度差异悬殊

可能在 10 年以后，中国人均排放量就会达到欧洲的平均水平。2010 年西欧的人年均排放量为 8.4 吨二氧化碳，中国是 6.2 吨，已经超过了瑞典。但是，中国各省份的人均排放量也不尽相同。2007 年中国西部的欠发达地区，例如四川的人均年排放量为 2.6 吨，而山东却达到了 7.3 吨。中国沿海省市数亿人口享受着与欧洲、美国相同的生活水平，也排放着相似水平的二氧化碳，但他们的碳排放数据却由亿万西部省份人民的数据来隐藏了。

五 应对气候变化的战略选择

1. 如何破解经济增长与减排的困局

刚刚获得"另一种诺贝尔奖"之称的瑞典"正确生活方式奖"的中国山东德州企业家黄鸣和其他一些人在气候辩论中对于如何摆脱最关键的困局提供了第一个试探性的答案。他们认为，很多发展中国家都急需经济的增长，但是如果增长的方式与发达国家如出一辙，排放量的增长就会突破极限，我们就在拿我们生存的气候、生态系统和数以亿计人的生命和家园冒险。

有什么办法能够突破重围吗？笔者的回答是肯定的。以太阳能和风能为代表的可再生能源技术的潜力非常大，我们完全有能力解决增长与排放之间的矛盾，走一条能源发展的道路，既满足全球的福祉又能降低甚至实现二氧化碳的零排放。

好消息是，在过去的数年间，风能和太阳能继续飞速增长。2000 年，全世界风能的装机容量为 1800 万千瓦左右，到 2010 年就增加到了 2 亿千瓦，增长了整整 10 倍！而太阳能光伏发电的装机容量已达到 4000 万千瓦，比 2000 年增长了 27 倍！对欧盟国家来说，在 2009 年增加的电力供应中，大多数都来自太阳能和风能。中国是风车的主要生产国和安装国，也是太阳能光伏电池的主要生产国（大多数用于出口）。

2. 我们正在见证一场世界能源供应转变的革命

太阳能与风能的迅速增长在很多方面都令人欢欣鼓舞，这一增长既证明了这些技术方案的可行性，也实现了在实践中学习的目的（做得越多，越精通），又能够建成更大规模的工厂促进规模化生产，还能吸引更多更有才能的工程师与研究人员，当然还有企业家。所有这一切都有助于降低成本，这一点非常重要，因为太阳能、风能的成本还是太高，（在大多数情况下）单靠自身的力量还不足以与以化石燃料为基础的电网电价相抗衡。当成本降低后，技术将更具竞争力，应用也将更普及。

虽然增长迅速，但风电与太阳能光伏电池也只占全球发电量的几个百分点。因此，如果要让风能与太阳能光伏电池彻底地改变世界的能源系统，降低二氧化碳的排放量，就必须保持这种快速增长的势头，甚至还要再加速。我们也要认识到需要很长的时间才能改变能源系统，不是几年或者十年二十年，而是半个世纪到一个世纪的时间。

3. 生物质能发展的潜力与困扰

对于零碳排放的能源供应技术，太阳能与风能并不是唯一的选择，还有核能，碳捕获与封存，以及生物质能源。在过去数年间，生物质能增长很快，但人们对于大规模使用生物质能的担心也与日俱增，很大原因在于美国使用玉米扩大乙醇生产（一种引起温室气体排放量增多，也导致自 2008 年以来粮食价格上涨的生物质能）。另外，生物质能也可以有很少的二氧化碳排放量（来自林下剩余物或有效管理的短期轮伐人工林或甘蔗的生物质能）。这取决于原料的选择及其转化。此外，还可以将生物质能与碳捕获配套，从而实现负的碳排放。这样甚至能够挽回一些过去我们大肆排放犯下的错误，也增加了实现大气二氧化碳浓度从现在的 390ppm，到 2100 年下降到

350ppm 的目标的可能性。

　　关键的问题是规模。如果种植园模式发展生物质能要在全球能源系统中占据一席之地，比如占总供应量的 10%—20%，就需要使用相当于现在全球农业体系同样大的种植面积。考虑到目前农业所引发的种种环境问题，如毁林、杀虫剂的使用，以及人工林种植可能对粮食价格造成的影响等，我们不禁要问：这样做明智吗？一旦对碳制定出强硬的有意义的价格，我们肯定要通过对生物质能源征税——而不是补贴——来保护现存的森林与无价的生态系统。

　　4. 关于核能的考虑

　　对于核能来讲，日本福岛的核泄漏事件是近年来最大的灾难了，巨大的地震伴随着毁灭性的海啸，这种情景比较极端，不太可能在地球上大多数地方发生。但是，这一系列事件让人们重新关注核能自身的风险。德国决定逐渐停止发展核电，中国也暂时冻结了对新上核电项目的审批，还要更加仔细地分析核查已有或未来核电厂的安全性。新的核电厂需要更高的安全要求，这是不容置疑的，这势必会提升成本，从而摊薄未来新建核电厂的利润。然而，对于福岛事件对核电信心的打击将如何影响核能长期的发展，现在作出判断还为时过早。

　　长期来看，人们可以从太阳能或核裂变中持续地获得能源。如果我们使用太阳能，需要全球 10% 的沙漠，如果是核能，我们就需要 1 万个核反应堆。然而，核事故的风险，以及民用核能项目可能为发展核武器提供掩护的担心无时不在。因此，不管多么努力，笔者都不能说服自己：核能会为人类提供光明的未来。对笔者而言，太阳能、风能、生物质能、水能与海洋能所代表的未来，更容易接受。

　　虽然笔者很肯定我们能够减少二氧化碳的排放，同时还能为与日俱增的世界人口提供足够的能源，但笔者也确信这绝不容易。我们需要百倍努力来改进太阳能与风能系统，研发能效更高的技术、电动汽车、氢的储存与转换技术、电池等。我们同时也要在农业与生物质能种植持续扩张的情况下，保护地球敏感的生态系统，如热带雨林。

　　5. 政策的制定和国际合作是重要的解决方案

　　气候变化是由全球几百个国家、数百万个公司、数十亿人引起的。无论作出何种选择，都会影响能源的使用以及二氧化碳的排放。这些人、公司和国家都必须逐渐采用二氧化碳排放较少的科技和生活方式。要实现这种转变，政策必须先行。人们必须要自觉认识到这是一个需要解决方案的问题，政策制定者需要体现领导力。共同的问题需要共同的解决方案，既需要国内政策也需要国际协作、磋商与条约。

参考文献

〔瑞典〕托马斯·思德纳：《环境与自然资源管理的政策工具》，张蔚文、黄祖辉译，上海人民出版社 2005 年版。

〔瑞典〕克里斯蒂安·阿扎：《气候挑战解决方案》，杜珩、杜珂译，社会科学文献出版社 2012 年版。

〔英〕吉登斯：《气候变化的政治》，曹荣湘译，社会科学文献出版社 2011 年版。

〔日〕宫本宪一：《环境经济学》（第 11 版），朴玉译，上海三联书店 2004 年版。

杜受祜：《环境经济学》，中国大百科全书出版社 2008 年版。

蔡孝麓：《城市经济学》，南开大学出版社 1998 年版。

蔡林海：《低碳经济——绿色革命与全球创新竞争大格局》，经济科学出版社 2009 年版。

徐建平：《数学模型在地理信息系统中的应用》，高等教育出版社 2002 年版。

王伟光等主编《应对气候变化报告（2009）》，社会科学文献出版社 2009 年版。

金兆丰、徐竟：《城市污水回用技术手册》，化学工业出版社 2004 年版。

阎兆万：《产业与环境：基于可持续发展的产业环保化研究》，经济科学出版社 2007 年版。

刘盛和：《海峡两岸观光休闲农业与乡村旅游发展》，中国矿业大学出版社 2004 年版。

王立红：《循环经济——可持续发展战略的实施途径》，中国环境科学出版社 2005 年版。

谢文蕙、邓卫：《城市经济学》，清华大学出版社 2008 年版。

王祥荣、吴人坚等：《中国城市生态环境问题报告》，江苏人民出版社 2006 年版。

王祥荣：《城市生态学》，复旦大学出版社 2011 年版。

Downing, T. and Bakker, K. (2000). "Drought Discourse and Vulnerability," In Wilhite, D. (ed.), *Drought: A Global Assessment*, Vol. 2. London: Routledge ECES.

Downing T. E. (1992). "Climate Change and Vulnerable Places: Global Food Security and Country Studies," In Zimbabwe, Kenya, Senegal and Chile, *Environmental Change Unit*. Oxford: University of Oxford Press.

Houghton T., Ding Y., Griggs D. J., et al., IPCC, (2001). *Climate Change 2001: The Scientific Basis Contribution of Working Group to the Third Assessment Report of the Intergovernmental Panel on Climate Change*. Cambridge: Cambridge University Press.

M. Wackernagel, W. Rees, (2003). *Our Ecological Footprint: Reducing Human Impact on the Earth*. Gabriola Island, British Columbia: New Society Publishers.

Birkmann J. (ed.), (2006). *Measuring Vulnerability to Hazards of Natural Origin—Towards Disaster-Resilient Societies*. Tokyo and New York: UNU Press.

Hiroaki Suzuki, Arish Dastur, Sebastian MoffattNana, (2010). *Eco^2 Cities: Ecological Cities as Economic Cities*, New York: World Bank Publications.

Chris Goodall, (2010). *How to Live a Low-carbon Life: The Individual's Guide to Stopping Climate Change*, London: Earthscan.

Edward L. Glaeserand Matthew E. Kahn, (2010). "The Greenness of Cities: Carbon Dioxide Emissions and Urban Development," *Journal of Urban Economics*, (67).

索　引

后　记

本书是在以笔者为首席专家的国家社科基金重大项目"应对气候变化下我国城市生态环境可持续发展与生态文明建设"研究报告的基础上形成的专著。

国家社科基金重大项目"应对气候变化下我国城市生态环境可持续发展与生态文明建设"下设了六个子课题："三型"城市的评价指标体系、建设"三型"城市的国际经验、建设"三型"城市的国内实践、建设"三型"城市生产方式、建设"三型"城市的生活方式与消费模式、建设"三型"城市政策体系，分别由王彬彬、杜珂、丁一、陈希勇、吴铀生、李晓燕、李晟之担任相应子课题的负责人，并撰写了相应章节。入选国家哲学社会科学成果文库后，由杜受祜、丁一、李晓燕、王彬彬、杜珂组成编辑组，对全书进行了统稿和其他编辑工作。

在整个课题研究中，刘成玉、俞雅乖、卢庆芳、文艳林、张颖聪、杨小杰、金小琴、李伟、杜珂、丁彦华、刘黎丹、赖珺、汪峰、马盼盼、杨静等参加了部分调研和讨论，为本书贡献了宝贵的观点和资料。俞雅乖、丁彦华还担任了子课题"建设'三型'城市的国内实践"的部分撰写工作。

在课题研究和本书出版过程中一直得到笔者所在的四川省社会科学院的关心和支持。林凌教授、杜肯堂教授、陈国阶研究员、邓玲教授对本课题研究给予过多次悉心的指导，在此一并致以衷心感谢。

本书的出版还要感谢国家社科规划办和四川省社科规划办的大力支持。感谢社会科学文献出版社社长谢寿光、该社社会政法分社总编辑曹义恒的支持和帮助。

在课题研究和本书写作过程中，参考、借鉴了国内外专家学者的一些著作、论文、资料，特此真诚地向其作者表示衷心感谢。

杜受祜

2014 年 12 月 10 日于成都

图书在版编目（CIP）数据

全球变暖时代中国城市的绿色变革与转型/杜受祜著.
—北京：社会科学文献出版社，2015.4
（国家哲学社会科学成果文库）
ISBN 978 - 7 - 5097 - 7187 - 7

Ⅰ.①全…　Ⅱ.①杜…　Ⅲ.①城市环境 - 生态环境
建设 - 研究 - 中国　Ⅳ.①X321.2

中国版本图书馆 CIP 数据核字（2015）第 042162 号

·国家哲学社会科学成果文库·

全球变暖时代中国城市的绿色变革与转型

著　　者／杜受祜

出 版 人／谢寿光
项目统筹／曹义恒
责任编辑／曹义恒　刘俊艳

出　　版／社会科学文献出版社·社会政法分社（010）59367156
　　　　　地址：北京市北三环中路甲 29 号院华龙大厦　邮编：100029
　　　　　网址：www.ssap.com.cn
发　　行／市场营销中心（010）59367081　59367090
　　　　　读者服务中心（010）59367028
印　　装／北京盛通印刷股份有限公司

规　　格／开本：787mm × 1092mm　1/16
　　　　　印 张：30.125　插 页：0.375　字 数：484 千字
版　　次／2015 年 4 月第 1 版　2015 年 4 月第 1 次印刷
书　　号／ISBN 978 - 7 - 5097 - 7187 - 7
定　　价／148.00 元